はじめに

新型コロナウイルス感染症の影響により、これまでの働き方が見直されており、スマートフォンやクラウドサービス等を活用したテレワークやオンライン会議など、距離や時間に縛られない多様な働き方が定着しつつあります。

今後、第5世代移動通信システム（5G）の活用が本格的に始まると、デジタルトランスフォーメーション（DX）の動きはさらに加速していくと考えられます。

こうした中、企業では、生産性向上に向け、ITを利活用した業務効率化が不可欠となっており、クラウドサービスを使った会計事務の省力化、ECサイトを利用した販路拡大、キャッシュレス決済の導入など、ビジネス変革のためのデジタル活用が進んでいます。一方で、デジタル活用ができる人材は不足しており、その育成や確保が課題となっています。

日本商工会議所ではこうしたニーズを受け、仕事に直結した知識とスキルの習得を目的として、IT利活用能力のベースとなるMicrosoft®のOfficeソフトの操作スキルを問う**「日商PC検定試験」**をネット試験方式により実施しています。

特に企業実務では、多くのデータを取り扱うようになっています。パソコンソフトを使って必要とする業務データベースを作成し、これを活用して効率的・効果的に業務を遂行することが求められています。

同試験のデータ活用分野は、表計算ソフトを活用して、業務データの処理や目的に応じた各種グラフの作成等を問う内容になっています。

本書は**「データ活用2級」**の学習のための公式テキストであり、試験で出題される、表計算ソフトを用いたデータベースの作成や業務データの分析、レポートの作成等について学べる内容となっております。

また、さらに1級を目指して学習される方の利便に供するため、付録として1級サンプル問題も収録しました。

本書を試験合格への道標としてご活用いただくとともに、修得した知識やスキルを活かして企業等でご活躍されることを願ってやみません。

2021年7月

日本商工会議所

本書を購入される前に必ずご一読ください
本書は、2021年5月現在のExcel 2019（16.0.10374.20040）、Excel 2016（16.0.4549.1000）に基づいて解説しています。
本書発行後のWindowsやOfficeのアップデートによって機能が更新された場合には、本書の記載のとおりに操作できなくなる可能性があります。あらかじめご了承のうえ、ご購入・ご利用ください。

日商PC

Contents

Contents

日商PC 本書をご利用いただく前に

本書で学習を進める前に、ご一読ください。

1 本書の記述について

説明のために使用している記号には、次のような意味があります。

記述	意味	例
[ ]	キーボード上のキーを示します。	[Enter] [Delete]
[ ]+[ ]	複数のキーを押す操作を示します。	[Ctrl]+[Shift] ([Ctrl]を押しながら[Shift]を押す)
《　》	タブ名やダイアログボックス名、項目名など画面の表示を示します。	《ホーム》タブを選択します。 《ピボットテーブルの作成》ダイアログボックスが表示されます。
「　」	重要な語句や機能名、画面の表示、入力する文字列などを示します。	「相対参照」といいます。 「性能比較」と入力します。

Excelの実習

学習の前に開くファイル

＊ 用語の説明

※ 補足的な内容や注意すべき内容

操作する際に知っておくべき内容や知っていると便利な内容

問題を解くためのポイント

標準的な操作手順

2019 Excel 2019の操作方法

2016 Excel 2016の操作方法

2 製品名の記載について

本書では、次の名称を使用しています。

正式名称	本書で使用している名称
Windows 10	Windows 10　または　Windows
Microsoft Office 2019	Office 2019　または　Office
Microsoft Excel 2019	Excel 2019　または　Excel
Microsoft Excel 2016	Excel 2016　または　Excel

3 学習環境について

本書を学習するには、次のソフトウェアが必要です。

Excel 2019　または　Excel 2016

本書を開発した環境は、次のとおりです。

- OS：Windows 10（ビルド19042.928）
- アプリケーションソフト：Microsoft Office Professional Plus 2019
  Microsoft Excel 2019（16.0.10374.20040）
- ディスプレイ：画面解像度　1024×768ピクセル

※インターネットに接続できる環境で学習することを前提に記述しています。
※環境によっては、画面の表示が異なる場合や記載の機能が操作できない場合があります。

◆Office製品の種類

Microsoftが提供するOfficeには、「ボリュームライセンス」「プレインストール」「パッケージ」「Microsoft 365」などがあり、種類によって画面が異なることがあります。
※本書は、ボリュームライセンスをもとに開発しています。

●Microsoft 365で《ホーム》タブを選択した状態（2021年5月現在）

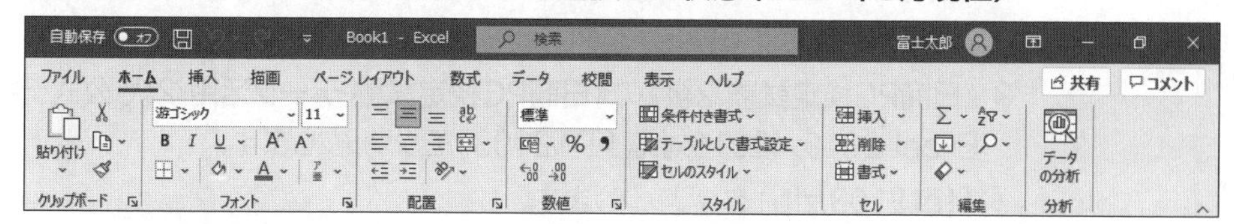

◆画面解像度の設定

画面解像度を本書と同様に設定する方法は、次のとおりです。

①デスクトップの空き領域を右クリックします。

②《ディスプレイ設定》をクリックします。

③《ディスプレイの解像度》の［∨］をクリックし、一覧から《1024×768》を選択します。
※確認メッセージが表示される場合は、《変更の維持》をクリックします。

◆ボタンの形状

ディスプレイの画面解像度やウィンドウのサイズなど、お使いの環境によって、ボタンの形状やサイズが異なる場合があります。ボタンの操作は、ポップヒントに表示されるボタン名を確認してください。
※本書に掲載しているボタンは、ディスプレイの画面解像度を「1024×768ピクセル」、ウィンドウを最大化した環境を基準にしています。

◆スタイルや色の名前

本書発行後のWindowsやOfficeのアップデートによって、ポップヒントに表示されるスタイルや色などの項目の名前が変更される場合があります。本書に記載されている項目名が一覧にない場合は、任意の項目を選択してください。

4 学習ファイルのダウンロードについて

本書で使用する学習ファイルは、FOM出版のホームページで提供しています。
ダウンロードしてご利用ください。

ホームページ・アドレス

https://www.fom.fujitsu.com/goods/

※アドレスを入力するとき、間違いがないか確認してください。

ホームページ検索用キーワード

FOM出版

◆ダウンロード

学習ファイルをダウンロードする方法は、次のとおりです。

①ブラウザーを起動し、FOM出版のホームページを表示します。

※アドレスを直接入力するか、キーワードでホームページを検索します。

②《ダウンロード》をクリックします。

③《資格》の《日商PC検定》をクリックします。

④《日商PC検定試験 2級》の《日商PC検定試験 データ活用 2級 公式テキスト&問題集 Excel 2019／2016対応 FPT2103》をクリックします。

⑤「fpt2103.zip」をクリックします。

⑥ダウンロードが完了したら、ブラウザーを終了します。

※ダウンロードしたファイルは、パソコン内のフォルダー《ダウンロード》に保存されます。

◆ダウンロードしたファイルの解凍

ダウンロードしたファイルは圧縮されているので、解凍（展開）します。
ダウンロードしたファイル「fpt2103.zip」を《ドキュメント》に解凍する方法は、次のとおりです。

①デスクトップ画面を表示します。

②タスクバーの （エクスプローラー）をクリックします。

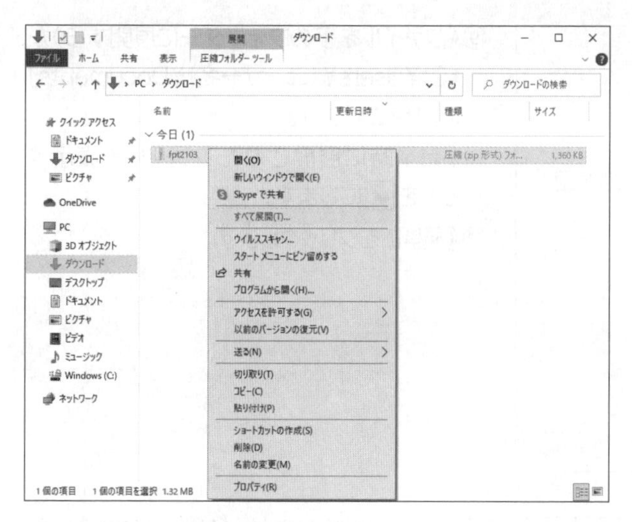

③《ダウンロード》をクリックします。

※《ダウンロード》が表示されていない場合は、《PC》をダブルクリックします。

④ファイル「fpt2103」を右クリックします。

⑤《すべて展開》をクリックします。

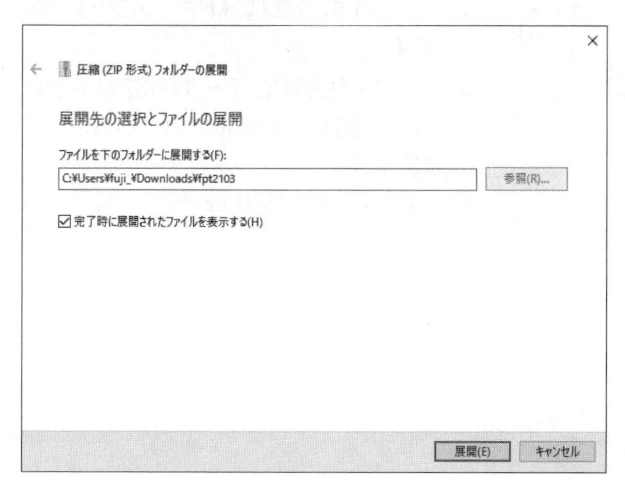

⑥《参照》をクリックします。

⑦《ドキュメント》をクリックします。

※《ドキュメント》が表示されていない場合は、《PC》をダブルクリックします。

⑧《フォルダーの選択》をクリックします。

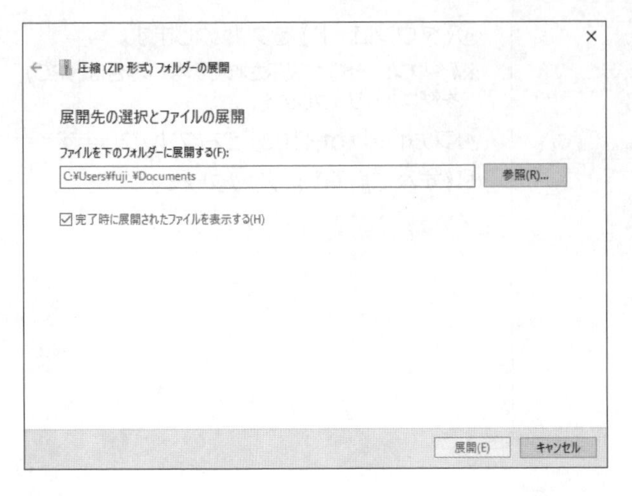

⑨《ファイルを下のフォルダーに展開する》が「C:¥Users¥(ユーザー名)¥Documents」に変更されます。

⑩《完了時に展開されたファイルを表示する》を☑にします。

⑪《展開》をクリックします。

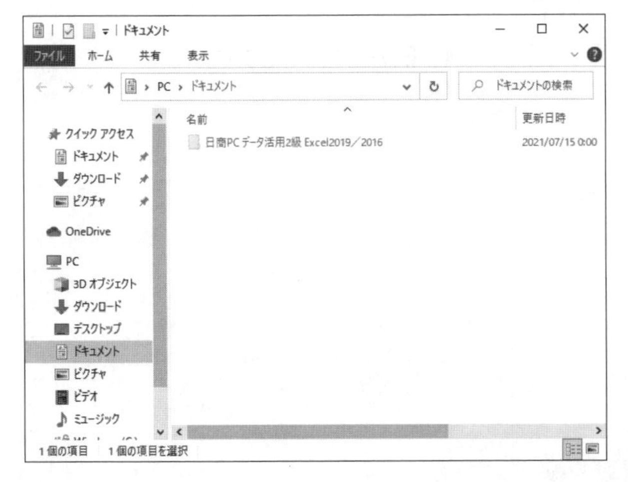

⑫ファイルが解凍され、《ドキュメント》が開かれます。

⑬フォルダー「日商PC データ活用2級 Excel 2019／2016」が表示されていることを確認します。

※すべてのウィンドウを閉じておきましょう。

◆学習ファイルの一覧

フォルダー「日商PC データ活用2級 Excel2019／2016」には、学習ファイルが入っています。タスクバーの（エクスプローラー）→《PC》→《ドキュメント》をクリックし、一覧からフォルダーを開いて確認してください。

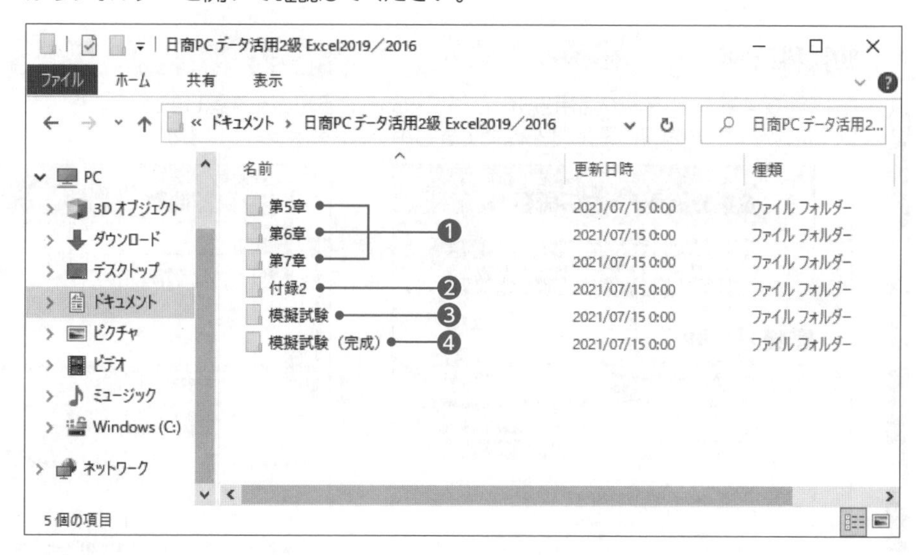

❶第5章／第6章／第7章

各章で使用するファイルが収録されています。

❷付録2

1級サンプル問題で使用するファイルが収録されています。

❸模擬試験

模擬試験（実技科目）で使用するファイルが収録されています。

❹模擬試験（完成）

模擬試験（実技科目）の操作後の完成ファイルが収録されています。

◆学習ファイルの場所

本書では、学習ファイルの場所を《ドキュメント》内のフォルダー「日商PC データ活用2級 Excel2019／2016」としています。《ドキュメント》以外の場所に解凍した場合は、フォルダーを読み替えてください。

◆学習ファイル利用時の注意事項

ダウンロードした学習ファイルを開く際、そのファイルが安全かどうかを確認するメッセージが表示される場合があります。学習ファイルは安全なので、《編集を有効にする》をクリックして、編集可能な状態にしてください。

保護ビュー　注意―インターネットから入手したファイルは、ウイルスに感染している可能性があります。編集する必要がなければ、保護ビューのままにしておくことをお勧めします。　編集を有効にする(E)　×

5 効果的な学習の進め方について

本書をご利用いただく際には、次のような流れで学習を進めると、効果的な構成になっています。

1 知識科目対策

第1章～第4章では、データ活用2級の合格に求められる知識を学習しましょう。
章末には学習した内容の理解度を確認できる小テストを用意しています。

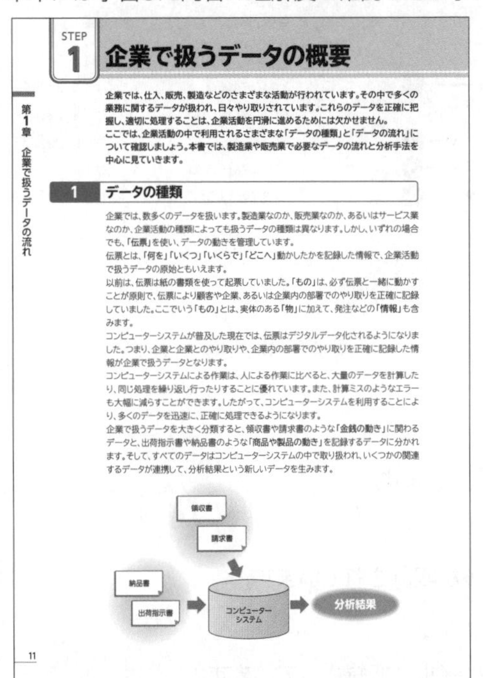

STEP 1 企業で扱うデータの概要

第1章 企業で扱うデータの流れ

企業では、仕入、販売、製造などのさまざまな活動が行われています。その中で多くの業務に関するデータが扱われ、日々やり取りされています。これらのデータを正確に把握し、適切に処理することは、企業活動を円滑に進めるためには欠かせません。
ここでは、企業活動の中で利用されるさまざまな「データの種類」と「データの流れ」について確認しましょう。本書では、製造業や販売業で必要なデータの流れと分析手法を中心に見ていきます。

1 データの種類

企業では、数多くのデータを扱います。製造業なのか、販売業なのか、あるいはサービス業なのか、企業活動の種類によっても扱うデータの種類は異なります。しかし、いずれの場合でも、「伝票」を使い、データの動きを管理しています。
伝票とは、「何を」「いくつ」「いくらで」「どこへ」動かしたかを記録した情報で、企業活動で扱うデータの原始ともいえます。
以前は、伝票は紙の書類を使って起票していました。「もの」は、必ず伝票と一緒に動かすことが原則で、伝票により顧客や企業、あるいは企業内の部署でのやり取りを正確に記録していました。ここでいう「もの」とは、実体のある「物」に加えて、発注などの「情報」も含みます。
コンピューターシステムが普及した現在では、伝票はデジタルデータ化されるようになりました。つまり、企業と企業とのやり取りや、企業内の部署でのやり取りを正確に記録した情報が企業で扱うデータとなります。
コンピューターシステムによる作業は、人による作業に比べると、大量のデータを計算したり、同じ処理を繰り返し行ったりすることに優れています。また、計算ミスのようなエラーも大幅に減らすことができます。したがって、コンピューターシステムを利用することにより、多くのデータを迅速に、正確に処理できるようになります。
企業で扱うデータを大きく分類すると、領収書や請求書のような「金銭の動き」に関わるデータと、出荷指示書や納品書のような「商品や製品の動き」を記録するデータに分かれます。そして、すべてのデータはコンピューターシステムの中で取り扱われ、いくつかの関連するデータが連携して、分析結果という新しいデータを生みます。

11

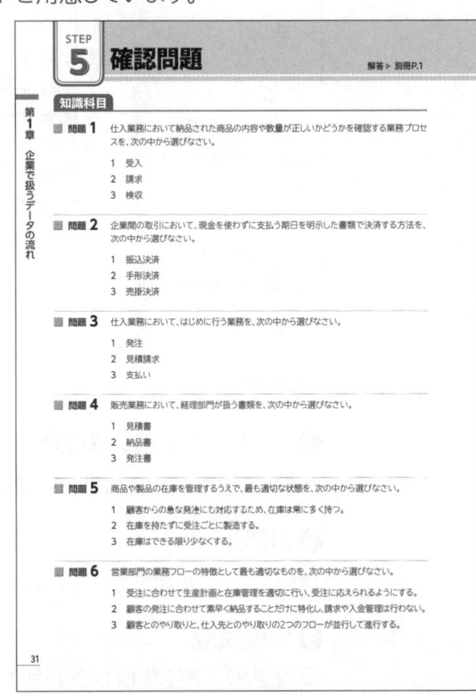

STEP 5 確認問題 解答▶別冊P.1

第1章 企業で扱うデータの流れ

知識科目

問題 1 仕入業務において納品された商品の内容や数量が正しいかどうかを確認する業務プロセスを、次の中から選びなさい。

1 受入
2 請求
3 検収

問題 2 企業間の取引において、現金を使わずに支払う期日を明示した書類で決済する方法を、次の中から選びなさい。

1 振込決済
2 手形決済
3 売掛決済

問題 3 仕入業務において、はじめに行う業務を、次の中から選びなさい。

1 発注
2 見積請求
3 支払い

問題 4 販売業務において、経理部門が扱う書類を、次の中から選びなさい。

1 見積書
2 納品書
3 発注書

問題 5 商品や製品の在庫を管理するうえで、最も適切な状態を、次の中から選びなさい。

1 顧客からの急な発注にも対応するため、在庫は常に多く持つ。
2 在庫を持たずに受注ごとに製造する。
3 在庫はできる限り少なくする。

問題 6 営業部門の業務フローの特徴として最も適切なものを、次の中から選びなさい。

1 受注に合わせて生産計画と在庫管理を適切に行い、受注に応えられるようにする。
2 顧客の発注に合わせて素早く納品することだけに特化し、請求や入金管理は行わない。
3 顧客とのやり取りと、仕入先とのやり取りの2つのフローが並行して進行する。

31

2 実技科目対策

第5章～第7章では、データ活用2級の合格に必要なExcelの機能や操作方法を学習しましょう。
章末には学習した内容の理解度を確認できる小テストを用意しています。

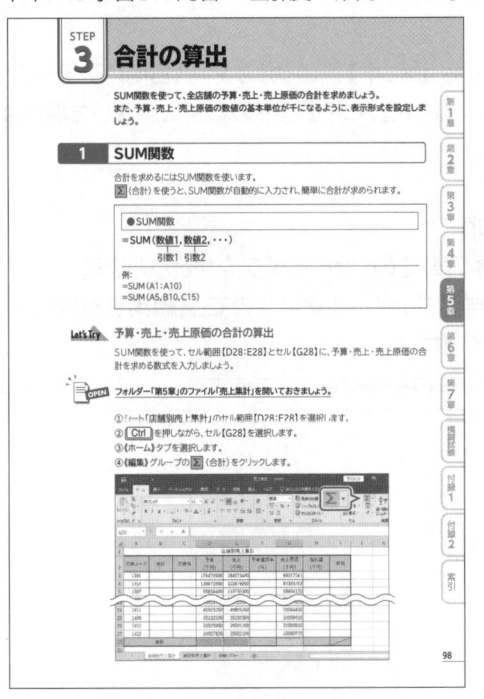

STEP 3 合計の算出

SUM関数を使って、全店舗の予算・売上・売上原価の合計を求めましょう。
また、予算・売上・売上原価の数値の基本単位が千になるように、表示形式を設定しましょう。

1 SUM関数

合計を求めるにはSUM関数を使います。
Σ(合計)を使うと、SUM関数が自動的に入力され、簡単に合計が求められます。

●SUM関数
=SUM(数値1, 数値2, ･･･)
引数1 引数2

例:
=SUM(A1:A10)
=SUM(A5,B10,C15)

Let's Try 予算・売上・売上原価の合計の算出

SUM関数を使って、セル範囲【D28:E28】とセル【G28】に、予算・売上・売上原価の合計を求める数式を入力しましょう。

OPEN フォルダー「第5章」のファイル「売上集計」を開いておきましょう。

①シート「店舗別売上集計」のセル範囲【D28:E28】を選択します。
②Ctrlを押しながら、セル【G28】を選択します。
③《ホーム》タブを選択します。
④《編集》グループのΣ(合計)をクリックします。

第1章 第2章 第3章 第4章 第5章 第6章 第7章 模擬試験 付録1 付録2 索引

98

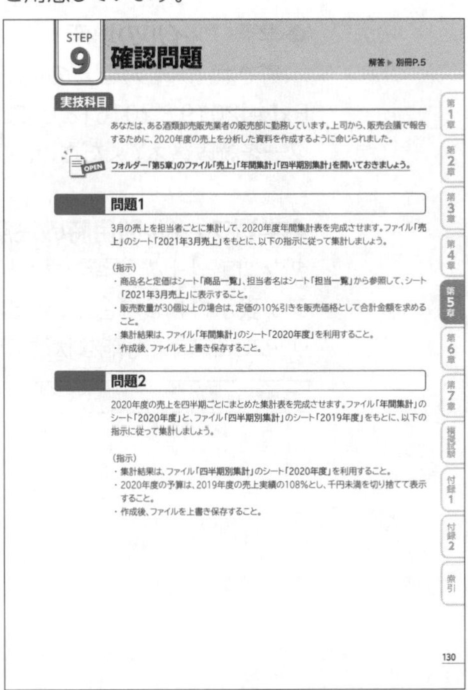

STEP 9 確認問題 解答▶別冊P.5

実技科目

あなたは、ある酒類卸売販売業者の販売部に勤務しています。上司から、販売会議で報告するために、2020年度の売上を分析した資料を作成するように命じられました。

OPEN フォルダー「第5章」のファイル「売上」「年間集計」「四半期別集計」を開いておきましょう。

問題1

3月の売上を担当者ごとに集計して、2020年度年間集計表を完成させます。ファイル「売上」のシート「2021年3月売上」をもとに、以下の指示に従って集計しましょう。

(指示)
・商品名と定価はシート「商品一覧」、担当者名はシート「担当一覧」から参照して、シート「2021年3月売上」に表示すること。
・販売数量が30個以上の場合は、定価の10%引きを販売価格として合計金額を求めること。
・集計結果は、ファイル「年間集計」のシート「2020年度」を利用すること。
・作成後、ファイルを上書き保存すること。

問題2

2020年度の売上を四半期ごとにまとめた集計表を完成させます。ファイル「年間集計」のシート「2020年度」と、ファイル「四半期別集計」のシート「2019年度」をもとに、以下の指示に従って集計しましょう。

(指示)
・集計結果は、ファイル「四半期別集計」のシート「2020年度」を利用すること。
・2020年度の予算は、2019年度の売上実績の108%とし、千円未満を切り捨てて表示すること。
・作成後、ファイルを上書き保存すること。

第1章 第2章 第3章 第4章 第5章 第6章 第7章 模擬試験 付録1 付録2 索引

130

3 実戦力養成

本試験と同レベルの模擬試験にチャレンジしましょう。
時間を計りながら解いて、力試しをしてみるとよいでしょう。

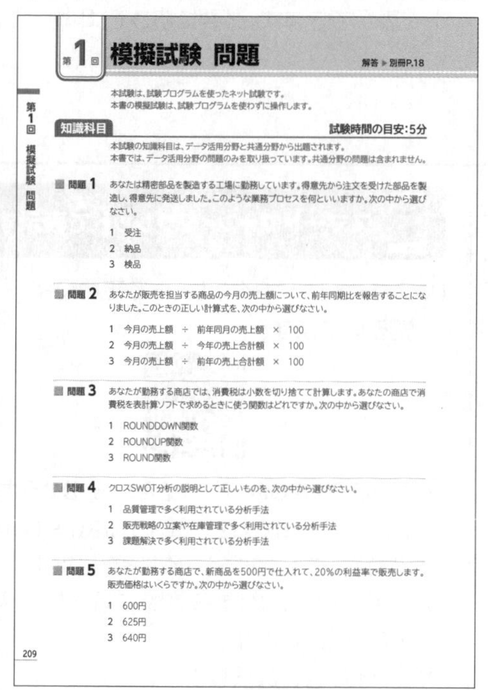

第1回 模擬試験 問題　解答▶別冊P.18

本試験は、試験プログラムを使ったネット試験です。
本書の模擬試験は、試験プログラムを使わずに操作します。

知識科目　試験時間の目安:5分

本試験の知識科目は、データ活用分野と共通分野から出題されます。
本書では、データ活用分野の問題のみを取り扱っています。共通分野の問題は含まれません。

■問題1　あなたは精密部品を製造する工場に勤務しています。得意先から注文を受けた部品を製造し、得意先に発送しました。このような業務プロセスを何といいますか。次の中から選びなさい。

1　受注
2　納品
3　検品

■問題2　あなたが販売を担当する商品の今月の売上額について、前年同期比を報告することになりました。このときの正しい計算式を、次の中から選びなさい。

1　今月の売上額 ÷ 前年同月の売上額 × 100
2　今月の売上額 ÷ 今年の売上合計額 × 100
3　今月の売上額 ÷ 前年の売上合計額 × 100

■問題3　あなたが勤務する商店では、消費税は小数を切り捨てて計算します。あなたの商店で消費税を表計算ソフトで求めるときに使う関数はどれですか。次の中から選びなさい。

1　ROUNDDOWN関数
2　ROUNDUP関数
3　ROUND関数

■問題4　クロスSWOT分析の説明として正しいものを、次の中から選びなさい。

1　品質管理で多く利用されている分析手法
2　販売戦略の立案や在庫管理で多く利用されている分析手法
3　課題解決で多く利用されている分析手法

■問題5　あなたが勤務する商店で、新商品を500円で仕入れて、20%の利益率で販売します。販売価格はいくらですか。次の中から選びなさい。

1　600円
2　625円
3　640円

第1回 模擬試験 問題

209

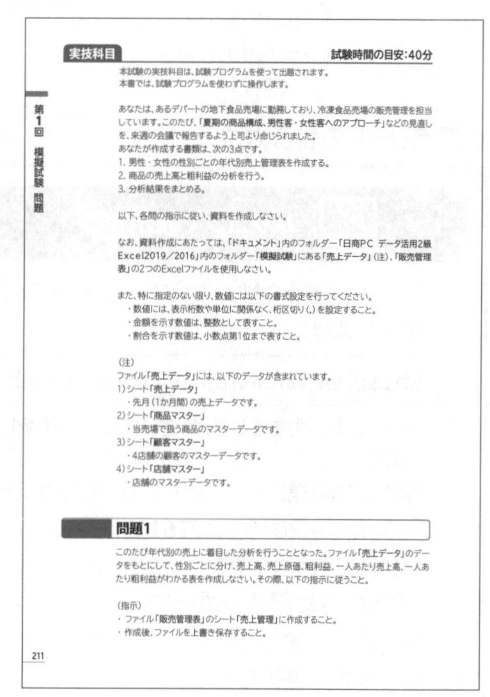

実技科目　試験時間の目安:40分

本試験の実技科目は、試験プログラムを使って出題されます。
本書では、試験プログラムを使わずに操作します。

あなたは、あるデパートの地下食品売場に勤務しており、冷凍食品売場の販売管理を担当しています。このたび、「夏期の商品構成、男性客・女性客へのアプローチ」などの見直しを、来週の会議で報告するよう上司より命じられました。
あなたが作成する書類は、次の3点です。
1. 男性・女性の別ごとの年代別売上管理表を作成する。
2. 商品の売上高と粗利益の分析を行う。
3. 分析結果をまとめる。

以下、各問の指示に従い、資料を作成しなさい。

なお、資料作成にあたっては、「ドキュメント」内のフォルダー「日商PC データ活用2級 Excel2019／2016」内のフォルダー「模擬試験」にある「売上データ」(注)、「販売管理表」の2つのExcelファイルを使用しなさい。

また、特に指定のない限り、数値には以下の書式設定を行ってください。
・数値には、表示桁数や単位に関係なく、桁区切り(,)を設定すること。
・金額を示す数値は、整数として表すこと。
・割合を示す数値は、小数点第1位まで表すこと。

(注)
ファイル「売上データ」には、以下のデータが含まれています。
1)シート「売上データ」
・先月(1か月間)の売上データです。
2)シート「商品マスター」
・当売場で扱う商品のマスターデータです。
3)シート「顧客マスター」
・4店舗の顧客のマスターデータです。
4)シート「店舗マスター」
・店舗のマスターデータです。

問題1

このたび年代別の売上に着目した分析を行うことになった。ファイル「売上データ」のデータをもとにして、性別ごとに分け、売上高、売上原価、粗利益、一人あたり売上高、一人あたり粗利益がわかる表を作成しなさい。その際、以下の指示に従うこと。

(指示)
・ファイル「販売管理表」のシート「売上管理」に作成すること。
・作成後、ファイルを上書き保存すること。

第1回 模擬試験 問題

211

4 弱点補強

模擬試験を採点し、弱点を補強しましょう。
間違えた問題は各章に戻って復習しましょう。
別冊に採点シートを用意しているので活用してください。

Answer 第1回 模擬試験 解答と解説

知識科目

■問題1
解答 2 納品

■問題2
解答 1 今月の売上額 ÷ 前年同月の売上額 × 100

■問題3
解答 1 ROUNDDOWN関数

■問題4
解答 3 課題解決で多く利用されている分析手法

■問題5
解答 2 625円

■問題6
解答 1 ヘッダー／フッター

■問題7
解答 2 売上高 − 変動費

■問題8
解答 3 円グラフ

■問題9
解答 1 最小単位のデータのまま保存する。

■問題10
解答 3 製造原価

確認問題　第1回　第2回　第3回　採点シート　付録2

18

第1回 模擬試験 採点シート

チャレンジした日付
年　月　日

模擬試験 採点シート

知識科目

問題	解答	正答	備考欄
1			
2			
3			
4			
5			
6			
7			
8			
9			
10			

実技科目(問題3)

設問	解答	判定
❶		
❷		
❸		
❹		
❺		
❻		
❼		
❽		
❾		
❿		

実技科目

問題	内容	判定
1	性別・年代別に、売上高と売上原価が正しく集計されている。	
	粗利益が正しく入力されている。	
	一人あたり売上高が正しく入力されている。	
	一人あたり粗利益が正しく入力されている。	
	表内の数値に桁区切りが正しく設定されている。	
	表の罫線が正しく設定されている。	
2	洋食コーナーの商品の売上高と売上原価が正しく集計されている。	
	売上構成比が正しく入力されている。	
	粗利益が正しく入力されている。	
	粗利益率が正しく入力されている。	
	売上高の降順に並べ替えられている。	
	表内の数値に桁区切りが正しく設定されている。	
	表内の割合を示す数値が小数点第1位まで表示されている。	
	表の罫線が正しく設定されている。	
	グラフが正しい種類で作成されている。	
	グラフのタイトルが正しく入力されている。	
	グラフの単位が正しく設定されている。	
	グラフの凡例が非表示になっている。	
	グラフに目盛線が正しく表示されている。	
	グラフの横軸の目盛が正しく設定されている。	
	グラフの縦軸の目盛が正しく設定されている。	
	グラフが正しく配置されている。	

37

6 ご購入者特典について

模擬試験を学習する際は、「採点シート」を使って採点し、弱点を補強しましょう。
FOM出版のホームページから採点シートを表示できます。必要に応じて、印刷または保存してご利用ください。

◆採点シートの表示方法

パソコンで表示する

① ブラウザーを起動し、次のホームページにアクセスします。

https://www.fom.fujitsu.com/goods/eb/

※アドレスを入力するとき、間違いがないか確認してください。

②「日商PC検定試験 データ活用 2級 公式テキスト&問題集 Excel2019／2016対応(FPT2103)」の《特典を入手する》をクリックします。
③ 本書の内容に関する質問に回答し、《入力完了》を選択します。
④ ファイル名を選択します。
⑤ PDFファイルが表示されます。
※必要に応じて、印刷または保存してご利用ください。

スマートフォン・タブレットで表示する

① スマートフォン・タブレットで下のQRコードを読み取ります。

②「日商PC検定試験 データ活用 2級 公式テキスト&問題集 Excel2019／2016対応(FPT2103)」の《特典を入手する》をクリックします。
③ 本書の内容に関する質問に回答し、《入力完了》を選択します。
④ ファイル名を選択します。
⑤ PDFファイルが表示されます。
※必要に応じて、印刷または保存してご利用ください。

7 本書の最新情報について

本書に関する最新のQ&A情報や訂正情報、重要なお知らせなどについては、FOM出版のホームページでご確認ください。

ホームページ・アドレス

https://www.fom.fujitsu.com/goods/

※アドレスを入力するとき、間違いがないか確認してください。

ホームページ検索用キーワード

FOM出版

Chapter 1

第1章 企業で扱うデータの流れ

STEP 1 企業で扱うデータの概要

企業では、仕入、販売、製造などのさまざまな活動が行われています。その中で多くの業務に関するデータが扱われ、日々やり取りされています。これらのデータを正確に把握し、適切に処理することは、企業活動を円滑に進めるためには欠かせません。
ここでは、企業活動の中で利用されるさまざまな「データの種類」と「データの流れ」について確認しましょう。本書では、製造業や販売業で必要なデータの流れと分析手法を中心に見ていきます。

1 データの種類

企業では、数多くのデータを扱います。製造業なのか、販売業なのか、あるいはサービス業なのか、企業活動の種類によっても扱うデータの種類は異なります。しかし、いずれの場合でも、**「伝票」**を使い、データの動きを管理しています。
伝票とは、**「何を」「いくつ」「いくらで」「どこへ」**動かしたかを記録した情報で、企業活動で扱うデータの原始ともいえます。
以前は、伝票は紙の書類を使って起票していました。**「もの」**は、必ず伝票と一緒に動かすことが原則で、伝票により顧客や企業、あるいは企業内の部署でのやり取りを正確に記録していました。ここでいう**「もの」**とは、実体のある**「物」**に加えて、発注などの**「情報」**も含みます。
コンピューターシステムが普及した現在では、伝票はデジタルデータ化されるようになりました。つまり、企業と企業とのやり取りや、企業内の部署でのやり取りを正確に記録した情報が企業で扱うデータとなります。
コンピューターシステムによる作業は、人による作業に比べると、大量のデータを計算したり、同じ処理を繰り返し行ったりすることに優れています。また、計算ミスのようなエラーも大幅に減らすことができます。したがって、コンピューターシステムを利用することにより、多くのデータを迅速に、正確に処理できるようになります。
企業で扱うデータを大きく分類すると、領収書や請求書のような**「金銭の動き」**に関わるデータと、出荷指示書や納品書のような**「商品や製品の動き」**を記録するデータに分かれます。そして、すべてのデータはコンピューターシステムの中で取り扱われ、いくつかの関連するデータが連携して、分析結果という新しいデータを生みます。

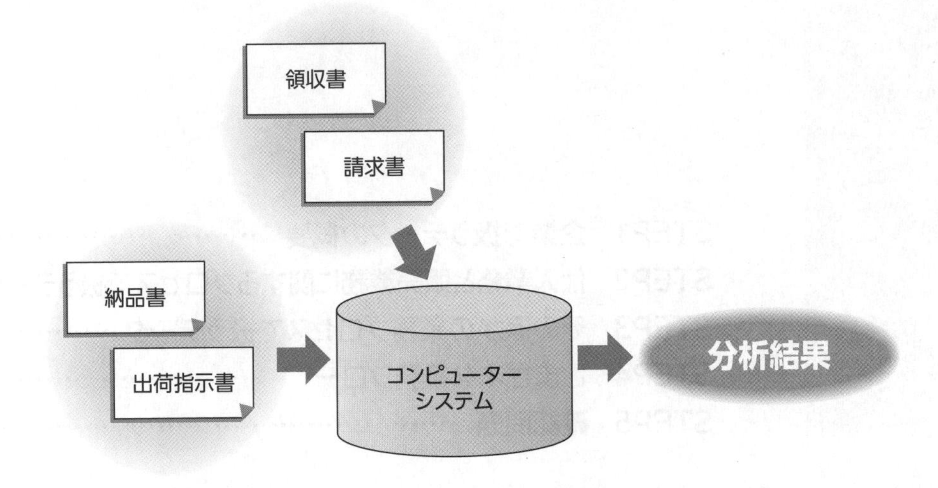

2 データの流れ

企業で扱うデータは、企業経営の根幹を成す重要な情報になります。そのため、データの取り扱いには、正確さ、確実さが求められ、コンピューターシステムを利用したデータ管理が適しています。
具体的なデータ管理の方法は、企業の業種や規模によっても異なります。専用のシステムを利用したものや、データベースソフトのような市販のパッケージソフトやクラウドサービスを利用したもの、表計算ソフトのExcelを利用したものなどさまざまです。また、コンピューターシステムも、本支店間を専用のネットワークで結ぶ大規模なものから、部署内で担当者がパソコンを利用して行うデータ管理まで、多岐に及びます。
しかし、どのような方法を用いたとしても、コンピューターシステムを利用したデータ管理は、以前の紙に記録していた伝票の情報を、コンピューターシステムに入力しているだけの違いであり、集計作業や帳票の出力を自動化しているに過ぎません。
また、以前の紙の伝票を流していた作業を、コンピューターシステムでデータとして流すようになり、より多くの製品や情報を取り扱うことができるようになりました。
したがって、企業で扱うデータの量は増えたものの、データの流れの構造は、コンピューターシステムの有無以外にそれほど大差はなく、**「ものと伝票が一緒に動く」**という原則は変わっていないのです。

図1.1は、製造業を例にしたデータの流れを表しています。
図1.1を参照しながら、企業と企業や、自社の部署間を、どのようなデータが流れるのかを確認しましょう。

■図1.1 データの流れの例

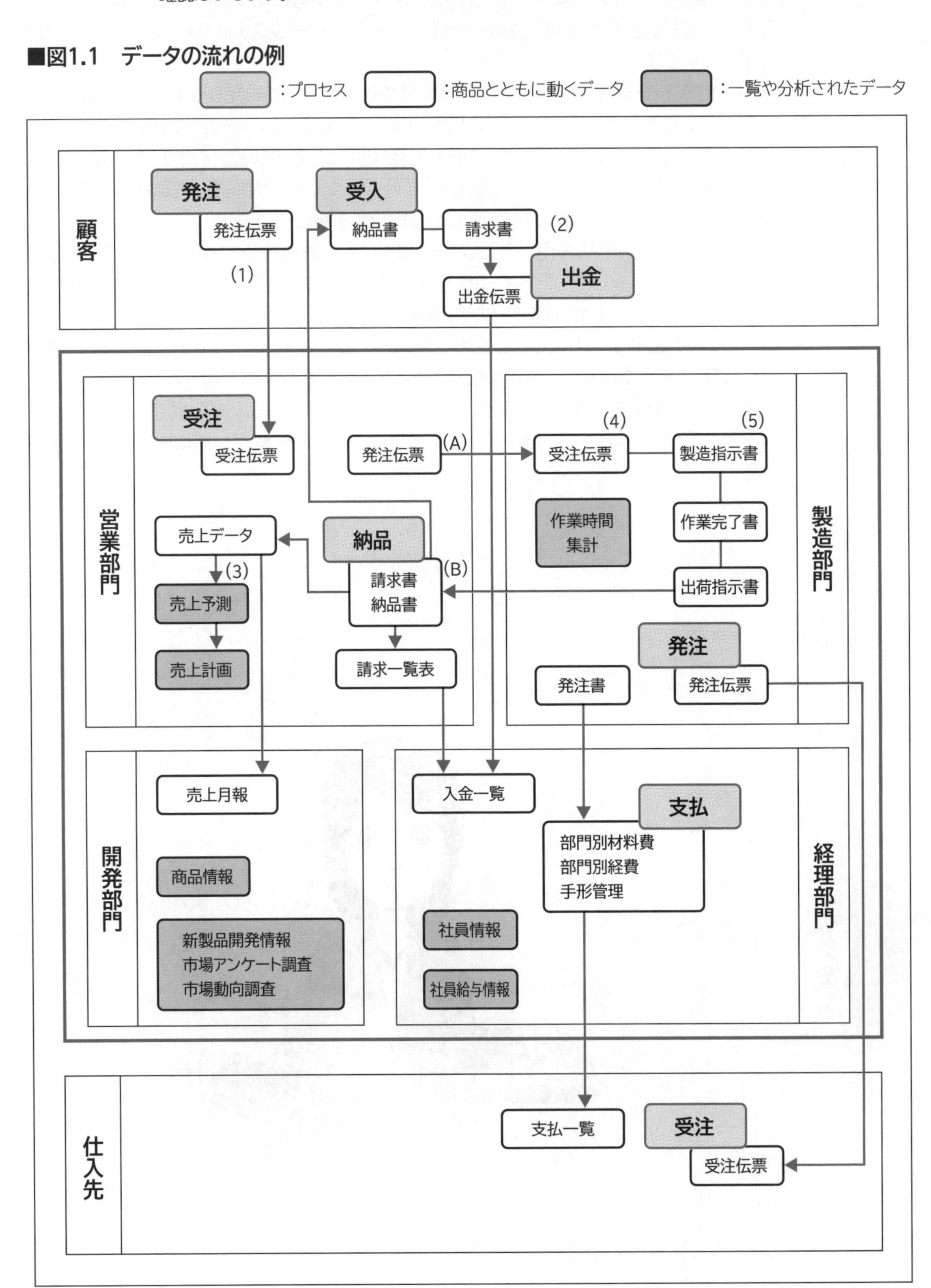

❶立場や部門によって扱う範囲のデータが決まる

顧客であれば発注した商品のデータ（1）や請求金額のデータ（2）、営業部門であれば売上金額のデータ（3）、製造部門であれば受注品のデータ（4）や製造作業のデータ（5）などといった具合に、扱うデータはそれぞれの担当する作業と関連したものに限られます。

❷各部門が扱うデータは部門間で受け渡される

たとえば、営業部門が発注する製品の数量のデータ（A）が製造部門に受け渡され、製造部門は指示された数量の製品を生産します。製品が完成したら、納品先に出荷し、納品します。納品先は製品が出荷されたことを示す数量や日付のデータ（B）を受け取り、製品の受け入れ準備を整えます。

このように、さまざまなデータが部門や顧客の間を流れ、そのデータの流れに沿って業務が動くことで、全体の業務が円滑に進むようになります。

STEP 2 仕入業務と販売業務に関するプロセスで扱うデータ

ここでは、仕入業務や販売業務におけるプロセスを確認し、その中で扱われるデータを理解しましょう。

1 仕入業務のプロセスで扱うデータ

業務における「プロセス」とは、業務の中で行われるさまざまな過程を示します。
販売業では、販売するために製品を仕入れます。また、製造業において加工や製造を行った製品を販売する場合も、原材料を仕入れる必要があります。
仕入を行う場合の基本的なプロセスとデータの流れについて、図1.2の例を参照しながら確認しましょう。

■図1.2　仕入業務に関するプロセスとデータの流れの例

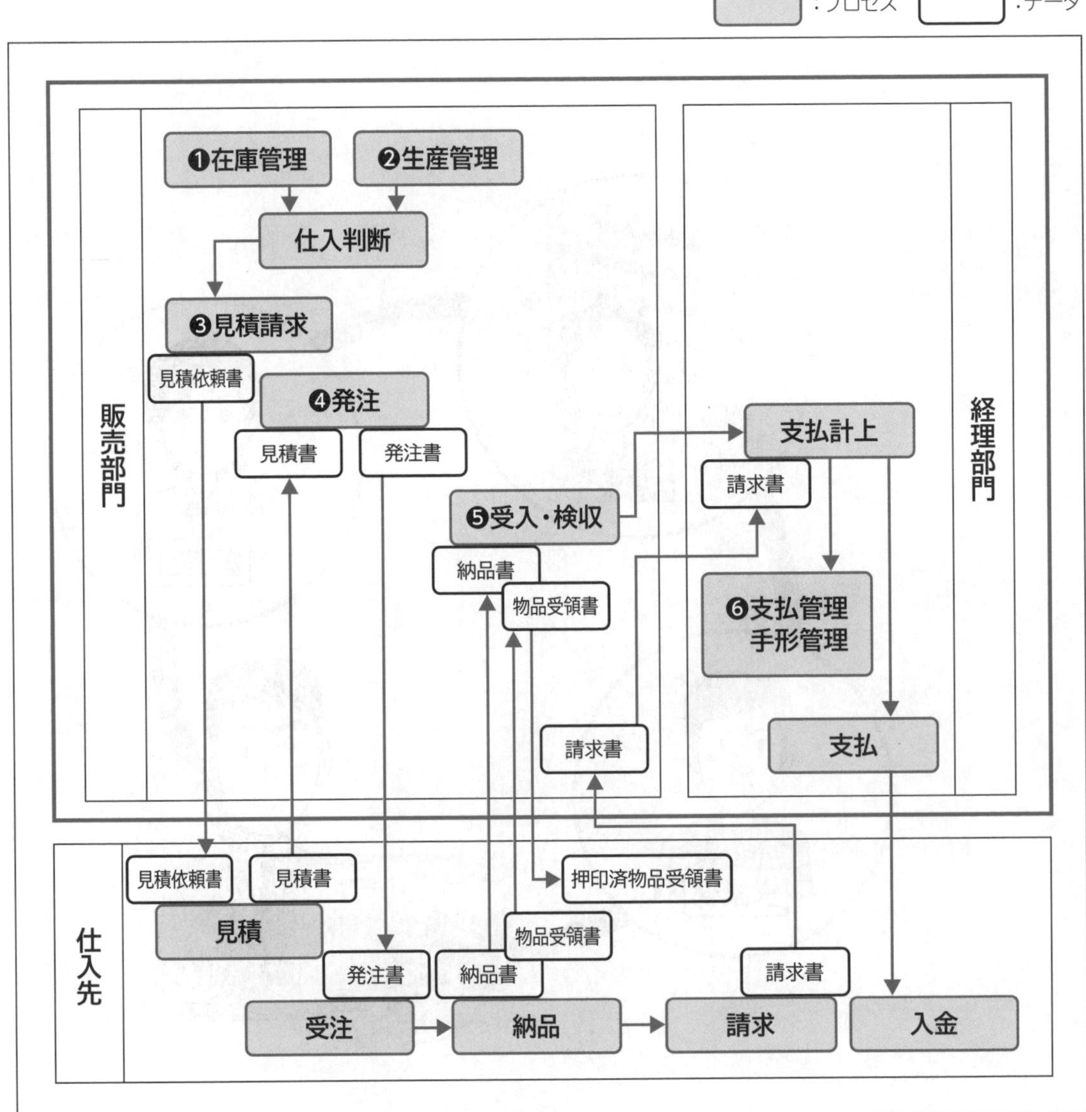

❶在庫管理

在庫管理では、現在保有している商品や製品、原材料などの数量を管理します。在庫管理では、常に正しい数量を把握するため、1か月に1回程度、実際の在庫数を数えてチェックします。これを**「棚卸し」**といいます。棚卸しでは、商品が破損していたり、腐敗していたり、紛失していたりした個数を帳簿上の在庫数から差し引き、実際の個数に修正します。このときの修正後の数値を**「棚卸高」**といいます。

帳簿上の在庫数量は、次のように求めます。

在庫数 = 棚卸高 + 入庫数量 − 出庫数量

在庫管理における最大の目的は、できるだけ在庫を持たないようにしながら、在庫を切らすことがない状態を維持することです。

在庫が不足することが確認されたら、仕入が必要になります。仕入を行う際には、仕入先に見積請求や在庫状況を確認してから発注します。すでに取引のある仕入先から仕入を行う場合には、見積請求を省略することもあります。

❷生産管理

生産管理では、製品をいつ、いくつ生産するかを計画し、製品の製造を適切な数量とコストで行えるように、製品の売れ行きや原材料価格の変動、在庫にかかるコストなどを総合的に判断します。

生産管理においても、在庫を切らすことがない状態を維持することを最大の目的とします。

❸見積請求

仕入の取引は仕入先に見積を請求することから始まります。いきなり発注を行わずに、はじめに費用を把握します。

見積請求は、文書で行うことが一般的です。担当者同士で電話によって見積を請求した場合でも、あとから依頼文書を作成し、書類として残します。見積を請求する際に発行する依頼文書を見積依頼書といいます。見積依頼書には、次のような情報が含まれます。

■表1.1　見積依頼書に記載する内容

項目	内容
見積依頼書番号	一定の規則に従った記号や番号を記載する。
発行日	見積依頼書を発行または提出する年月日を記載する。
宛先	提出先の会社名や所在地などを記載する。
商品名	複数の商品がある場合はすべて記載する。
数量	商品ごとの数量を記載する。
納期	希望する納期を記載する。
納品場所	納品先（支店、営業所など）を記載する。
支払条件	支払方法、支払日などを記載する。
回答希望日	見積の回答をもらう希望日を記載する。

同じ仕入先から比較的短期間に繰り返し同じ商品を仕入れる場合には、2回目以降の見積を省略することがあります。一方で、仕入れる期間が不定期だったり、数量が変化したりすると仕入の単価が変わることがあるため、このような場合には同じ商品、同じ仕入先でもその都度、見積を請求します。
また、複数の仕入先に同じ商品の見積を請求し、見積内容を比較して、より安い仕入先から仕入を行うこともあります。複数の見積内容を比較検討することを**「相見積」**といいます。相見積は、**「あいみつ」**とも呼ばれます。見積金額を管理することで、商品の相場を把握できます。

❹発注

見積の結果から仕入に必要な費用を確認し、仕入先に発注します。見積の結果が予算に合わない場合などは、生産数や販売数、予算などを見直して再度見積を請求することもあります。見積の結果に合意し、発注書を作成して仕入先に渡すことで正式な発注となります。発注書には、次のような情報が含まれます。

■表1.2　発注書に記載する内容

項目	内容
発注書番号	一定の規則に従った記号や番号を記載する。
発行日	発注書を発行または提出する年月日を記載する。
宛先	提出先の会社名や所在地などを記載する。
商品名	複数の商品がある場合はすべて記載する。
数量	商品ごとの数量を記載する。
金額	商品単価や合計金額を記載する。
納期	希望する納期を記載する。
納品場所	納品先（支店、営業所など）を記載する。
支払条件	支払方法、支払日などを記載する。

発注書には、発注した商品に関する多くの情報が書かれています。原価計算[*1]など、商品ごとの発注データを集計して分析するときに、発注書に書かれている記録されたデータが必要になります。

*1 販売する製品や商品にかかる費用を計算することをいいます。

❺受入・検収

発注した商品が届いたら納品を受け入れ、その後速やかに、商品と納品書を照合し、発注したとおりに納品されたかを確認します。商品の種類や数量を確認し、さらに不良品が含まれていないかといった品質や精度のチェックも行います。このチェック作業を**「検収」**といいます。不良品や数量の過不足があれば、発注先に返品、再送などの手続きを行います。発注どおりに納品されたら、物品受領書に押印し、発注先に返送します。物品受領書は、受入側が作成することもあります。

コンピューターシステムを利用したデータ処理では、正確に納品された時点で、仕入として計上することが一般的です。

受入や検収のデータは販売部門で管理しますが、実際の受入や検収の作業は商品管理部門などが行い、検収後にデータを販売部門に引き渡すこともあります。

❻支払管理

製品や原材料を受け入れると、仕入先から請求書が届きます。

請求書は一定期間ごとにまとめて郵送されてきたり、仕入れた品物に同梱されていたりします。いずれの場合でも、販売部門で納品の事実と請求書に書かれた請求内容が一致することを確認したら、請求書は経理部門に渡します。

仕入では、通常、請求書が届いてから**「決済」**[*1]を行います。何らかの特別な事情がない限り、先払いは行われません。納品ごとに決済することもあれば、一定期間ごとにまとめて決済することもあります。

また、仕入れた商品の代金は、現金（銀行振込を含む）で支払うとは限らず、**「手形」**[*2]で支払うこともあります。

*1 請求書の内容に従って、実際に金銭を支払うことをいいます。

*2 現金の代わりに、銀行口座から支払うことを証明する書類のことをいいます。

2　販売業務のプロセスで扱うデータ

仕入れた製品をそのまま販売する場合でも、原材料を仕入れて製品を製造・加工して販売する場合でも、販売業務では製品を販売して売上を得ることが目的になります。

販売を行う場合の基本的なプロセスとデータの流れについて、図1.3の例を参照しながら確認しましょう。

■図1.3　販売業務に関するプロセスとデータの流れの例

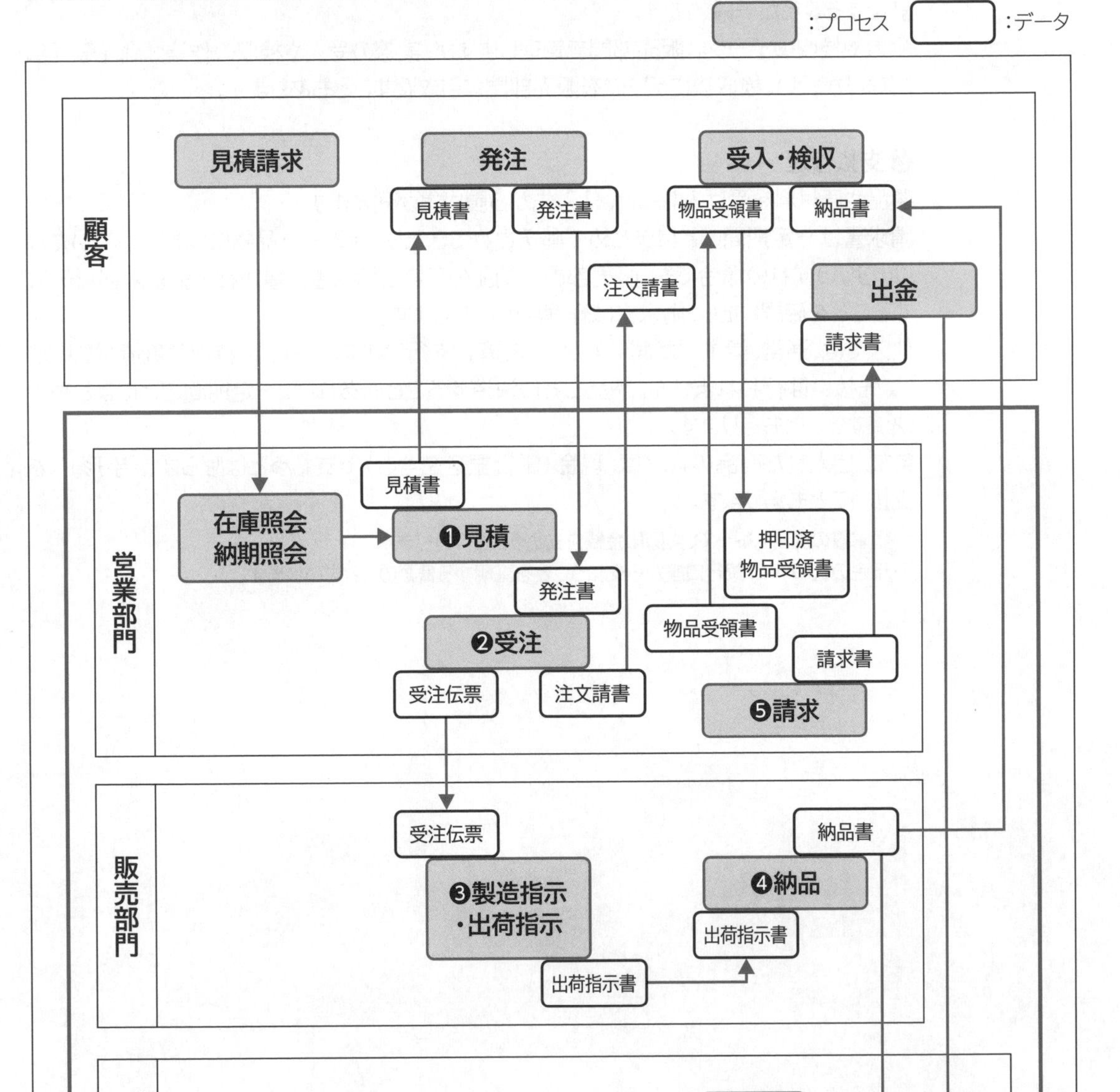

❶見積

顧客から届いた見積請求を確認して、在庫と納期を確認し、商品の個数、金額、納期などを見積書で回答します。

市場の変化により原価や販売価格が変わることがあるので、見積書には、必ず有効期限を記載します。また、顧客に対して、希望する支払条件も記載します。そのほか、見積書には次のような情報が含まれます。

■表1.3　見積書に記載する内容

項目	内容
見積書番号	一定の規則に従った記号や番号を記載する。
発行日	見積書を発行または提出する年月日を記載する。
宛先	提出先の会社名や所在地などを記載する。
商品名	複数の商品がある場合はすべて記載する。
数量	商品ごとの数量を記載する。
金額	商品単価や合計金額を記載する。
納期	予定の納期を記載する。
見積有効期限	見積書の有効期限を記載する。
納品場所	納品先（支店、営業所など）を記載する。
支払条件	支払方法、支払日などを記載する。

実際の取引では、見積書は商談の状況によって金額や納期などの修正を何度か行い、再提出します。

最終的に商談が成立した段階で、見積書の内容は、顧客からの発注書に記載された内容と同じになります。そのため、原価計算などのデータ分析では受注データを利用すればよいため、見積書のデータが利用されることはあまりありません。見積書のデータがあとで利用されるのは、商談中の金額の変化などを確認する程度です。

❷受注

見積書の内容で顧客と合意し、商談が成立したら、顧客から発注書が届きます。この発注書を受領したら、正式に発注を受けたことになります。発注書に従って受注伝票を起票し、注文請書を顧客に発行します。ただし、継続して取引をしている顧客に対しては、注文請書を省略することもあります。注文請書には、次のような情報が含まれます。

■表1.4　注文請書に記載する内容

項目	内容
注文請書番号	一定の規則に従った記号や番号を記載する。
発行日	注文請書を発行または提出する年月日を記載する。
宛先	提出先の会社名や所在地などを記載する。
商品名	複数の商品がある場合はすべて記載する。
数量	商品ごとの数量を記載する。
金額	商品単価や合計金額を記載する。
納期	予定の納期を記載する。
納品場所	納品先（支店、営業所など）を記載する。
発注書番号	発注元から届いた発注書の番号を記載する。
支払条件	支払方法、支払日などを記載する。

❸製造指示・出荷指示

受注した内容に従って、販売部門で製品の出荷を指示します。受注生産の場合は、製造部門で製造指示を出して製品を製造します。
生産計画によって適切な在庫が確保されていれば、顧客の受注に対して在庫があることを確認し、出荷を指示します。出荷を指示するときには、注文請書と同一の内容を記載した出荷指示書を作成することもあります。在庫が不足している場合は、納品数や不足分の納期などを顧客と調整します。

❹納品

出荷指示に従い、商品を顧客の指定場所に納品します。納品時には納品書を発行して、顧客に渡します。経理部門では、納品した情報をもとに売上を計上します。納品書には、次のような情報が含まれます。

■表1.5　納品書に記載する内容

項目	内容
納品書番号	一定の規則に従った記号や番号を記載する。
発行日	納品書を発行または提出する年月日を記載する。
宛先	提出先の会社名や所在地などを記載する。
商品名	複数の商品がある場合はすべて記載する。
数量	商品ごとの数量を記載する。
金額	商品単価や合計金額を記載する。
納品日	納品日を記載する。
納品場所	納品先（支店、営業所など）を記載する。
発注書番号	発注元から届いた発注書の番号を記載する。
支払条件	支払方法、支払日などを記載する。

また、このとき、物品受領書を発行し、顧客に押印してもらうことがあります。物品受領書を受領した場合は、納品が完了したことを証明する重要な書類になるので、大切に保管します。

❺請求

納品が完了したら、代金を請求します。納品後に請求書を発行し、代金の支払いを受けます。請求書は納品ごとに発行することもありますが、頻繁に取引する場合などは、一定期間の取引をまとめて請求書を発行し、決済します。

このとき、代金の決済が現金（銀行振込を含む）なのか、手形なのかを明確に区別しておく必要があります。現金決済は、納品と同時、あるいは毎月末など決められた日に決済されるので、比較的わかりやすい決済方法です。

請求書には、次のような情報が含まれます。

■表1.6　請求書に記載する内容

項目	内容
請求書番号	一定の規則に従った記号や番号を記載する。
発行日	請求書を発行または提出する年月日を記載する。
宛先	提出先の会社名や所在地などを記載する。
商品名	複数の商品がある場合はすべて記載する。
数量	商品ごとの数量を記載する。
金額	商品単価や合計金額を記載する。
支払条件	支払方法、支払日などを記載する。

STEP 3 そのほかの業務プロセスで扱うデータ

ここでは、STEP2で説明した仕入業務と販売業務以外に、企業が扱うデータには、どのようなものがあるのかを確認しましょう。

1 顧客データ

「顧客データ」は、どのような企業でも持っているデータですが、企業の中では非常に重要で、取り扱いには十分な配慮が必要とされる情報です。
顧客データには、自社の商品を購入する顧客や得意先に限らず、仕入先も含めたあらゆる取引を行う相手をすべて含みます。
たとえば、各部門で扱う顧客データは、それぞれ表1.7のように分類されます。

■表1.7　各部門で扱う顧客データ

部門	種類
営業部門	商品を購入する顧客の情報
製造部門	原材料の仕入先の情報
経理部門	商品を購入する顧客の情報 原材料の仕入先の情報

このように、複数の部門で共通する顧客データも存在するため、一般的には一元管理をしながら、部門ごとに必要な顧客データだけが参照できる仕組みになっています。
顧客の情報は大変重要で、十分に留意して取り扱う必要があります。特に、昨今、情報漏えいの問題が頻繁に発生し、社会問題にもなっています。個人情報保護法の施行以来、企業では個人情報の適正な取り扱いに努めることが義務となっています。個人情報の取り扱いについては「プライバシーポリシー」[*1]を作成する必要があります。
何らかの不備があり、万が一、顧客情報が漏えいした場合、企業の信用は大きく失墜します。そのため、企業は個人情報を含め、取引先の企業情報など、あらゆる顧客情報の取り扱いには最大限の注意を払いながら、外部漏えいを防ぐための仕組みを構築しています。
たとえば、顧客情報をUSBメモリーに保存して持ち歩くようなことは厳禁とされています。これは、USBメモリーを紛失、盗難、あるいは目を離した隙に第三者にコピーされるといったリスクを考えれば、当然といえるでしょう。

*1 企業が取得する個人情報について、保存、破棄、譲渡などの条件や方法を明示した文書のことをいいます。

2 電子会計データ

「電子会計データ」とは、売上や仕入、営業に必要な費用、給与の支払いなど、会社で発生した取引を記録して、決算書を作成するためのデータです。いわば企業に関わる財務をまとめたデータといえます。以前は、帳簿を使って手書きで記録していましたが、コンピューターシステムを使うことによって集計や分類を自動化することが可能になり、格段に便利になりました。

電子会計データは、通常、複式簿記の原則に従って、取引を仕訳データとして記録します。この仕訳データをもとに、勘定科目ごとにまとめて総勘定元帳を作成します。また、総勘定元帳をもとに、貸借対照表や損益計算書を作成します。

実際の業務では、領収書や請求書から販売管理システムなどに入力し、そのデータが会計システムに引き渡されて仕訳を行い、財務諸表などを作成することになります。

財務諸表については、第3章で解説します。

■図1.4　貸借対照表の例

貸借対照表

株式会社○○○○

20××年3月31日現在　　　　(単位:百万円)

科目	金額	科目	金額
資産の部	**1,400**	**負債の部**	**420**
流動資産	**540**	**流動負債**	**405**
現金預金	200	支払手形	145
受取手形	150	買掛金	210
有価証券	75	その他	50
棚卸資産	90	**固定負債**	**15**
その他	15	長期借入金	10
貸倒引当金	10	その他	5
固定資産	**800**	**純資産の部**	**980**
建物	500	株式資本	500
土地	250	資本金	300
その他	50	資本剰余金	80
繰延資産	**60**	利益剰余金	100
資産合計	**1,400**	**負債・純資産合計**	**1,400**

3 手形データ

企業間では、取引の決済に**「手形」**が頻繁に利用されます。
手形は、**「いつまでに、いくら支払います」**という約束を明記した紙片で、手形に記載された期日になると、手形を発行した側の口座から代金が支払われる仕組みです。
手形は、銀行に専用の口座（通常は利息が付かない当座預金口座）を開設したうえで、銀行が認めた範囲で利用できます。このとき口座の残高以上の金額でも、企業と銀行の取引状況や企業そのものの信用などを加味して、手形を発行することができます。手形を発行することを**「振り出し」**といいます。
売上代金として手形を受け取った場合には、支払期日になるまで現金化されません。支払期日は一般的に、手形の発行から1か月～4か月後になります。この間、企業には現金が入らないことになるので、運転資金に影響がないよう、しっかりと管理する必要があります。
また、支払う側は、手形で支払うと、代金の支払いをまとめて管理できるほか、手持ちの現金が不足している状態でも取引を行うことができる、手元に現金を持っておくことができるといった利点があります。

■図1.5　手形の例

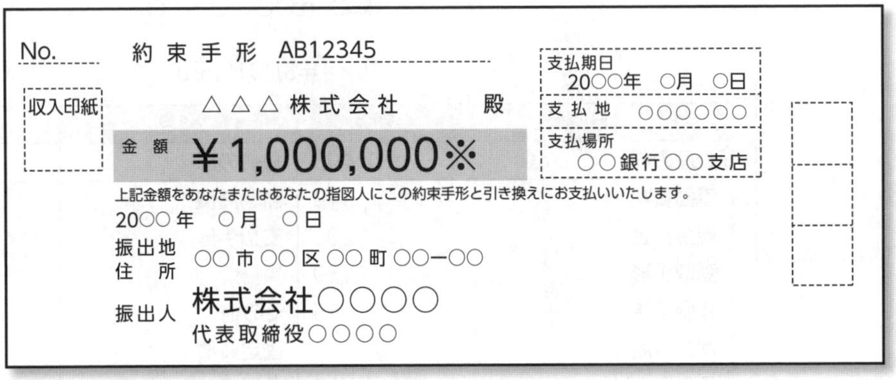

No.
約束手形　AB12345
収入印紙
△△△株式会社　殿
金額　¥1,000,000※
上記金額をあなたまたはあなたの指図人にこの約束手形と引き換えにお支払いいたします。
20○○年　○月　○日
振出地 住所　○○市○○区○○町○○ー○○
振出人　株式会社○○○○
代表取締役○○○○
支払期日 20○○年　○月　○日
支払地　○○○○○○
支払場所　○○銀行○○支店

4 原価データ

仕入や販売に関するデータには、実際の**「ものの値段」**に加えて、さまざまな費用がかかります。原価データでは、製造業における原材料価格のほか、人件費や工場の運用経費なども含みます。実際の利益は、売上から仕入や原価を差し引いた金額になるので、できるだけ原価を下げるように最適化します。
原価については、第3章で解説します。

5 販売費データ・一般管理費データ

販売費データは商品を販売するための営業活動にかかる費用、一般管理費データは企業の管理業務にかかる費用のデータで、売上を得るために必要な原価以外の費用が含まれます。販売費と一般管理費は通常、ひとくくりにして**「販売費および一般管理費」**として扱い、**「営業費」**ということもあります。
このうち売上に関わらず一定の金額がかかる費用を**「固定費」**、売上に応じてかかる費用を**「変動費」**といいます。特に、固定費は利益に大きく影響するため、販売計画を立てる際に重要な要素となります。

STEP 4

さまざまな業務フロー

企業は部門によって業務が分割され、それぞれが連携することで全体の業務を遂行しています。部門によって、取り扱うデータは異なりますが、それらはすべて1つにつながり、企業活動の重要な情報になります。
ここでは、営業部門と製造部門について、データを取り扱うときの処理の流れや人の動きも含めた「業務フロー」を確認しましょう。

1 業務フローとは

業務フローとは、業務の流れを図で表したものです。業務の流れそのものを業務フローと呼ぶこともあります。業務フローを明らかにすることで、部門ごとに行う業務の手順が明確になります。
STEP2で説明した業務プロセスを、処理を行う順番に並べると、業務フローになります。
また、業務フローは、業務プロセスを示すことが重要であり、図1.2や図1.3にある納品書や請求書などのデータの流れは示さず、プロセスだけを取り上げます。

2 営業部門における業務フロー

営業部門は、企業の中でデータを多く扱う部門の1つです。企業は、商品を販売して売上を立て、利益を得ることを重要な目的とするため、営業部門の業務は企業活動の中心的な位置を占めます。
営業部門における商品の販売に関する基本的な業務フローを概略で示すと、次のようになります。

■図1.6　営業部門における業務フローの概略

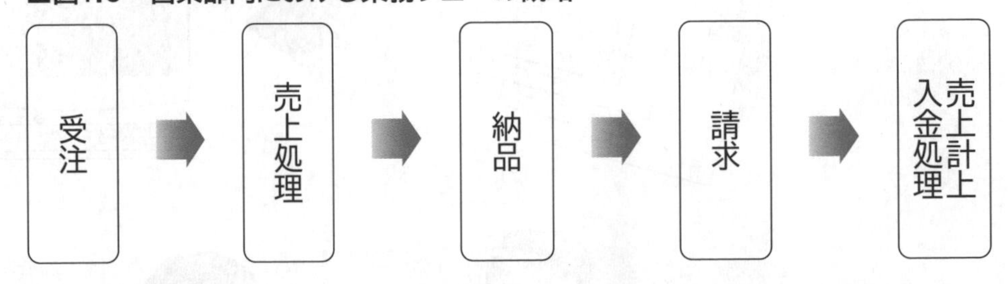

また、営業部門は受注商品の在庫が足りないときに、仕入先に発注する業務も合わせて行います。大規模な業務になると、在庫管理部門として独立して別に行う場合もあります。しかし、仕入は販売と密接な関係があり、常に連携が必要な業務になるため、通常の規模であれば、営業部門として取り扱う方が迅速に業務を進行できます。
仕入に関する業務を合わせると、在庫に合わせて商品を仕入先に発注する業務フローが販売と同時に進行します。
つまり、営業部門の業務は、主に2つの経路に分けられます。1つは顧客と営業部門との間で行われる販売業務、もう1つは製品を供給する仕入先と営業部門との間で行われる仕入業務です。顧客の発注に始まり、この2つの経路で業務フローが同時に進行し、顧客に商品が納品されます。
したがって、営業部門における代表的な業務フローは、図1.7のようになります。

■図1.7　営業部門における業務フローの例

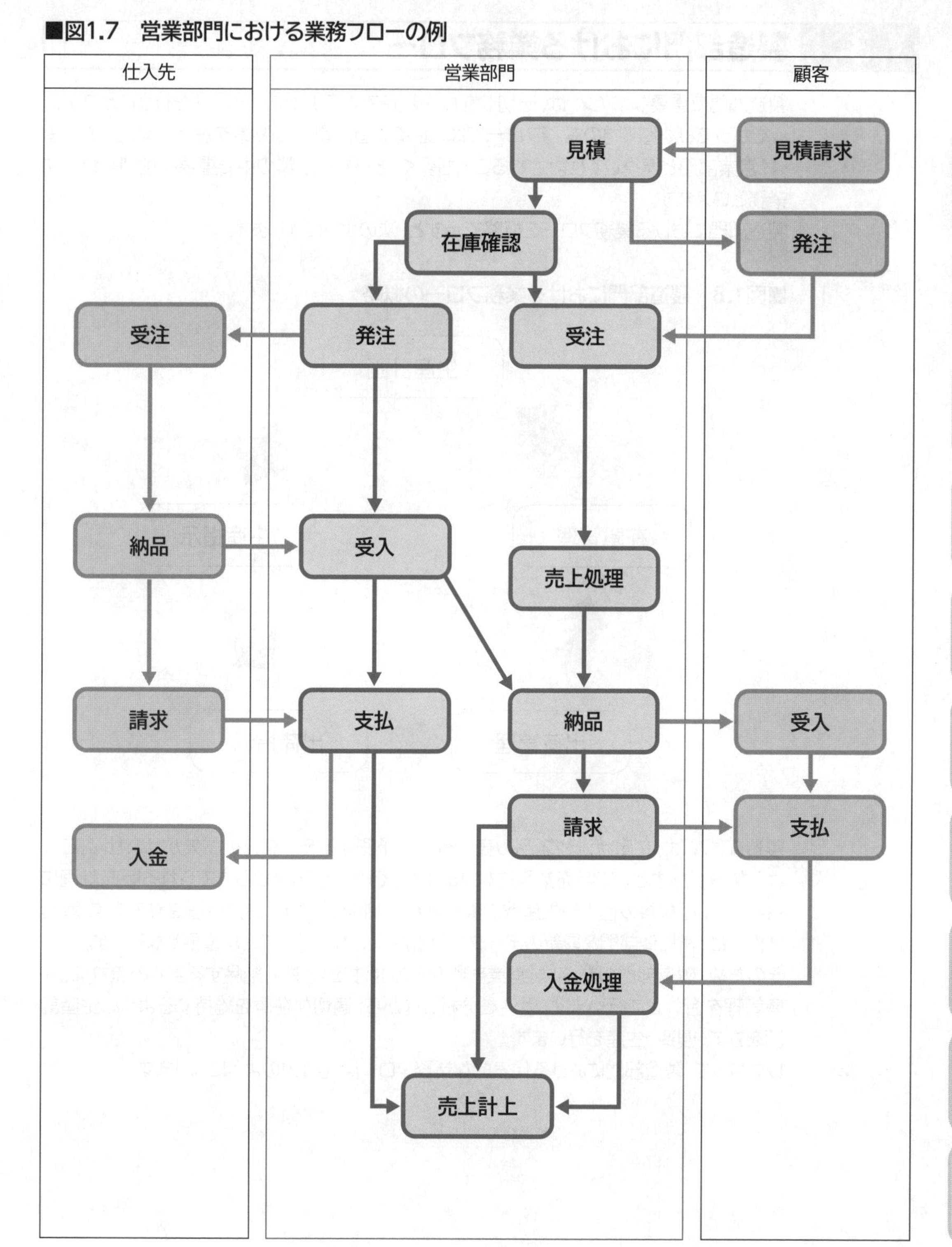

3 製造部門における業務フロー

製造部門で重要なポイントは、適切な在庫を維持できるように生産管理を行うことです。したがって、製造部門の業務フローでは、生産計画が重要な要素を占めます。生産計画は、営業部門と連携して検討されることも多く、それだけ企業の中で重要な役割を果たす業務といえます。
製造部門における業務フローを概略で示すと、次のようになります。

■図1.8　製造部門における業務フローの概略

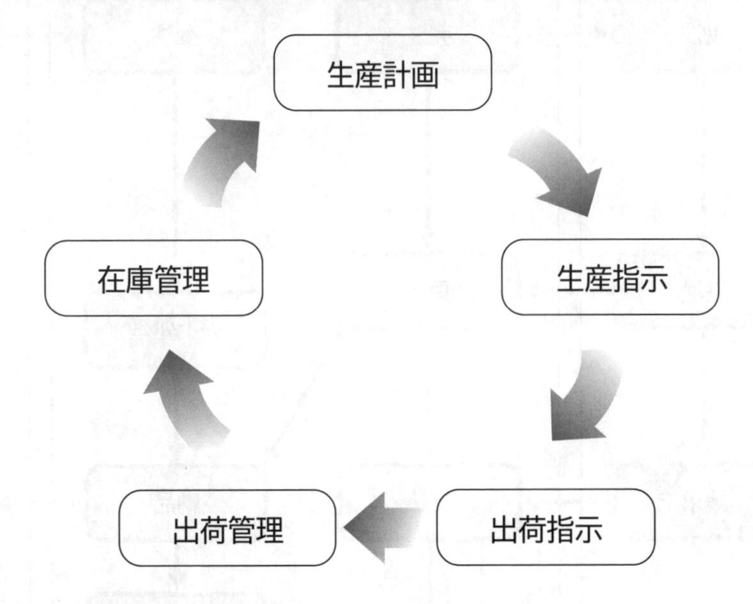

製造部門では、在庫状況や製品の売れ行きを予測するデータ分析が欠かせません。このような分析は主として販売業務になりますが、その分析結果から立てられる販売計画に合わせて、原材料の仕入や生産数による必要な期間を計算し、生産計画を立てます。製造部門では、常に他部門と最新のデータや分析結果を共有することが重要となります。
そのため、製造部門の業務は、営業部門からの発注を受注し、納品するまでの流れに、在庫管理を合わせて行います。受注を分析しながら、適切な在庫を維持するような生産計画を立て、製造・生産を行います。
したがって、製造部門における代表的な業務フローは、図1.9のようになります。

■図1.9　製造部門における業務フローの例

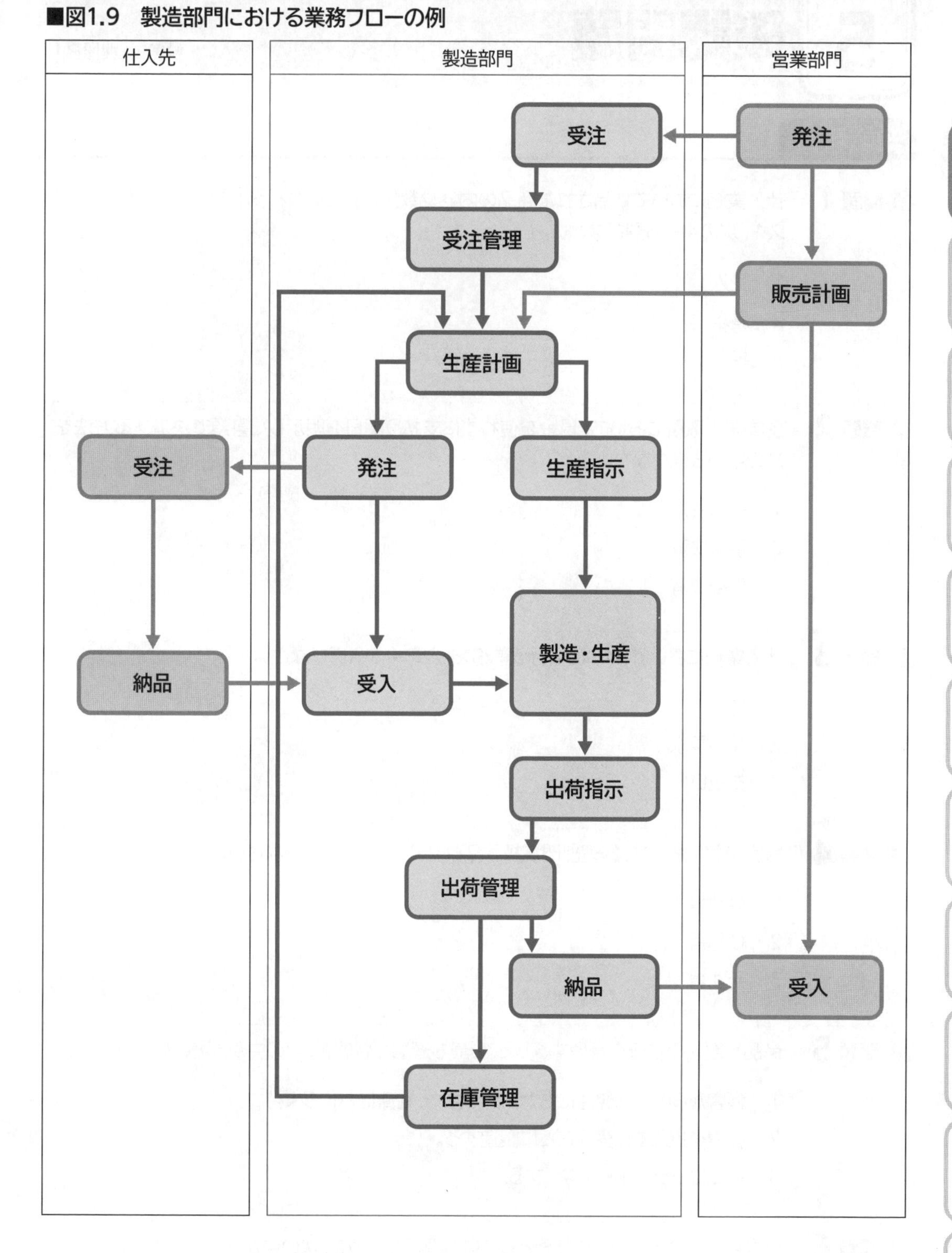

確認問題

解答 ▶ 別冊P.1

知識科目

問題 1 仕入業務において納品された商品の内容や数量が正しいかどうかを確認する業務プロセスを、次の中から選びなさい。

1 受入
2 請求
3 検収

問題 2 企業間の取引において、現金を使わずに支払う期日を明示した書類で決済する方法を、次の中から選びなさい。

1 振込決済
2 手形決済
3 売掛決済

問題 3 仕入業務において、はじめに行う業務を、次の中から選びなさい。

1 発注
2 見積請求
3 支払い

問題 4 販売業務において、経理部門が扱う書類を、次の中から選びなさい。

1 見積書
2 納品書
3 発注書

問題 5 商品や製品の在庫を管理するうえで、最も適切な状態を、次の中から選びなさい。

1 顧客からの急な発注にも対応するため、在庫は常に多く持つ。
2 在庫を持たずに受注ごとに製造する。
3 在庫はできる限り少なくする。

問題 6 営業部門の業務フローの特徴として最も適切なものを、次の中から選びなさい。

1 受注に合わせて生産計画と在庫管理を適切に行い、受注に応えられるようにする。
2 顧客の発注に合わせて素早く納品することだけに特化し、請求や入金管理は行わない。
3 顧客とのやり取りと、仕入先とのやり取りの2つのフローが並行して進行する。

Chapter 2

第2章 業務における計算処理とデータの取り扱い

STEP 1 データ処理における基本的な機能

多くの企業では、データ処理に表計算ソフトのExcelが使われています。Excelは、表にまとめた数値から、さまざまな計算や分析を行うことができるアプリケーションソフトです。単純な集計業務から会計、販売戦略など複雑な分析にも利用できます。
ここでは、販売業務を例に、データ処理に必要なExcelの機能について確認しましょう。

1 データの入力

Excelの最も基本となり、必ず行う操作が**「入力」**です。Excelでは、起動すると表示される表形式の領域を**「ワークシート」**といいます。Excelのワークシートは**「行」**と**「列」**で構成されており、行と列が交わるマス目を**「セル」**といいます。ワークシートの中に入力したデータを使ってさまざまな計算や分析を行います。計算も分析も、ワークシートに文字や数値のデータを入力することからはじまります。
たとえば、販売業務では、日々の売上や仕入の状況を漏らさず、遅れずに記録します。そのためには、できるだけ効率よく、正確に入力する必要があります。入力するデータは、大きく分類すると、**「数値」**と**「文字列」**の2つに分かれます。

① 数値・数式

数量や金額のように、値（量）を示すデータは数値で入力します。入力した数値を使って計算することができます。売上金額や販売数のように、金額や数量を示す数値は、桁区切りスタイルを利用し、3桁ごとにカンマ記号で区切って表示します。
また、セルに入力されている値を使って、さまざまな計算を行うときには、数式を入力します。数式の結果も数値に含まれます。数式は、四則演算だけでなく、複雑な計算処理を行うための関数が利用できます。関数の活用がデータを分析するための最大のポイントとなります。

	A	B	C	D	E	F	G	H	I	J
1		上半期支店別売上集計								
2									単位：千円	
3		支店コード	4月	5月	6月	7月	8月	9月	合計	
4		1-102	124,523	99,869	104,649	110,593	109,849	98,938	648,421	
5		1-142	109,427	101,604	115,487	120,511	102,424	99,587	649,040	
6		1-186	90,575	107,289	98,477	101,466	96,794	99,673	594,273	
7		合計	324,525	308,762	318,613	332,569	309,066	298,198	1,891,733	
8										

C7 =SUM(C4:C6)

	A	B	C	D	E	F	G	H	I	J
1		上半期支店別売上集計								
2									単位：千円	
3		支店コード	4月	5月	6月	7月	8月	9月	合計	
4		1-102	124,523	99,869	104,649	110,593	109,849	98,938	648,421	
5		1-142	109,427	101,604	115,487	120,511	102,424	99,587	649,040	
6		1-186	90,575	107,289	98,477	101,466	96,794	99,673	594,273	
7		合計	324,525	308,762	318,613	332,569	309,066	298,198	1,891,733	
8										

数式を入力すると、セルには
計算結果が表示される

❷ 文字列

商品名や顧客名のように、名称を示すデータは文字列で入力します。たとえば、「1」というデータを入力する場合、量を示すデータであれば数値、名称を示すデータであれば文字（数字）として区別します。

なお、文字列として入力する場合は、数値の前に「'（シングルクォーテーション）」を入力し、「'1」と入力します。

	A	B	C	D	E	F	G	H	I	J
1		上半期支店別売上集計								
2									単位：千円	
3		支店コード	4月	5月	6月	7月	8月	9月	合計	
4		1-102	124,523	99,869	104,649	110,593	109,849	98,938	648,421	
5		1-142	109,427	101,604	115,487	120,511	102,424	99,587	649,040	
6		1-186	90,575	107,289	98,477	101,466	96,794	99,673	594,273	
7		合計	324,525	308,762	318,613	332,569	309,066	298,198	1,891,733	
8										
9										
10										

❸ 入力規則

企業の業務では、非常に多くのデータを扱います。そこで、Excelの**「入力規則」**を利用して、あらかじめ決められたデータしか入力できないようにしておくことで、入力ミスを防ぐことができます。販売数や売上金額のセルには、正の数値しか入力できないようにする、日付のセルには日付を示すデータしか入力できないようにするといったように、入力規則を利用することで、入力ミスをなくし、正確に効率よく入力操作が行えるようになります。

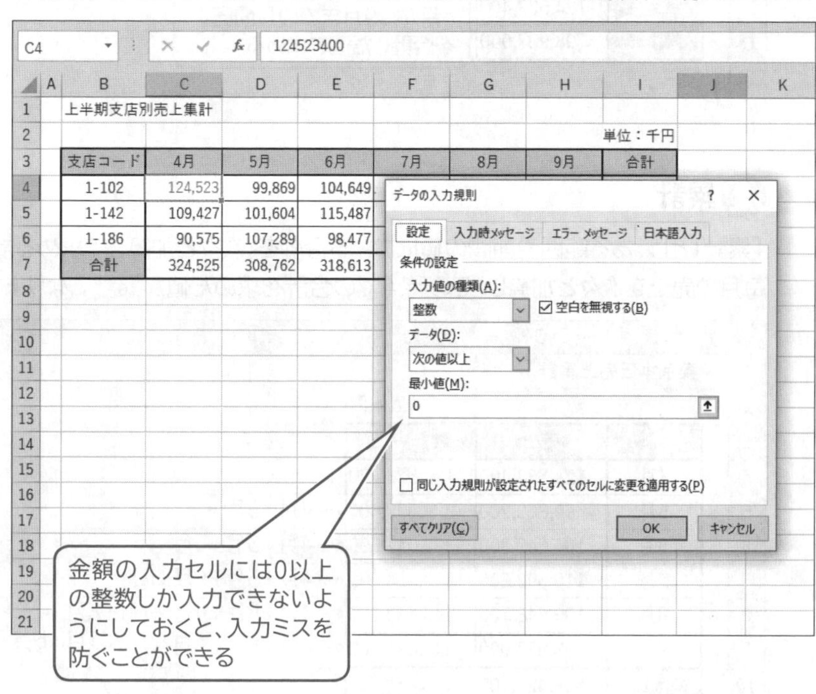

2 データ分析に利用する基礎的な計算

販売業務において最も利用するデータ分析は、データをある基準でまとめた値を求めることです。一日の売上や一定期間の売上の合計額を求める計算は頻繁に行われます。たとえば、ワークシートに個々の売上を記録し、一定期間ごとに合計値を求めます。この合計値は、販売戦略や仕入業務など、ほかの業務の分析にも利用する基本となるデータです。

そのほか、基礎的な計算としてよく利用される「**累計**」や「**割引**」、「**概算**」についても確認しましょう。

❶合計

「**合計**」とは、ある範囲や期間の値をすべて加算する計算処理です。

	A	B	C	D	E	F	G	H
1		東京本店売上集計						
2				単位：円				
3			売上	累計売上				
4		4月	124,523,400	124,523,400				
5		5月	99,869,200	224,392,600				
6		6月	104,649,300	329,041,900				
7		7月	110,592,600	439,634,500				
8		8月	109,848,700	549,483,200				
9		9月	98,937,900	648,421,100				
10		合計	648,421,100					
11		平均	108,070,183					
12		最大値	124,523,400					
13		最小値	98,937,900					
14								

4月から9月までの月間売上を合計した値を求める

❷累計

「**累計**」とは、ある範囲や期間の値における合計を、次々と加算して求める計算処理です。毎月の売上を次々と加算し、その時点での合計を求めた値が累計になります。

	A	B	C	D	E	F	G	H
1		東京本店売上集計						
2				単位：円				
3			売上	累計売上				
4		4月	124,523,400	124,523,400				
5		5月	99,869,200	224,392,600				
6		6月	104,649,300	329,041,900				
7		7月	110,592,600	439,634,500				
8		8月	109,848,700	549,483,200				
9		9月	98,937,900	648,421,100				
10		合計	648,421,100					
11		平均	108,070,183					
12		最大値	124,523,400					
13		最小値	98,937,900					
14								

- D5 ← 4月+5月
- D6 ← 4月+5月+6月
- D7 ← 4月+5月+6月+7月
- D8 ← 4月+5月+6月+7月+8月
- D9 ← 4月+5月+6月+7月+8月+9月

❸ 割引

「**割引**」とは、値から一定の割合を差し引く計算処理です。差し引く割合を「**割引率**」といい、一般的には「**%**」単位で表示します。
たとえば、「**1,000円の20%割引**」は次のように求めます。

割引後の価格	=	定価 − (定価 × 割引率)
	=	1,000 − (1,000 × 0.2) = 800円

1,000円の20%

なお、「**2割引**」(=20%引)のように「**○割**」を使うときは、10%=1割になります。

また、消費税を含んで考え、たとえば、「**税込価格1,100円の20%割引**」(消費税率=10%)は次のように求めます。

本体価格	=	税込価格 ÷ (1 + 消費税率)
	=	1,100 ÷ (1 + 0.1) = 1,000円
割引後の価格	=	本体価格 − (定価 × 割引率)
	=	1,000 − (1,000 × 0.2) = 800円
割引後の税込価格	=	本体価格 × (1 + 消費税率)
	=	800 × (1 + 0.1) = 880円

この値は、税込価格を直接20%割引した計算(1,100 × 0.8)と同じになりますが、金額によっては消費税額の端数処理により割引後の税込価格が異なる場合があります。消費税額を正しく計算するため、一度本体価格を求めます。

❹ 概算

大きな数量や金額を扱う販売業務では、おおよその値を求める「**概算**」も重要です。概算を求めるときには、ある桁数で計算を打ち切り、それ以下の細かい数値は省略します。
値の打ち切り方には、「**四捨五入**」「**切り捨て**」「**切り上げ**」があります。寸法や重さの計測、割り勘計算など、ふだんの身の回りの計算では「**四捨五入**」が多く使われていますが、販売業務では過剰な値を記録しないようにするため、「**切り捨て**」も利用されます。

■表2.1　12,345,678円を概算した値

(単位:千円)

方法	結果
四捨五入	12,346
切り捨て	12,345
切り上げ	12,346

3 データ分析でよく使用する機能

大量のデータを集計するときには、データを並べ替えたり、必要なデータだけを抽出したりすると、効率的に分析できます。売上金額の多い商品について販売計画を立てる、売上金額の多い顧客の上位を得意先として登録するといった分析には、**「並べ替え」**や**「フィルター」「ピボットテーブル」**といった機能を使います。

① 並べ替え

売上金額や販売数のように数値を基準に並べ替えることや、顧客名のように文字列を基準にして並べ替えることができます。

●昇順

「昇順」は、値の小さい方から並べ替えます。
数値では0→1→2→……となります。文字列では、あ→い→う→……の順序となります。

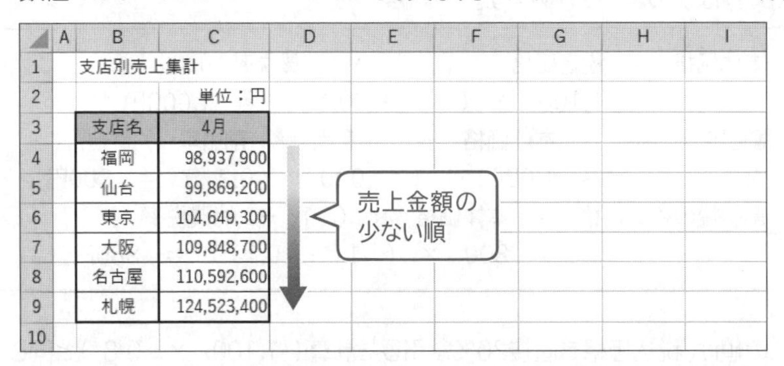

	A	B	C
1		支店別売上集計	
2			単位：円
3		支店名	4月
4		福岡	98,937,900
5		仙台	99,869,200
6		東京	104,649,300
7		大阪	109,848,700
8		名古屋	110,592,600
9		札幌	124,523,400
10			

Excelの場合、漢字を並べ替えることができます。漢字は、入力したときにふりがなの情報が登録されるので、このふりがなをもとに並べ替えることができます。漢字のセルを昇順で並べ替えると、次のようになります。

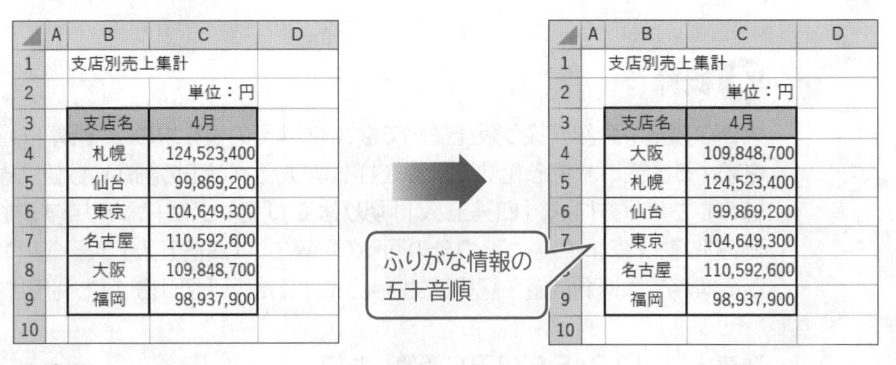

	A	B	C
1		支店別売上集計	
2			単位：円
3		支店名	4月
4		札幌	124,523,400
5		仙台	99,869,200
6		東京	104,649,300
7		名古屋	110,592,600
8		大阪	109,848,700
9		福岡	98,937,900
10			

	A	B	C
1		支店別売上集計	
2			単位：円
3		支店名	4月
4		大阪	109,848,700
5		札幌	124,523,400
6		仙台	99,869,200
7		東京	104,649,300
8		名古屋	110,592,600
9		福岡	98,937,900
10			

●降順

「降順」は、値の大きい方から並べ替えます。順序は昇順の逆になります。

	A	B	C	D	E	F	G	H	I
1		支店別売上集計							
2			単位：円						
3		支店名	4月						
4		札幌	124,523,400						
5		名古屋	110,592,600						
6		大阪	109,848,700						
7		東京	104,649,300						
8		仙台	99,869,200						
9		福岡	98,937,900						
10									

売上金額の
多い順

❷ フィルター

「フィルター」を使うと、あらかじめ設定した条件に合ったデータだけを自動的に抽出し、それ以外のデータを非表示にすることができます。たとえば、入力されたデータの中から売上の上位5件のデータだけを表示することができます。

	A	B	C	D	E	F	G	H	I
1		支店別売上集計							
2			単位：円						
3		支店名	4月						
4		札幌	84,523,400						
5		仙台	60,592,600						
6		東京	104,649,300						
7		千葉	85,234,800						
8		横浜	120,376,800						
9		名古屋	96,785,700						
10		京都	87,568,900						
11		大阪	102,365,800						
12		広島	89,869,200						
13		福岡	98,937,900						
14									

トップテン オートフィルター　?　×
表示
上位　5　項目
OK　キャンセル

❸ ピボットテーブル

「ピボットテーブル」を使うと、1件ずつの売上データから、支店ごとの売上合計金額を求めたり、月別の売上合計金額を求めたりといったように、さまざまな視点から集計することができます。また、着目する項目を簡単に切り替えてさまざまな視点で集計をしたり、支店ごとに月別の売上合計を求めたりするような、複雑な集計もできるので、分析には大変役立つ機能です。このような集計方法は、表の縦方向と横方向で集計することから「クロス集計」と呼ばれます。

	A	B	C	D	E	F	G	H	I
2									
3	合計 / 売上価格	列ラベル							
4	行ラベル	鉛筆	サインペン	ボールペン	マーカー	修正ペン	消しゴム	総計	
5	⊟札幌	278,100	184,700	142,120	146,470	119,240	80,860	951,490	
6	⊞第1四半期	55,150	13,760	43,120	30,850	26,400	13,130	182,410	
7	⊞第2四半期	83,050	44,640	39,320	31,080	35,640	25,220	258,950	
8	⊞第3四半期	75,100	80,460	33,270	45,120	13,860	22,490	270,300	
9	⊞第4四半期	64,800	45,840	26,410	39,420	43,340	20,020	239,830	
10	⊟大阪	297,150	163,140	145,030	133,830	108,020	69,290	916,460	
11	⊞第1四半期	80,200	56,320	51,670	41,940	29,480	18,200	277,810	
12	⊞第2四半期	75,500	19,040	14,340	35,060	34,320	22,100	200,360	
13	⊞第3四半期	69,150	38,160	49,030	22,780	26,180	14,300	219,600	
14	⊞第4四半期	72,300	49,620	29,990	34,050	18,040	14,690	218,690	
15	⊟東京	272,300	164,560	149,430	125,530	129,140	77,740	918,700	
16	⊞第1四半期	79,300	46,060	37,810	28,440	29,920	24,700	246,230	
17	⊞第2四半期	62,550	45,220	44,380	21,000	44,440	17,160	234,750	
18	⊞第3四半期	71,000	25,380	31,660	45,910	36,740	14,430	225,120	
19	⊞第4四半期	59,450	47,900	35,580	30,180	18,040	21,450	212,600	
20	⊟福岡	219,450	175,860	129,870	114,950	105,820	79,560	825,510	
21	⊞第1四半期	64,150	38,800	24,310	29,070	13,860	16,120	186,310	
22	⊞第2四半期	25,750	50,640	36,670	22,120	25,740	31,980	192,900	
23	⊞第3四半期	69,950	42,000	29,330	50,420	29,040	19,240	239,980	
24	⊞第4四半期	59,600	44,420	39,560	13,340	37,180	12,220	206,320	
25	⊟名古屋	295,650	143,280	154,020	140,220	75,680	81,900	890,750	
26	⊞第1四半期	52,900	30,080	43,920	30,170	27,280	15,210	199,560	
27	⊞第2四半期	66,850	28,180	40,440	41,810	12,100	26,000	215,380	
28	⊞第3四半期	100,200	39,320	25,570	23,320	21,780	22,880	233,070	
29	⊞第4四半期	75,700	45,700	44,090	44,920	14,520	17,810	242,740	
30	総計	1,362,650	831,540	720,470	661,000	537,900	389,350	4,502,910	
31									

2020年度売上　Sheet1

STEP 2 データ処理における計算

在庫管理業務や生産管理業務では、過剰な在庫を持たないことが重要です。そして、日々の在庫データから、生産計画や販売計画、仕入計画を立てます。このとき、前期や前年の売上から必要な在庫を予測したり、売れ筋商品を見極めたりといった、戦略的なデータの分析が必要になります。
ここでは、データ処理に必要な計算方法や関数について確認しましょう。

1 在庫数

企業経営において、在庫管理は主要な業務のひとつです。在庫を多く抱えれば、コストが大きくなり、売れ残りのリスクも増えます。一方で在庫を少なくしすぎると、在庫不足になり、生産や販売に対応できない可能性があります。そこで適正な在庫数を維持するために、一定期間ごとに不足する量を仕入れる**「定期発注方式」**と、あらかじめ決めておいた在庫数を下回ったときに一定の量を仕入れる**「定量発注方式」**があります。
仕入れた商品または生産した商品は在庫となり、売り上げた商品は在庫から減ります。また、棚卸高に対して、商品を入庫すると在庫となり、出庫すると在庫から減ります。したがって、在庫数は、次のように求めます。

在庫数　＝　仕入数量　－　売上数量
または
在庫数　＝　生産数量　－　売上数量
または
在庫数　＝　棚卸高　＋　入庫数量　－　出庫数量

在庫管理の基本は、**「必要なものを必要なときに必要なだけ」**、**「ジャストインタイム（JIT）」**などといわれます。過剰でもなく不足することもないよう在庫数を維持するために、過去の売上データや市場の動向データなどを駆使して分析します。

2 前年同期比

今年の生産や売上の実績を把握するときには、**「前年同期比」**を求め、前年の同じ月や期間と比較します。**「今期昨日までの生産数は、前年実績の何％まで達成している」**というように、定期的に前年の値と比較することで、達成度や未達成度がわかります。また、生産数や売上の目標を立てることもできます。
前年同期比は、次のように求めます。

前年同期比（％）　＝　今期値　÷　前期値　×　100

※表計算ソフトでパーセントスタイルの表示形式を設定する場合は、「×100」は省略します。

前年同期比では、1年を通した集計に限らず、ある期間の集計値を、同じ期間について前年の集計値と比較する場合もあります。「**4月の売上金額**」で前年同期比を求める場合、次のように求めます。

前年同期比(%) ＝ 今年の4月の売上金額 ÷ 昨年の4月の売上金額 × 100

※表計算ソフトでパーセントスタイルの表示形式を設定する場合は、「×100」は省略します。

今年4月の売上金額が12,000千円、昨年4月の売上金額が10,000千円であれば、

前年同期比(%) ＝ 12,000千円 ÷ 10,000千円 × 100 ＝ 120%

となり、前年同期比は120%、前年に比べて20%の売上アップとなります。

前年同期比は、次のように表にまとめて分析することもあります。

■図2.1　前年度同月の売上と比較した例

	A	B	C	D	E	F	G	H	I	J	K
1											
2			4月	5月	6月	7月	8月	9月	上期		
3		今年度売上（千円）	985	1,024	876	880	1,092	965	5,822		
4		前年度売上（千円）	897	982	1,022	896	977	851	5,625		
5		前年同期比（%）	109.8	104.3	85.7	98.2	111.8	113.4	103.5		
6											
7			10月	11月	12月	1月	2月	3月	下期	合計	
8		今年度売上（千円）	998	1,012	952	896	978		4,836	10,658	
9		前年度売上（千円）	937	992	960	844	977	965	5,675	11,300	
10		前年同期比（%）	106.5	102.0	99.2	106.2	100.1		85.2	94.3	
11											

上の例の場合、1年の売上目標を前年度比105%としたならば、

今年度の売上目標 ＝ 前年度の売上合計金額 × 前年度比
＝ 11,300 × 1.05 ＝ 11,865千円
目標を達成するために必要な今年度3月の売上 ＝ 11,865 － 10,658 ＝ 1,207千円

となり、3月に1,207千円を売り上げれば目標達成となることがわかります。

また、前年同期比を求めるときは、次のように累計を利用することもあります。

■図2.2　前年度同月の売上累計と比較した例

	A	B	C	D	E	F	G	H	I	J	K
1											
2			4月	5月	6月	7月	8月	9月	上期		
3		今年度売上累計（千円）	985	2,009	2,885	3,765	4,857	5,822	5,822		
4		前年度売上累計（千円）	897	1,879	2,901	3,797	4,774	5,625	5,625		
5		前年同期比（%）	109.8	106.9	99.4	99.2	101.7	103.5	103.5		
6											
7			10月	11月	12月	1月	2月	3月	下期	合計	
8		今年度売上累計（千円）	6,820	7,832	8,784	9,680	10,658			10,658	
9		前年度売上累計（千円）	6,562	7,554	8,514	9,358	10,335	11,300		11,300	
10		前年同期比（%）	103.9	103.7	103.2	103.4	103.1			94.3	
11											

第1章
第2章
第3章
第4章
第5章
第6章
第7章
模擬試験
付録1
付録2
索引

累計を使って分析すると、売上目標の前年同期比105%を達成するために、どの程度足りないかを常に把握できるようになります。
企業は四半期ごと、半期ごとにも実績を集計しますが、決算は1年ごとに行います。そのため、比較は1年ごとに行うことが最適です。また、季節商品のように1年ごとに流行するような商品の場合も、前年の実績と比較することが適当といえます。ただし、短期的に製造、販売する商品や市場の動向が激しい商品では、**「対前月比」**や**「対前期比」**など、より短い期間を集計して比較する値を使うこともあります。

3 売上構成比

売上構成比は、ある商品が全体の売上のうち何%を占めているかを示す数値です。
売上構成比は、次のように求めます。

売上構成比(%) = 当該商品の売上金額 ÷ 売上合計金額 × 100

※表計算ソフトでパーセントスタイルの表示形式を設定する場合は、「×100」は省略します。

売上構成比は、全商品の中で売れ筋商品を見極めるために重要な値です。数が多く売れていても、単価が低いものであれば、全体の売上の中で占める割合は小さくなります。
一方で単価の高い商品であれば、数が多く売れていなくても、全体の売上の中で占める割合は大きくなります。商品ごとの売上について、売上構成比を求めることで、どの商品に販売の力を注げば売上や利益が上がるかを分析できるようになります。

	A	B	C	D	E	F
1	ドリンクメニュー別売上集計					
2	ドリンクメニュー	販売単価(円)	販売数(個)	売上金額(円)	構成比(%)	
3	オリジナルブレンド	500	1,348	674,000	17.8	
4	アールグレイティー	600	158	94,800	2.5	
5	アッサムティー	700	81	56,700	1.5	
6	オリジナルティー	550	977	537,350	14.2	
7	オレンジジュース	450	242	108,900	2.9	
8	カプチーノ	650	786	510,900	13.5	
9	キリマンジャロブレンド	700	132	92,400	2.4	
10	グレープジュース	450	84	37,800	1.0	
11	グレープフルーツジュース	450	231	103,950	2.7	
12	セイロンティー	700	149	104,300	2.7	
13	ダージリンティー	700	644	450,800	11.9	
14	チャイ	600	78	46,800	1.2	
15	ブルーマウンテンブレンド	800	280	224,000	5.9	
16	モカブレンド	700	583	408,100	10.8	
17	ロイヤルココア	540	177	95,580	2.5	
18	ロイヤルミルクティー	800	312	249,600	6.6	
19	合計		6,262	3,795,980	100.0	
20						

主力商品

4 データ処理に役立つ関数

データの入力や分析でよく使われるExcelの関数を確認しましょう。

関数名	説明	数式例
①SUM関数	指定した範囲の合計を求めます。	=SUM(C4:C9)
②AVERAGE関数	指定した範囲の平均を求めます。	=AVERAGE(C4:C9)
③MAX関数	指定した範囲に含まれる数値の中で最大値を求めます。	=MAX(C4:C9)
④MIN関数	指定した範囲に含まれる数値の中で最小値を求めます。	=MIN(C4:C9)
⑤COUNT関数	指定した範囲に含まれる数値が入力されているセルの個数を求めます。	=COUNT(C4:C9)

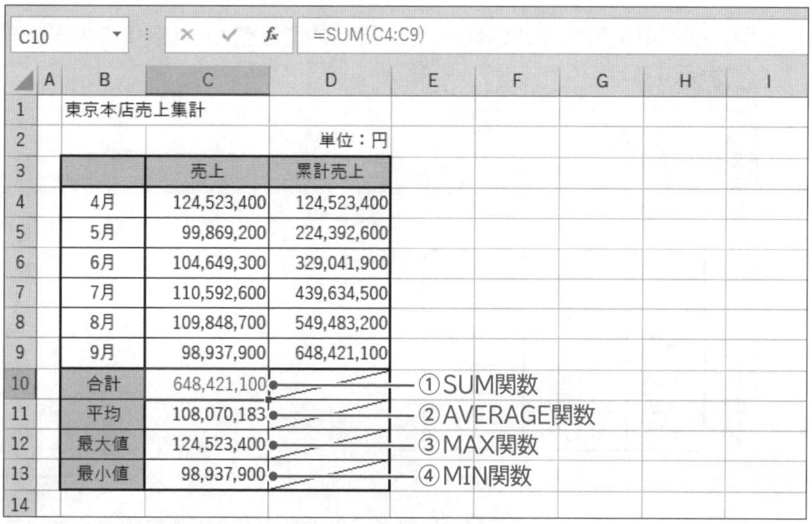

C10　=SUM(C4:C9)

	A	B	C	D
1		東京本店売上集計		
2				単位：円
3			売上	累計売上
4		4月	124,523,400	124,523,400
5		5月	99,869,200	224,392,600
6		6月	104,649,300	329,041,900
7		7月	110,592,600	439,634,500
8		8月	109,848,700	549,483,200
9		9月	98,937,900	648,421,100
10		合計	648,421,100	
11		平均	108,070,183	
12		最大値	124,523,400	
13		最小値	98,937,900	
14				

①SUM関数
②AVERAGE関数
③MAX関数
④MIN関数

関数名	説明	数式例
⑥ROUND関数	指定した桁数で数値を四捨五入して丸めます。	113.795…の小数点第2位を四捨五入し、小数点第1位を表示 =ROUND(C4／D4*100,1)→113.8
⑦ROUNDUP関数	指定した桁数で数値を切り上げて丸めます。	113.795…の小数点第1位を切り上げし、整数の値を表示 =ROUNDUP(C4／D4*100,0)→114
⑧ROUNDDOWN関数	指定した桁数で数値を切り捨てて丸めます。	113.795…の小数点第3位を切捨てし、小数点第2位を表示 =ROUNDDOWN(C4／D4*100,2)→113.79

例:「C4÷D4×100」の値の小数点第2位を四捨五入し、小数点第1位を表示する。

E4 =ROUND(C4/D4*100,1)

	A	B	C	D	E	F	G	H
1		東京本店上半期売上集計						
2								
3			本年（円）	昨年（円）	前年同期比（%）			
4		4月	124,523,400	109,426,900	113.8			
5		5月	99,869,200	101,603,700	98.3			
6		6月	104,649,300	115,487,200	90.6			
7		7月	110,592,600	120,510,900	91.8			
8		8月	109,848,700	102,423,700	107.2			
9		9月	98,937,900	99,587,200	99.3			
10		合計	648,421,100	649,039,600	99.9			
11								

関数名	説明	数式例
⑨RANK.EQ関数	指定した数値が、指定した範囲の数値の中で何位かを表示します。順位は、0（または省略）を指定すると上位から、1（0以外の数値）を指定すると下位からになります。	=RANQ.EQ（C4, $C$4：$C$9, 0） =RANQ.EQ（C4, $C$4：$C$9, 1）

例：セルC4の値が、セルC4からセルC9の中で上位から（数値の大きい方から）何位かを表示する。

D4 =RANK.EQ(C4,$C$4:$C$9,0)

	A	B	C	D	E	F	G	H	I	J
1		支店別売上集計								
2										
3		支店名	4月	順位						
4		札幌	84,523,400	6						
5		東京	104,649,300	2						
6		横浜	120,376,800	1						
7		名古屋	96,785,700	5						
8		大阪	102,365,800	3						
9		福岡	98,937,900	4						
10										

例：セルC4の値が、セルC4からセルC9の中で下位から（数値の小さい方から）何位かを表示する。

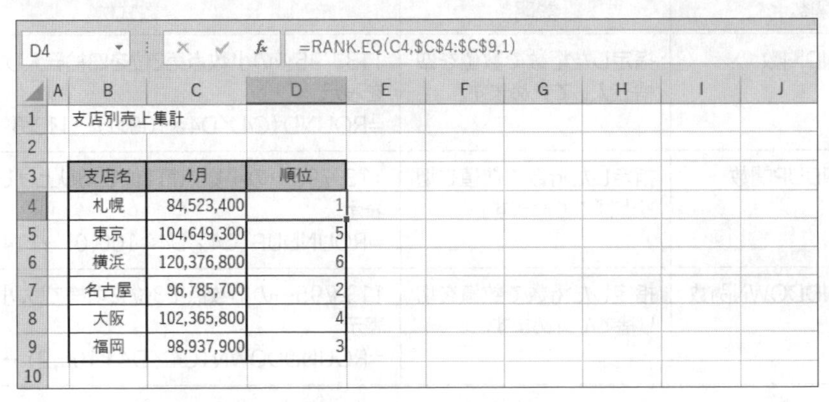

D4 =RANK.EQ(C4,$C$4:$C$9,1)

	A	B	C	D	E	F	G	H	I	J
1		支店別売上集計								
2										
3		支店名	4月	順位						
4		札幌	84,523,400	1						
5		東京	104,649,300	5						
6		横浜	120,376,800	6						
7		名古屋	96,785,700	2						
8		大阪	102,365,800	4						
9		福岡	98,937,900	3						
10										

関数名	説明	数式例
⑩IF関数	条件に一致するデータに対して指定した処理を行います。	=IF(E4>=105,"○","×")

例：セルE4の値が105以上であれば「○」、そうでなければ「×」と表示する。

F4 =IF(E4>=105,"○","×")

	A	B	C	D	E	F	G	H
1		東京本店上半期売上集計						
2								
3			本年（円）	昨年（円）	前年同期比（%）	105%判断		
4		4月	124,523,400	109,426,900	113.8	○		
5		5月	99,869,200	101,603,700	98.3	×		
6		6月	104,649,300	115,487,200	90.6	×		
7		7月	110,592,600	120,510,900	91.8	×		
8		8月	109,848,700	102,423,700	107.2	○		
9		9月	98,937,900	99,587,200	99.3	×		
10		合計	648,421,100	649,039,600	99.9	×		
11								

関数名	説明	数式例
⑪LEFT関数	文字列の先頭から指定された数の文字を返します。	「YKH302」の先頭から3文字を返す =LEFT(B4,3)→YKH
⑫RIGHT関数	文字列の末尾から指定された数の文字を返します。	「YKH302」の末尾から3文字を返す =RIGHT(B4,3)→302

例：セルB4に入力されている文字列の左から3文字目までをC4に表示する。

C4 =LEFT(B4,3)

	A	B	C	D	E	F	G	H	I
1		支店別売上集計							
2									
3		支店コード	都市コード	4月		都市コード	都市名		
4		YKH302	YKH	120,376,800		FKO	福岡		
5		TKY101	TKY	104,649,300		NGY	名古屋		
6		OSK203	OSK	102,365,800		OSK	大阪		
7		FKO203	FKO	98,937,900		TKY	東京		
8		NGY201	NGY	96,785,700		YKH	横浜		
9									

例：セルB4に入力されている文字列の右から3文字目までをC4に表示する。

C4 =RIGHT(B4,3)

	A	B	C	D	E	F	G	H	I
1		支店別売上集計							
2									
3		支店コード	都市コード	4月		都市コード	都市名		
4		YKH302	302	120,376,800		FKO	福岡		
5		TKY101	101	104,649,300		NGY	名古屋		
6		OSK203	203	102,365,800		OSK	大阪		
7		FKO203	203	98,937,900		TKY	東京		
8		NGY201	201	96,785,700		YKH	横浜		
9									

関数名	説明	数式例
⑬VLOOKUP関数	指定した値を別の範囲にある1列目の値と比較して、一致するデータを表示します。	=VLOOKUP(B3, $F$3:$G$18, 2)

例：セルB3の値を、セルF3からセルG18の範囲の1列目（支店コード）と比較して、一致する値の2列目（支店名）のデータを表示する。

C3 =VLOOKUP(B3,$F$3:$G$18,2)

	A	B	C	D	E	F	G	H	I
1		支店別売上集計				支店コード一覧			
2		支店コード	支店名	4月		支店コード	支店名		
3		302	横浜	120,376,800		101	東京		
4		101	東京	104,649,300		201	名古屋		
5		202	大阪	102,365,800		202	大阪		
6		203	福岡	98,937,900		203	福岡		
7		201	名古屋	96,785,700		301	広島		
8		301	広島	89,869,200		302	横浜		
9		402	京都	87,568,900		303	札幌		
10		601	千葉	85,234,800		304	仙台		
11		303	札幌	84,523,400		401	長野		
12		502	金沢	76,893,500		402	京都		
13		503	静岡	76,879,300		501	高松		
14		602	岡山	75,683,400		502	金沢		
15		401	長野	65,796,300		503	静岡		
16		304	仙台	60,592,600		504	新潟		
17		501	高松	59,869,200		601	千葉		
18		504	新潟	46,834,600		602	岡山		
19									

関数名	説明	数式例
⑭HLOOKUP関数	指定した値を別の範囲にある1行目の値と比較して、一致するデータを表示します。	=HLOOKUP(C3, $H$2:$K$3, 2)

例：セルC3の値を、セルH2からセルK3の範囲の1行目（地区コード）と比較して、一致する値の2行目（管轄地区）のデータを表示する。

D3 =HLOOKUP(C3,$H$2:$K$3,2)

	A	B	C	D	E	F	G	H	I	J	K
1		支店別売上集計					地区コード一覧				
2		支店名	地区コード	管轄地区	4月		地区コード	1	2	3	4
3		東京	3	首都圏	104,649,300		管轄地区	北部	中央	首都圏	西日本
4		名古屋	2	中央	96,785,700						
5		大阪	4	西日本	102,365,800						
6		福岡	4	西日本	98,937,900						
7		広島	4	西日本	89,869,200						
8		横浜	3	首都圏	120,376,800						
9		札幌	1	北部	84,523,400						
10		仙台	1	北部	60,592,600						
11		長野	2	中央	65,796,300						
12		京都	4	西日本	87,568,900						
13		高松	4	西日本	59,869,200						
14		金沢	2	中央	76,893,500						
15		静岡	2	中央	76,879,300						
16		新潟	2	中央	46,834,600						
17		千葉	3	首都圏	85,234,800						
18		岡山	4	西日本	75,683,400						
19											

STEP 3

データの共有

Excelを使ってデータを分析した結果は、ファイルに保存します。通常はExcelファイルに保存して利用しますが、ほかの人と共有するときには、Excelのない環境でもデータの内容を参照できるように、共有できるファイル形式で保存することもあります。

1 データの共有

データを共有するということは、同じ部署に所属する人や同じプロジェクトに参加しているメンバーすべてが同じデータを持つことです。また、データが更新されたときには、同様にデータを共有しているメンバーが最新のデータを取得できることが求められます。

① ネットワークを使ったデータ共有

データの共有方法にはいくつか考えられ、最も基本となる方法は、ファイルをコピーして全員で持つことです。データファイルをコピーするときには、USBメモリーなどを利用すると便利ですが、自分が使っているコンピューター以外のディスクにファイルをコピーして持ち出すことはコンプライアンス[*1]を考慮すると好ましくない方法です。
そこで、コンピューターシステムが発展した現在では、ネットワークを利用してデータを共有する方法が広く使われています。ネットワークでつながったサーバーにファイルを保存すれば、誰でも同じデータを利用できるようになります。したがって、常に最新のデータが利用可能となります。これまでのように、個々のコンピューターに散在したファイルをそれぞれ更新した結果、最新のデータがどれなのかわからなくなるといったトラブルもなくなります。
一方で、ネットワークを利用したデータの共有には留意点もあります。最も気を付けることは情報漏えいで、ネットワークに第三者が入り込んでしまうことで発生します。そのため、データを利用する権限を与え、権限を持つ人だけがデータを利用できる環境を整備するセキュリティー対策が必要になります。

*1 「法令遵守」と訳され、企業などが、法令や規則に従い、守ることをいいます。

■図2.3　データが散在している例

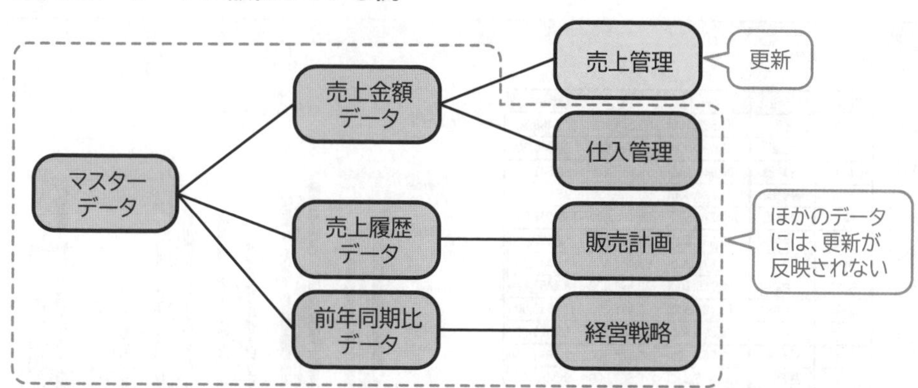

■図2.4　一元管理の例

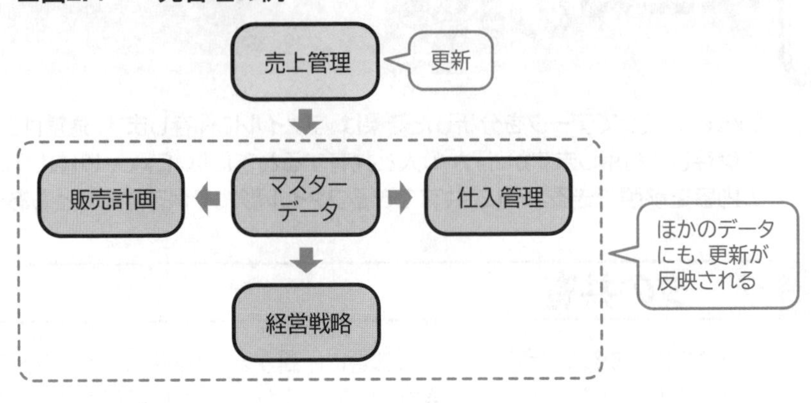

❷最小単位での保存

Excelで作成したデータを共有するためには、ファイルを保存します。このとき、特に売上金額データのように、さまざまな分析の基幹となるデータは、最小単位で保存して共有してから、各部門単位でそれぞれ必要な分析に利用することが重要なポイントとなります。

支店別売上集計　単位：円

	4月	5月	6月
札幌	84,523,400	66,574,200	78,468,500
仙台	60,592,600	70,521,600	75,846,200
新潟	46,834,600	55,017,500	54,127,800
東京	104,649,300	95,632,400	98,541,000
千葉	85,234,800	904,598,700	96,547,100
横浜	120,376,800	108,526,300	135,649,000
静岡	76,879,300	80,457,400	96,421,300
名古屋	96,785,700	70,548,900	88,452,100
長野	65,796,300	60,475,200	74,513,600
金沢	76,893,500	80,457,600	80,325,000
京都	87,568,900	85,125,900	79,612,500
大阪	102,365,800	96,547,800	96,487,500
岡山	75,683,400	62,457,800	88,412,300
広島	89,869,200	94,586,300	76,592,300
高松	59,869,200	67,489,200	61,486,200
福岡	98,937,900	84,152,300	74,682,300

支店別四半期集計　単位：円

	4月	5月	6月	第1四半期合計	第2四半期目標
札幌	84,523,400	66,574,200	78,468,500	229,566,100	241,045,000
仙台	60,592,600	70,521,600	75,846,200	206,960,400	217,309,000
新潟	46,834,600	55,017,500	54,127,800	155,979,900	163,779,000
東京	104,649,300	95,632,400	98,541,000	298,822,700	313,764,000
千葉	85,234,800	904,598,700	96,547,100	1,086,380,600	1,140,700,000
横浜	120,376,800	108,526,300	135,649,000	364,552,100	382,780,000
静岡	76,879,300	80,457,400	96,421,300	253,758,000	266,446,000
名古屋	96,785,700	70,548,900	88,452,100	255,786,700	268,577,000
長野	65,796,300	60,475,200	74,513,600	200,785,100	210,825,000
金沢	76,893,500	80,457,600	80,325,000	237,676,100	249,560,000
京都	87,568,900	85,125,900	79,612,500	252,307,300	264,923,000
大阪	102,365,800	96,547,800	96,487,500	295,401,100	310,172,000
岡山	75,683,400	62,457,800	88,412,300	226,553,500	237,882,000
広島	89,869,200	94,586,300	76,592,300	261,047,800	274,101,000
高松	59,869,200	67,489,200	61,486,200	188,844,600	198,287,000
福岡	98,937,900	84,152,300	74,682,300	257,772,500	270,662,000

支店別売上集計をもとに
四半期集計に加工

支店別売上集計　単位：円

支店名	管轄地区	4月	5月	6月
札幌	北部	84,523,400	66,574,200	78,468,500
仙台	北部	60,592,600	70,521,600	75,846,200
東京	首都圏	104,649,300	95,632,400	98,541,000
千葉	首都圏	85,234,800	90,459,870	96,547,100
横浜	首都圏	120,376,800	108,526,300	135,649,000
新潟	中央	46,834,600	55,017,500	54,127,800
静岡	中央	76,879,300	80,457,400	96,421,300
名古屋	中央	96,785,700	70,548,900	88,452,100
長野	中央	65,796,300	60,475,200	74,513,600
金沢	中央	76,893,500	80,457,600	80,325,000
京都	西日本	87,568,900	85,125,900	79,612,500
大阪	西日本	102,365,800	96,547,800	96,487,500
岡山	西日本	75,683,400	62,457,800	88,412,300
広島	西日本	89,869,200	94,586,300	76,592,300
高松	西日本	59,869,200	67,489,200	61,486,200
福岡	西日本	98,937,900	84,152,300	74,682,300

西日本支店別売上推移
単位：千円
120,000
100,000
80,000
60,000
40,000
20,000
0
京都　大阪　岡山　広島　高松　福岡
■4月 ■5月 ■6月

支店別売上集計をもとに西日本地区の
支店別売上推移グラフを作成

③ 汎用ファイル形式での保存

Excelは大変多く利用されているソフトウェアですが、データをやり取りするときに、相手が必ずExcelを利用しているとは限りません。そこでデータを共有するときには、汎用的なファイル形式を使ってやり取りすることがあります。ここで取り上げるCSVファイルとXMLファイルは汎用的なファイル形式として代表的なものです。

●CSVファイル

「CSV（Comma-Separated Values）ファイル」とは、Excelをはじめとする表形式のデータを、セルのデータごとにカンマで区切ったテキストファイルです。テキストファイルのため、汎用性が高く、Excelのない環境とのデータ共有をはじめ、異なるコンピューターシステム間でのデータ共有にも広く利用されます。ただし、CSVファイルでは、セルの値だけがテキストとして記録されるので、Excelのセルに入力した関数や数式は反映されず、関数や数式の結果が値として記録されます。

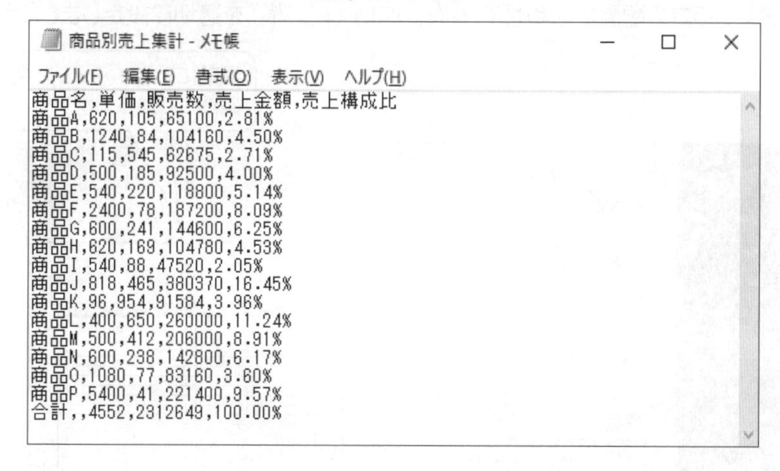
商品別売上集計 - メモ帳

ファイル(F)　編集(E)　書式(O)　表示(V)　ヘルプ(H)

```
商品名,単価,販売数,売上金額,売上構成比
商品A,620,105,65100,2.81%
商品B,1240,84,104160,4.50%
商品C,115,545,62675,2.71%
商品D,500,185,92500,4.00%
商品E,540,220,118800,5.14%
商品F,2400,78,187200,8.09%
商品G,600,241,144600,6.25%
商品H,620,169,104780,4.53%
商品I,540,88,47520,2.05%
商品J,818,465,380370,16.45%
商品K,96,954,91584,3.96%
商品L,400,650,260000,11.24%
商品M,500,412,206000,8.91%
商品N,600,238,142800,6.17%
商品O,1080,77,83160,3.60%
商品P,5400,41,221400,9.57%
合計,,4552,2312649,100.00%
```

●XMLファイル

「XML（Extensible Markup Language）ファイル」は、テキストだけで記録されたファイルでありながらも、一定の規則に従って記述することで、さまざまな書式を再現できるようにしたファイル形式です。複雑なデータにも対応できる分、記述方法もかなり複雑です。

商品別売上集計 - メモ帳

ファイル(F)　編集(E)　書式(O)　表示(V)　ヘルプ(H)

```
  <Row ss:AutoFitHeight="0" ss:Height="14.25">
   <Cell ss:Index="2" ss:StyleID="s67"><PhoneticText
     xmlns="urn:schemas-microsoft-com:office:excel">ショウヒン</PhoneticText><Data
     ss:Type="String">商品A</Data></Cell>
   <Cell ss:StyleID="s69"><Data ss:Type="Number">620</Data></Cell>
   <Cell ss:StyleID="s70"><Data ss:Type="Number">105</Data></Cell>
   <Cell ss:StyleID="s71" ss:Formula="=RC[-2]*RC[-1]"><Data ss:Type="Number">65100</Data><
     ss:Name="_FilterDatabase"/></Cell>
   <Cell ss:StyleID="s73" ss:Formula="=RC[-1]/R20C5"><Data ss:Type="Number">2.814953760817
  </Row>
  <Row ss:AutoFitHeight="0">
   <Cell ss:Index="2" ss:StyleID="s74"><PhoneticText
     xmlns="urn:schemas-microsoft-com:office:excel">ショウヒン</PhoneticText><Data
     ss:Type="String">商品B</Data></Cell>
   <Cell ss:StyleID="s75"><Data ss:Type="Number">1240</Data></Cell>
   <Cell ss:StyleID="s76"><Data ss:Type="Number">84</Data></Cell>
   <Cell ss:StyleID="s77" ss:Formula="=RC[-2]*RC[-1]"><Data ss:Type="Number">104160</Data>
     ss:Name="_FilterDatabase"/></Cell>
   <Cell ss:StyleID="s78" ss:Formula="=RC[-1]/R20C5"><Data ss:Type="Number">4.503926017307
  </Row>
  <Row ss:AutoFitHeight="0">
   <Cell ss:Index="2" ss:StyleID="s74"><PhoneticText
     xmlns="urn:schemas-microsoft-com:office:excel">ショウヒン</PhoneticText><Data
     ss:Type="String">商品C</Data></Cell>
   <Cell ss:StyleID="s75"><Data ss:Type="Number">115</Data></Cell>
   <Cell ss:StyleID="s76"><Data ss:Type="Number">545</Data></Cell>
   <Cell ss:StyleID="s77" ss:Formula="=RC[-2]*RC[-1]"><Data ss:Type="Number">62675</Data><
```

2 印刷

データを共有するときの、もう1つの方法として「**印刷**」があります。Excelで作成したデータを印刷して配布するときには、あらかじめ用紙に合わせて体裁を整えてからプリンターで印刷します。
また、データの共有と同様に、印刷物を取り扱うときは、むやみに持ち出して外出先で参照するなど、情報が漏えいする可能性のある行動はしないようにしましょう。
印刷を実施する際には、次のような設定を行います。

❶ページサイズ

ビジネスで印刷物を配布するときは、通常、A4サイズを利用します。ただし、大きな表で、A4サイズに収まらないときには、A3サイズを利用することもあります。Excelで作成した表やグラフの配置に合わせて、用紙の向き（縦／横）を適切に設定しましょう。

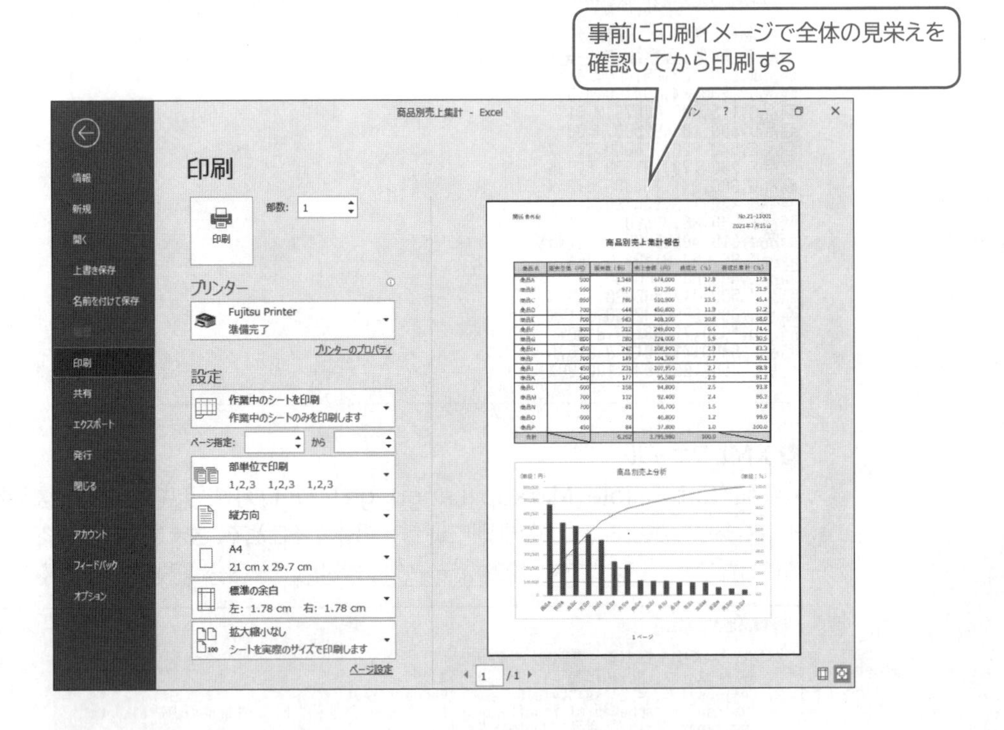

❷余白

印刷では、用紙の四方に適当な余白を設定します。余白を狭くすれば1枚の用紙に多くのデータを印刷できますが、書類をとじてファイルで保存するようなときに、とじ代がなくなってしまいます。一方で余白を広く取り過ぎると、周辺の空きスペースが目立ってしまい、間の抜けた印象になります。1cm程度を目安に適切な余白を設定しましょう。

❸ ヘッダー

ヘッダーは、全ページの上部に共通して表示する場所のことです。ヘッダーには、タイトルや文書番号などを記述します。

関係者外秘　　　　　　　　　　　　　　　　21-11001

商品別売上集計報告

商品名	販売単価（円）	販売数（個）	売上金額（円）	構成比（%）	構成比累計（%）
商品A	500	1,348	674,000	17.8	17.8
商品B	550	977	537,350	14.2	31.9
商品C	650	786	510,900	13.5	45.4
商品D	700	644	450,800	11.9	57.2
商品E	700	583	408,100	10.8	68.0
商品F	800	312	249,600	6.6	74.6
商品G	800	280	224,000	5.9	80.5
商品H	450	242	108,900	2.9	83.3
商品I	700	149	104,300	2.7	86.1
商品J	450	231	103,950	2.7	88.8
商品K	540	177	95,580	2.5	91.3
商品L	600	158	94,800	2.5	93.8
商品M	700	132	92,400	2.4	96.3
商品N	700	81	56,700	1.5	97.8
商品O	600	78	46,800	1.2	99.0
商品P	450	84	37,800	1.0	100.0
合計		6,262	3,795,980	100.0	

❹ フッター

フッターは、全ページの下部に共通して表示する場所のことです。フッターは主にページ番号の表示に利用されます。印刷が複数ページに渡るときには、ページ番号を印刷するとよいでしょう。

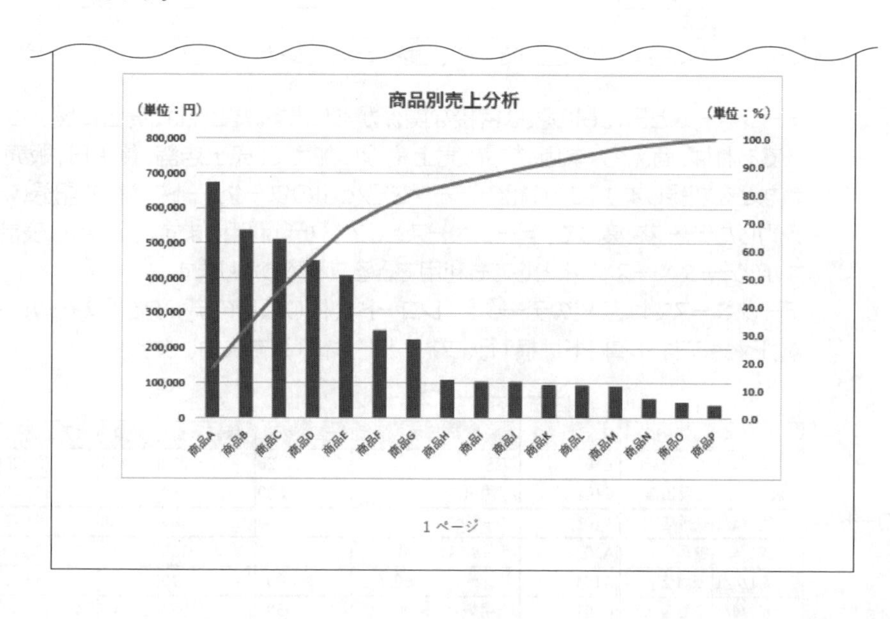

STEP 4

計算処理の効率化とセキュリティー

日々膨大なデータを入力し、処理、分析するには、作業の効率化が欠かせません。コンピューターシステムやExcelの利用に加えて、データの一元管理など、さまざまな場面で効率化が求められます。
ここでは、セキュリティー対策も含めたデータベースの取り扱いと効率化について理解しましょう。

1 データベースの取り扱い

データベースとは、ある内容を示すデータの集まりです。データが集まることで、合計や平均などを求めることができるようになり、さまざまな分析が行えます。Excelで作成した表形式のデータも、データベースの一種といえます。

日付	販売店	商品コード	商品名	仕入単価	販売単価	数量	売上高
2021/4/1	五反田店	B102	修正ペン	120	210	140	29,400
2021/4/1	五反田店	C101	A4用紙	500	980	38	37,240
2021/4/1	笹塚店	A101	ボールペン（赤）	100	189	48	9,072
2021/4/1	笹塚店	A102	ボールペン（黒）	100	189	150	28,350
2021/4/1	笹塚店	A104	ボールペン（3色）	300	510	150	76,500
2021/4/1	渋谷店	C101	A4用紙	500	980	43	42,140
2021/4/1	渋谷店	C103	A3用紙	700	1,310	24	31,440
2021/4/1	赤坂店	B104	クリップ	150	290	21	6,090
2021/4/1	赤坂店	B105	スティックのり	80	168	134	22,512
2021/4/1	赤坂店	C101	A4用紙	500	980	75	73,500
2021/4/1	田町店	A101	ボールペン（赤）	100	189	36	6,804
2021/4/1	田町店	A102	ボールペン（黒）	100	189	35	6,615
2021/4/1	田町店	A104	ボールペン（3色）	300	510	84	42,840
2021/4/1	田町店	B101	消しゴム	40	85	40	3,400
2021/4/1	田町店	B103	画びょう	90	150	24	3,600
2021/4/2	五反田店	A101	ボールペン（赤）	100	189	45	8,505
2021/4/2	五反田店	A102	ボールペン（黒）	100	189	45	8,505
2021/4/2	五反田店	A201	サインペン（赤）	80	143	78	11,154

データベースとExcelの表は密接な関係があります。たとえば、売上に関するデータベースであれば、商品名、単価、数量、売上金額に加えて、売上店舗、仕入日、販売日、顧客情報などを記録します。この1組のデータをExcelのワークシートで1行で記録します。1行に入力したデータを集めて、データベースとして分析に利用します。Excelは表計算ソフトですが、データベースソフトとしても利用できることがわかります。
データベースでは、1組のデータを**「レコード」**、同じ項目のデータを**「フィールド」**と呼びます。Excelでは、レコードは横1行、フィールドは縦1列で入力します。

フィールド

レコード

日付	販売店	商品コード	商品名	仕入単価	販売単価	数量	売上高
2021/4/1	五反田店	B102	修正ペン	120	210	140	29,400
2021/4/1	五反田店	C101	A4用紙	500	980	38	37,240
2021/4/1	笹塚店	A101	ボールペン（赤）	100	189	48	9,072
2021/4/1	笹塚店	A102	ボールペン（黒）	100	189	150	28,350
2021/4/1	笹塚店	A104	ボールペン（3色）	300	510	150	76,500
2021/4/1	渋谷店	C101	A4用紙	500	980	43	42,140
2021/4/1	渋谷店	C103	A3用紙	700	1,310	24	31,440
2021/4/1	赤坂店	B104	クリップ	150	290	21	6,090

2 マクロ

マクロはプログラムの一種で、Excelの操作を自動化します。Excelで決められた処理を行う場合、あらかじめ手順を記述しておき、実行することで、複数の処理が自動的に行えるようになります。たとえば、毎日入力している売上を月末締めでまとめ、合計や平均を求め、前年同期比や店舗別順位を表示して、次月の目標金額を計算するといった処理を、マクロにまとめて記述しておくと、1回の操作ですべての処理が完了します。
Excelでは、ファイルにマクロを埋め込みます。ワークシートと合わせて自動化する動作を記録しておき、**「マクロ有効ブック」**と呼ばれるマクロが埋め込まれたExcelファイルとして保存します。
Excelでは、マクロに「Visual Basic for Applications（VBA）」という言語が使われます。動作を記述する方法として直感的に把握できるプログラミング言語で、ExcelやWordなどMicrosoft Officeの各アプリケーションソフトで利用されています。

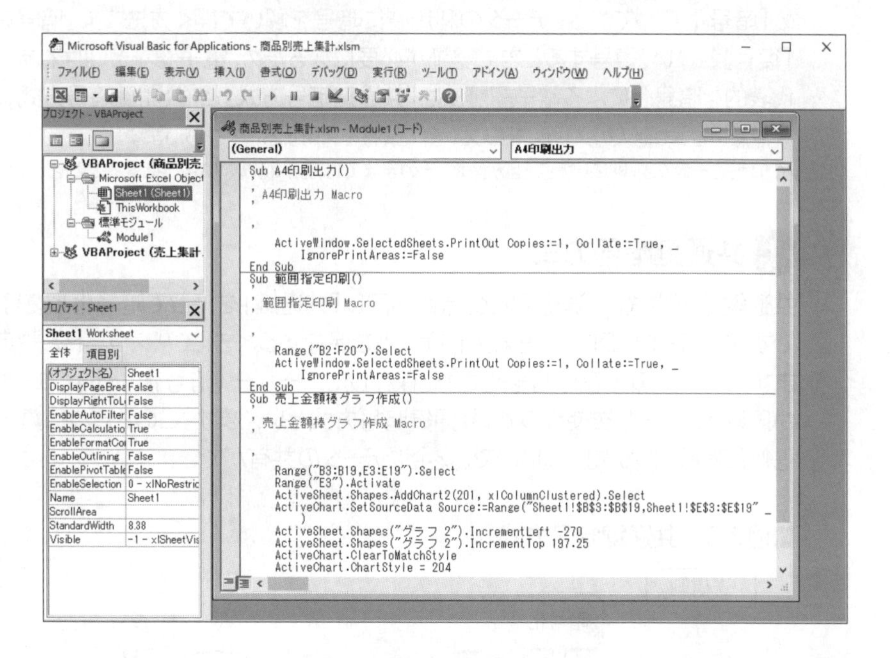

マクロは作業の効率化に非常に有効ですが、プログラムの一種であるため、不正なプログラムが実行されると思わぬ結果を招くことになります。また、外部の悪意あるユーザーによって、ウイルスと同様のプログラムを組み込まれ、データの消失や漏えい、あるいはコンピューターシステムへ悪影響を与えることも考えられます。
そのため、Excelでマクロは、通常、利用できないように設定されています。マクロが埋め込まれたExcelファイルを利用するときには、必ず安全であることを確認できなければ、開くべきではありません。

3 電子認証

データファイルをメールで送信したり、ネットワーク上に保存したりして共有するときには、それが本物であるかどうかを十分に注意します。同じ建物の中にある社内のネットワークのような、限られた範囲だけで共有するファイルであれば、ほぼ外部からの侵入はないかもしれません。しかし、少しでもインターネットをはじめとする外部のネットワークを経由してデータを共有するのであれば、外部から不正な侵入があるかもしれません。

昨今はウイルス感染や情報漏えいなどが社会問題として取り上げられ、企業の信用にも大きく影響します。そのため、ウイルス感染や情報漏えいを防ぐためのセキュリティー対策が欠かせません。それでも悪意のあるユーザーによる**「なりすまし」**[*1]のメールやデータが送られる可能性をゼロにはできません。

そこで、セキュリティー対策として考えられている1つの方法が**「電子認証」**です。電子認証は、データを共有する場所に保存したり、共有する相手に送信したりするときに、あらかじめ**「暗号化」**[*2]しておき、データの利用時に暗号を解いて開く方法です。暗号を解くことを**「復号」**といい、復号するときに認証が必要になるため、電子認証と呼ばれます。

代表的な暗号化による電子認証には**「共通鍵暗号方式」**と**「公開鍵暗号方式」**があります。

*1 悪意をもって他人のメールアドレスや個人情報を利用することをいいます。

*2 情報を一定の規則に従って組み替え、そのままでは読み取れないようにすることをいいます。

❶ 共通鍵暗号方式

共通鍵暗号方式は、送信側と受信側が同じ**「共通鍵」**を持って暗号化と復号を行う方法です。最も簡単な例では、Excelファイルを保存するときに、パスワードを設定して保存します。ファイルの内容は暗号化され、保存したユーザー（暗号化）と開くユーザー（復号）が同じパスワードを使うので、共通鍵暗号方式といえます。このとき使う鍵の情報は、送信側と受信側しか知らないので、安全にデータの共有ができます。

■図2.5　共通鍵暗号方式

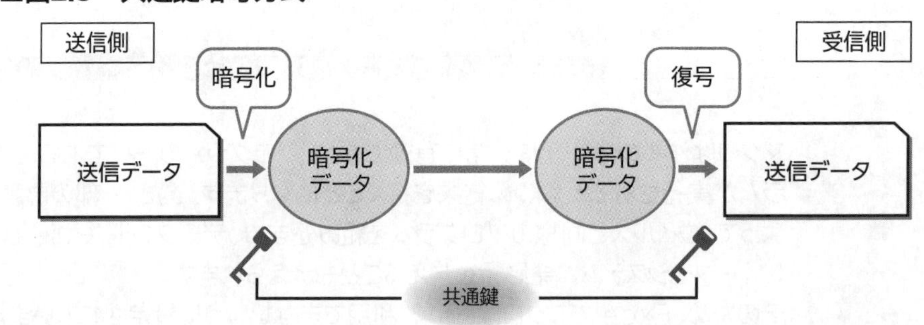

❷ 公開鍵暗号方式

公開鍵暗号方式は、送信側が**「公開鍵」**と呼ばれる誰でも取得できる鍵を使ってデータを暗号化し、受信側では**「秘密鍵」**を使って復号を行う方法です。

暗号化するときの鍵は受信側から公開されているので、誰でも同じように暗号化ができますが、暗号化されたデータを復号するときには、公開鍵と秘密鍵の正しい組み合わせが必要になります。秘密鍵は受信側だけしか持っていないので、受信側以外は復号できません。

共通鍵暗号方式では、鍵の情報を送信側と受信側で共有するときに第三者に知られてしまう可能性があります。もし、そこで鍵の情報が漏えいすれば、第三者でもファイルを開いたり、データを参照したりできてしまいます。

一方で公開鍵暗号方式では、秘密鍵は受信側だけが知っている情報なので、鍵の管理さえ確実に行えば、より安全にデータの共有ができるようになります。

このとき、公開鍵が正当なものであり、偽造されたものではないことを証明する必要があります。そこで**「認証局」**と呼ばれる組織が、公開鍵が正当なものであることを証明する仕組みになっています。認証局は、公開鍵と鍵の所有者を結び付け、電子証明書を発行して公開鍵が偽造されたものではないことを証明します。

■図2.6　公開鍵暗号方式

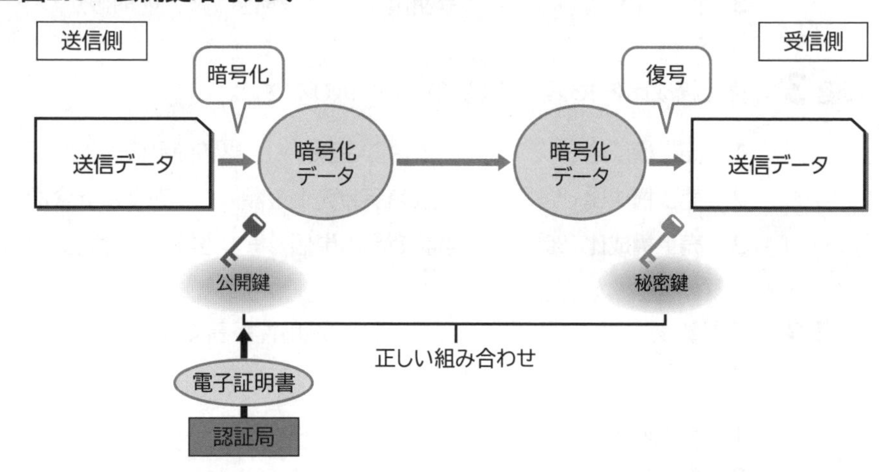

第1章
第2章
第3章
第4章
第5章
第6章
第7章
模擬試験
付録1
付録2
索引

STEP 5 確認問題

解答▶別冊P.2

知識科目

問題1 毎日や毎月の合計値を次々と加算して求めた、その時点での全合計の値を、次の中から選びなさい。

1 合算
2 決算
3 累計

問題2 前年同期比を求める式を、次の中から選びなさい。

1 前年同期比(%) ＝ 前期値 ÷ 今期値 × 100
2 前年同期比(%) ＝ 今期値 ÷ 前期値 × 100
3 前年同期比(%) ＝ 今期値 ÷ (今期値 ＋ 前期値) × 100

問題3 売上構成比を求める式を、次の中から選びなさい。

1 売上構成比(%) ＝ 売上合計金額 ÷ 当該商品の売上金額 × 100
2 売上構成比(%) ＝ 当該商品の売上金額 ÷ 売上合計金額 × 100
3 売上構成比(%) ＝ 当該商品の単価 ÷ 当該商品の売上金額 × 100

問題4 表計算ソフトでも取り扱うことができる、汎用性が高く、表データの共有に適したテキストデータを、次の中から選びなさい。

1 HTMLファイル
2 CSVファイル
3 TXTファイル

問題5 データベースにおいて1組のデータが記録された最小単位の名称を、次の中から選びなさい。

1 フィールド
2 レコード
3 セル

問題6 決められた操作を繰り返し行うとき、効率を高めるために自動化する表計算ソフトの機能を、次の中から選びなさい。

1 マクロ
2 ピボットテーブル
3 ヘッダー

Chapter 3

第3章 業務データの分析

STEP 1 利益分析

企業が商品を販売する目的の1つは、利益を上げることです。つまり、利益を最大化することが、企業にとって大きなテーマの1つです。そのためには、「販売を続けていれば利益が上がる」だけでは継続できません。どのように利益が生まれ、どうすれば利益を増やすことができるのかといった分析が不可欠です。
ここでは、利益分析に必要な計算や値について理解しましょう。

1 原価計算

利益を計算するときに、必要になる値が**「原価」**です。
最もわかりやすい身近な原価は、次のような**「元の値段」**になります。

- 商品の仕入価格（仕入れた商品がいくらだったか。）
- 製品の原材料価格（製造した製品の原材料がいくらだったか。）

しかし、利益を分析するうえで、これだけの値を原価とするには不十分といえます。なぜなら、実際には商品や原材料の輸送費や製造にかかる人件費もかかっているからです。
たとえば、商品をいくら安く仕入れても、輸送費が高ければあまり利益を得られません。
そこで、商品を同じ輸送費の範囲で運べる分だけの最大量をまとめて仕入れれば、商品1個あたりの輸送費が下がり、利益は増えます。しかし、大量に仕入れたために売れ残ってしまった場合、売れ残った商品の売上高がないことから、原価だけがかかり、かえって損失になります。その商品全体で見れば、原価が高くかかったことになってしまいます。
このように、原価といっても、さまざまな見方があります。そこで、企業の業種や分析の目的・手法によって、原価を使い分けます。その中で、利益を分析する際に重要となる原価が、**「期末における原価」**です。期末における原価は、決算期などのある期間の区切りまでに費やした原価を示します。
売れ残り商品については、期末における原価の考え方には、主に次の2つがあります。

① 売上原価

「売上原価」は、販売業で利用されます。今期に売り上げた商品にかかった原価は、次のように求めます。

今期の売上原価 ＝ 期首商品棚卸高 ＋ 今期仕入高 － 期末商品棚卸高

上の式を図で表すと、図3.1のようになります。

■図3.1　売上原価

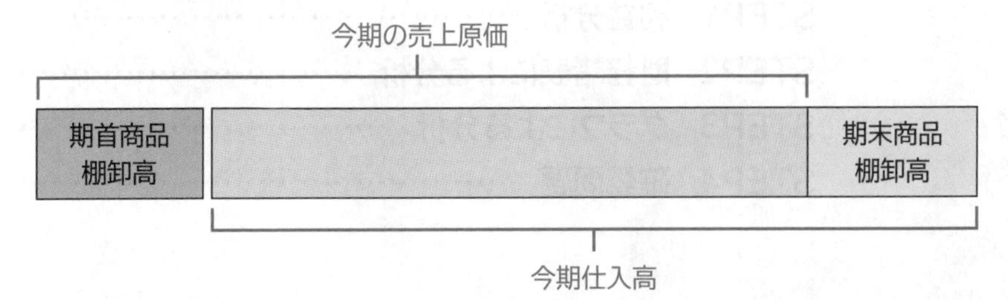

売上原価は、期首の商品棚卸高（前期からの売れ残り商品の価格）を含め、期末の商品棚卸高（今期の売れ残り商品の価格）を差し引きます。今期の売れ残りについては、来期に売れるものとして、今期の原価には含めず、来期の原価に含めます。期首の売れ残りを減らすことで売上原価は下がります。
また、期末の商品棚卸高を増やしても、売上原価は下がります。そのため、期末に大量に製造、または仕入れて売れ残りを増やして、見かけ上は売上原価を下げることができます。しかし、来期の期首商品棚卸高を増やすことになるので、好ましくありません。

❷製造原価

「製造原価」とは、製造業で利用されます。今期に完成した製品の原価は、次のように求めます。

今期の製造原価　＝　期首仕掛品棚卸高　＋　今期製造費用　－　期末仕掛品棚卸高

仕掛品とは、製造途中の製品のことをいいます。製造費用は、原材料費に加えて、輸送費や人件費などを含む原価のことです。
上の式を図で表すと、図3.2のようになります。

■図3.2　製造原価

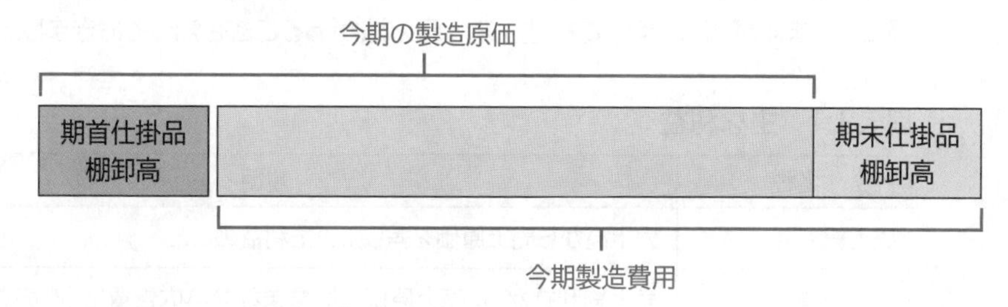

企業の一般的な原価計算では、製品1個ずつにかかる原価を計算するよりも、**「その製品に今期いくら利益があるか」**が重要です。そのため、前期からの売れ残り製品については原価として考え、次期に販売する製品はまだ原価には組み入れません。
製造原価を下げることは利益を増やすことにつながります。つまり、期首仕掛品棚卸高（前期から製造中の製品の価格）と製造費用を減らすことが、製造原価を下げるポイントになります。
なお、期末仕掛品棚卸高（今期末でまだ製造中の製品の価格）を増やせば、製造原価は下がります。しかし、来期の製造原価を引き上げることになるので、期末仕掛品棚卸高を増やすことは好ましくありません。

2 利益計算

利益とは、わかりやすくいえば「儲け」のことです。売り上げた金額から、かかった費用を差し引いた金額が利益となります。つまり、収入から支出を差し引けば利益になります。

❶利益

100円で仕入れたものを120円で販売すれば、このときの利益は20円です。
しかし、企業の製造や販売は、このような単純な取引ばかりではありません。製品の製造には時間がかかり、その間にさまざまな原材料を調達します。販売した商品を小切手で決済すれば現金化まで時間がかかります。その間、人件費や光熱費もかかります。単純に商品と現金を交換する図式では説明できません。
そこで、企業の会計では、一般的に**「収益(売上高)」**から**「費用(売上原価)」**を差し引いた金額を利益とします。この利益は、**「売上総利益」「粗利益」「粗利」**とも呼ばれ、次の式で求めます。

利益 ＝ 売上高 － 売上原価

しかし、企業活動の中では、このほかに大型資産の減価償却[*1]や固定資産[*2]、あるいは投資での損益など、さまざまな資産や金銭の動きがあります。具体的な計算方法は会計の分野になりますが、そのほかにも利益の計算方法があることを知っておきましょう。

■表3.1　主な利益

名称	説明
売上総利益	売上高から売上原価を差し引いた利益のこと。
営業利益	売上総利益から、売上原価には含まれない広告費用(販売費)や企業全体の福利厚生費など(一般管理費)を差し引いた利益のこと。
経常利益	営業利益に利息や有価証券の売買などによる増減(営業外収益、営業外費用)を加えた利益のこと。
税引前当期純利益	経常利益に固定資産売却などの特別な理由の損益を含めた利益のこと。
当期純利益	税引前当期純利益から税金を支払った残りの利益のこと。
限界利益	売上高から売上ごとにかかる費用(変動費)を差し引いた利益のこと。

このように、いくつかの利益の概念がある中で、たとえば、企業の経営状態を把握するときには**「営業利益」**、企業の資産状態を把握するときには**「経常利益」**が役立ちます。
また、売上高を分析したり、販売戦略を立てたりするときには、**「売上総利益」**と**「限界利益」**が重要になります。分析する目的によって、必要な利益の計算を行うことになります。

*1 車両や大型の機械など長期に使用する資産を、1年ごとに価値の減少分に分割して、順次費用として計上することをいいます。

*2 土地や建物など、販売する目的ではなく、継続的に所有している資産のことをいいます。

売上総利益・営業利益・経常利益・税引前当期純利益・当期純利益の関係を図に示すと、次のようになります。

■図3.3　主な利益

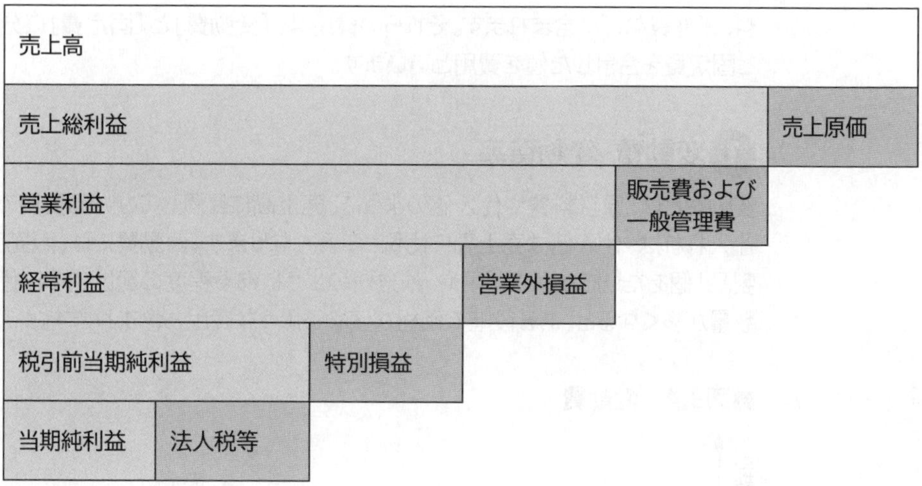

売上高
売上総利益　売上原価
営業利益　販売費および一般管理費
経常利益　営業外損益
税引前当期純利益　特別損益
当期純利益　法人税等

❷ 利益率

売上高のうち利益が占める割合を**「利益率」**といいます。
利益率は、次のように求めます。

利益率(%)　＝　利益　÷　売上高　×　100

※表計算ソフトでパーセントスタイルの表示形式を設定する場合は、「×100」は省略します。

ここで注意することは、原価が1,000円の商品を1,200円で販売した場合、この商品の利益率は20%ではないことです。一見すると**「儲けは2割（=20%）」**のように考えられますが、利益率は**「売上高に対する利益の割合」**であり、**「原価に対する利益の割合」**ではありません。
つまり、原価が1,000円の商品を1,200円で販売した場合、利益は200円なので、次のようになります。

利益率　＝　200　÷　1,200　×　100　＝　0.167　×　100　＝　16.7%

原価と利益率から製品の売上高（売価）を決めたいときには、次のように求めます。

売上高　＝　原価　÷　（　1　－　利益率　）

原価1,000円の商品に対して**「20%の利益率」**を得たいのであれば、次のようになります。

売上高　＝　1,000　÷　（　1　－　0.2　）　＝　1,250円

3　費用の計算

利益は得られた収益からかかった費用を引いた値です。つまり、利益は、売上高から売上原価を差し引いた金額になります。費用には、原材料費や仕入値に加えて、輸送費や手数料、人件費などが含まれます。それらの費用は、**「変動費」**と**「固定費」**に分類され、変動費と固定費を合計した値を費用といいます。

❶ 変動費・変動費率

変動費とは、原材料費や仕入値のように、売上高に比例してかかる費用です。製品を多く仕入れれば、仕入値は売上高に比例して高くなります。変動費には、販売手数料のように製品1個あたりにかかる費用や、輸送費のようにある程度の範囲内では価格が同じでも、数量が多くなると、ある段階で価格が変わるような費用も含まれます。

■図3.4　変動費

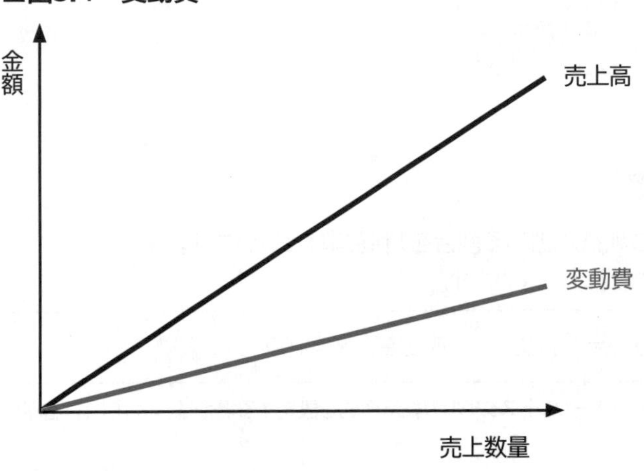

また、売上高のうち変動費がどれくらいを占めるのかを**「変動費率」**として求めます。
変動費率は、次のように求めます。

変動費率(%)　＝　変動費　÷　売上高　×　100

※表計算ソフトでパーセントスタイルの表示形式を設定する場合は、「×100」は省略します。

たとえば、10,000円の売上高で、変動費が2,000円であれば、変動費率は次のようになります。

変動費率　＝　2,000　÷　10,000　×　100　＝　20%

❷固定費・固定費率

固定費とは、売上高に関係なく必要となる費用のことです。代表的なものには、人件費や建物の賃借料、社用車の費用などがあります。

■図3.5　固定費

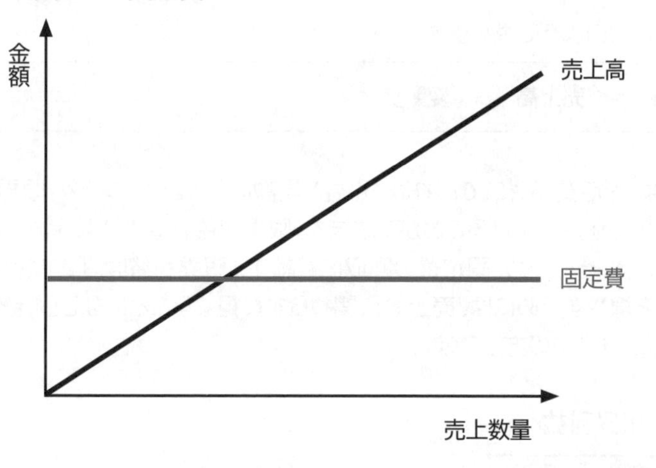

また、売上高のうち固定費がどれくらいを占めるのかを**「固定費率」**として求めます。
固定費率は、次のように求めます。

固定費率(%)　＝　固定費　÷　売上高　×　100

※表計算ソフトでパーセントスタイルの表示形式を設定する場合は、「×100」は省略します。

たとえば、10,000円の売上高で、固定費が2,000円であれば、固定費率は次のようになります。

固定費率　＝　2,000　÷　10,000　×　100　＝　20%

売上高が少なければ変動費も少ないですが、固定費は売上高に関わらず一定の金額がかかるため、利益に大きく影響します。利益を増やすには、固定費をいかに節約するかも重要な要素となります。利益と変動費・固定費の関係を図に示すと、次のようになります。

■図3.6　利益と変動費・固定費の関係

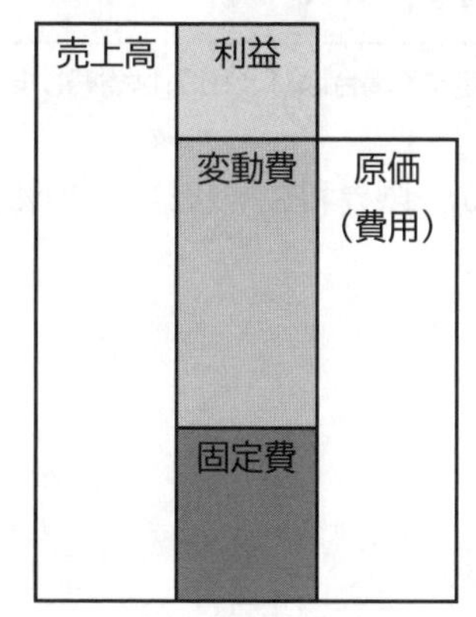

売上高　変動費　原価(費用)　固定費

損失　売上高　変動費　原価(費用)　固定費

4 限界利益

売上高から変動費を引いた値を**「限界利益」**と呼びます。

❶ 限界利益

限界利益は、次のように求めます。

限界利益 = 売上高 − 変動費

限界利益は、固定費がゼロであれば、利益と同額になります。つまり、限界利益が固定費以上になれば、利益を上げることができます。限界利益を増やせば、固定費を回収できることになります。そのため、固定費の回収に貢献する限界利益は、**「貢献利益」**とも呼ばれます。利益を増やすためには、売上高に関わらず負担することになる固定費をできる限り少なくすることも1つの方法です。

■図3.7 限界利益

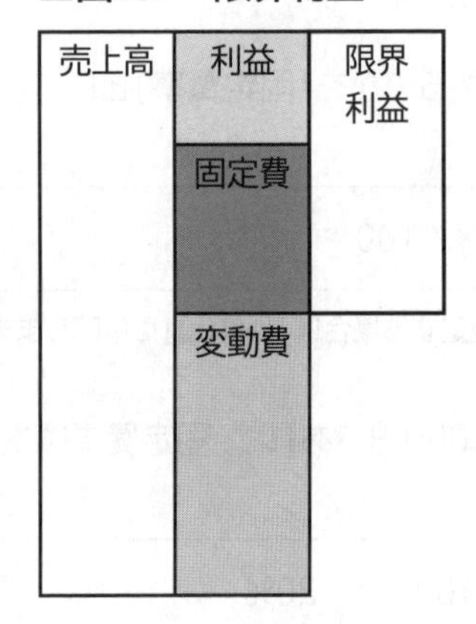

❷ 限界利益率

売上高のうち限界利益が占める割合を**「限界利益率」**といいます。
限界利益率は、次のように求めます。

限界利益率(%) = 限界利益 ÷ 売上高 × 100

※表計算ソフトでパーセントスタイルの表示形式を設定する場合は、「×100」は省略します。

また、図3.7からもわかるように、**「変動費率(%)+限界利益率(%)=100%」**となります。

5 損益分岐点

商品をいくら売れば損をしないか、つまり、利益がゼロになる売上高を「**損益分岐点**」、または「**損益分岐点売上高**」といいます。損益分岐点は、販売戦略を立てるうえで重要な数値となります。
損益分岐点は、固定費と限界利益が等しくなる点です。つまり、「**固定費=限界利益となる売上高**」のことです。

■図3.8　損益分岐点の固定費と限界利益の関係

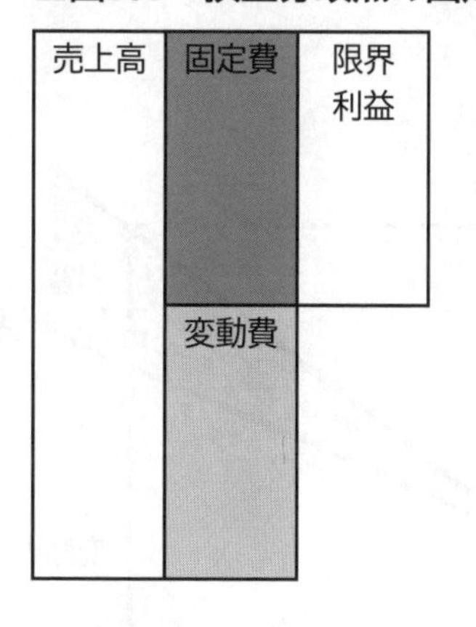

上の図からもわかるように、損益分岐点は、売上高、固定費、変動費から、次のように求めます。

損益分岐点　=　固定費　÷　（　1　−　変動費　÷　売上高　）

一見すると複雑な式ですが、以下のように求めています。

利益　=　売上高　−　変動費　−　固定費
　　　=　売上高　−　売上高　×　変動費率　−　固定費
　　　=　売上高　×　（　1　−　変動費率　）　−　固定費

さらに、損益分岐点は、「**利益=0**」の売上高なので、以下のようになります。

0　　=　損益分岐点　×　（　1　−　変動費率　）　−　固定費
損益分岐点　=　固定費　÷　（　1　−　変動費率　）
　　　　　　=　固定費　÷　（　1　−　変動費　÷　売上高　）

また、売上高が損益分岐点の値を上回れば利益が出る、下回れば損失が出ることになります。
たとえば、売上高が500万円だった製品の固定費が150万円、変動費が200万円だとすると、この製品の損益分岐点は、次のようになります。

損益分岐点 ＝ 150万円 ÷ （ 1 － 200万円 ÷ 500万円 ） ＝ 250万円

つまり、この製品は250万円が損益分岐点となり、それより売り上げれば利益を出すことができるとわかります。

■図3.9　損益分岐点

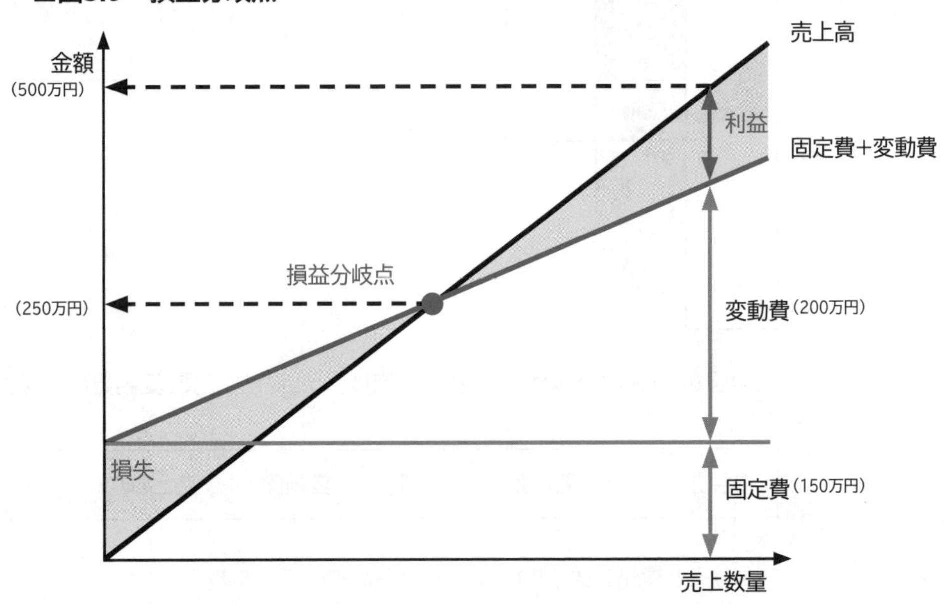

また、単価と固定費、変動費率から、損益分岐点となる金額や売上個数を求めることもできます。
単価1,000円で、固定費が120,000円、変動費率が40%の製品であれば、次のようになります。

損益分岐点 ＝ 120,000円 ÷ （ 1 － 0.4 ） ＝ 200,000円

したがって、損益分岐点の金額を単価で割ると、次のようになります。

200,000円 ÷ 1,000円 ＝ 200個

つまり、200個を販売すれば損益分岐点に達することがわかります。

STEP 2

財務諸表による分析

企業の資産状況や収益状態をまとめた表に貸借対照表と損益計算書があります。これらの表は財務諸表と呼ばれ、企業の財務状況や経営状態を明らかにしています。
ここでは、貸借対照表、損益計算書を理解し、これらの財務諸表を分析する手法について確認しましょう。

1 貸借対照表(B/S)

「貸借対照表」とは、企業のある時点の「資産」「負債」「純資産」の財務状態を示した表のことです。「バランスシート(Balance Sheet)」ともいい、「B/S」と略されます。

❶資産

金銭的な価値があるものや、長期に渡って企業活動の中で使われる費用などが含まれます。
例:現金、商品、受取手形、売掛金、建物、土地　など

❷負債

将来返済する必要があるものが含まれます。
例:支払手形、借入金、買掛金　など

❸純資産(自己資本)

企業の自己資金を示します。現金以外にも、株によって集めた資金なども含まれます。
例:資本金、株式資本、資本準備金　など

一般的に、貸借対照表は次のような形式で表されます。

■図3.10　貸借対照表の例

貸借対照表
株式会社○○○○

20××年3月31日現在　　(単位:百万円)

科目	金額	科目	金額
資産の部	1,400	**負債の部**	**420**
流動資産	**540**	**流動負債**	**405**
現金預金	200	支払手形	145
受取手形	150	買掛金	210
有価証券	75	その他	50
棚卸資産	90	**固定負債**	**15**
その他	15	長期借入金	10
貸倒引当金	10	その他	5
固定資産	**800**	**純資産の部**	**980**
建物	500	株式資本	500
土地	250	資本金	300
その他	50	資本剰余金	80
繰延資産	**60**	利益剰余金	100
資産合計	1,400	**負債・純資産合計**	1,400

❶ ❷ ❸

貸借対照表からは、企業が、今どのような状態で資産を持ち、それは何によって発生したのかがわかり、財務状況が明らかになります。たとえば、いくら資産が多くても、借金が目立つようでは会社の財務状況はあまりよくないのかもしれません。このような状況を把握するために、企業の貸借対照表により財務状況を判断します。

2 損益計算書（P/L）

「**損益計算書**」とは、企業のある一定期間の「**収益**」や「**費用**」の状態を示した表のことです。「Profit & Loss Statement」の略で「P/L」ともいいます。損益を示すことで、企業の経営成績を知ることができます。

❶収益

商品を販売したり、サービスを提供したりして受け取る対価が含まれます。

例：売上高、受取利息、有価証券利息、固定資産売却益　など

❷費用

商品を仕入れたり、サービスの提供を受けたりして支払う対価が含まれます。

例：売上原価、仕入、運送費、旅費交通費、通信費、給料　など

一般的に、損益計算書は次のような形式で表されます。

■図3.11　損益計算書の例

	(単位：千円)
売上高*1	120,000
売上原価	70,000
売上総利益	**50,000**
販売費および一般管理費	12,000
営業利益	**38,000**
営業外収益	7,000
営業外費用	10,000
経常利益	**35,000**
特別利益	3,000
特別損失	4,000
税引前当期純利益	**34,000**
法人税、住民税および事業税額	12,000
当期純利益	**22,000**

*1 商品を販売して得られた代金の総額を指すが、損益計算書においては会社の事業規模を表します。

損益計算書からは、企業が、何にいくら費用を使い、何をどれだけ売って収益を得ているかがわかり、企業の収益状態や財務状況が明確になります。たとえば、「**当期純利益**」を見れば、企業が上げた利益の具体的な金額がわかります。また、貸借対照表で負債が多いように見える企業でも、収益が多ければ回収・返済能力があることになり、経営状況は決して悪いとはいえないと判断できます。

3 財務諸表分析

貸借対照表、損益計算書は企業活動の結果を表していますが、それらを分析することも必要となります。主な分析手法には大きく分けると次のようなものがあります。

■表3.2　主な分析手法

名称	説明
成長性分析	売上高や利益における前年度比率などで伸び率を分析し、成長性を判定する。判定に利用する指標には、次のようなものがある。 ・売上高前年同期比：今年度売上高÷前年度売上高×100 ・当期純利益前年同期比：今年度当期純利益÷前年度当期純利益×100
安全性分析	支払能力や財務的な安定性を判定する。判定に利用する指標には、次のようなものがある。 ・流動比率：流動資産÷流動負債×100 流動負債（借入金・買掛金等）を決済するのに十分な流動資産（現預金・売掛金等）があるかを判定する。140%程度あれば良好とされる。 ・自己資本比率：純資産÷（負債+純資産）×100 負債・純資産の合計に占める純資産（自己資本）の比率を判定する。比率が高い方が財政的には安定していることになる。
収益性分析	投下した資本によってどれだけ効率的に利益を得ることができたかを判定する。判定に利用する指標には、次のようなものがある。 ・自己資本利益率（ROE）：当期純利益÷純資産（自己資本）×100 株主からの出資に対する収益性を判定する。8%～10%程度あれば良好とされる。ROEは、「Return On Equity」の略。「株主資本利益率」とも呼ばれる。 ・総資本経常利益率（ROA）：経常利益÷総資本（負債・純資産合計）×100 投下している資金で経常利益をどれだけ稼いだかを判定する。4～5%程度あれば良好とされる。ROAは、「Return On Assets」の略。
生産性分析	ヒト・モノ・カネを活用した結果としての付加価値[*1]を判定する。判定に利用する指標には、次のようなものがある。 ・1人当たり売上高：売上高÷従業員数 ・労働生産性：企業全体の付加価値÷従業員数 *1 付加価値=経常利益+人件費+賃借料+減価償却費+支払利息+租税公課 ※付加価値には、複数の計算方法があることに留意してください。

STEP 3

グラフによる分析

グラフを使うと分析結果を視覚的に捉えることができるようになります。グラフは、求めた値の大小を比較したり、数値の変化から傾向を探ったりする分析に不可欠です。ここでは、分析で使われる代表的なグラフとABC分析について理解しましょう。

1 目的に応じたグラフの種類

グラフを目的によって使い分けることで、必要な分析結果をより明確に得ることができます。どのようなときに、どのグラフを使うとよいかを確認しましょう。

① 項目ごとの量を比較する（棒グラフ）

項目ごとの量を比較するには、**「棒グラフ」**を使います。一般的には、横軸に項目、縦軸に量を示した縦棒グラフが多く使われますが、縦軸に項目、横軸に量を示した横棒グラフが使われることもあります。

■図3.12　棒グラフの例

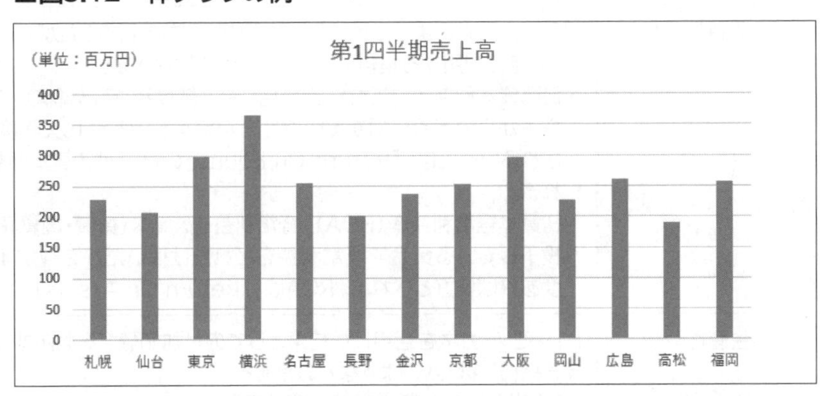

② 項目ごとに量と内訳を同時に比較する（積み上げ棒グラフ）

項目ごとの量を示す棒グラフで、同時に内訳を比較するには、**「積み上げ棒グラフ」**を使います。たとえば、毎月の売上高と累積売上高を同時に比較したり、1つの項目に含まれる複数の量を項目間で比較したりするときに使います。

■図3.13　積み上げ棒グラフの例

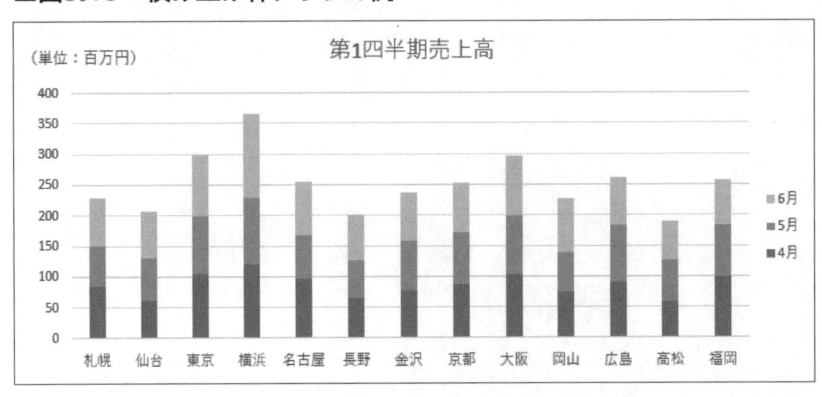

③ 時系列で項目の量の変化を見る(折れ線グラフ)

時系列を横軸にして、時間の経過に伴う量の変化を見るときには、「**折れ線グラフ**」を使います。たとえば、年間を通じた商品の売上金額の変化のように、上昇または下降の傾向を分析するときにも役立ちます。

■図3.14　折れ線グラフの例

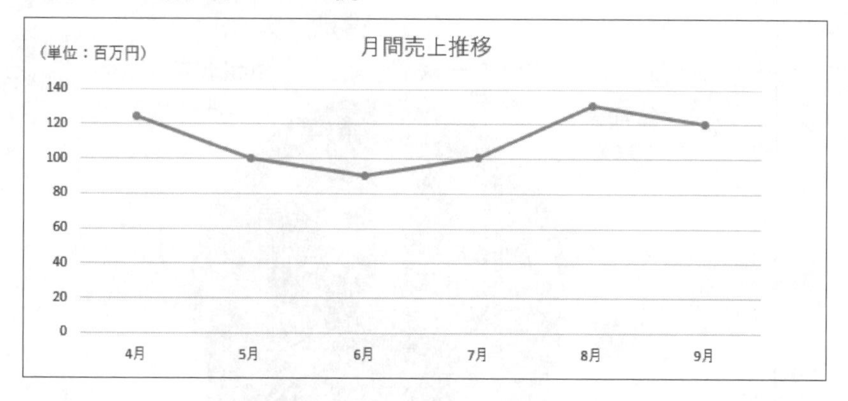

④ 時系列で項目の量の変化を見ながら全体量を把握する(面グラフ)

折れ線グラフで示される領域を塗り、領域の広さで量を把握するときには、「**面グラフ**」を使います。2つ以上の項目について、それぞれの量の変化を見ながら全体の量を比較することができます。

■図3.15　面グラフの例

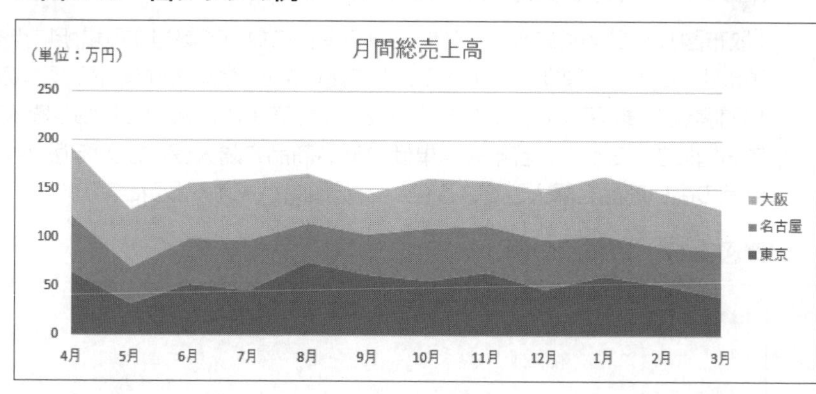

❺項目の割合を比較する(円グラフ)

1つの要素を構成する項目の割合を比較するときには、**「円グラフ」**を使います。円全体を100%として、項目を**「360度×割合」**で分割します。

■図3.16　円グラフの例

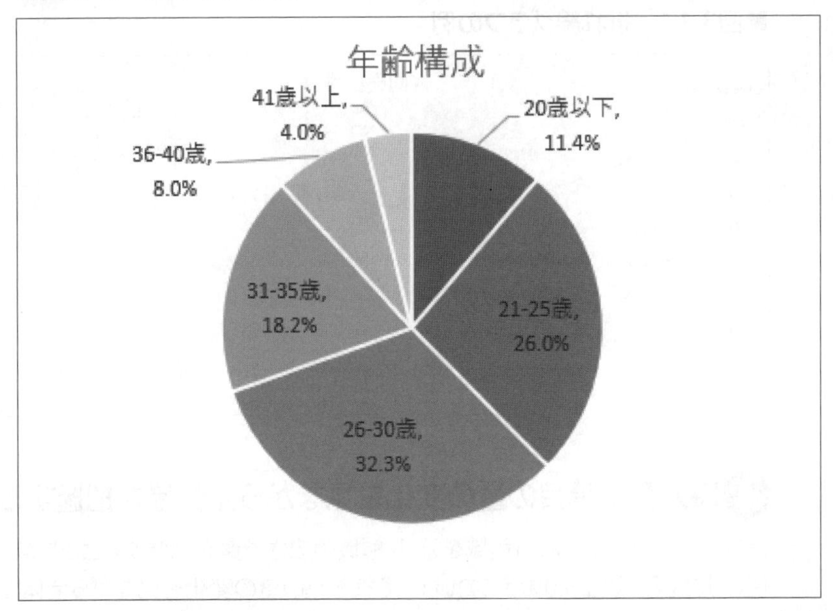

❻2つの項目の関連と傾向を見る(散布図)

「散布図」は、数多くあるデータを、2つの項目について該当する場所に点を示して、点の集まり方によって傾向を分析するときに使います。全体の傾向から、2つの項目について相関関係を調べることができます。たとえば、売上の記録から年齢と購入商品の単価を散布図にすることで、**「若年層は単価の低い商品を購入しており、年齢が上がるにつれて単価の高い商品を購入している」**といった傾向が見えるようになります。

■図3.17　散布図の例

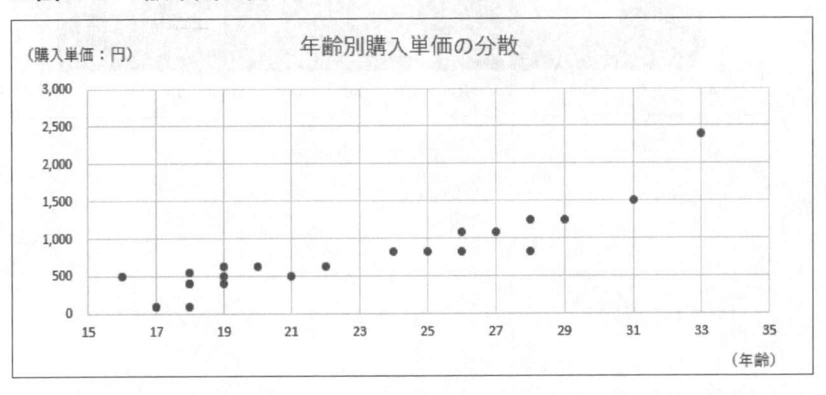

※散布図は相関分析でも使用され、右上がりの場合は「正の相関」、右下がりの場合は「負の相関」といいます。たとえば、売上と気温の相関関係では、夏にアイスクリームが売れるのは「正の相関」、冬におでんが売れるのは「負の相関」になります。

❼複数のグラフを1つのグラフに表示する(複合グラフ)

「複合グラフ」では、1つの共通する項目について、2つまたはそれ以上のグラフを1つのグラフにまとめることができます。たとえば、**「毎月の売上金額」**を棒グラフで、**「毎月の目標達成率」**を折れ線グラフで表示し、2つの情報を1つのグラフから読み取ることができます。

■図3.18　複合グラフの例

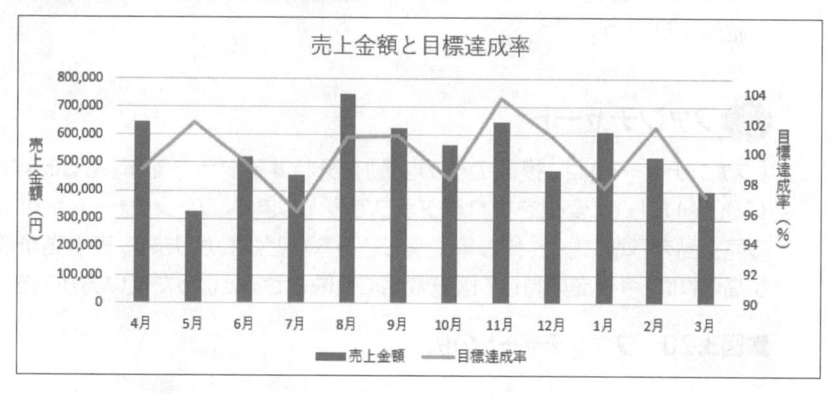

❽複数の項目のバランスを見る(レーダーチャート)

複数の項目の大きさを比較するには、「レーダーチャート」を使います。たとえば、ある製品の性能をレーダーチャートを使って比較することで、製品の特長を明確にできます。レーダーチャートで膨らんだ項目は強みとなり、値が小さく図形がしぼんでいる項目は弱みであることがわかります。

■図3.19　レーダーチャートの例

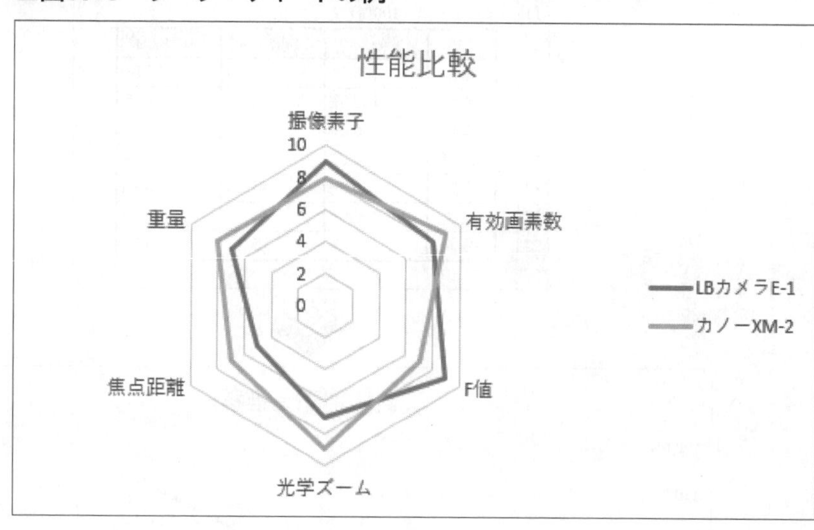

2 グラフを使ったデータ分析

売上高から今後の戦略を分析したり、企業の財務状況などをグラフ化して分析したりするなど、企業が持つ多くのデータからさまざまな分析が行われます。データをグラフ化する最大の目的は、分析結果を視覚化して、よりわかりやすくすることです。そのため、分析の内容に応じて最適なグラフを使うことが重要です。データ分析で使われる代表的なグラフを確認しましょう。

❶ファンチャート

「ファンチャート」は、複数の値の変動を分析するグラフです。ある時点の値を基準値（100%）にして、変化を折れ線グラフで表示します。ファンチャートを利用するとある月の売上高を基準にした、伸び率や落ち込み率などがわかります。売上高が低くても成長率が高ければ、今後を期待して販売戦略に反映させるといった使い方ができます。

■図3.20　ファンチャートの例

	A	B	C	D	E
1		支店別売上集計			
2			4月	5月	6月
3		札幌	84,523,400	66,574,200	78,468,500
4		東京	104,649,300	95,632,400	98,541,000
5		横浜	120,376,800	108,526,300	135,649,000
6		名古屋	96,785,700	70,548,900	88,452,100
7		京都	87,568,900	85,125,900	79,612,500
8		大阪	102,365,800	96,547,800	96,487,500
9		福岡	98,937,900	84,152,300	74,682,300
10					
11		4月を基準（100%）とした比率			
12			4月	5月	6月
13		札幌	100.0%	78.8%	92.8%
14		東京	100.0%	91.4%	94.2%
15		横浜	100.0%	90.2%	112.7%
16		名古屋	100.0%	72.9%	91.4%
17		京都	100.0%	97.2%	90.9%
18		大阪	100.0%	94.3%	94.3%
19		福岡	100.0%	85.1%	75.5%
20					

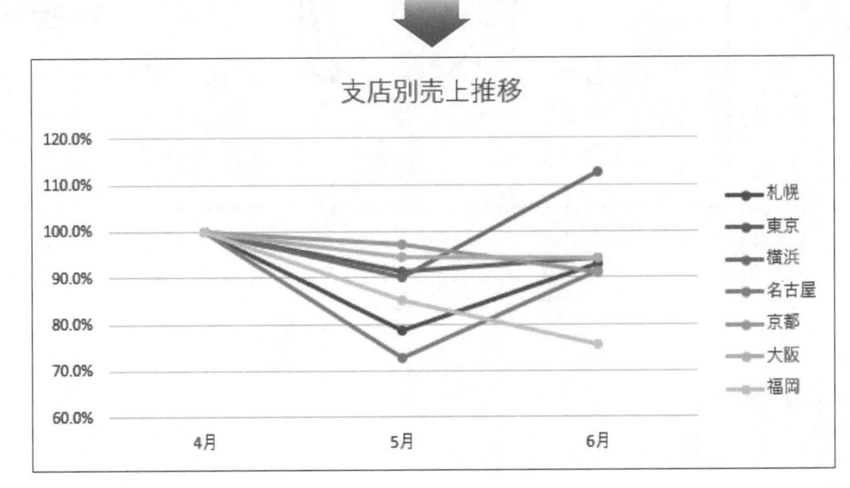

❷Zチャート

「**Zチャート**」は、一定期間（通常は1年間）の「**毎月の売上**」「**売上累計**」「**移動合計**」の3要素を折れ線グラフで表し、企業の業績の傾向を見るグラフです。3つのグラフが「**Z**」に似た形状になることからZチャートと呼ばれます。

移動合計とは、その月を含む過去1年間の売上合計のことです。たとえば、2021年10月の移動合計は、2020年11月から2021年10月までの1年間の合計になります。

Zチャートでは、Z字状に描かれたグラフの上辺が右上がりであれば業績は向上し、右下がりであれば業績が低下していることを示しています。製品全体の売上高や、製品ごとの売上高でZチャートを比較すると、どの製品を積極的に販売すれば業績が上がる可能性が高いかといった分析ができます。

■図3.21　Zチャートの例

東京本店売上集計

単位：万円

	月間売上	売上累計	移動合計
4月	142,563	142,563	1,719,269
5月	152,465	295,028	1,726,895
6月	165,463	460,491	1,754,692
7月	167,420	627,911	1,776,263
8月	165,474	793,385	1,795,536
9月	147,452	940,837	1,802,909
10月	132,410	1,073,247	1,795,207
11月	162,410	1,235,657	1,801,329
12月	155,289	1,390,946	1,816,339
1月	165,241	1,556,187	1,822,791
2月	152,012	1,708,199	1,844,602
3月	148,530	1,856,729	1,856,729
合計	1,856,729		

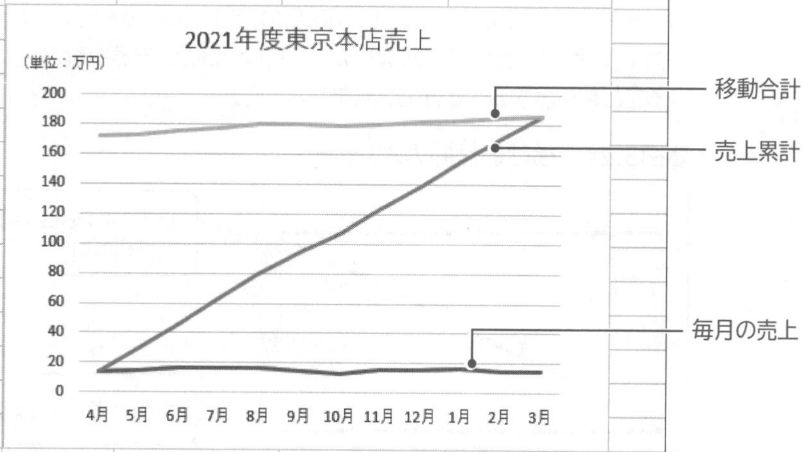

2021年度東京本店売上

（単位：万円）

200 180 160 140 120 100 80 60 40 20 0

4月 5月 6月 7月 8月 9月 10月 11月 12月 1月 2月 3月

移動合計

売上累計

毎月の売上

Zチャートの見方について、具体的な例を挙げます。

図3.22のようなZチャートでは、今年の売上だけを見ると若干の上昇傾向ですが、過去1年の売上合計は上昇しているため、業績は上昇傾向で、特に後半で伸びていることがわかります。つまり、この商品（あるいは商品の分野）では流行の兆しが見えます。

■図3.22　右上がり傾向のZチャート

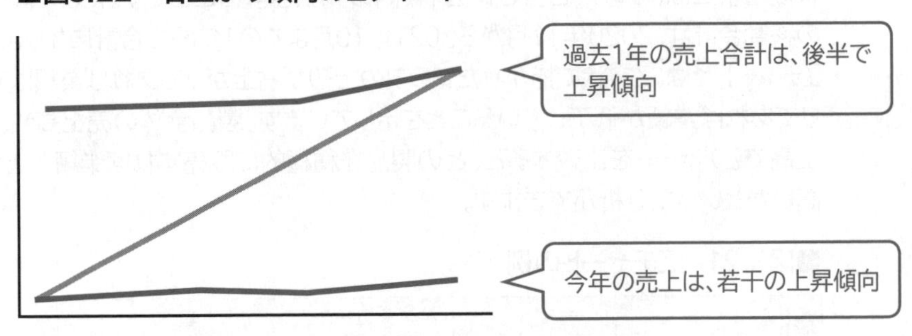

図3.23のようなZチャートでは、今年の売上だけを見るとほぼ横ばいですが、過去1年の売上合計は特に前半で落ち込んでいます。業績は下降傾向で、この商品（あるいは商品の分野）では流行の時期が前半ですでに終わり、今後の上昇はあまり見込めないことがわかります。

■図3.23　右下がり傾向のZチャート

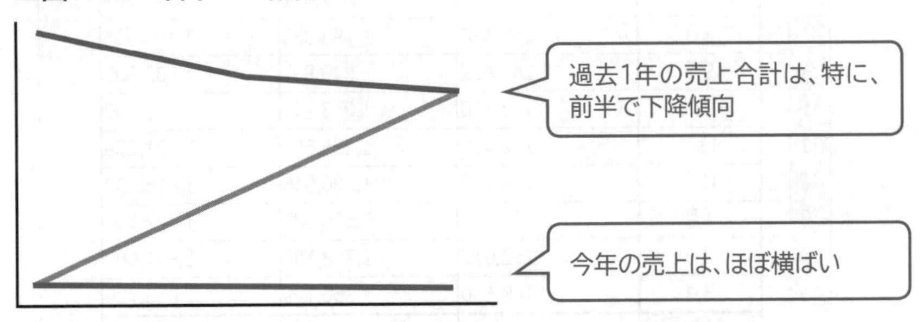

図3.24のようなZチャートでは、今年の売上も過去1年の売上合計もほぼ横ばいです。業績は横ばいで、この商品（あるいは商品の分野）は今後も安定した販売が見込めますが、一方で業績の向上が見込めないため、新しい商品（あるいは商品の分野）や販売戦略を探ることを検討するべきかもしれません。

■図3.24　横ばい傾向のZチャート

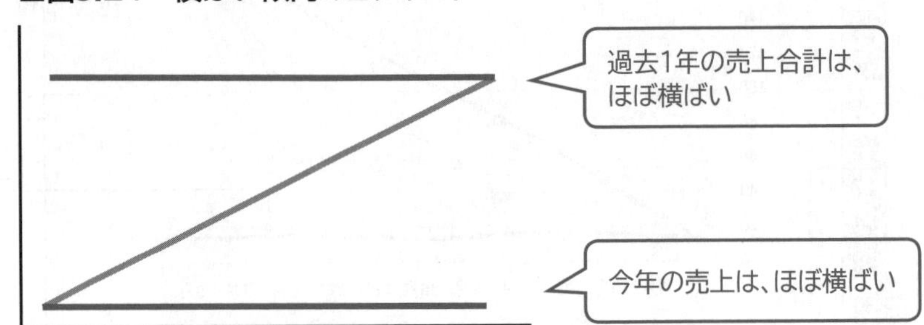

❸ パレート図

パレート図は、商品ごとの売上と、売上を降順に並べたときの構成比率累計を1つのグラフに表示した複合グラフです。販売業で多く利用される「**ABC分析**」の結果を表したグラフで、ABC分析によりグループ化された商品の分類を視覚的に把握することができます。ABC分析については、次で学習します。

■図3.25　パレート図の例

商品別売上集計

	単価（円）	販売数（個）	売上金額（円）	構成比（%）	構成比率累計（%）	ランク
商品J	818	720	588,960	21.7	21.7	A
商品L	400	1,265	506,000	18.6	40.3	
商品P	5,400	76	410,400	15.1	55.4	
商品M	500	412	206,000	7.6	62.9	
商品F	2,400	78	187,200	6.9	69.8	
商品G	600	241	144,600	5.3	75.2	B
商品N	600	238	142,800	5.3	80.4	
商品E	540	220	118,800	4.4	84.8	
商品H	620	169	104,780	3.9	88.6	
商品B	1,240	84	104,160	3.8	92.5	C
商品D	500	120	60,000	2.2	94.7	
商品K	96	419	40,224	1.5	96.1	
商品O	1,080	36	38,880	1.4	97.6	
商品A	620	49	30,380	1.1	98.7	
商品C	115	201	23,115	0.9	99.5	
商品I	540	23	12,420	0.5	100.0	
合計		4,351	2,718,719			

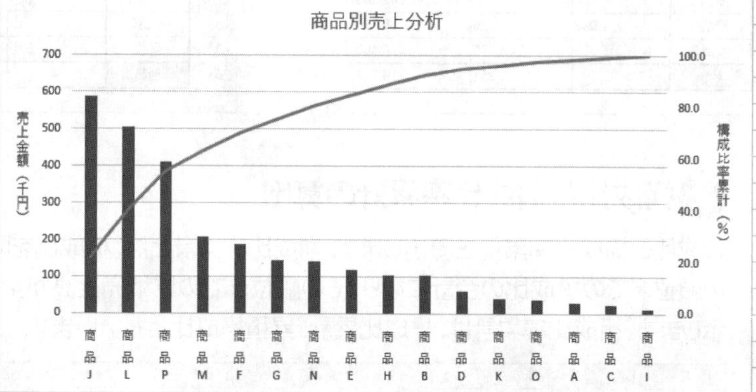

商品別売上分析

第1章
第2章
第3章
第4章
第5章
第6章
第7章
模擬試験
付録1
付録2
索引

3 ABC分析

商品の売上から販売戦略を立てたり、適正な在庫管理を行ったりするときに最も利用されている分析方法がABC分析です。ABC分析は**「重点分析」**とも呼ばれ、さまざまな商品の中で、重点を置く商品を明確にできます。扱う商品を重要な順にA、B、Cの3段階のランクに分ける方法からABC分析と呼ばれています。
ここでは、具体的にABC分析の手順を確認しましょう。

❶ 商品ごとの売上の算出と順位の並べ替え

商品ごとに売上を求め、金額の多い順に並べ替えます。

	A	B	C	D	E
1		商品別売上集計			
2					
3			単価（円）	販売数（個）	売上金額（円）
4		商品A	620	49	30,380
5		商品B	1,240	84	104,160
6		商品C	115	201	23,115
7		商品D	500	120	60,000
8		商品E	540	220	118,800
9		商品F	2,400	78	187,200
10		商品G	600	241	144,600
11		商品H	620	169	104,780
12		商品I	540	23	12,420
13		商品J	818	720	588,960
14		商品K	96	419	40,224
15		商品L	400	1,265	506,000
16		商品M	500	412	206,000
17		商品N	600	238	142,800
18		商品O	1,080	36	38,880
19		商品P	5,400	76	410,400
20		合計		4,351	2,718,719
21					

	A	B	C	D	E
1		商品別売上集計			
2					
3			単価（円）	販売数（個）	売上金額（円）
4		商品J	818	720	588,960
5		商品L	400	1,265	506,000
6		商品P	5,400	76	410,400
7		商品M	500	412	206,000
8		商品F	2,400	78	187,200
9		商品G	600	241	144,600
10		商品N	600	238	142,800
11		商品E	540	220	118,800
12		商品H	620	169	104,780
13		商品B	1,240	84	104,160
14		商品D	500	120	60,000
15		商品K	96	419	40,224
16		商品O	1,080	36	38,880
17		商品A	620	49	30,380
18		商品C	115	201	23,115
19		商品I	540	23	12,420
20		合計		4,351	2,718,719
21					

❷ 構成比と構成比率累計の算出

構成比と構成比率累計を算出します。構成比率累計とは、構成比を順に加算した値で、その順位までの構成比の合計になり、その順位までの累積売上高が全体の何%になるかを示します。構成比率累計は、構成比累計、累積構成比ともいいます。

	A	B	C	D	E	F	G	H
1		商品別売上集計						
2								
3			単価（円）	販売数（個）	売上金額（円）	構成比（%）	構成比率累計（%）	
4		商品J	818	720	588,960	21.7	21.7	
5		商品L	400	1,265	506,000	18.6	40.3	
6		商品P	5,400	76	410,400	15.1	55.4	
7		商品M	500	412	206,000	7.6	62.9	
8		商品F	2,400	78	187,200	6.9	69.8	
9		商品G	600	241	144,600	5.3	75.2	
10		商品N	600	238	142,800	5.3	80.4	
11		商品E	540	220	118,800	4.4	84.8	
12		商品H	620	169	104,780	3.9	88.6	
13		商品B	1,240	84	104,160	3.8	92.5	
14		商品D	500	120	60,000	2.2	94.7	
15		商品K	96	419	40,224	1.5	96.1	
16		商品O	1,080	36	38,880	1.4	97.6	
17		商品A	620	49	30,380	1.1	98.7	
18		商品C	115	201	23,115	0.9	99.5	
19		商品I	540	23	12,420	0.5	100.0	
20		合計		4,351	2,718,719			
21								

③ 構成比率累計によるランク分け

構成比率累計によって、A、B、Cのランクに分類します。一般的には80%までをA、80%を超えて90%までをB、90%を超えて100%までをCとしますが、値は扱う商品の種類や規模によって変えることもあります。

	A	B	C	D	E	F	G	H
1		商品別売上集計						
2								
3			単価（円）	販売数（個）	売上金額（円）	構成比（%）	構成比率累計（%）	ランク
4		商品J	818	720	588,960	21.7	21.7	A
5		商品L	400	1,265	506,000	18.6	40.3	
6		商品P	5,400	76	410,400	15.1	55.4	
7		商品M	500	412	206,000	7.6	62.9	
8		商品F	2,400	78	187,200	6.9	69.8	
9		商品G	600	241	144,600	5.3	75.2	
10		商品N	600	238	142,800	5.3	80.4	B
11		商品E	540	220	118,800	4.4	84.8	
12		商品H	620	169	104,780	3.9	88.6	
13		商品B	1,240	84	104,160	3.8	92.5	C
14		商品D	500	120	60,000	2.2	94.7	
15		商品K	96	419	40,224	1.5	96.1	
16		商品O	1,080	36	38,880	1.4	97.6	
17		商品A	620	49	30,380	1.1	98.7	
18		商品C	115	201	23,115	0.9	99.5	
19		商品I	540	23	12,420	0.5	100.0	
20		合計		4,351	2,718,719			
21								

■表3.3　ABC分析によるランク分け

ランク	構成比率累計	評価
A	～80%まで	主力商品
B	80%超～90%まで	準主力商品
C	90%超～100%まで	非主力商品

Aランクに属する商品は重要度が高く、重点的に管理します。つまり、Aランクに含まれる商品だけで、80%を占めている売れ筋の商品と考えられます。たとえば、利益を効率的に向上させるには、Aランクに含まれる商品を重点的に販売すればよいことになります。

ABC分析は、売上の分析以外にも、商品ごとの不良品数やクレーム数の分析にも利用されます。

なお、各ランクの比率については、絶対的なものではなく、分析する側がランクの比率を決めることが多いです。

❹ パレート図の作成

ABC分析の結果を表したグラフがパレート図です。
パレート図は、重要度や優先度の高い商品を視覚的に捉えることができます。

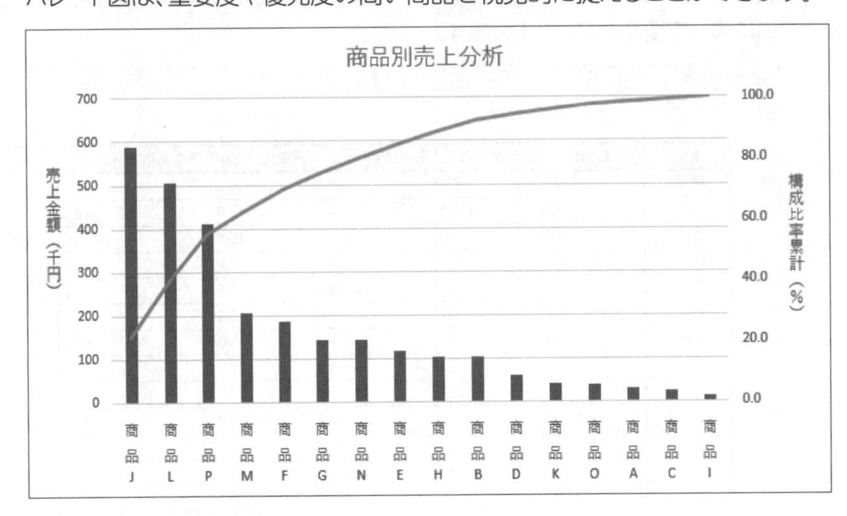

4 近似曲線の追加

「**近似曲線**」とは、データの傾向・予測を表す曲線です。たとえば、1年間の売上実績の推移をもとに次月の売上を予測する時などに使用することができます。近似曲線を追加するには、最初にグラフを作成する必要があります。

❶ グラフの作成

売上推移などが把握できるグラフ（棒グラフや折れ線グラフ）や、相関関係が把握できるグラフ（散布図）を作成します。

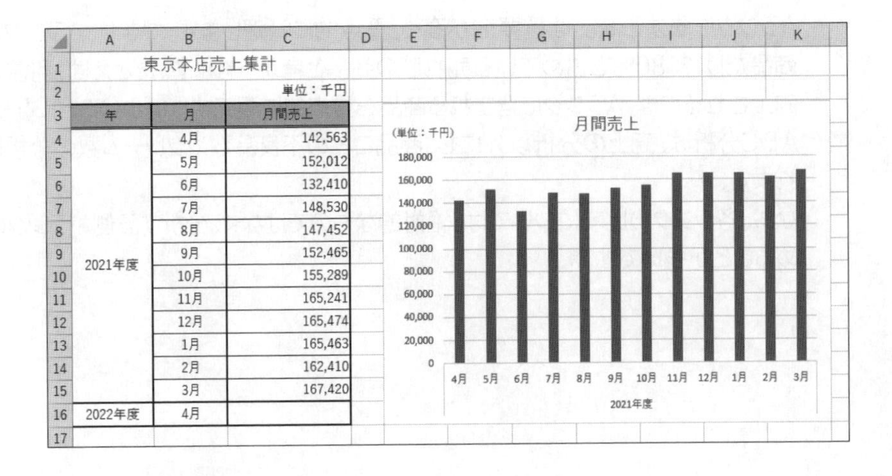

東京本店売上集計

単位：千円

年	月	月間売上
2021年度	4月	142,563
	5月	152,012
	6月	132,410
	7月	148,530
	8月	147,452
	9月	152,465
	10月	155,289
	11月	165,241
	12月	165,474
	1月	165,463
	2月	162,410
	3月	167,420
2022年度	4月	

❷ 近似曲線の追加

近似曲線は6種類あります。まずは「**線形近似**」を引いてみます。データが直線的に増減する場合に使用します。また、「**多項式近似**」はデータの山や谷が多いときに使用します。
近似曲線を追加する際には、回帰式（数式）および決定係数（R-2乗値）を表示することで、予測値を計算することができ、またその予測値の精度を確認することができます。

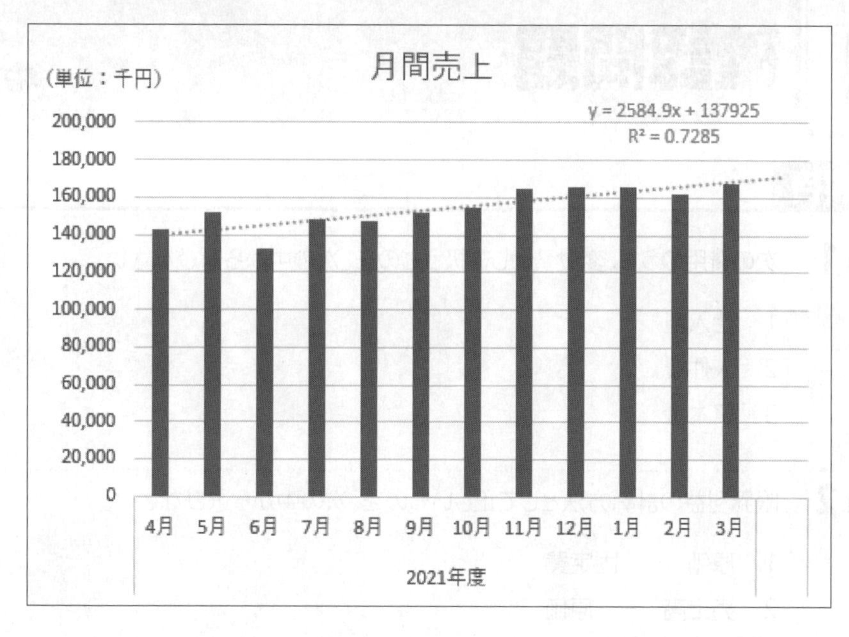

決定係数（R-2乗値）は、近似曲線の実測値がどの程度の割合で説明できるかを示す数値で0～1の範囲となります。一般的には「**0.5**」以上あれば使用することができ、「**0.8**」以上で精度が高い近似とされます。

❸ 今後の予測値の計算

グラフに表示された次の回帰式を使用して、今後（2022年度4月）の予測値を計算します。

$$y = 2584.9x + 137925$$

実績データが12か月分あり、1か月後の予測をすることから1を足した「**13**」をxに代入し、次のように計算します。

$$2584.9 \times 13 + 137925 = 171528.7$$

したがって、171,528.7千円が2022年度4月の売上予測値となります。
なお、この予測値の精度については、決定係数（R-2乗値）で判定することになります。

確認問題

解答▶別冊P.3

知識科目

問題 1

次の費用のうち、変動費として扱うものを、次の中から選びなさい。

1 仕入値
2 人件費
3 資本金

問題 2

限界利益の計算方法として正しいものを、次の中から選びなさい。

1 原価 － 固定費
2 売上高 － 原価
3 売上高 － 変動費

問題 3

企業の業績の傾向を見るグラフで、右上がりであれば業績が向上し、右下がりであれば業績が低下していることが読み取れるグラフを、次の中から選びなさい。

1 ファンチャート
2 レーダーチャート
3 Zチャート

問題 4

項目の割合を比較する分析を行うときに利用する最も適切なグラフを、次の中から選びなさい。

1 積み上げ棒グラフ
2 円グラフ
3 面グラフ

問題 5

全販売商品の中から売れ筋商品を調べ、重点的に販売戦略を立てるときに使う分析方法を、次の中から選びなさい。

1 利益分析
2 ABC分析
3 積み上げ棒グラフ

問題 6

損益計算書から読み取ることができる企業の情報を、次の中から選びなさい。

1 企業の資産額
2 企業の利益額
3 企業の負債額

Chapter 4

第4章 問題発見と課題解決

STEP 1

問題の発見と課題化

データを分析することは、業務の状況を把握することが目的ではありません。分析結果から現在の問題点を把握し、改善することが目的です。売上高を増やしたり、経費を削減したり、製造効率を上げたりすることで、業務の収益を向上させるために行います。
ここでは、分析結果から問題を発見し、課題化するまでの流れを理解しましょう。
また、問題発見と課題解決について学習する前に、考え方の基礎となる「ロジカルシンキング」について確認しましょう。

1 ロジカルシンキング

ロジカルシンキングとは、**「論理的な考え方」**あるいは**「論理的な思考の手法」**を意味しており、問題の発見と課題の解決の流れには不可欠な手法です。ロジカルシンキングの能力を身に付けることで、企業での問題発見、課題解決の能力は飛躍的に向上し、業務に大きな改善を与えます。
ロジカルシンキングの基本は、物事を構造化して考えることです。現状の問題点を分解し、構造的に捉えることで、問題点の見逃しや重複を避け、整理して考えることができます。その結果、最も悪影響を及ぼしている問題点や、社員同士の意思疎通がないなどの**「問題以前の問題」**を明らかにしたり、効果的な解決策を導いたりすることができます。
物事を構造化すると、ほとんどの場合、次のようなピラミッド構造で表現できます。

■図4.1 論理的思考をピラミッド構造で表した例

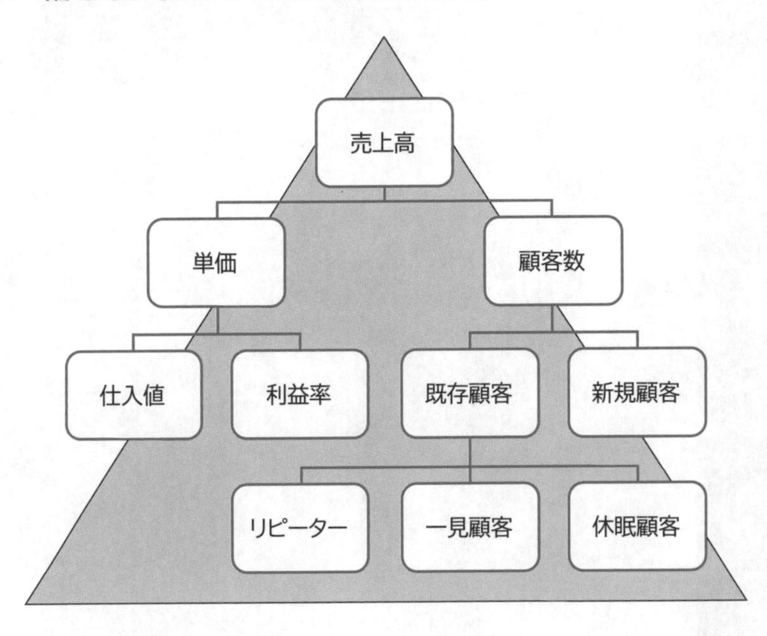

ロジカルシンキングは特別な手法ではなく、普段の私たちの生活の中でも存在します。たとえば、夕食を考えるとき、外食か自炊か、外食ならば和食か中華か洋食か、和食ならば鍋料理か定食かといったように、物事を段階に分けて1つずつ分類し、その中で1つずつ判断して、最終的な結論に至ります。これもロジカルシンキングにほかなりません。

2 問題発見から課題化までの流れ

分析結果から問題を発見したら、課題化します。課題化するには、問題に関係する情報を収集し、問題を客観的に分析する必要があります。
問題発見から課題化までの流れは次のようになります。

1 問題の発見

現状から改善が必要な問題を具体的に発見し、把握します。

2 情報の収集

発見した問題に関係する情報を収集します。

3 分析

収集した情報を分析し、問題が発生している原因を具体化します。

4 課題化

分析の結果から、問題を解決するための課題を定義します。

3 問題の発見

業務に何らかの問題があるとき、その問題とは**「現状」**と**「本来考えられていた状態」**が異なることです。したがって、問題の発見とは、その違いを把握することです。

■図4.2　問題発見のイメージ

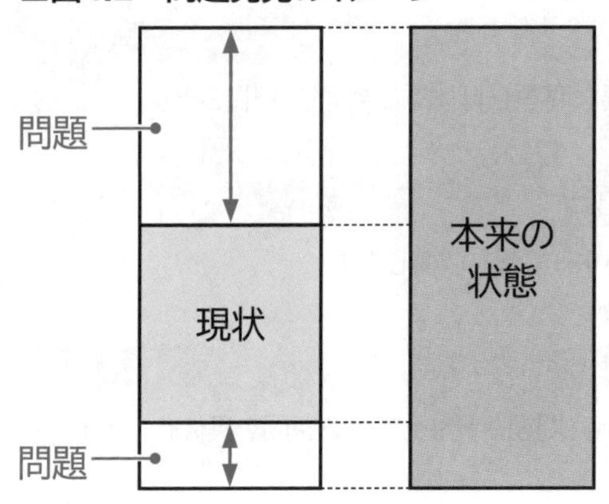

しかし、漠然と**「問題がある」**と気付いただけでは解決に至ることはできません。
たとえば、**「売上が伸びない」**ことは問題ではなく、問題の入口にしか過ぎません。**「売上目標の90%に留まっている」**といったように、具体的に**「どこの」「何が」**問題なのかを明らかにして、問題を把握することが重要です。
問題を把握するための手法や考え方には、次のようなものがあります。

●3ム主義

「無駄」「無理」「ムラ」の3つの**「ム」**を認識することで問題を発見する手法です。問題発見において最も基本的な考え方で、問題を明らかにする最初のアプローチとして役立ちます。

●利害関係の明確化

利害関係を明確化することで、問題を正確に認識します。たとえば、ある部門では良好な状態でも、別の部門にとっては業務の妨げとなる問題点として認識されることがあります。企業組織内での役割によって異なる利害関係を明らかにすることで、大きな視点で問題を取り上げ、解決策を探ることができるようになります。

●客観的な視点

問題の根本的な解決には、上記の利害関係も含め、客観的な視点が不可欠です。客観的な視点として最も定性的に判断できる材料が**「データ」**です。データから問題を数値として把握することが重要です。また、このとき、データから得られる**「事実」**と、データから判断できる**「憶測」**や**「推測」**を明確に区別しておきます。

4　情報の収集

問題を把握して課題化するときには、情報を収集し、問題を正しく捉えます。収集したデータは客観的で重要な情報となります。情報収集の目的は、**「現状を正しく把握し、ゴールを正しく捉える」**ことです。
情報の収集は、次の2段階で行われます。

1　問題に関係する情報の収集

問題が発生する原因となる情報を収集することで、**「現状」**と**「ゴール」**を正確に把握し、その差から問題点を明らかにします。
例：
・売上が前年比90%
・顧客数が前年比90%
・顧客売上単価が前年比1,000円減

2　把握した問題点に関係する情報の収集

問題を解決し、ゴールに到達するための具体的な情報を収集します。
例：
・市場の景気動向
・市場の流行の変化
・原価、原材料費の変化

情報の収集では、**「必要な情報を集める」**ことが最も重要なポイントです。存在する情報を手当たり次第に集めていても、明確な問題の発見には至らないばかりか、問題を誤解し、誤った解決策に向かうこともあります。そのため、現状を直視し、必要な集めるべき情報だけを選別しながら収集します。

■図4.3　情報の選別のイメージ

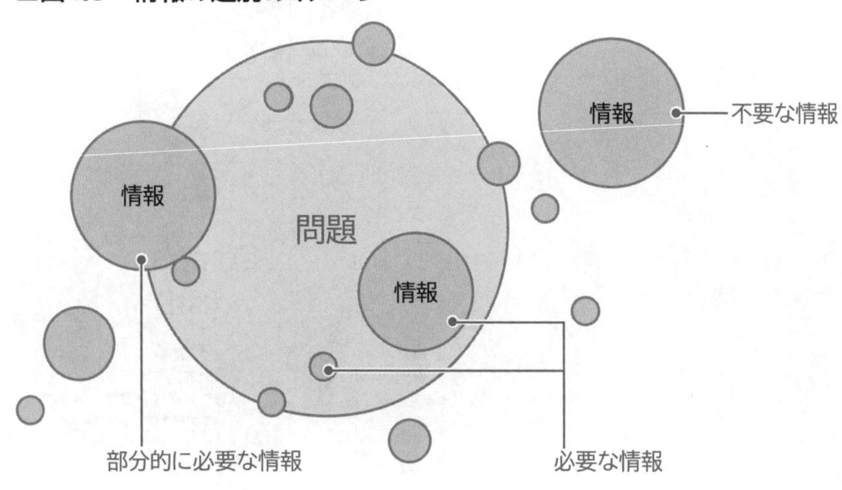

5 分析

収集した情報から問題を課題化するために、問題を分析します。代表的な分析手法には、「3C分析」があります。
3C分析とは、「Customer（顧客）」「Competitor（競合）」「Company（自社）」について、それぞれの視点から考える分析手法で、現状を客観的に事実として把握できます。
この3つの要素についての具体的な目的や分析対象は、次のようになります。

❶顧客分析

自社の製品を購入する可能性がある潜在的な顧客を把握し、分析します。
市場の規模や成長性、ニーズ、購買決定者や購買決定までのプロセスなどが対象になります。

❷競合分析

競争の状況や相手について把握し、分析します。
競合する企業の経営資源や経営状況、競合企業が持っている市場への参入の可能性や障壁となる要素、競合企業のパフォーマンスや強みなどが対象になります。

❸自社分析

自社の経営状況や活動について、定性的、定量的に把握し、分析します。
売上高や製品が占めるシェア、ブランドのイメージ、技術力に加えて、自社の人的な資源やスキルなども対象になります。

■図4.4　3C分析

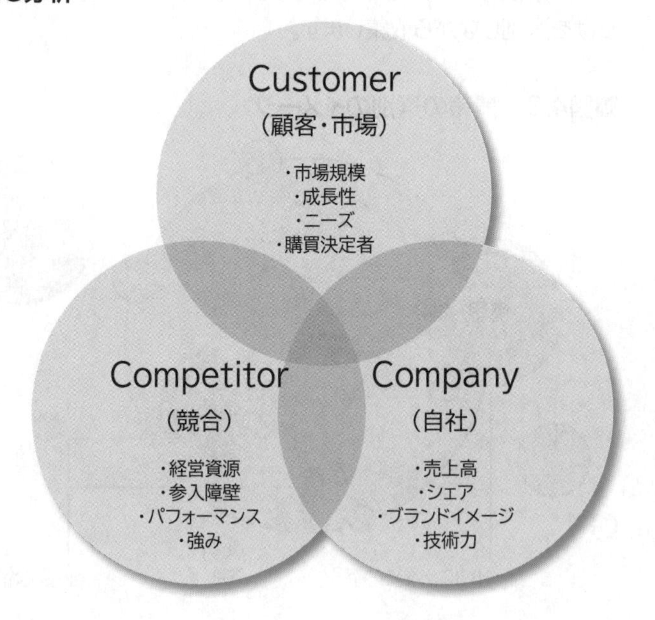

6 分析結果の考察による課題化

収集した情報を分析し、結果を考察することで、問題の原因が判明します。問題の原因さえわかれば、その原因を解決することが課題となります。たとえば、**「原材料費の値上げによって利益が下がった」**のであれば、課題は**「原材料費を値上げしても利益が下がらないようにする」**ということです。

企業において、データを分析する最大の目的は、課題を明らかにすることといってもよいでしょう。課題が明確になったら、解決策の検討に入ります。

前例の課題に対しても、**「原材料費を安く抑える方法」「販売価格を値上げする方法」**など、さまざまな解決策へのアプローチがあります。その中で最も効果の高い1つあるいは複数の解決策を選択できれば、問題は解決します。

■図4.5　問題の発見から課題化までの例

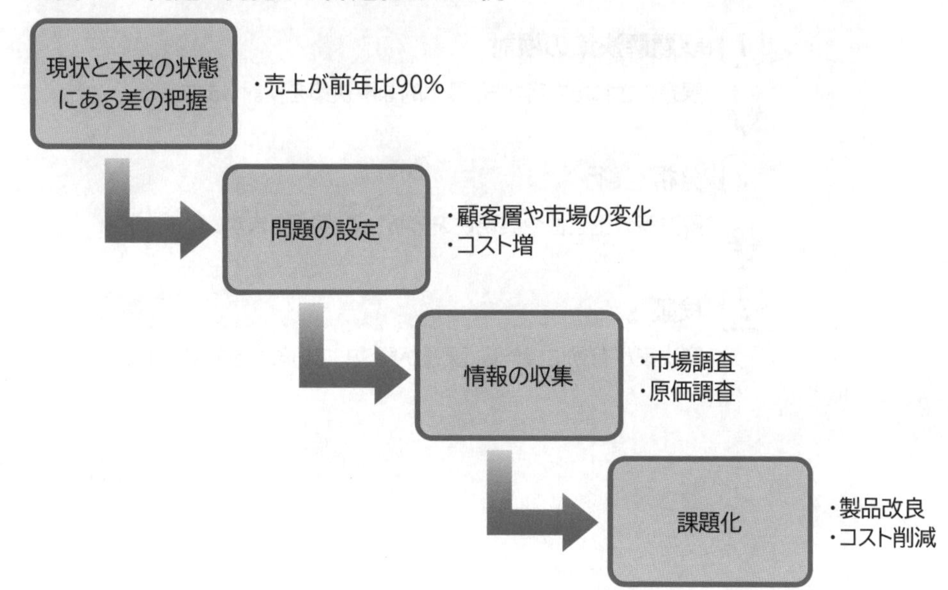

STEP 2 課題解決

問題を課題化できれば、課題を解決する段階に進みます。課題の解決でも、ロジカルシンキングの手法を取り入れ、課題を構造化し、解決策を見い出します。
ここでは、課題解決の流れを理解しましょう。

1 課題解決の流れ

課題化された内容から解決策を検討します。解決策は、実行可能性や費用対効果を分析しながら実行します。また、解決策が成功しているか否かを判断する検証も必要です。
問題解決の流れは次のようになります。

1 課題解決策の検討

課題化された内容から、具体的な解決策を検討します。

2 分析・実行

解決策の正当性や実現性を分析して、実行します。

3 検証

解決策が有効に機能し、課題が解決しているかを検証します。

2 課題解決策の検討

課題解決とは、問題をなくすことです。問題として把握した**「現状との差」**を課題化し、課題を解決すれば問題が解消されて、**「本来考えられていた状態」**になります。

■図4.6　課題解決のイメージ

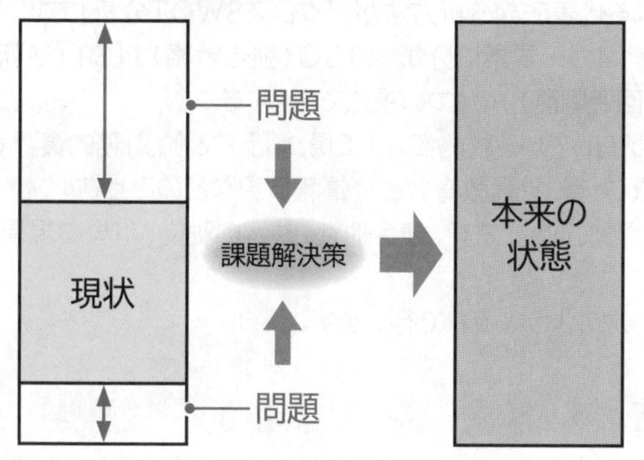

課題の解決でも、要素を構造化して考えます。しかし、解決できる見込みのない無謀な課題に取り組むことは無駄です。たとえば、**「売上を伸ばすためにシェアを拡大する」**ことが課題であっても、**「シェアを100%にする」**ことは現実的ではありません。
そこで、課題に対して次のような要素をもとに効果的な解決策を検討します。

❶実行可能性

実行可能な課題に取り組みます。
たとえば、**「納期遅れに対するクレームをゼロにする」**課題に対して、**「在庫が不足することが多い」**なら解決できても、**「台風で輸送が遅れた」**ことを解決するのは現実的ではありません。

❷費用対効果

かかる費用を抑えながら効果の高い対策を実行します。
たとえば、**「在庫が不足することが多い」**場合、在庫数を増やすだけでは費用がかかります。そこで、適切な在庫を維持できるように生産方法を改善し、定期発注方式なのか、定量発注方式なのかなど、適切な発注方式を選択します。

❸優先度

解決する課題の優先度を決めます。
たとえば、**「クレームを生む原因」**が発注システムの問題であれば、ほかの顧客からも同様のクレームが届く可能性があるので、早急にシステムを改良する必要があります。数件のクレームに対する解決策よりも、多数届く同種のクレームをなくすような解決策を優先します。しかし、数は少なくても影響の大きなクレームであれば、優先されることもあります。

3 分析・実行

課題の有効な解決策を分析し、実行する手法には、次のようなものがあります。

❶ クロスSWOT分析

課題解決で利用される代表的な分析方法が、**「クロスSWOT分析」**です。**「内部環境」**と**「外部環境」**について、4つの要素に分類し、**「SO（強化戦略）」「ST（逆転戦略）」「WO（補完戦略）」「WT（回避戦略）」**の4つの視点で考察します。
内部環境とは、企業が有している物的資源（工場、製品など）、財務的資源（キャッシュ、信用力など）、人的資源（社員、社員教育など）、情報資源などのことです。
外部環境とは、社会情勢、政治、法律、競合他社、顧客の動向、市場の規模や成長性などのことです。
クロスSWOT分析は、次のような流れで行います。

1 SWOT分析

最初に、SWOT分析を行います。SWOT分析では、内部環境と外部環境のプラス面とマイナス面について**「強み」「弱み」「機会」「脅威」**の4つに分類して情報を整理します。

	内部環境	外部環境
プラス面	強み (Strength)	機会 (Opportunity)
マイナス面	弱み (Weakness)	脅威 (Threat)

2 クロスSWOT分析

次に、SWOT分析をベースに、内部環境と外部環境をクロスさせ、戦略を検討します。

		内部環境	
		強み(S)	弱み(W)
外部環境	機会(O)	SO 強みを生かして機会を生む 「強化戦略」	WO 弱みの克服が可能であれば 機会をつかめる 「補完戦略」
	脅威(T)	ST 脅威を機会に捉えられなければ 原則的に避けるべき 「逆転戦略」	WT 撤回し回避する 「回避戦略」

❷業務改善

業務は常に改善を求められます。その1つが品質管理(Quality Control=QC)で、製品やサービスの品質を向上するために行います。品質管理は企業活動の中で重要視されており、**「QCサークル」**と呼ばれる小さなグループを構成して自発的に取り組む事例も多く見られます。

品質管理では、データの分析や問題解決が総合的に取り入れられており、代表的な手法に**「QC七つ道具」**があります。QC七つ道具は、図式化して、**「現状では何がどれくらい足りないのか」**といった具体的な数値で表す定量的な分析を行います。

QC七つ道具には、次の7種類の手法が含まれます。

■表4.1　QC七つ道具

種類	手法
パレート図	重要な問題点を発見し、対策の重点を見い出す。
特性要因図	原因と結果の関係を整理する。
グラフ	データを比較し、全体像を把握する。
管理図	工程の安定を確認し、異常を防止する。
チェックシート	洗い出した項目をチェックして、必要なデータを収集する。
ヒストグラム	データのばらつきから問題点を見い出す。
散布図	2つのデータの相関性を把握する。

さらに、もう少し複雑化した問題に対応する**「新QC七つ道具」**も存在します。

新QC七つ道具には、**「親和図法」「連関図法」「系統図法」「マトリックス図法」「アローダイアグラム」「PDPC法」「マトリックスデータ解析法」**が含まれます。新QC七つ道具は、以前のQC七つ道具を基本とした分析の手法に対して、**「因果関係」**や**「解決方法」**のような数値では測れない定性的な分析を行うための手法です。

4　検証

解決策の実施後は、定期的な検証作業が必要です。解決策が実際に問題を解決し、あるいは問題を解決する方向に向かっているかを検証します。また、計画どおりに進行していない場合には、必要に応じて解決策から再度、問題を把握して再検討します。

特に、解決策の実施直後は、頻繁に状況を確認・分析し、解決策が正しいことを検証する必要があります。

検証するときに確認する事項には、次のようなものがあります。

- 解決策は計画どおりに進行しているか。
- 解決策を決定したときに設定した目標値を達成しているか。
- 解決策の実施に関して新たな問題はないか。

STEP 3 確認問題

解答 ▶ 別冊P.4

知識科目

問題 1 業務における**「問題」**の説明として正しいものを、次の中から選びなさい。

1 現状の不備を解決する方法
2 現状で不明な点
3 あるべき状態と現状との差

問題 2 問題を発見する際に利用される分析方法を、次の中から選びなさい。

1 3C分析
2 4C分析
3 QC分析

問題 3 問題を課題化する際の手順として正しいものを、次の中から選びなさい。

1 問題の発見 → 情報の収集 → 分析 → 課題化
2 問題の発見 → 分析 → 検証 → 情報の収集 → 課題化
3 問題の発見 → 情報の収集 → 課題化

問題 4 情報を収集するときの重要なポイントを、次の中から選びなさい。

1 過去の情報をすべて洗い出す。
2 必要な情報だけを集める。
3 あらゆる情報を全員で共有する。

問題 5 課題の解決策として利用される分析方法を、次の中から選びなさい。

1 クロス集計表分析
2 クロスSWOT分析
3 クロスチャート分析

問題 6 QCの目的の説明として正しいものを、次の中から選びなさい。

1 製品の売上金額を分析すること。
2 新しい製品やサービスを開発すること。
3 製品やサービスの品質を向上すること。

Chapter
5

第5章
表作成の活用

STEP 1

作成するブックの確認

この章で作成するブックを確認します。

1 作成するブックの確認

次のようなExcelの機能を使って、表を作成します。

VLOOKUP関数の入力

予算達成率の算出
小数点以下の表示桁数の設定

列の挿入
粗利益率の算出
書式のコピー／貼り付け

店舗別売上集計

店舗コード	地区	店舗名	予算（千円）	売上（千円）	予算達成率（%）	売上原価（千円）	粗利益（千円）	粗利益率（%）	評価
1301	関東	新宿	129,427	184,523	142.6	96,018	88,506	48.0	○
1414	関西	梅田	119,873	122,877	102.5	84,394	38,483	31.3	○
1307	関東	六本木	95,834	119,735	124.9	68,904	50,831	42.5	○
1408	関西	奈良	120,511	110,593	91.8	71,643	38,949	35.2	×
1302	関東	渋谷	102,424	109,849	107.2	77,673	32,176	29.3	○
1403	関東	千葉	99,587	108,938	109.4	69,709	39,229	36.0	○
1304	九州	博多	97,190	107,990	111.1	73,176	34,813	32.2	○
1310	九州	佐世保	109,487	107,649	98.3	76,808	30,841	28.6	×
1311	関西	京都	98,363	103,312	105.0	64,536	38,776	37.5	○
1306	関西	神戸	98,587	100,929	102.4	66,532	34,397	34.1	○
1303	関西	なんば	98,867	99,867	101.0	67,418	32,449	32.5	○
1410	関東	台場	100,212	97,302	97.1	71,540	25,763	26.5	×
1409	関西	姫路	98,831	94,031	95.1	67,735	26,296	28.0	×
1404	関西	京橋	86,201	89,125	103.4	59,388	29,738	33.4	○
1309	九州	鹿児島	79,632	73,245	92.0	50,191	23,053	31.5	×
1402	関東	大宮	70,883	72,332	102.0	47,874	24,459	33.8	○
1305	関西	阿倍野	58,923	71,198	120.8	52,157	19,041	26.7	○
1407	九州	久留米	63,212	71,034	112.4	48,724	22,310	31.4	○
1401	関東	浦安	51,921	54,337	104.7	39,895	14,442	26.6	○
1405	九州	宮崎	53,010	47,134	88.9	36,090	11,044	23.4	×
1308	関東	横浜	45,014	46,610	103.5	33,527	13,083	28.1	○
1411	関西	大津	40,553	40,855	100.7	28,084	12,771	31.3	○
1406	九州	別府	45,132	39,156	86.8	24,009	15,147	38.7	×
1413	関東	つくば	38,990	36,001	92.3	28,201	7,800	21.7	×
1412	関東	鎌倉	24,008	25,801	107.5	19,061	6,740	26.1	○
合計			2,026,672	2,134,426	105.3	1,423,287	711,139	33.3	

店舗別売上集計　地区別売上集計　店舗マスター

SUM関数の入力
ユーザー定義の表示形式の設定

粗利益の算出

IF関数の入力

地区別売上集計

地区	店舗数	予算合計（千円）	売上合計（千円）	予算達成率（%）	業績判定
関東	10	758,300	855,430	112.8	A
関西	9	820,709	832,787	101.5	B
九州	6	447,664	446,208	99.7	C

店舗別売上集計　地区別売上集計　店舗マスター

COUNTIF関数の入力

SUMIF関数の入力

IF関数の入力

予算達成率の算出
小数点以下の表示桁数の設定

STEP 2
数式の入力方法

ここでは、演算記号を使った数式と、関数の入力方法について確認しましょう。

1 数式の入力

セルに数式を入力すると、入力されている値をもとに計算を行い、計算結果を表示できます。Excelでは、数式は先頭に「=(等号)」を入力し、続けてセルを参照しながら演算記号を使って入力します。セルを参照して数式を入力しておくと、セルの値が変更された場合でも、自動的に再計算が行われ、計算結果に反映されます。
数式で使う演算記号には、次のようなものがあります。

計算方法	演算記号	読み	一般的な数式	Excelで入力する数式
加算	+	プラス	2+3	=2+3
減算	−	マイナス	2−3	=2−3
乗算	*	アスタリスク	2×3	=2*3
除算	/	スラッシュ	2÷3	=2/3

また、数式に複数の演算記号が混在している場合は、乗算・除算が先に計算され、加算・減算があとから計算されます。
同じ優先順位の演算記号の場合は、数式の左側から順番に計算されます。計算の順序を指定する場合は、「(　)(丸カッコ)」を使って、「(3+1)*2」のように指定します。

2 関数の入力

関数とは、あらかじめ定義されている数式のことです。Excelには、計算の目的に合わせて、さまざまな種類の関数が用意されています。
関数では、演算記号を使って数式を入力する代わりに、カッコ内に必要な「引数」を指定することによって計算を行います。

❶先頭に「=」を入力します。
❷関数名を入力します。
※関数名は、英大文字で入力しても英小文字で入力してもかまいません。
❸引数を「(　)」で囲み、各引数は「,(カンマ)」で区切ります。
※関数によって、指定する引数は異なります。
※引数が不要な関数でもカッコは必ず入力します。

関数を入力する方法には、次のようなものがあります。

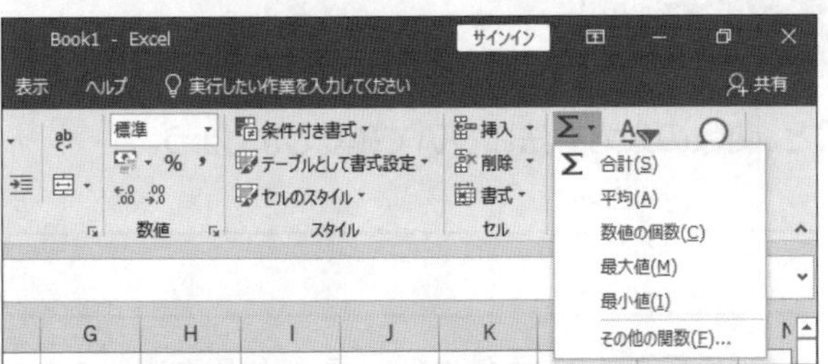

● Σ（合計）を使う

「SUM」「AVERAGE」「COUNT」「MAX」「MIN」の各関数は、Σ（合計）を使うと、関数名やカッコが自動的に入力され、引数も簡単に指定できます。

店舗名	予算（千円）	売上（千円）
札幌	102,424	109,849
仙台	97,190	107,990
東京	129,427	184,523
大阪	109,487	107,649
福岡	120,511	110,593
合計	=SUM	

●キーボードから直接入力する

セルに関数を直接入力します。関数の名前や引数の指定方法がわかっている場合には、直接入力した方が効率的な場合があります。
直接入力すると、入力した英字に該当する関数名が一覧で表示されたり、関数に必要な引数がポップヒントで表示されたりするので、入力ミスやエラーを最小限にすることができます。

● fx（関数の挿入）を使う

数式バーの fx（関数の挿入）を使うと、ダイアログボックス上で関数や引数の説明を確認しながら、数式を入力できます。

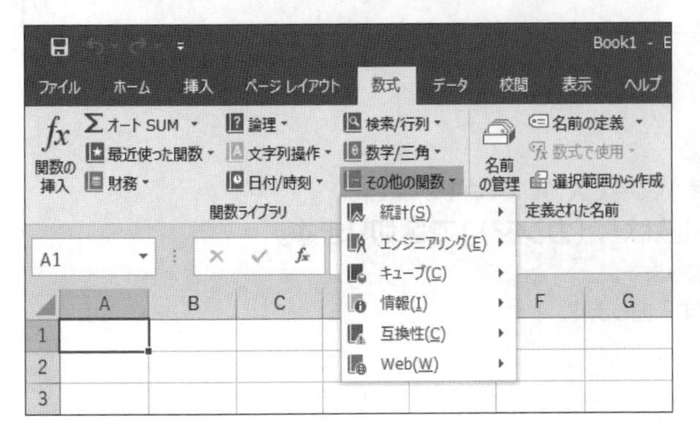

●関数ライブラリを使う

《数式》タブの《関数ライブラリ》グループには、分類ごとに関数がまとめられています。《関数ライブラリ》のボタンを使うと、その分類の関数だけが一覧で表示されるので、該当する関数をすばやく探すことができます。

STEP 3 合計の算出

SUM関数を使って、全店舗の予算・売上・売上原価の合計を求めましょう。
また、予算・売上・売上原価の数値の基本単位が千になるように、表示形式を設定しましょう。

1 SUM関数

合計を求めるにはSUM関数を使います。
Σ（合計）を使うと、SUM関数が自動的に入力され、簡単に合計が求められます。

●SUM関数

＝SUM（数値1，数値2，・・・）
引数1 引数2

例：
=SUM（A1：A10）
=SUM（A5，B10，C15）

Let's Try 予算・売上・売上原価の合計の算出

SUM関数を使って、セル範囲【D28：E28】とセル【G28】に、予算・売上・売上原価の合計を求める数式を入力しましょう。

フォルダー「第5章」のファイル「売上集計」を開いておきましょう。

①シート「店舗別売上集計」のセル範囲【D28：E28】を選択します。
②Ctrlを押しながら、セル【G28】を選択します。
③《ホーム》タブを選択します。
④《編集》グループのΣ（合計）をクリックします。

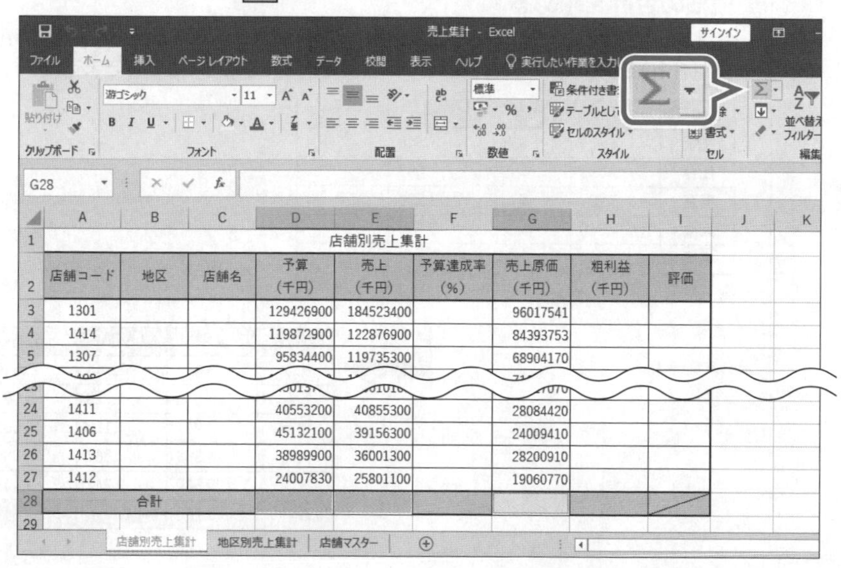

合計が求められます。

	A	B	C	D	E	F	G	H	I
1				店舗別売上集計					
2	店舗コード	地区	店舗名	予算（千円）	売上（千円）	予算達成率（%）	売上原価（千円）	粗利益（千円）	評価
3	1301			129426900	184523400		96017541		
4	1414			119872900	122876900		84393753		
5	1307			95834400	119735300		68904170		
6	1408			120510900	110592600		71643412		
7	1302			102423700	109848700		77672879		
8	1403			99587200	108937900		69708735		
9	1304			[illegible]	107[illegible]		7317[illegible]		
23	[illegible]			[illegible]013700	[illegible]610100		[illegible]070		
24	1411			40553200	40855300		28084420		
25	1406			45132100	39156300		24009410		
26	1413			38989900	36001300		28200910		
27	1412			24007830	25801100		19060770		
28	合計			2026672130	2134425570		1423286808		
29									

店舗別売上集計　地区別売上集計　店舗マスター

操作のポイント

引数の自動認識

Σ（合計）を使ってSUM関数を入力すると、セルの上または左の数値の入力されている範囲が引数として自動的に認識されます。

セル範囲の選択

セル・セル範囲を選択する方法は、次のとおりです。

選択対象	操作方法
セル	セルをクリック
セル範囲	開始セルから終了セルまでドラッグ 開始セルをクリック→Shiftを押しながら終了セルをクリック
複数のセル範囲	1つ目のセル範囲を選択→Ctrlを押しながら2つ目以降のセル範囲を選択
行	行番号をクリック
隣接する複数行	行番号をドラッグ
列	列番号をクリック
隣接する複数列	列番号をドラッグ

縦横の合計を求める

合計する数値が入力されているセル範囲と、計算結果を表示する空白セルを同時に選択して、Σ（合計）をクリックすると、空白セルに合計を一度に求めることができます。

店舗名	4月	5月	6月	合計
札幌	3,424	3,744	3,646	
仙台	5,036	4,729	5,083	
東京	3,297	4,116	3,586	
大阪	4,566	4,367	5,389	
福岡	3,582	2,942	3,443	
合計				

店舗名	4月	5月	6月	合計
札幌	3,424	3,744	3,646	10,814
仙台	5,036	4,729	5,083	14,848
東京	3,297	4,116	3,586	10,999
大阪	4,566	4,367	5,389	14,322
福岡	3,582	2,942	3,443	9,967
合計	19,905	19,898	21,147	60,950

2 ユーザー定義の表示形式の設定

セルに「**表示形式**」を設定すると、シート上の見た目を変更できます。表示形式を設定しても、セルに格納されている元の数値は変更されません。
桁区切りスタイルや小数点以下の表示桁数の設定などのよく使われる表示形式は、《**ホーム**》タブの《**数値**》グループにあらかじめ用意されています。
それ以外に、「10人」といったように数値に文字列を付けて表示したり、数値の基本単位を千にして表示したり、ユーザーが独自に表示形式を定義することができます。

Let's Try 数値の表示形式の設定

予算・売上・売上原価の数値の基本単位が千になるように、表示形式を設定しましょう。

①セル範囲【D3:E28】を選択します。
② Ctrl を押しながら、セル範囲【G3:G28】を選択します。
③《ホーム》タブを選択します。
④《数値》グループの（表示形式）をクリックします。

⑤《表示形式》タブを選択します。
⑥《分類》の一覧から《ユーザー定義》を選択します。
⑦《種類》に「#,##0,」と入力します。
※「#,###,」でもかまいません。
⑧《サンプル》の結果を確認します。
⑨《OK》をクリックします。

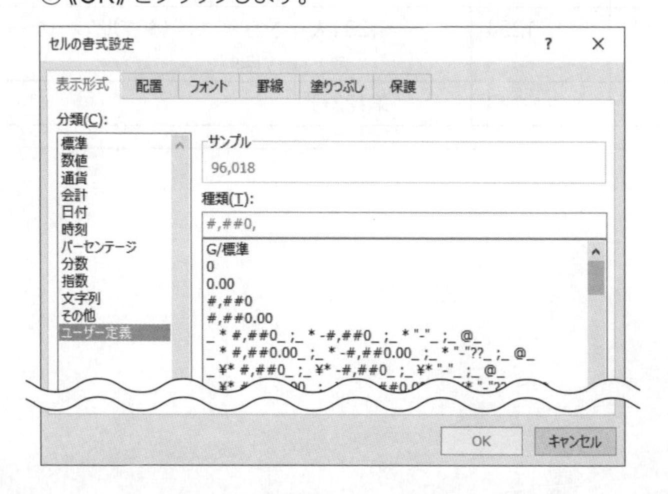

千以上の数値が表示されます。

※任意のセルをクリックし、選択を解除しておきましょう。

	A	B	C	D	E	F	G	H	I
1	店舗別売上集計								
2	店舗コード	地区	店舗名	予算（千円）	売上（千円）	予算達成率（%）	売上原価（千円）	粗利益（千円）	評価
3	1301			129,427	184,523		96,018		
4	1414			119,873	122,877		84,394		
5	1307			95,834	119,735		68,904		
6	1408			120,511	110,593		71,643		
7	1302			102,424	109,849		77,673		
8	1403			99,587	108,938		69,709		
9	1304			97,190	107,990		73,176		
10	1310			109,487	107,649		76,808		
11	[illegible]			[illegible]	[illegible]		[illegible]		
[illegible]	[illegible]			[illegible]	[illegible]		[illegible]		
24	1411			40,553	40,855		28,084		
25	1406			45,132	39,156		24,009		
26	1413			38,990	36,001		28,201		
27	1412			24,008	25,801		19,061		
28	合計			2,026,672	2,134,426		1,423,287		
29									

操作のポイント

数値のユーザー定義の表示形式

数値のユーザー定義の表示形式では、数値の桁数を表すのに「#」と「0」を使います。「#」は0を入力すると何も表示せず、「0」は0を入力すると「0」を表示します。

また、桁区切りカンマの位置を表すには「,」を使います。

数値のユーザー定義の表示形式の利用例には、次のようなものがあります。

表示形式	入力データ	表示結果	備考
#,##0	1234567	1,234,567	
	0	0	データが「0」の場合、「0」を表示
#,###	1234567	1,234,567	
	0	空白	
#,##0,	1234567	1,235	1000で割って小数点以下を四捨五入して表示（千単位で表示）
	0	0	データが「0」の場合、「0」を表示
#,###,	1234567	1,235	1000で割って小数点以下を四捨五入して表示（千単位で表示）
	0	空白	
#,##0"人"	1234	1,234人	文字列は「"（ダブルクォーテーション）」で囲む
"第"#"号"	123	第123号	

STEP 4

該当データの参照

VLOOKUP関数を使って、A列の店舗コードをもとに、シート「店舗マスター」から地区と店舗名を表示しましょう。

1 VLOOKUP関数

VLOOKUP関数を使うと、参照用の表から該当するデータを検索し、表示することができます。参照用の表のコードや番号が縦方向に入力されている場合に使います。

●VLOOKUP関数

=VLOOKUP(検索値, 範囲, 列番号, 検索方法)

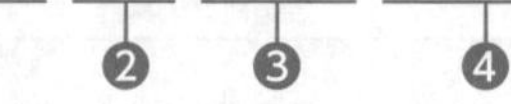

❶検索値
検索対象のコードや番号を入力するセルを指定します。

❷範囲
参照用の表のセル範囲を指定します。

❸列番号
セル範囲の何番目の列を参照するかを指定します。
左から「1」「2」…と数えて指定します。

❹検索方法
「FALSE」または「TRUE」を指定します。「TRUE」は省略できます。

FALSE	完全に一致するものを参照する。
TRUE	近似値を含めて参照する。

例：

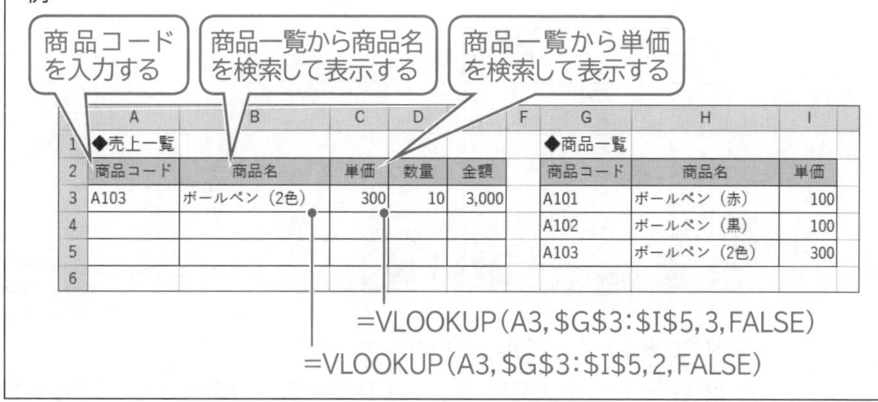

Let's Try 地区と店舗名の表示

VLOOKUP関数を使って、A列の店舗コードをもとに、B列に地区、C列に店舗名を表示する数式を入力しましょう。地区と店舗名は、シート**「店舗マスター」**から参照します。
※シート「店舗マスター」を確認しておきましょう。

①シート**「店舗別売上集計」**のセル**【B3】**に**「=VLOOKUP(A3」**と入力します。
※引数のセル番地は、セルをクリックしても入力できます。
② F4 を3回押します。
※数式の入力中に F4 を押すと、「$」が付きます。
③数式バーに**「=VLOOKUP($A3」**と表示されていることを確認します。
※数式をコピーしたときに、常に同じ列を参照するように、複合参照「$A3」にします。

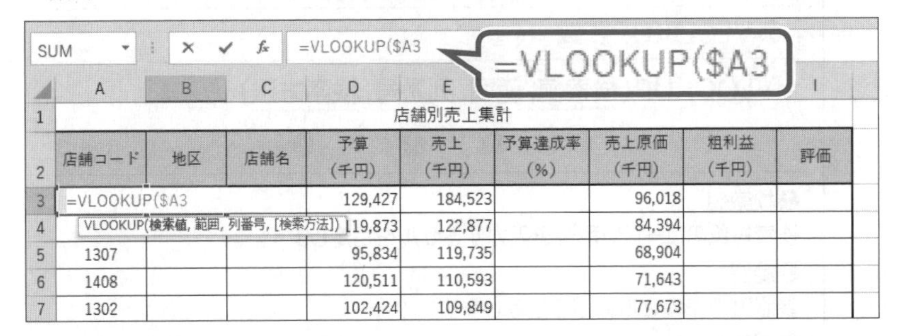

店舗コード	地区	店舗名	予算（千円）	売上（千円）	予算達成率（%）	売上原価（千円）	粗利益（千円）	評価
=VLOOKUP($A3			129,427	184,523		96,018		
			119,873	122,877		84,394		
1307			95,834	119,735		68,904		
1408			120,511	110,593		71,643		
1302			102,424	109,849		77,673		

④数式の続きに**「,」**を入力します。
⑤シート**「店舗マスター」**のセル範囲**【A3:C27】**を選択します。
※別のシートを参照すると、シート名とセル範囲が「!」で区切られて表示されます。
⑥ F4 を押します。
※数式をコピーしたときに、常に同じセル範囲を参照するように、絶対参照「$A$3:$C$27」にします。

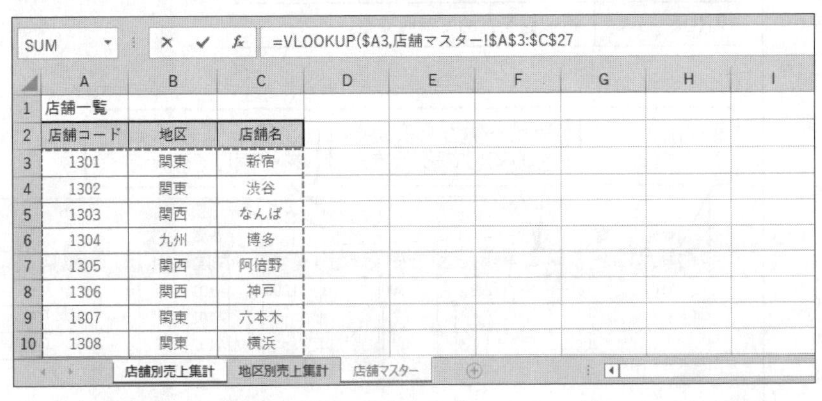

店舗一覧		
店舗コード	地区	店舗名
1301	関東	新宿
1302	関東	渋谷
1303	関西	なんば
1304	九州	博多
1305	関西	阿倍野
1306	関西	神戸
1307	関東	六本木
1308	関東	横浜

⑦数式の続きに**「,2,FALSE)」**と入力します。
⑧数式バーに**「=VLOOKUP($A3,店舗マスター!$A$3:$C$27,2,FALSE)」**と表示されていることを確認します。

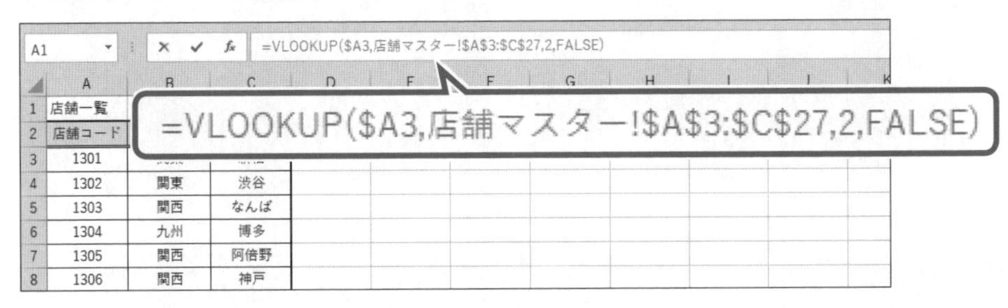

店舗一覧		
店舗コード		
1301		
1302	関東	渋谷
1303	関西	なんば
1304	九州	博多
1305	関西	阿倍野
1306	関西	神戸

⑨ Enter を押します。
店舗コード「1301」の地区が表示されます。
⑩セル【B3】を選択し、セル右下の■（フィルハンドル）をセル【C3】までドラッグします。

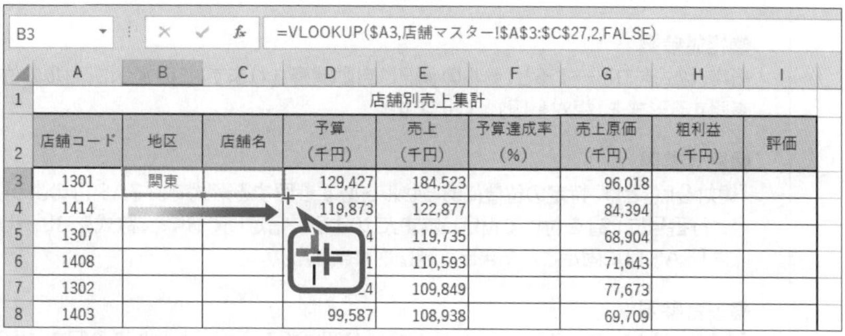

B3 =VLOOKUP($A3,店舗マスター!$A$3:$C$27,2,FALSE)

	A	B	C	D	E	F	G	H	I
1					店舗別売上集計				
2	店舗コード	地区	店舗名	予算（千円）	売上（千円）	予算達成率（%）	売上原価（千円）	粗利益（千円）	評価
3	1301	関東		129,427	184,523		96,018		
4	1414			119,873	122,877		84,394		
5	1307			4	119,735		68,904		
6	1408			1	110,593		71,643		
7	1302			24	109,849		77,673		
8	1403			99,587	108,938		69,709		

⑪セル【C3】をダブルクリックします。
セルが編集状態になります。
⑫数式を「=VLOOKUP($A3,店舗マスター!$A$3:$C$27,3,FALSE)」に修正します。
※店舗名はシート「店舗マスター」の表の左から3列目になるので、引数の「2」を「3」に修正します。
※数式バーの数式を編集してもかまいません。

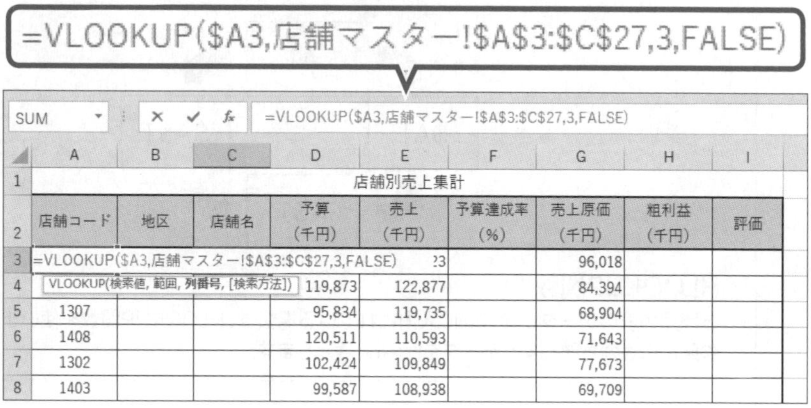

=VLOOKUP($A3,店舗マスター!$A$3:$C$27,3,FALSE)

SUM =VLOOKUP($A3,店舗マスター!$A$3:$C$27,3,FALSE)

	A	B	C	D	E	F	G	H	I
1					店舗別売上集計				
2	店舗コード	地区	店舗名	予算（千円）	売上（千円）	予算達成率（%）	売上原価（千円）	粗利益（千円）	評価
3	=VLOOKUP($A3,店舗マスター!$A$3:$C$27,3,FALSE)				23		96,018		
4	VLOOKUP(検索値, 範囲, 列番号, [検索方法])			119,873	122,877		84,394		
5	1307			95,834	119,735		68,904		
6	1408			120,511	110,593		71,643		
7	1302			102,424	109,849		77,673		
8	1403			99,587	108,938		69,709		

⑬ Enter を押します。
店舗コード「1301」の店舗名が表示されます。
⑭セル範囲【B3:C3】を選択し、セル範囲右下の■（フィルハンドル）をダブルクリックします。
数式がコピーされ、そのほかの店舗の地区と店舗名が表示されます。

	A	B	C	D	E	F	G	H	I
1					店舗別売上集計				
2	店舗コード	地区	店舗名	予算（千円）	売上（千円）	予算達成率（%）	売上原価（千円）	粗利益（千円）	評価
3	1301	関東	新宿	129,427	184,523		96,018		
4	1414	関西	梅田	119,873	122,877		84,394		
5	1307	関東	六本木	95,834	119,735		68,904		
6	1408	関西	奈良	120,511	110,593		71,643		
7	1302	関東	渋谷	102,424	109,849		77,673		
24	1411	関西	大津	40,553	40,855		28,084		
25	1406	九州	別府	45,132	39,156		24,009		
26	1413	関東	つくば	38,990	36,001		28,201		
27	1412	関東	鎌倉	24,008	25,801		19,061		
28	合計			2,026,672	2,134,426		1,423,287		

操作のポイント

セル参照の種類

セル参照の方法には、次のような種類があります。

●相対参照

通常、数式をコピーすると、セルの参照は自動調整されます。このように、セルの位置を相対的に参照する形式を「相対参照」といいます。

●絶対参照

「絶対参照」とは、特定の位置にあるセルを必ず参照する形式で、「$A$1」のように、セルの列番号と行番号に「$」を付けて指定します。このように指定しておくと、数式をコピーしてもセルの参照は「$A$1」に固定されたままで調整されません。

●複合参照

「A$1」「$A1」のように、相対参照と絶対参照を組み合わせたセルの参照を「複合参照」といいます。数式をコピーすると、「$」が付いている列番号または行番号は固定されたままで、「$」が付いていない列番号または行番号は自動調整されます。

$の入力

「$」は直接入力してもかまいませんが、F4 を使うと簡単に入力できます。F4 を連続して押すと「$A$1」（列行ともに固定）、「A$1」（行だけ固定）、「$A1」（列だけ固定）、「A1」（固定しない）の順番で切り替わります。

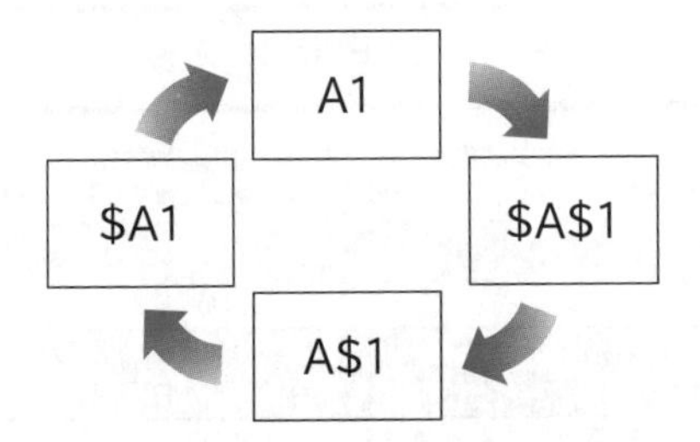

HLOOKUP関数

参照用の表のデータが横方向に入力されている場合は、HLOOKUP関数を使います。
参照用の表から該当するデータを検索し、表示します。

●HLOOKUP関数

=HLOOKUP（検索値,範囲,行番号,検索方法）

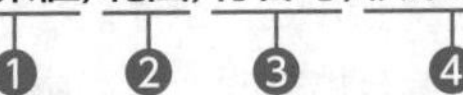

❶検索値

検索対象のコードや番号を入力するセルを指定します。

❷範囲

参照用の表のセル範囲を指定します。

❸行番号

セル範囲の何番目の行を参照するかを指定します。
上から「1」「2」…と数えて指定します。

❹検索方法

「FALSE」または「TRUE」を指定します。「TRUE」は省略できます。

操作のポイント

名前付き範囲

セル範囲に「名前」を定義しておくと、関数の引数でセル範囲を指定するときに、定義した名前を利用できます。関数の引数に名前を利用すると、関数の引数を見ただけでその役割や用途が明確になります。また、指定するセル範囲を変更する場合、定義しているセル範囲を変更すれば、関数の引数は修正する必要がありません。

●セル番地で指定

B3　=VLOOKUP($A3,店舗マスター!$A$3:$C$27,2,FALSE)

	A	B	C	D	E	F	G	H
1					店舗別売上集計			
2	店舗コード	地区	店舗名	予算（千円）	売上（千円）	予算達成率（%）	売上原価（千円）	粗利益（千円）
3	1301	関東	新宿	129,427	184,523		96,018	
4	1414	関西	梅田	119,873	122,877		84,394	
5	1307	関東	六本木	95,834	119,735		68,904	
6	1408	関西	奈良	120,511	110,593		71,643	
7	1302	関東	渋谷	102,424	109,849		77,673	
8	1403	関東	千葉	99,587	108,938		69,709	
9	1304	九州	博多	97,190	107,990		73,176	
10	1310	九州	佐世保	109,487	107,649		76,808	

●名前で指定

数式がわかりやすい

B3　=VLOOKUP($A3,店舗一覧,2,FALSE)

	A	B	C	D	E	F	G	H
1					店舗別売上集計			
2	店舗コード	地区	店舗名	予算（千円）	売上（千円）	予算達成率（%）	売上原価（千円）	粗利益（千円）
3	1301	関東	新宿	129,427	184,523		96,018	
4	1414	関西	梅田	119,873	122,877		84,394	
5	1307	関東	六本木	95,834	119,735		68,904	
6	1408	関西	奈良	120,511	110,593		71,643	
7	1302	関東	渋谷	102,424	109,849		77,673	
8	1403	関東	千葉	99,587	108,938		69,709	
9	1304	九州	博多	97,190	107,990		73,176	
10	1310	九州	佐世保	109,487	107,649		76,808	

セル範囲に名前を定義する方法は、次のとおりです。

◆セル範囲を選択→名前ボックスに名前を入力

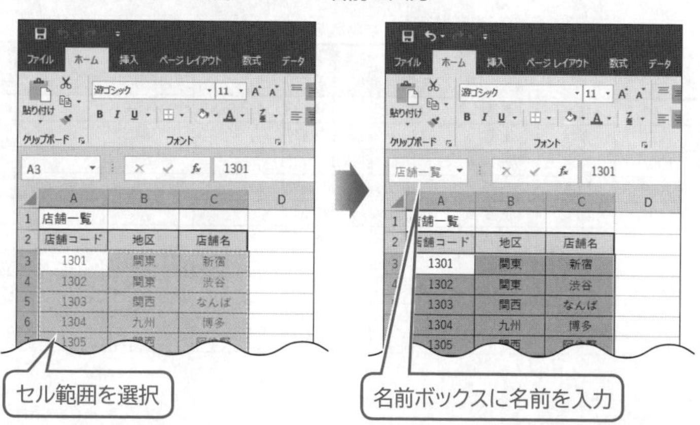

STEP 5

予算達成率の算出

予算達成率を求めましょう。予算達成率は小数点第1位まで表示します。

1 予算達成率の算出

予算達成率は**「売上÷予算」**で求めます。通常、割合を求めた場合には、数値は［%］（パーセントスタイル）を使って「%」の単位で表示します。
ただし、表の項目が**「予算達成率（%）」**のように表示されている場合は、表内の数値に「%」を付けるのではなく、**「売上÷予算×100」**として数式を入力します。

Let's Try 予算達成率の数式の入力

セル範囲【F3:F28】に、予算達成率を求める数式を入力しましょう。

①セル【F3】に「=E3/D3＊100」と入力します。

	A	B	C	D	E	F	G	H	I
1					店舗別売上集計				
2	店舗コード	地区	店舗名	予算（千円）	売上（千円）	予算達成率（%）	売上原価（千円）	粗利益（千円）	評価
3	1301	関東	新宿	129,427	184,523	=E3/D3*100	96,018		
4	1414	関西	梅田	119,873	122,877		84,394		
5	1307	関東	六本木	95,834	119,735		68,904		
6	1408	関西	奈良	120,511	110,593		71,643		
7	1302	関東	渋谷	102,424	109,849		77,673		
8	1403	関東	千葉	99,587	108,938		69,709		
9	1304	九州	博多	97,190	107,990		73,176		
10	1310	九州	佐世保	109,487	107,649		76,808		
11	1311	関西	京都	98,363	103,312		64,536		
12	1306	関西	神戸	98,587	100,929		66,532		

②［Enter］を押します。
新宿の予算達成率が求められます。

	A	B	C	D	E	F	G	H	I
1					店舗別売上集計				
2	店舗コード	地区	店舗名	予算（千円）	売上（千円）	予算達成率（%）	売上原価（千円）	粗利益（千円）	評価
3	1301	関東	新宿	129,427	184,523	142.569589	96,018		
4	1414	関西	梅田	119,873	122,877		84,394		
5	1307	関東	六本木	95,834	119,735		68,904		
6	1408	関西	奈良	120,511	110,593		71,643		
7	1302	関東	渋谷	102,424	109,849		77,673		
8	1403	関東	千葉	99,587	108,938		69,709		
9	1304	九州	博多	97,190	107,990		73,176		
10	1310	九州	佐世保	109,487	107,649		76,808		
11	1311	関西	京都	98,363	103,312		64,536		
12	1306	関西	神戸	98,587	100,929		66,532		

③セル【F3】を選択し、セル右下の■（フィルハンドル）をセル【F28】までドラッグします。

④ （オートフィルオプション）をクリックします。

※ をポイントすると、 になります。

⑤《書式なしコピー（フィル）》をクリックします。

	A	B	C	D	E	F	G	H	I
12	1306	関西	神戸	98,587	100,929	102.375878	66,532		
13	1303	関西	なんば	98,867	99,867	101.011253	67,418		
14	1410	関東	台場	100,212	97,302	97.096846	71,540		
15	1409	関西	姫路	98,831	94,031	95.1430268	67,735		
16	1404	関西	京橋	86,201	89,125	103.392416	59,388		
17	1309	九州	鹿児島	79,632	73,245	91.9788729	50,191		
18	1402	関東	大宮	70,883	72,332	102.04449	47,874		
19	1305	関西	阿倍野	58,923	71,198	120.832852	52,157		
20	1407	九州	久留米	63,212	71,034	112.374252	48,724		
21	1401	関東	浦安	51,921	54,337	104.65359	39,895		
22	1405	九州	宮崎	53,010	47,134	88.9165211	36,090		
23	1308	関東	横浜	45,014	46,610	103.546476	33,527		
24	1411	関西	大津	40,553	40,855	100.744947			
25	1406	九州	別府	45,132	39,156	86.7593132			
26	1413	関東	つくば	38,990	36,001	92.334938			
27	1412	関東	鎌倉	24,008	25,801	107.469521			
28	合計			2,026,672	2,134,426	105.316767	423,287		
29									

- セルのコピー(C)
- 書式のみコピー（フィル）(F)
- 書式なしコピー（フィル）(O)
- フラッシュ フィル(F)

罫線や塗りつぶしの色が元の状態に戻り、数式だけがコピーされます。

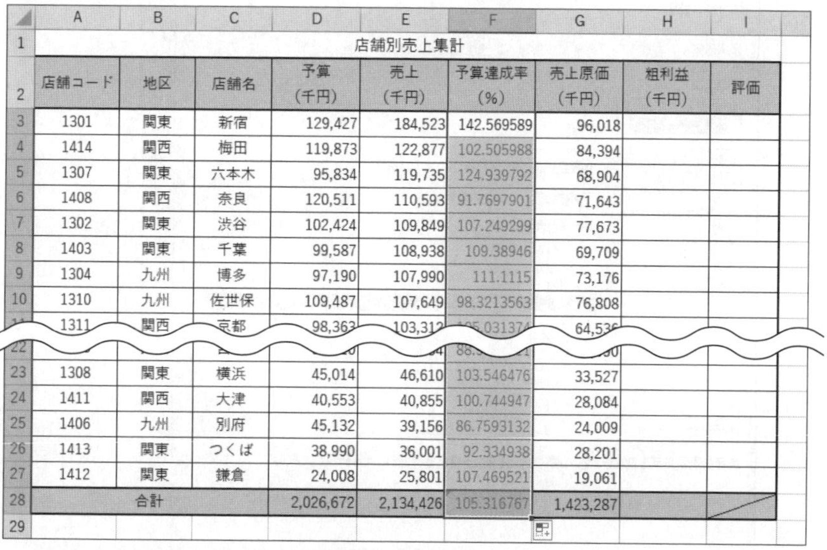

	A	B	C	D	E	F	G	H	I
1	店舗別売上集計								
2	店舗コード	地区	店舗名	予算（千円）	売上（千円）	予算達成率（%）	売上原価（千円）	粗利益（千円）	評価
3	1301	関東	新宿	129,427	184,523	142.569589	96,018		
4	1414	関西	梅田	119,873	122,877	102.505988	84,394		
5	1307	関東	六本木	95,834	119,735	124.939792	68,904		
6	1408	関西	奈良	120,511	110,593	91.7697901	71,643		
7	1302	関東	渋谷	102,424	109,849	107.249299	77,673		
8	1403	関東	千葉	99,587	108,938	109.38946	69,709		
9	1304	九州	博多	97,190	107,990	111.1115	73,176		
10	1310	九州	佐世保	109,487	107,649	98.3213563	76,808		
11	1311	関西	京都	98,363	103,312	105.031374	64,536		
23	1308	関東	横浜	45,014	46,610	103.546476	33,527		
24	1411	関西	大津	40,553	40,855	100.744947	28,084		
25	1406	九州	別府	45,132	39,156	86.7593132	24,009		
26	1413	関東	つくば	38,990	36,001	92.334938	28,201		
27	1412	関東	鎌倉	24,008	25,801	107.469521	19,061		
28	合計			2,026,672	2,134,426	105.316767	1,423,287		
29									

操作のポイント

オートフィルオプション

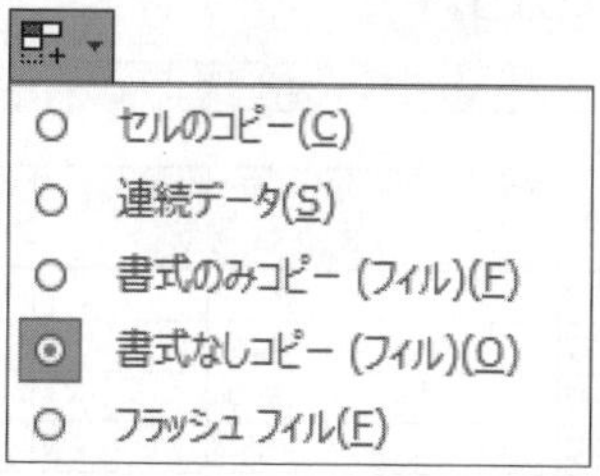

- セルのコピー(C)
- 連続データ(S)
- 書式のみコピー（フィル）(F)
- 書式なしコピー（フィル）(O)
- フラッシュ フィル(F)

オートフィルを実行すると、 （オートフィルオプション）が表示されます。
クリックすると表示される一覧から、書式の有無を指定したり、セルのコピーに変更したりできます。

2 小数点以下の表示桁数の設定

（小数点以下の表示桁数を増やす）をクリックすると、数値の小数点以下の表示が1桁ずつ増え、（小数点以下の表示桁数を減らす）をクリックすると、数値の小数点以下の表示が1桁ずつ減ります。また、《セルの書式設定》ダイアログボックスを使うと、表示する桁数を直接数値で指定できます。

Let's Try 小数点以下の表示桁数の設定

予算達成率の数値が小数点第1位まで表示されるように変更しましょう。

①セル範囲【F3:F28】を選択します。
②《ホーム》タブを選択します。
③《数値》グループの（表示形式）をクリックします。
④《表示形式》タブを選択します。
⑤《分類》の一覧から《数値》を選択します。
⑥《小数点以下の桁数》を「1」に設定します。
⑦《OK》をクリックします。

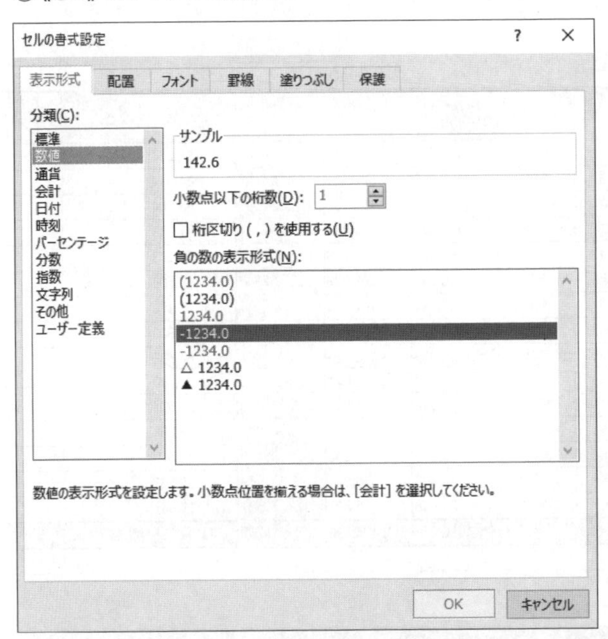

小数点第1位までの表示になります。
※任意のセルをクリックし、選択を解除しておきましょう。

	A	B	C	D	E	F	G	H	I
1					店舗別売上集計				
2	店舗コード	地区	店舗名	予算（千円）	売上（千円）	予算達成率（%）	売上原価（千円）	粗利益（千円）	評価
3	1301	関東	新宿	129,427	184,523	142.6	96,018		
4	1414	関西	梅田	119,873	122,877	102.5	84,394		
5	1307	関東	六本木	95,834	119,735	124.9	68,904		
6	1408	関西	奈良	120,511	110,593	91.8	71,643		
7	1302	関東	渋谷	102,424	109,849	107.2	77,673		
8	1403	関東	千葉	99,587	108,938	109.4	69,709		
9	1304	九州	博多	97,190	107,990	111.1	73,176		
10	1310	九州	佐世保	109,487	107,649	98.3	76,808		
11	1311	関西	京都	98,363	103,312	105.0	64,536		

操作のポイント

効率的なセル範囲の選択

データが連続する大きなセル範囲を選択する場合、開始セルを選択後、Ctrl と Shift を押しながら ↓ を押すと効率よくセル範囲を選択できます。

小数点以下の表示桁数

（小数点以下の表示桁数を増やす）や （小数点以下の表示桁数を減らす）、《セルの書式設定》ダイアログボックスで表示桁数を調整すると、指定した桁の次の位で四捨五入して表示されます。これらは見た目を調整するだけで、セルに格納されている数値を調整するものではありません。そのため、そのセルを計算などで利用すると、計算結果が見た目の数値と異なることがあり、注意が必要です。

●セルに格納されている数値

本体価格	税込価格	売上数量	売上金額
794	873.4	12	10480.8
932	1025.2	11	11277.2
498	547.8	16	8764.8

セルには小数点以下の値が含まれている

小数点以下の値も含めて計算される

●シート上に表示される数値

本体価格	税込価格	売上数量	売上金額
794	873	12	10481
932	1025	11	11277
498	548	16	8765

金額に誤差が生じる

※上の図では、消費税は10%で計算しています。

ROUND関数・ROUNDUP関数・ROUNDDOWN関数

ROUND関数・ROUNDUP関数・ROUNDDOWN関数を使うと、シート上に表示される数値とセルに格納されている数値を同じにすることができます。ROUND関数は四捨五入、ROUNDUP関数は切り上げ、ROUNDDOWN関数は切り捨てを行って、指定した桁数で数値を調整します。
ROUND関数の書式は、次のとおりです。

●ROUND関数

=ROUND(数値,桁数)

❶数値

四捨五入する数値や数式、セルを指定します。

❷桁数

数値を四捨五入した結果の桁数を指定します。

※「－(マイナス)」を付けて桁数を指定すると、一の位や十の位など整数部分の表示を設定できます。

例：
=ROUND(1234.567,2)→1234.57
=ROUND(1234.567,1)→1234.6
=ROUND(1234.567,0)→1235
=ROUND(1234.567,-1)→1230
=ROUND(1234.567,-2)→1200

ROUNDUP関数、ROUNDDOWN関数の引数の指定は、ROUND関数と同じです。

STEP 6

粗利益・粗利益率の算出

粗利益と粗利益率を求めましょう。粗利益率を表示する列は、H列の右に挿入します。
また、粗利益率は、小数点第1位まで表示します。

1 粗利益の算出

粗利益は、商品を販売した売上から、その売上原価を引いた金額のことです。ここでは、「売上−売上原価」で求めます。
※粗利益については、P.59で解説しています。

Let's Try 粗利益の数式の入力

セル範囲【H3:H28】に、粗利益を求める数式を入力しましょう。

①セル【H3】に「=E3−G3」と入力します。

	A	B	C	D	E	F	G	H	I
1	店舗別売上集計								
2	店舗コード	地区	店舗名	予算（千円）	売上（千円）	予算達成率（%）	売上原価（千円）	粗利益（千円）	評価
3	1301	関東	新宿	129,427	184,523	142.6	96,018	=E3-G3	
4	1414	関西	梅田	119,873	122,877	102.5	84,394		
5	1307	関東	六本木	95,834	119,735	124.9	68,904		
6	1408	関西	奈良	120,511	110,593	91.8	71,643		
7	1302	関東	渋谷	102,424	109,849	107.2	77,673		
8	1403	関東	千葉	99,587	108,938	109.4	69,709		
9	1304	九州	博多	97,190	107,990	111.1	73,176		
10	1310	九州	佐世保	109,487	107,649	98.3	76,808		
11	1311	関西	京都	98,363	103,312	105.0	64,536		
12	1306	関西	神戸	98,587	100,929	102.4	66,532		
13	1303	関西	なんば	98,867	99,867	101.0	67,418		
14	1410	関東	台場	100,212	97,302	97.1	71,540		
15	1409	関西	姫路	98,831	94,031	95.1	67,735		

②【Enter】を押します。
新宿の粗利益が求められます。
※計算結果の数値も参照元のセルと同じ表示形式になります。

	A	B	C	D	E	F	G	H	I
1	店舗別売上集計								
2	店舗コード	地区	店舗名	予算（千円）	売上（千円）	予算達成率（%）	売上原価（千円）	粗利益（千円）	評価
3	1301	関東	新宿	129,427	184,523	142.6	96,018	88,506	
4	1414	関西	梅田	119,873	122,877	102.5	84,394		
5	1307	関東	六本木	95,834	119,735	124.9	68,904		
6	1408	関西	奈良	120,511	110,593	91.8	71,643		
7	1302	関東	渋谷	102,424	109,849	107.2	77,673		
8	1403	関東	千葉	99,587	108,938	109.4	69,709		
9	1304	九州	博多	97,190	107,990	111.1	73,176		
10	1310	九州	佐世保	109,487	107,649	98.3	76,808		
11	1311	関西	京都	98,363	103,312	105.0	64,536		
12	1306	関西	神戸	98,587	100,929	102.4	66,532		
13	1303	関西	なんば	98,867	99,867	101.0	67,418		
14	1410	関東	台場	100,212	97,302	97.1	71,540		
15	1409	関西	姫路	98,831	94,031	95.1	67,735		

2 貼り付けのオプション

数式をコピーするときに、（貼り付け）の 貼り付け を使うと、罫線はコピーせずに、数値の書式（表示形式）はコピーするといったように、セルの内容を部分的に貼り付けることができます。

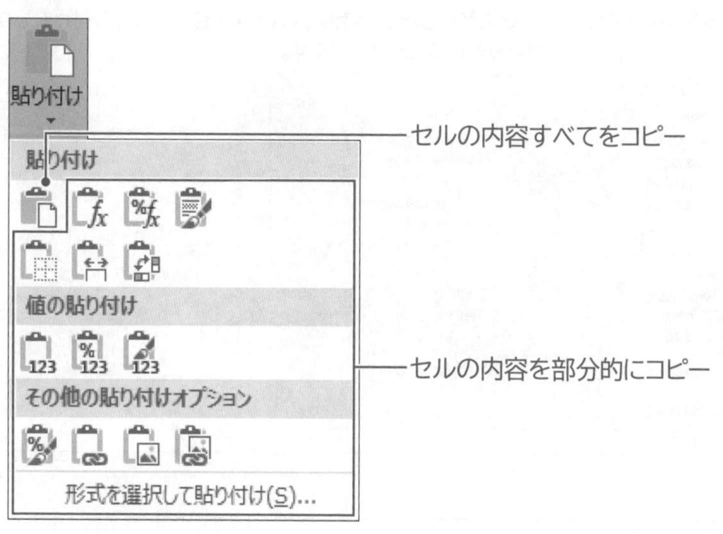

Let's Try 数式と数値の書式のコピー

セル範囲【H4:H28】に、セル【H3】の数式と数値の書式をコピーしましょう。

①セル【H3】を選択します。
②《ホーム》タブを選択します。
③《クリップボード》グループの（コピー）をクリックします。
④セル範囲【H4:H28】を選択します。
⑤《クリップボード》グループの（貼り付け）の 貼り付け をクリックします。
⑥《貼り付け》の（数式と数値の書式）をクリックします。

			店舗名	予算（千円）	売上（千円）	予算達成率（%）	売上原価（千円）	粗利益（千円）	評価
			新宿	129,427	184,523	142.6	96,018	88,506	
			梅田	119,873	122,877	102.5	84,394	38,483	
5	1307	関東	六本木	95,834	119,735	124.9	68,904	50,831	
6	1408	関西	奈良	120,511	110,593	91.8	71,643	38,949	
7	1302	関東	渋谷	102,424	109,849	107.2	77,673	32,176	
8	1403	関東	千葉	99,587	108,938	109.4	69,709	39,229	
9	1304	九州	博多	97,190	107,990	111.1	73,176	34,813	
10	1310	九州	佐世保	109,487	107,649	98.3	76,808	30,841	

数式と数値の書式がコピーされます。

操作のポイント

形式を選択して貼り付け

(貼り付け)の 貼り付け をクリックすると、どのような内容を貼り付けるのかを選択できる一覧が表示されます。一覧から《形式を選択して貼り付け》を選択すると、《形式を選択して貼り付け》ダイアログボックスが表示されます。《形式を選択して貼り付け》ダイアログボックスを使うと、列幅だけを貼り付けたり、値を加算したり、行列を入れ替えて値だけを貼り付けたりなど、一覧にない形式でセルの内容を貼り付けることができます。

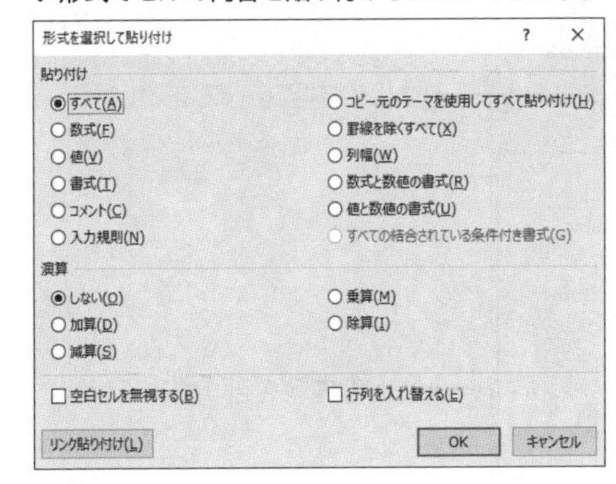

3 列の挿入

粗利益率を表示するための列を挿入しましょう。
列を挿入する場合は、挿入する位置を選択してからコマンドを実行します。複数の列をまとめて挿入する場合は、挿入する列数と同じ数だけ範囲を選択してからコマンドを実行します。

Let's Try 列の挿入

H列の右に1列挿入しましょう。挿入後、セル【I2】に「粗利益率(%)」と入力しましょう。

①列番号【I】を右クリックします。
②《挿入》をクリックします。

	A	B	C	D	E	F	G	H	I
1					店舗別売上集計				
2	店舗コード	地区	店舗名	予算(千円)	売上(千円)	予算達成率(%)	売上原価(千円)	粗利益(千円)	評価
3	1301	関東	新宿	129,427	184,523				
4	1414	関西	梅田	119,873	122,877				
5	1307	関東	六本木	95,834	119,735				
6	1408	関西	奈良	120,511	110,593				
7	1302	関東	渋谷	102,424	109,849	107.2	77,673	32,176	
8	1403	関東	千葉	99,587	108,938	109.4	69,709	39,229	
9	1304	九州	博多	97,190	107,990	111.1	73,176	34,813	
10	1310	九州	佐世保	109,487	107,649	98.3	76,808	30,841	
11	1311	関西	京都	98,363	103,312	105.0	64,536	38,776	

新しい列が1列挿入され、元の列は右に移動します。
③セル【I2】に「粗利益率(%)」と入力します。

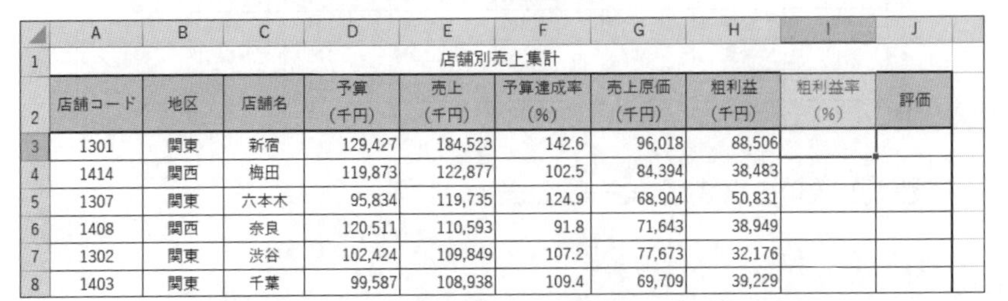

	A	B	C	D	E	F	G	H	I	J
1					店舗別売上集計					
2	店舗コード	地区	店舗名	予算(千円)	売上(千円)	予算達成率(%)	売上原価(千円)	粗利益(千円)	粗利益率(%)	評価
3	1301	関東	新宿	129,427	184,523	142.6	96,018	88,506		
4	1414	関西	梅田	119,873	122,877	102.5	84,394	38,483		
5	1307	関東	六本木	95,834	119,735	124.9	68,904	50,831		
6	1408	関西	奈良	120,511	110,593	91.8	71,643	38,949		
7	1302	関東	渋谷	102,424	109,849	107.2	77,673	32,176		
8	1403	関東	千葉	99,587	108,938	109.4	69,709	39,229		

操作のポイント

挿入オプション

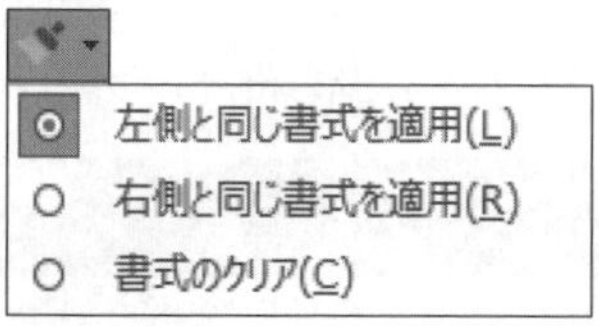

- 左側と同じ書式を適用(L)
- 右側と同じ書式を適用(R)
- 書式のクリア(C)

表内に列を挿入すると、左側の列と同じ書式が自動的に適用されます。列を挿入した直後に表示される（挿入オプション）を使うと、書式をクリアしたり、右側の列の書式を適用したりできます。

行の挿入

行を挿入する方法は、次のとおりです。

◆行番号を右クリック→《挿入》

列や行の削除

列や行を削除する方法は、次のとおりです。

◆列番号または行番号を右クリック→《削除》

4 粗利益率の算出

粗利益率は、売上に対する粗利益の比率のことで、**「粗利益÷売上」**で求めます。
ここでは、表の項目に「（%）」が表示されているので、%（パーセントスタイル）を使わずに、**「粗利益÷売上×100」**として数式を入力します。

Let's Try 粗利益率の数式の入力

セル範囲【I3:I28】に粗利益率を求める数式を入力しましょう。また、予算達成率（F列）の書式をコピーしましょう。

①セル【I3】に「=H3/E3*100」と入力します。

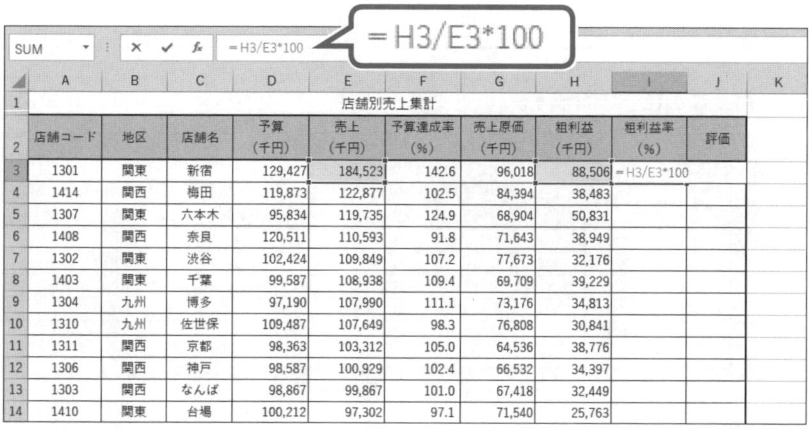

SUM　=H3/E3*100

=H3/E3*100

	A	B	C	D	E	F	G	H	I	J	K
1	店舗別売上集計										
2	店舗コード	地区	店舗名	予算（千円）	売上（千円）	予算達成率（%）	売上原価（千円）	粗利益（千円）	粗利益率（%）	評価	
3	1301	関東	新宿	129,427	184,523	142.6	96,018	88,506	=H3/E3*100		
4	1414	関西	梅田	119,873	122,877	102.5	84,394	38,483			
5	1307	関東	六本木	95,834	119,735	124.9	68,904	50,831			
6	1408	関西	奈良	120,511	110,593	91.8	71,643	38,949			
7	1302	関東	渋谷	102,424	109,849	107.2	77,673	32,176			
8	1403	関東	千葉	99,587	108,938	109.4	69,709	39,229			
9	1304	九州	博多	97,190	107,990	111.1	73,176	34,813			
10	1310	九州	佐世保	109,487	107,649	98.3	76,808	30,841			
11	1311	関西	京都	98,363	103,312	105.0	64,536	38,776			
12	1306	関西	神戸	98,587	100,929	102.4	66,532	34,397			
13	1303	関西	なんば	98,867	99,867	101.0	67,418	32,449			
14	1410	関東	台場	100,212	97,302	97.1	71,540	25,763			

② Enter を押します。
列を挿入したときに、左側と同じ書式が設定され、千より小さい数値が表示されないため、「0」と表示されます。
数式をコピーします。
③セル【I3】を選択し、セル右下の■（フィルハンドル）をセル【I28】までドラッグします。

予算達成率のセル範囲【F3:F28】の書式をコピーします。

④セル範囲【F3:F28】を選択します。

⑤《ホーム》タブを選択します。

⑥《クリップボード》グループの（書式のコピー/貼り付け）をクリックします。

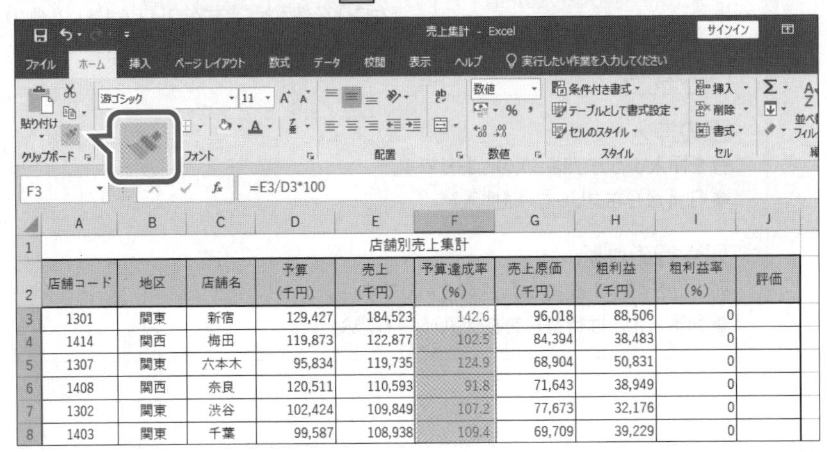

	A	B	C	D	E	F	G	H	I	J
1					店舗別売上集計					
2	店舗コード	地区	店舗名	予算（千円）	売上（千円）	予算達成率（%）	売上原価（千円）	粗利益（千円）	粗利益率（%）	評価
3	1301	関東	新宿	129,427	184,523	142.6	96,018	88,506	0	
4	1414	関西	梅田	119,873	122,877	102.5	84,394	38,483	0	
5	1307	関東	六本木	95,834	119,735	124.9	68,904	50,831	0	
6	1408	関西	奈良	120,511	110,593	91.8	71,643	38,949	0	
7	1302	関東	渋谷	102,424	109,849	107.2	77,673	32,176	0	
8	1403	関東	千葉	99,587	108,938	109.4	69,709	39,229	0	

マウスポインターの形が に変わります。

⑦セル【I3】をクリックします。

	A	B	C	D	E	F	G	H	I	J
1					店舗別売上集計					
2	店舗コード	地区	店舗名	予算（千円）	売上（千円）	予算達成率（%）	売上原価（千円）	粗利益（千円）	粗利益率（%）	評価
3	1301	関東	新宿	129,427	184,523	142.6	96,018	88,506	0	
4	1414	関西	梅田	119,873	122,877	102.5	84,394	38,483	0	
5	1307	関東	六本木	95,834	119,735	124.9	68,904	50,831		
6	1408	関西	奈良	120,511	110,593	91.8	71,643	38,949		
7	1302	関東	渋谷	102,424	109,849	107.2	77,673	32,176		
8	1403	関東	千葉	99,587	108,938	109.4	69,709	39,229	0	
9	1304	九州	博多	97,190	107,990	111.1	73,176	34,813	0	
10	1310	九州	佐世保	109,487	107,649	98.3	76,808	30,841	0	
11	1311	関西	京都	98,363	103,312	105.0	64,536	38,776	0	
12	1306	関西	神戸	98,587	100,929	102.4	66,532	34,397	0	
13	1303	関西	なんば	98,867	99,867	101.0	67,418	32,449	0	
14	1410	関東	台場	100,212	97,302	97.1	71,540	25,763	0	

書式がコピーされます。

	A	B	C	D	E	F	G	H	I	J
1					店舗別売上集計					
2	店舗コード	地区	店舗名	予算（千円）	売上（千円）	予算達成率（%）	売上原価（千円）	粗利益（千円）	粗利益率（%）	評価
3	1301	関東	新宿	129,427	184,523	142.6	96,018	88,506	48.0	
4	1414	関西	梅田	119,873	122,877	102.5	84,394	38,483	31.3	
5	1307	関東	六本木	95,834	119,735	124.9	68,904	50,831	42.5	
6	1408	関西	奈良	120,511	110,593	91.8	71,643	38,949	35.2	
7	1302	関東	渋谷	102,424	109,849	107.2	77,673	32,176	29.3	
8	1403	関東	千葉	99,587	108,938	109.4	69,709	39,229	36.0	
9	1304	九州	博多	97,190	107,990	111.1	73,176	34,813	32.2	
10	1310	九州	佐世保	109,487	107,649	98.3	76,808	30,841	28.6	
11	1311	関西	京都	98,363	103,312	105.0	64,536	38,776	37.5	
12	1306	関西	神戸	98,587	100,929	102.4	66,532	34,397	34.1	
13	1303	関西	なんば	98,867	99,867	101.0	67,418	32,449	32.5	
14	1410	関東	台場	100,212	97,302	97.1	71,540	25,763	26.5	

操作のポイント

書式のコピー/貼り付け

（書式のコピー/貼り付け）を使うと、セルに設定されている書式だけをコピーできます。

STEP 7

地区別の集計

SUMIF関数とCOUNTIF関数を使って、シート「店舗別売上集計」のデータをもとに、シート「地区別売上集計」に地区別の店舗数、予算、売上を集計しましょう。

1 COUNTIF関数

COUNTIF関数を使うと、条件を満たしているセルの個数を数えることができます。

●COUNTIF関数

＝COUNTIF（範囲, 検索条件）

❶範囲

検索の対象となるセル範囲を指定します。

❷検索条件

検索条件を文字列またはセル、数値、数式で指定します。

※文字列や不等号を指定する場合は、「"=3000"」「">15"」などのように「"（ダブルクォーテーション）」で囲みます。

Let's Try 地区別の店舗数の集計

COUNTIF関数を使って、シート「地区別売上集計」のセル範囲【B3:B5】に、地区別の店舗数を集計しましょう。

①シート「地区別売上集計」のセル【B3】に「=COUNTIF（」と入力します。

SUM　=COUNTIF(

=COUNTIF(

	A	B	C	D	E	F	G
1			地区別売上集計				
2	地区	店舗数	予算合計（千円）	売上合計（千円）	予算達成率（%）	業績判定	
3	関東	=COUNTIF(					
4	関西	COUNTIF(範囲, 検索条件)					
5	九州						
6							
7							
8							
9							
10							
11							
12							

店舗別売上集計　地区別売上集計　店舗マスター

②シート「**店舗別売上集計**」のセル範囲【**B3:B27**】を選択します。

③ F4 を押します。

※数式をコピーしたときに、常に同じセル範囲を参照するように、絶対参照「$B$3:$B$27」にします。

	A	B	C	D	E	F	G	H	I
2	店舗コード	地区	店舗名	予 (千円)					
3	1301	関東	新宿	129,427	184,523	142.6	96,018	88,506	48.0
4	1414	関西		873	122,877	102.5	84,394	38,483	31.3
5	1307	関東	六本木	95,834	119,735	124.9	68,904	50,831	42.5
6	1408	関西	奈良	120,511	110,593	91.8	71,643	38,949	35.2
7	1302	関東	渋谷	102,424	109,849	107.2	77,673	32,176	29.3
8	1403	関東	千葉	99,587	108,938	109.4	69,709	39,229	36.0
9	1304	九州	博多	97,190	107,990	111.1	73,176	34,813	32.2
10	1310	九州	佐世保	109,487	107,649	98.3	76,808	30,841	28.6
11	1311	関西	京都	98,363	103,312	105.0	64,536	38,776	37.5
12	1306	関西	神戸	98,587	100,929	102.4	66,532	34,397	34.1
13	1303	関西	なんば	98,867	99,867	101.0	67,418	32,449	32.5
14	1410	関東	台場	100,212	97,302	97.1	71,540	25,763	26.5
15	1409	関西	姫路	98,831	94,031	95.1	67,735	26,296	28.0
16	1404	関西	京橋	86,201	89,125	103.4	59,388	29,738	33.4
17	1309	九州	鹿児島	79,632	73,245	92.0	50,191	23,053	31.5

④数式の続きに「,」を入力します。

⑤シート「**地区別売上集計**」のセル【**A3**】を選択します。

⑥数式の続きに「)」を入力します。

⑦数式バーに「**=COUNTIF(店舗別売上集計!$B$3:$B$27,地区別売上集計!A3)**」と表示されていることを確認します。

=COUNTIF(店舗別売上集計!$B$3:$B$27,地区別売上集計!A3)

B3 =COUNTIF(店舗別売上集計!$B$3:$B$27,地区別売上集計!A3)

	A	B	C	D	E	F
1	地区別売上集計					
2	地区	店舗数	予算合計(千円)	売上合計(千円)	予算達成率(%)	業績判定
3	関東	=COUNTIF(店舗別売上集計!$B$3:$B$27,地区別売上集計!A3)				
4	関西					
5	九州					

店舗別売上集計 / 地区別売上集計 / 店舗マスター

⑧ Enter を押します。

関東の店舗数が表示されます。

⑨セル【B3】を選択し、セル右下の■(フィルハンドル)をダブルクリックします。

⑩ (オートフィルオプション)をクリックします。

※ をポイントすると、 になります。

⑪《書式なしコピー(フィル)》をクリックします。

数式がコピーされ、そのほかの地区の店舗数が表示されます。

	A	B	C	D	E	F	G
1	地区別売上集計						
2	地区	店舗数	予算合計（千円）	売上合計（千円）	予算達成率（%）	業績判定	
3	関東	10					
4	関西	9					
5	九州	6					
6							
7							
8							
9							
10							
11							
12							

店舗別売上集計 | 地区別売上集計 | 店舗マスター

操作のポイント

COUNTIFS関数

COUNTIF関数で設定できる条件は1つですが、COUNTIFS関数を使うと、複数の検索条件をすべて満たすデータの個数を求めることができます。

●COUNTIFS関数

=COUNTIFS（検索条件範囲1, 検索条件1, 検索条件範囲2, 検索条件2, ・・・）

❶検索条件範囲1
1つ目の検索の対象となるセル範囲を指定します。

❷検索条件1
1つ目の検索条件を文字列またはセル、数値、数式で指定します。
※文字列や不等号を指定する場合は、「"=3000"」「">15"」などのように「"（ダブルクォーテーション）」で囲みます。

❸検索条件範囲2
2つ目の検索の対象となるセル範囲を指定します。

❹検索条件2
2つ目の検索条件を文字列またはセル、数値、数式で指定します。

※検索条件が3つ以上ある場合、「,」で区切って指定します。

例：
=COUNTIFS（B3:B27, "関東", F3:F27, ">=100"）
セル範囲【B3:B27】から「関東」、セル範囲【F3:F27】から「100以上」のデータを検索し、「関東」かつ「100以上」のデータの個数を返します。

2 SUMIF関数

SUMIF関数を使うと、条件を満たしているセルの数値を合計することができます。

●SUMIF関数

=SUMIF(範囲,検索条件,合計範囲)
❶ ❷ ❸

❶範囲
検索の対象となるセル範囲を指定します。

❷検索条件
検索条件を文字列またはセル、数値、数式で指定します。
※文字列や不等号を指定する場合は、「"=3000"」「">15"」などのように「"(ダブルクォーテーション)」で囲みます。

❸合計範囲
合計を求めるセル範囲を指定します。
※範囲内の文字列や空白セルは計算の対象になりません。
※省略できます。省略すると❶範囲が対象になります。

Let's Try 地区別の予算の集計

SUMIF関数を使って、シート「**地区別売上集計**」のセル範囲【C3:C5】に、地区別の予算を集計しましょう。

①シート「**地区別売上集計**」のセル【C3】に「=SUMIF(」と入力します。

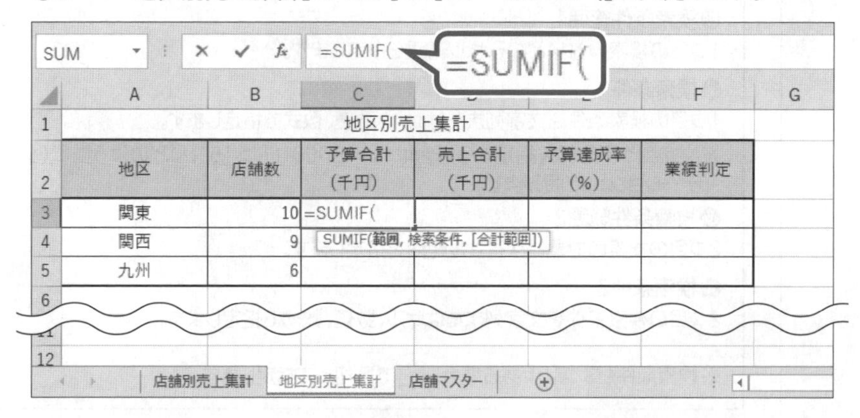

②シート「**店舗別売上集計**」のセル範囲【B3:B27】を選択します。
③ F4 を押します。
※数式をコピーしたときに、常に同じセル範囲を参照するように、絶対参照「$B$3:$B$27」にします。
④数式の続きに「,」を入力します。
⑤シート「**地区別売上集計**」のセル【A3】を選択します。
⑥数式の続きに「,」を入力します。
⑦シート「**店舗別売上集計**」のセル範囲【D3:D27】を選択します。
⑧ F4 を押します。
※数式をコピーしたときに、常に同じセル範囲を参照するように、絶対参照「$D$3:$D$27」にします。
⑨数式の続きに「)」を入力します。
⑩数式バーに「=SUMIF(店舗別売上集計!$B$3:$B$27,地区別売上集計!A3,店舗別売上集計!$D$3:$D$27)」と表示されていることを確認します。

=SUMIF(店舗別売上集計!$B$3:$B$27,地区別売上集計!A3,店舗別売上集計!$D$3:$D$27)

A1 ｜ =SUMIF(店舗別売上集計!$B$3:$B$27,地区別売上集計!A3,店舗別売上集計!$D$3:$D$27)

	A	B	C	D	E	F	G	H	I	J
1					店舗別売上集計					
2	店舗コード	地区	店舗名	予算（千円）	売上（千円）	予算達成率（%）	売上原価（千円）	粗利益（千円）	粗利益率（%）	評価
3	1301	関東	新宿	129,427	184,523	142.6	96,018	88,506	48.0	
4	1414	関西	梅田	119,873	122,877	102.5	84,394	38,483	31.3	
5	1307	関東	六本木	95,834	119,735	124.9	68,904	50,831	42.5	
6	1408	関西	奈良	120,511	110,593	91.8	71,643	38,949	35.2	
7	1302	関東	渋谷	102,424	109,849	107.2	77,673	32,176	29.3	
8	1403	関東	千葉	99,587	108,938	109.4	69,709	39,229	36.0	
9	1304	九州	博多	97,190	107,990	111.1	73,176	34,813	32.2	
10	1310	九州	佐世保	109,487	107,649	98.3	76,808	30,841	28.6	
11	1311	関西	京都	98,363	103,312	105.0	64,536	38,776	37.5	
12	1306	関西	神戸	98,587	100,929	102.4	66,532	34,397	34.1	
13	1303	関西	なんば	98,867	99,867	101.0	67,418	32,449	32.5	
14	1410	関東	台場	100,212	97,302	97.1	71,540	25,763	26.5	
15	1409	関西	姫路	98,831	94,031	95.1	67,735	26,296	28.0	
16	1404	関西	京橋	86,201	89,125	103.4	59,388	29,738	33.4	
17	1309	九州	鹿児島	79,632	73,245	92.0	50,191	23,053	31.5	

店舗別売上集計 ｜ 地区別売上集計 ｜ 店舗マスター

⑪【Enter】を押します。
関東の予算が集計されます。
⑫セル【C3】を選択し、セル右下の■（フィルハンドル）をダブルクリックします。
⑬（オートフィルオプション）をクリックします。
※ をポイントすると、 になります。
⑭《**書式なしコピー（フィル）**》をクリックします。
数式がコピーされ、そのほかの地区の予算が集計されます。

	A	B	C	D	E	F	G
1			地区別売上集計				
2	地区	店舗数	予算合計（千円）	売上合計（千円）	予算達成率（%）	業績判定	
3	関東	10	758299730				
4	関西	9	820708900				
5	九州	6	447663500				
6							

Let's Try　地区別の売上の集計

SUMIF関数を使って、シート「**地区別売上集計**」のセル範囲【D3:D5】に、地区別の売上金額を集計しましょう。

①シート「**地区別売上集計**」のセル【D3】に「=SUMIF(」と入力します。

SUM ｜ =SUMIF(　　=SUMIF(

	A	B	C	D	E	F	G
1			地区別売上集計				
2	地区	店舗数	予算合計（千円）	売上合計（千円）	予算達成率（%）	業績判定	
3	関東	10	758299730	=SUMIF(			
4	関西	9	820708900				
5	九州	6	447663500				
6							
12							

店舗別売上集計 ｜ 地区別売上集計 ｜ 店舗マスター

②シート「店舗別売上集計」のセル範囲【B3:B27】を選択します。

③ F4 を押します。

※数式をコピーしたときに、常に同じセル範囲を参照するように、絶対参照「$B$3:$B$27」にします。

④数式の続きに「,」を入力します。

⑤シート「地区別売上集計」のセル【A3】を選択します。

⑥数式の続きに「,」を入力します。

⑦シート「店舗別売上集計」のセル範囲【E3:E27】を選択します。

⑧ F4 を押します。

※数式をコピーしたときに、常に同じセル範囲を参照するように、絶対参照「$E$3:$E$27」にします。

⑨数式の続きに「)」を入力します。

⑩数式バーに「=SUMIF(店舗別売上集計!$B$3:$B$27,地区別売上集計!A3,店舗別売上集計!$E$3:$E$27)」と表示されていることを確認します。

=SUMIF(店舗別売上集計!$B$3:$B$27,地区別売上集計!A3,店舗別売上集計!$E$3:$E$27)

A1 =SUMIF(店舗別売上集計!$B$3:$B$27,地区別売上集計!A3,店舗別売上集計!$E$3:$E$27)

店舗別売上集計

店舗コード	地区	店舗名	予算（千円）	売上（千円）	予算達成率（%）	売上原価（千円）	粗利益（千円）	粗利益率（%）	評価
1301	関東	新宿	129,427	184,523	142.6	96,018	88,506	48.0	
1414	関西	梅田	119,873	122,877	102.5	84,394	38,483	31.3	
1307	関東	六本木	95,834	119,735	124.9	68,904	50,831	42.5	
1408	関西	奈良	120,511	110,593	91.8	71,643	38,949	35.2	
1302	関東	渋谷	102,424	109,849	107.2	77,673	32,176	29.3	
1403	関東	千葉	99,587	108,938	109.4	69,709	39,229	36.0	
1304	九州	博多	97,190	107,990	111.1	73,176	34,813	32.2	
1310	九州	佐世保	109,487	107,649	98.3	76,808	30,841	28.6	
1311	関西	京都	98,363	103,312	105.0	64,536	38,776	37.5	
1306	関西	神戸	98,587	100,929	102.4	66,532	34,397	34.1	
1303	関西	なんば	98,867	99,867	101.0	67,418	32,449	32.5	
1410	関東	台場	100,212	97,302	97.1	71,540	25,763	26.5	
1409	関西	姫路	98,831	94,031	95.1	67,735	26,296	28.0	
1404	関西	京橋	86,201	89,125	103.4	59,388	29,738	33.4	
1309	九州	鹿児島	79,632	73,245	92.0	50,191	23,053	31.5	

店舗別売上集計　地区別売上集計　店舗マスター

⑪ Enter を押します。

関東の売上金額が集計されます。

⑫セル【D3】を選択し、セル右下の■（フィルハンドル）をダブルクリックします。

⑬ （オートフィルオプション）をクリックします。

※ をポイントすると、 になります。

⑭《書式なしコピー（フィル）》をクリックします。

数式がコピーされ、そのほかの地区の売上金額が集計されます。

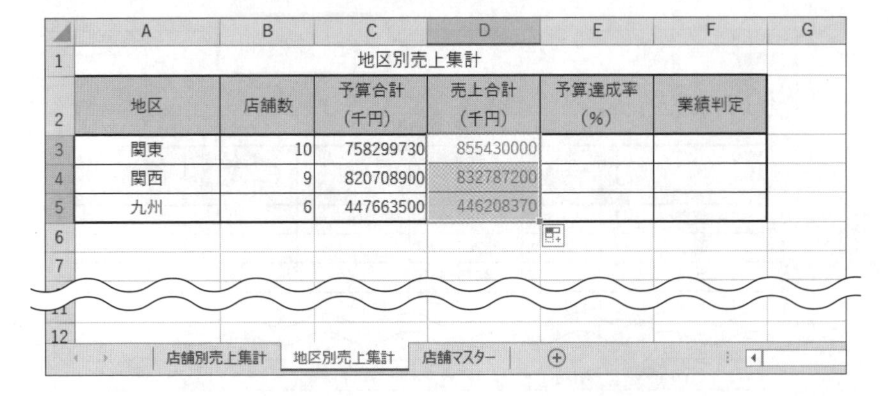

地区別売上集計

地区	店舗数	予算合計（千円）	売上合計（千円）	予算達成率（%）	業績判定
関東	10	758299730	855430000		
関西	9	820708900	832787200		
九州	6	447663500	446208370		

店舗別売上集計　地区別売上集計　店舗マスター

Let's Try 数値の表示形式の設定

予算合計と売上合計の数値の基本単位が千になるように、表示形式を設定しましょう。

①シート「**地区別売上集計**」のセル範囲【**C3:D5**】を選択します。

②《**ホーム**》タブを選択します。

③《**数値**》グループの ［ボタン］ （表示形式）をクリックします。

④《**表示形式**》タブを選択します。

⑤《**分類**》の一覧から《**ユーザー定義**》を選択します。

⑥《**種類**》の一覧から「**#,##0,**」を選択します。

※「#,###,」でもかまいません。

※STEP3で設定した「#,##0,」または「#,###,」が一覧に追加されています。

⑦《**OK**》をクリックします。

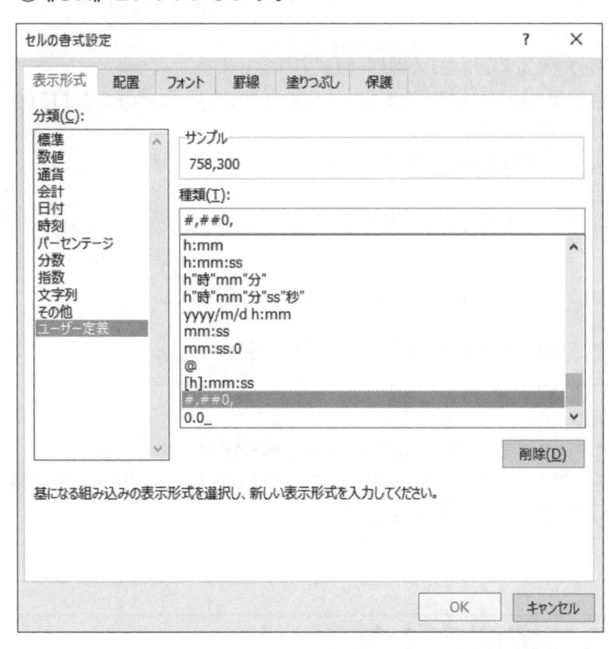

千以上の数値が表示されます。

※任意のセルをクリックし、選択を解除しておきましょう。

	A	B	C	D	E	F	G
1	地区別売上集計						
2	地区	店舗数	予算合計（千円）	売上合計（千円）	予算達成率（%）	業績判定	
3	関東	10	758,300	855,430			
4	関西	9	820,709	832,787			
5	九州	6	447,664	446,208			
6							
7							
8							
9							
10							
11							
12							

店舗別売上集計 ｜ 地区別売上集計 ｜ 店舗マスター

操作のポイント

SUMIFS関数

SUMIF関数で設定できる条件は1つですが、SUMIFS関数を使うと、複数の条件をすべて満たすセルの合計を求めることができます。

●SUMIFS関数

＝SUMIFS（合計対象範囲, 条件範囲1, 条件1, 条件範囲2, 条件2, ･･･）

❶合計対象範囲
複数の条件をすべて満たす場合に、合計を求めるセル範囲を指定します。

❷条件範囲1
1つ目の条件によって検索の対象となるセル範囲を指定します。

❸条件1
1つ目の条件を文字列またはセル、数値、数式で指定します。
※文字列や不等号を指定する場合は、「"=3000"」「">15"」などのように「"（ダブルクォーテーション）」で囲みます。
※「条件範囲」と「条件」の組み合わせは、127個まで指定できます。

❹条件範囲2
2つ目の条件によって検索の対象となるセル範囲を指定します。

❺条件2
2つ目の条件を文字列またはセル、数値、数式で指定します。

※引数の指定順序がSUMIF関数とは異なるので、注意しましょう。

例：
=SUMIFS（D3:D27, B3:B27, "関東", F3:F27, ">=100"）
セル範囲【B3:B27】から「関東」、セル範囲【F3:F27】から「100以上」のデータを検索し、両方に対応するセル範囲【D3:D27】の値を合計します。

3 地区別の予算達成率の算出

地区別の予算達成率を求めましょう。予算達成率は、小数点第1位まで表示します。

Let's Try 予算達成率の数式の入力

セル範囲【E3:E5】に予算達成率を求める数式を入力しましょう。

①セル【E3】に「=D3/C3*100」と入力します。

E3　=D3/C3*100

=D3/C3*100

	A	B	C	D	E	F	G
1	地区別売上集計						
2	地区	店舗数	予算合計（千円）	売上合計（千円）	予算達成率（%）	業績判定	
3	関東	10	758,300	855,430	=D3/C3*100		
4	関西	9	820,709	832,787			
5	九州	6	447,664	446,208			
6							
12							

店舗別売上集計　地区別売上集計　店舗マスター

② Enter を押します。
関東の予算達成率が求められます。
③セル【E3】を選択し、セル右下の■（フィルハンドル）をダブルクリックします。
④ （オートフィルオプション）をクリックします。
※ をポイントすると、 になります。
⑤《書式なしコピー（フィル）》をクリックします。
罫線が元の状態に戻り、数式だけがコピーされます。
⑥セル範囲【E3:E5】を選択します。
⑦《ホーム》タブを選択します。
⑧《数値》グループの （表示形式）をクリックします。
⑨《表示形式》タブを選択します。
⑩《分類》の一覧から《数値》を選択します。
⑪《小数点以下の桁数》を「1」に設定します。
⑫《OK》をクリックします。

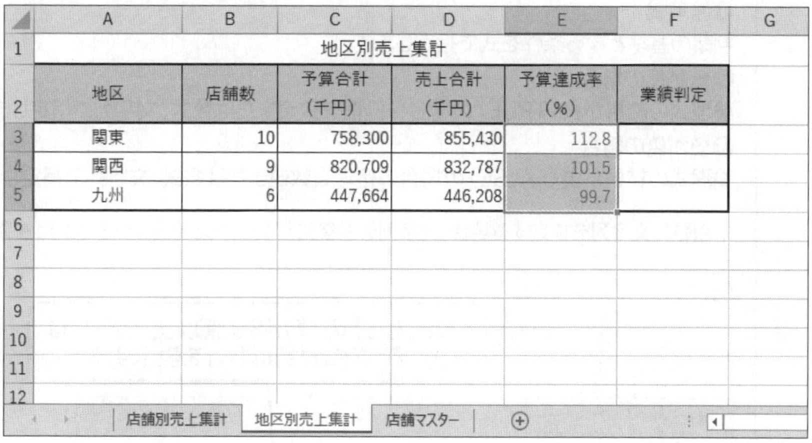

	A	B	C	D	E	F	G
1	地区別売上集計						
2	地区	店舗数	予算合計（千円）	売上合計（千円）	予算達成率（%）	業績判定	
3	関東	10	758,300	855,430	112.8		
4	関西	9	820,709	832,787	101.5		
5	九州	6	447,664	446,208	99.7		
6							
7							
8							
9							
10							
11							
12							

店舗別売上集計 | 地区別売上集計 | 店舗マスター

第1章 第2章 第3章 第4章 第5章 第6章 第7章 模擬試験 付録1 付録2 索引

STEP 8 評価の表示

IF関数を使って、予算達成率をもとに店舗別、地区別の評価を表示しましょう。

1 IF関数

IF関数を使うと、指定した条件（論理式）を満たすか満たさないかによって、異なる文字列を表示したり、異なる計算処理を実行させたりすることができます。

●IF関数

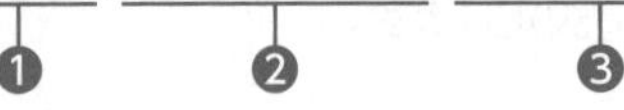

❶論理式
判断の基準となる条件を式で指定します。

❷値が真の場合
論理式の結果が真（TRUE）の場合の処理を数値または数式、文字列で指定します。

❸値が偽の場合
論理式の結果が偽（FALSE）の場合の処理を数値または数式、文字列で指定します。

※引数に文字列を指定する場合、文字列の前後に「"（ダブルクォーテーション）」を入力します。

例1：

セル【C3】の値が80点以上であれば「○」、そうでなければ「×」を表示する

	A	B	C	D	E
1	◆成績一覧				
2	No.	氏名	成績	評価	
3	1	相川　真二	80	○	
4	2	伊藤　恵子	95	○	
5	3	上野　隆	75	×	
6					

=IF(C3>=80,"○","×")

例2：

セル【C3】の値が80点以上であれば「○」、そうでなければ何も表示しない

	A	B	C	D	E
1	◆成績一覧				
2	No.	氏名	成績	評価	
3	1	相川　真二	80	○	
4	2	伊藤　恵子	95	○	
5	3	上野　隆	75		
6					

=IF(C3>=80,"○","")

※「"」を続けて入力し、「""」と指定すると、何も表示しないことを意味します。

Let's Try 店舗別の評価の表示

「店舗別売上集計」のセル範囲【J3:J27】に、予算達成率が100%以上であれば「○」、それ以外（100%未満）であれば「×」が表示されるようにしましょう。

①シート「店舗別売上集計」のセル【J3】に「=IF(F3>=100,"○","×")」と入力します。

=IF(F3>=100,"○","×")

SUM | =IF(F3>=100,"○","×")

	A	B	C	D	E	F	G	H	I	J	K	L
1	店舗別売上集計											
2	店舗コード	地区	店舗名	予算（千円）	売上（千円）	予算達成率（%）	売上原価（千円）	粗利益（千円）	粗利益率（%）	評価		
3	1301	関東	新宿	129,427	184,523	142.6	96,018	88,506	=IF(F3>=100,"○","×")			
4	1414	関西	梅田	119,873	122,877	102.5	84,394	38,483	IF(論理式, [値が真の場合], [値が偽の場合])			
5	1307	関東	六本木	95,834	119,735	124.9	68,904	50,831	42.5			
6	1408	関西	奈良	120,511	110,593	91.8	71,643	38,949	35.2			
7	1302	関東	渋谷	102,424	109,849	107.2	77,673	32,176	29.3			
8	1403	関東	千葉	99,587	108,938	109.4	69,709	39,229	36.0			
9	1304	九州	博多	97,190	107,990	111.1	73,176	34,813	32.2			
10	1310	九州	佐世保	109,487	107,649	98.3	76,808	30,841	28.6			
11	1311	関西	京都	98,363	103,312	105.0	64,536	38,776	37.5			
12	1306	関西	神戸	98,587	100,929	102.4	66,532	34,397	34.1			
13	1303	関西	なんば	98,867	99,867	101.0	67,418	32,449	32.5			
14	1410	関東	台場	100,212	97,302	97.1	71,540	25,763	26.5			
15	1409	関西	姫路	98,831	94,031	95.1	67,735	26,296	28.0			
16	1404	関西	京橋	86,201	89,125	103.4	59,388	29,738	33.4			
17	1309	九州	鹿児島	79,632	73,245	92.0	50,191	23,053	31.5			

店舗別売上集計 | 地区別売上集計 | 店舗マスター

② Enter を押します。
新宿の評価が表示されます。
③セル【J3】を選択し、セル右下の■（フィルハンドル）をダブルクリックします。
※数式が27行目までコピーされます。
数式がコピーされ、そのほかの店舗の評価が表示されます。

	A	B	C	D	E	F	G	H	I	J	K	L
1	店舗別売上集計											
2	店舗コード	地区	店舗名	予算（千円）	売上（千円）	予算達成率（%）	売上原価（千円）	粗利益（千円）	粗利損益（%）	評価		
3	1301	関東	新宿	129,427	184,523	142.6	96,018	88,506	48.0	○		
4	1414	関西	梅田	119,873	122,877	102.5	84,394	38,483	31.3	○		
5	1307	関東	六本木	95,834	119,735	124.9	68,904	50,831	42.5	○		
6	1408	関西	奈良	120,511	110,593	91.8	71,643	38,949	35.2	×		
7	1302	関東	渋谷	102,424	109,849	107.2	77,673	32,176	29.3	○		
8	1403	関東	千葉	99,587	108,938	109.4	69,709	39,229	36.0	○		
9	1304	九州	博多	97,190	107,990	111.1	73,176	34,813	32.2	○		
10	1310	九州	佐世保	109,487	107,649	98.3	76,808	30,841	28.6	×		
11	1311	関西	京都	98,363	103,312	105.0	64,536	38,776	37.5	○		
12	1306	関西	神戸	98,587	100,929	102.4	66,532	34,397	34.1	○		
13	1303	関西	なんば	98,867	99,867	101.0	67,418	32,449	32.5	○		
14	1410	関東	台場	100,212	97,302	97.1	71,540	25,763	26.5	×		
15	1409	関西	姫路	98,831	94,031	95.1	67,735	26,296	28.0	×		
16	1404	関西	京橋	86,201	89,125	103.4	59,388	29,738	33.4	○		
17	1309	九州	鹿児島	79,632	73,245	92.0	50,191	23,053	31.5	×		

店舗別売上集計 | 地区別売上集計 | 店舗マスター

2 関数のネスト

IF関数では、通常1つの論理式で2つの処理を判断しますが、3つ以上の処理を判断したいときもあります。そのような場合は、IF関数の真の場合や偽の場合の引数としてIF関数を指定します。このように、関数の中に関数を入れることを**「関数のネスト」**といいます。

セル【C3】の値が90点以上であれば「◎」、80点以上90点未満であれば「○」、80点未満であれば「×」を表示する

	A	B	C	D	E
1	◆成績一覧				
2	No.	氏名	成績	評価	
3	1	相川　真二	80	○	
4	2	伊藤　恵子	95	◎	
5	3	上野　隆	75	×	
6					

=IF(C3>=90,"◎",IF(C3>=80,"○","×"))

偽の場合の引数としてIF関数を使用

Let's Try 地区別の業績判定の表示

IF関数を使って、シート**「地区別売上集計」**のセル範囲**【F3:F5】**に、予算達成率が110%以上であれば「A」、100%以上であれば「B」、それ以外（100%未満）であれば「C」が表示されるようにしましょう。

①シート**「地区別売上集計」**のセル**【F3】**に**「=IF(E3>=110,"A",IF(E3>=100,"B","C"))」**と入力します。

=IF(E3>=110,"A",IF(E3>=100,"B","C"))

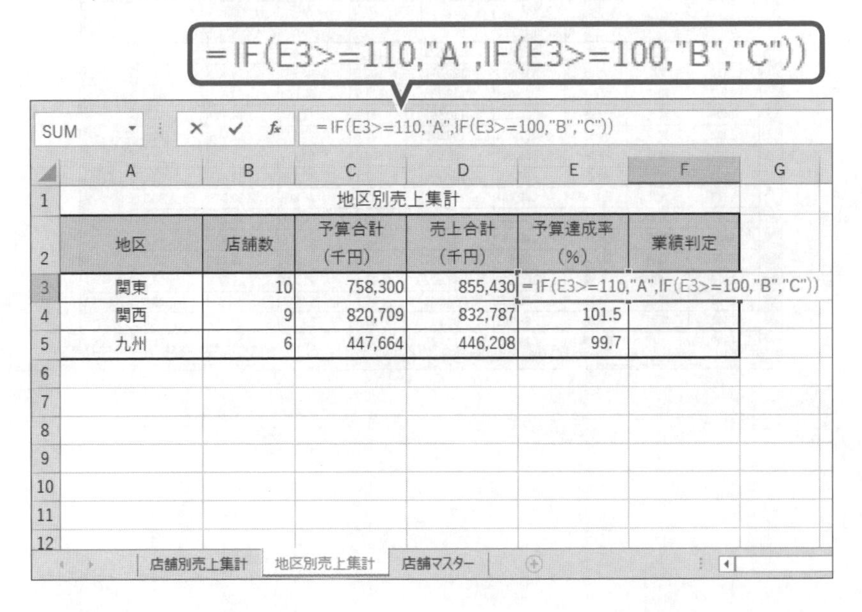

SUM | =IF(E3>=110,"A",IF(E3>=100,"B","C"))

	A	B	C	D	E	F	G
1	地区別売上集計						
2	地区	店舗数	予算合計（千円）	売上合計（千円）	予算達成率（%）	業績判定	
3	関東	10	758,300	855,430	=IF(E3>=110,"A",IF(E3>=100,"B","C"))		
4	関西	9	820,709	832,787	101.5		
5	九州	6	447,664	446,208	99.7		

店舗別売上集計 | 地区別売上集計 | 店舗マスター

②**Enter**を押します。

関東の業績判定が表示されます。

③セル**【F3】**を選択し、セル右下の■（フィルハンドル）をダブルクリックします。

④ （オートフィルオプション）をクリックします。
※ をポイントすると、 になります。
⑤《書式なしコピー（フィル）》をクリックします。
数式がコピーされ、そのほかの地区の業績判定が表示されます。

	A	B	C	D	E	F	G
1	地区別売上集計						
2	地区	店舗数	予算合計（千円）	売上合計（千円）	予算達成率（%）	業績判定	
3	関東	10	758,300	855,430	112.8	A	
4	関西	9	820,709	832,787	101.5	B	
5	九州	6	447,664	446,208	99.7	C	
6							

※ファイルに「売上集計（完成）」と名前を付けて、フォルダー「第5章」に保存し、閉じておきましょう。

操作のポイント

VLOOKUP関数の利用

関数のネストは最大64個まで指定できるため、IF関数を何度もネストして、3つ以上の処理を判断することも可能です。しかし、関数のネストが多すぎると、数式が複雑になってしまいます。そのような場合には、VLOOKUP関数を使って、引数に「TRUE」を指定する方法を利用するとよいでしょう。
VLOOKUP関数の引数に「TRUE」を指定すると、検索値が見つからない場合に、検索値未満で最も大きい値（近似値）を参照します。この特性を利用して、判断基準が検索値となるように表を作成します。

成績に応じて評価基準から該当する評価を表示する

	A	B	C	D	E	F	G
1	◆成績一覧					◆評価基準	
2	No.	氏名	成績	評価		成績	評価
3	1	相川　真二	89	B		0	E
4	2	伊藤　恵子	100	A		60	D
5	3	上野　隆	70	C		70	C
6	4	江原　真紀子	69	D		80	B
7	5	小野　秀夫	55	E		90	A
8	6	加藤　洋平	90	A			
9							

E：0以上60未満
D：60以上70未満
C：70以上80未満
B：80以上90未満
A：90以上

=VLOOKUP（C3, $F$3:$G$7, 2, TRUE）

※「TRUE」を指定する場合に参照する表は、一番左の検索値を昇順に並べておく必要があります。

IF関数とVLOOKUP関数の組み合わせ

VLOOKUP関数は、検索対象のコードや番号が入力されていないと、エラー「#N/A」が表示されます。次のようにIF関数と組み合わせると、コードや番号が未入力の場合でもエラーを表示しないようにすることができます。

セル【A3】が空白であれば何も表示しない、そうでなければ商品一覧から商品コードを検索して、該当する商品名を表示する

	A	B	C	D	E	F	G	H	I
1	◆売上一覧						◆商品一覧		
2	商品コード	商品名	単価	数量	金額		商品コード	商品名	単価
3	A103	ボールペン（2色）	300	10	3,000		A101	ボールペン（赤）	100
4							A102	ボールペン（黒）	100
5							A103	ボールペン（2色）	300
6									

=IF（A3="", "", VLOOKUP（A3, $G$3:$I$5, 2, FALSE））

操作のポイント

IFS関数

IF関数で設定できる条件は1つですが、IFS関数を使うと複数の条件を順番に判断し、条件に応じて異なる結果を求めることができます。条件によって複数の処理に分岐したい場合に使います。

※IFS関数は、Excel 2016では使用できません。

●IFS関数

「論理式1」が真（TRUE）の場合は「値が真の場合1」の値を返し、偽（FALSE）の場合は「論理式2」を判断します。「論理式2」が真（TRUE）の場合は「値が真の場合2」の値を返し、偽（FALSE）の場合は「論理式3」を判断します。最後の論理式にTRUEを指定すると、すべての論理式に当てはまらない場合の値を返すことができます。

=IFS（論理式1,値が真の場合1,論理式2,値が真の場合2,･･･,TRUE,当てはまらなかった場合）

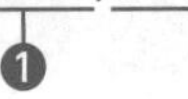

❶論理式1
判断の基準となる1つ目の条件を式で指定します。

❷値が真の場合1
1つ目の論理式が真の場合の値を数値または数式、文字列で指定します。

❸論理式2
判断の基準となる2つ目の条件を式で指定します。

❹値が真の場合2
2つ目の論理式が真の場合の値を数値または数式、文字列で指定します。

❺TRUE
TRUEを指定すると、すべての論理式に当てはまらなかった場合を指定できます。

❻当てはまらなかった場合
すべての論理式に当てはまらなかった場合の値を数値または数式、文字列で指定します。

※引数に文字列を指定する場合、文字列の前後に「"（ダブルクォーテーション）」を入力します。

例：
=IFS（F3=100,"A",F3>=70,"B",F3>=50,"C",F3>=40,"D",TRUE,"E"）
セル【F3】が「100」であれば「A」、セル【F3】が「70以上100未満」であれば「B」、セル【F3】が「50以上70未満」であれば「C」、セル【F3】が「40以上50未満」であれば「D」、セル【F3】が「40未満」であれば「E」が返されます。

確認問題

解答▶別冊P.5

実技科目

あなたは、ある酒類卸売販売業者の販売部に勤務しています。上司から、販売会議で報告するために、2020年度の売上を分析した資料を作成するように命じられました。

フォルダー「第5章」のファイル「売上」「年間集計」「四半期別集計」を開いておきましょう。

問題1

3月の売上を担当者ごとに集計して、2020年度年間集計表を完成させます。ファイル**「売上」**のシート**「2021年3月売上」**をもとに、以下の指示に従って集計しましょう。

（指示）
- 商品名と定価はシート**「商品一覧」**、担当者名はシート**「担当一覧」**から参照して、シート**「2021年3月売上」**に表示すること。
- 販売数量が30個以上の場合は、定価の10%引きを販売価格として合計金額を求めること。
- 集計結果は、ファイル**「年間集計」**のシート**「2020年度」**を利用すること。
- 作成後、ファイルを上書き保存すること。

問題2

2020年度の売上を四半期ごとにまとめた集計表を完成させます。ファイル**「年間集計」**のシート**「2020年度」**と、ファイル**「四半期別集計」**のシート**「2019年度」**をもとに、以下の指示に従って集計しましょう。

（指示）
- 集計結果は、ファイル**「四半期別集計」**のシート**「2020年度」**を利用すること。
- 2020年度の予算は、2019年度の売上実績の108%とし、千円未満を切り捨てて表示すること。
- 作成後、ファイルを上書き保存すること。

ファイル「売上」の内容

●シート「2021年3月売上」

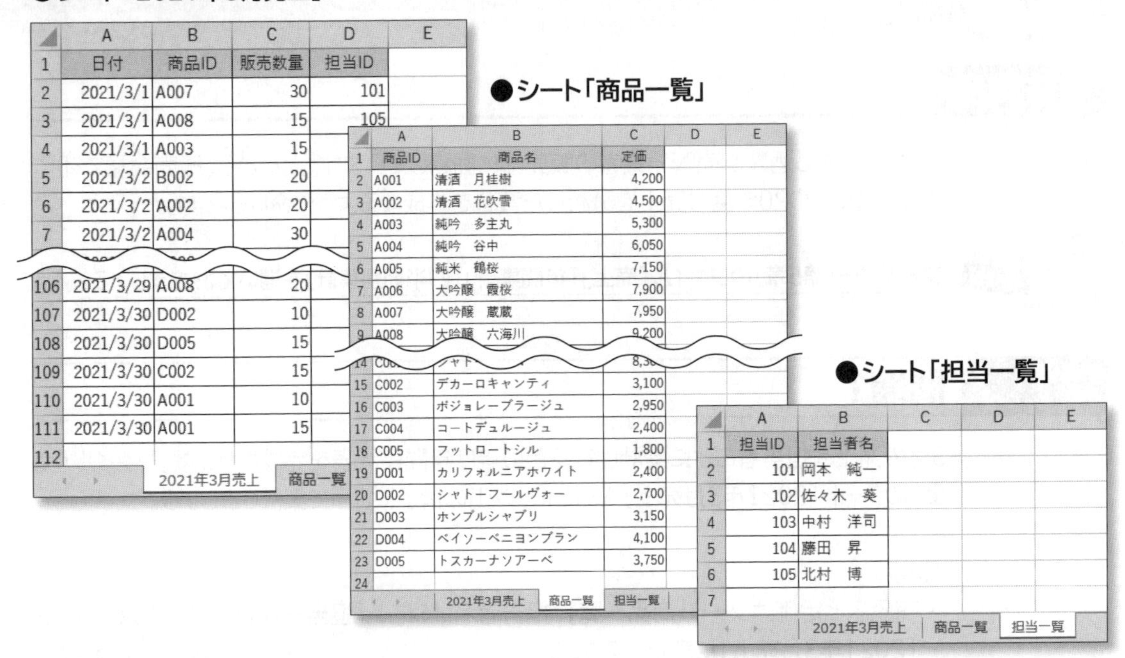

	A	B	C	D	E
1	日付	商品ID	販売数量	担当ID	
2	2021/3/1	A007	30	101	
3	2021/3/1	A008	15	105	
4	2021/3/1	A003	15		
5	2021/3/2	B002	20		
6	2021/3/2	A002	20		
7	2021/3/2	A004	30		
106	2021/3/29	A008	20		
107	2021/3/30	D002	10		
108	2021/3/30	D005	15		
109	2021/3/30	C002	15		
110	2021/3/30	A001	10		
111	2021/3/30	A001	15		
112					

2021年3月売上　商品一覧

●シート「商品一覧」

	A	B	C	D	E
1	商品ID	商品名	定価		
2	A001	清酒　月桂樹	4,200		
3	A002	清酒　花吹雪	4,500		
4	A003	純吟　多主丸	5,300		
5	A004	純吟　谷中	6,050		
6	A005	純米　鶴桜	7,150		
7	A006	大吟醸　霞桜	7,900		
8	A007	大吟醸　蔵蔵	7,950		
9	A008	大吟醸　六海川	9,200		
14	C00	シャト	8,3		
15	C002	デカーロキャンティ	3,100		
16	C003	ボジョレープラージュ	2,950		
17	C004	コートデュルージュ	2,400		
18	C005	フットロートシル	1,800		
19	D001	カリフォルニアホワイト	2,400		
20	D002	シャトーフールヴォー	2,700		
21	D003	ホンプルシャプリ	3,150		
22	D004	ベイソーベニヨンプラン	4,100		
23	D005	トスカーナソアーベ	3,750		
24					

2021年3月売上　商品一覧　担当一覧

●シート「担当一覧」

	A	B	C	D	E
1	担当ID	担当者名			
2	101	岡本　純一			
3	102	佐々木　葵			
4	103	中村　洋司			
5	104	藤田　昇			
6	105	北村　博			
7					

2021年3月売上　商品一覧　担当一覧

ファイル「年間集計」の内容

●シート「2020年度」

	A	B	C	D	E	F	G	H	I	J	K	L	M	N	O	P	Q	R
1	2020年度年間集計																	
2																		単位：円
3	担当者名	第1四半期				第2四半期				第3四半期				第4四半期				合計
4		4月	5月	6月	計	7月	8月	9月	計	10月	11月	12月	計	1月	2月	3月	計	
5	岡本　純一	1,545,300	1,458,050	1,889,790	4,893,140	1,489,580	1,205,800	1,422,540	4,117,920	1,524,800	1,476,840	1,807,980	4,809,620	1,867,390	1,994,310		3,861,700	17,682,380
6	佐々木　葵	1,690,530	1,755,050	1,513,820	4,959,400	1,369,690	1,170,640	1,418,030	3,958,360	1,473,850	1,587,380	1,510,650	4,571,880	1,526,600	1,589,270		3,115,870	16,605,510
7	中村　洋司	1,522,520	1,435,630	1,057,920	4,016,070	1,046,470	1,179,780	1,207,560	3,433,810	1,240,800	1,277,980	1,269,890	3,788,670	1,268,620	1,291,600		2,560,220	13,798,770
8	藤田　昇	1,701,660	1,670,990	1,732,540	5,105,190	1,442,970	1,349,870	1,215,440	4,008,280	1,445,470	1,673,980	1,778,180	4,897,630	1,783,440	1,629,670		3,413,110	17,424,210
9	北村　博	1,831,030	1,829,280	1,828,380	5,488,690	1,564,280	1,499,820	1,699,270	4,763,370	1,961,960	1,981,460	1,998,480	5,941,900	2,004,510	2,034,140		4,038,650	20,232,610
10	合計	8,291,040	8,149,000	8,022,450	24,462,490	6,912,990	6,405,910	6,962,840	20,281,740	7,646,880	7,997,640	8,365,180	24,009,700	8,450,560	8,538,990	0	16,989,550	85,743,480
11																		

2020年度

ファイル「四半期別集計」の内容

●シート「2020年度」

	A	B	C	D	E	F	G	H	I
1	2020年度売上集計								
2								単位：円	
3	担当者	予算	実績					予算達成率	
4			第1四半期	第2四半期	第3四半期	第4四半期	合計	(%)	
5	岡本　純一						0		
6	佐々木　葵						0		
7	中村　洋司						0		
8	藤田　昇						0		
9	北村　博								
10	合計	0							
11									

2020年度　2019年度

●シート「2019年度」

	A	B	C	D	E	F	G	H	I
1	2019年度売上集計								
2								単位：円	
3	担当者	予算	実績					予算達成率	
4			第1四半期	第2四半期	第3四半期	第4四半期	合計	(%)	
5	岡本　純一	16,254,000	4,583,140	3,917,920	4,109,620	3,862,980	16,473,660	101.4	
6	佐々木　葵	16,640,000	4,259,400	3,358,360	4,171,880	4,333,390	16,123,030	96.9	
7	中村　洋司	14,103,000	4,016,070	3,333,810	3,388,670	3,050,860	13,789,410	97.8	
8	藤田　昇	17,737,000	4,105,190	3,908,280	3,997,630	4,816,990	16,828,090	94.9	
9	北村　博	19,558,000	4,979,690	4,119,370	5,751,200	5,981,150	20,831,410	106.5	
10	合計	87,291,000	21,943,490	18,637,740	21,419,000	22,045,370	84,045,600	96.3	
11									

2020年度　2019年度

Chapter 6

第6章 ピボットテーブルの活用

STEP 1 作成するブックの確認

この章で作成するブックを確認します。

1 作成するブックの確認

次のようなExcelの機能を使って、集計表を作成します。

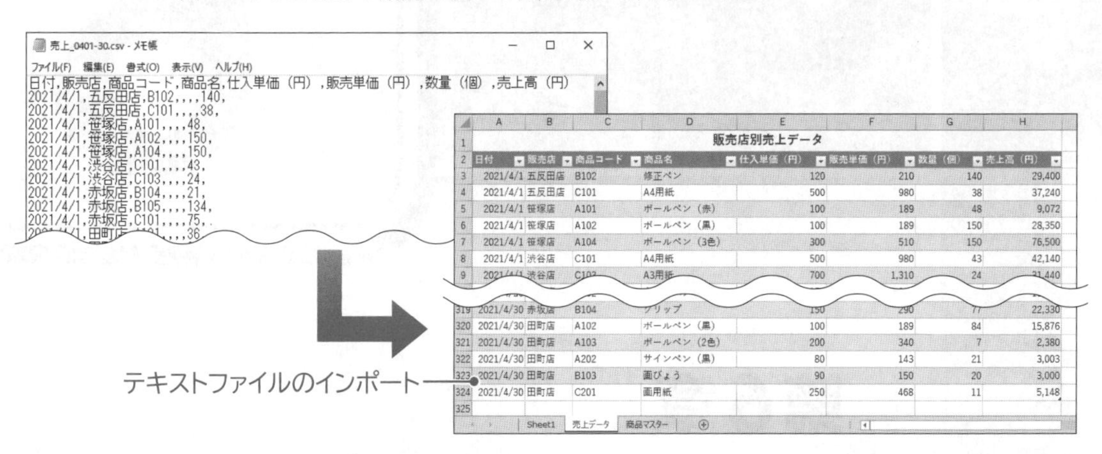

日付	販売店	商品コード	商品名	仕入単価（円）	販売単価（円）	数量（個）	売上高（円）
2021/4/1	五反田店	B102	修正ペン	120	210	140	29,400
2021/4/1	五反田店	C101	A4用紙	500	980	38	37,240
2021/4/1	笹塚店	A101	ボールペン（赤）	100	189	48	9,072
2021/4/1	笹塚店	A102	ボールペン（黒）	100	189	150	28,350
2021/4/1	笹塚店	A104	ボールペン（3色）	300	510	150	76,500
2021/4/1	渋谷店	C101	A4用紙	500	980	43	42,140
2021/4/30	田町店	A102	ボールペン（黒）	100	189	84	15,876
2021/4/30	田町店	A103	ボールペン（2色）	200	340	7	2,380
2021/4/30	田町店	A202	サインペン（黒）	80	143	21	3,003
2021/4/30	田町店	B103	画びょう	90	150	20	3,000
2021/4/30	田町店	C201	画用紙	250	468	11	5,148

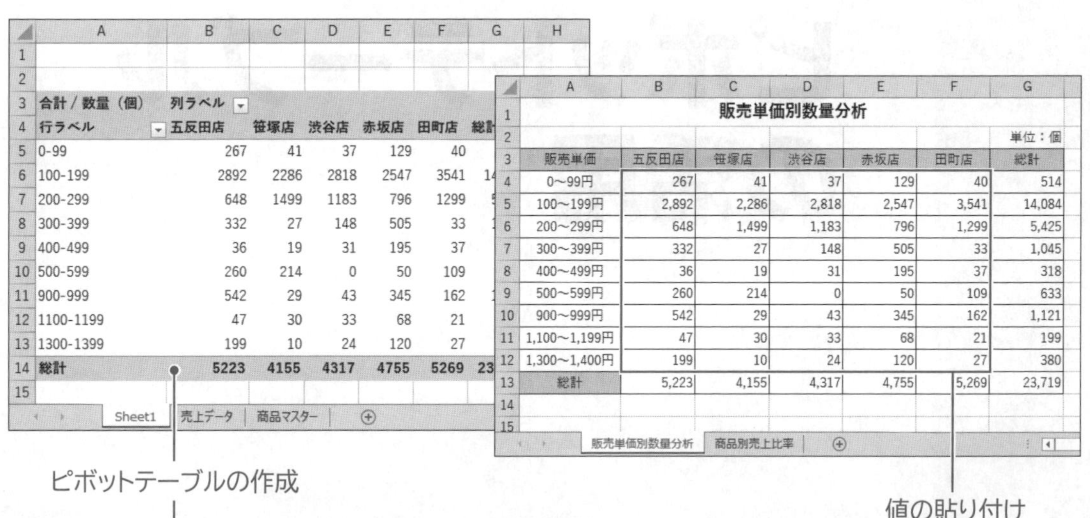

合計 / 数量（個）	列ラベル				
行ラベル	五反田店	笹塚店	渋谷店	赤坂店	田町店
0-99	267	41	37	129	40
100-199	2892	2286	2818	2547	3541
200-299	648	1499	1183	796	1299
300-399	332	27	148	505	33
400-499	36	19	31	195	37
500-599	260	214	0	50	109
900-999	542	29	43	345	162
1100-1199	47	30	33	68	21
1300-1399	199	10	24	120	27
総計	5223	4155	4317	4755	5269

販売単価別数量分析

単位：個

販売単価	五反田店	笹塚店	渋谷店	赤坂店	田町店	総計
0～99円	267	41	37	129	40	514
100～199円	2,892	2,286	2,818	2,547	3,541	14,084
200～299円	648	1,499	1,183	796	1,299	5,425
300～399円	332	27	148	505	33	1,045
400～499円	36	19	31	195	37	318
500～599円	260	214	0	50	109	633
900～999円	542	29	43	345	162	1,121
1,100～1,199円	47	30	33	68	21	199
1,300～1,400円	199	10	24	120	27	380
総計	5,223	4,155	4,317	4,755	5,269	23,719

合計 / 売上高（円）		販売店			
商品コード	商品名	五反田店	笹塚店	渋谷店	赤坂店
A201	サインペン（赤）	8.29%	6.18%	6.25%	13.71%
A202	サインペン（黒）	9.10%	1.82%	14.06%	17.17%
A101	ボールペン（赤）	12.05%	13.34%	11.85%	4.87%
A102	ボールペン（黒）	14.71%	18.75%	22.87%	8.89%
A103	ボールペン（2色）	12.60%	1.06%	6.34%	21.89%
A104	ボールペン（3色）	14.81%	12.65%	0.00%	3.25%
B101	消しゴム	2.53%	0.40%	0.40%	1.40%
B102	修正ペン	6.68%	2.92%	1.14%	10.44%
B103	画びょう	0.33%	4.36%	3.17%	0.29%
B104	クリップ	1.59%	7.87%	5.29%	4.44%
B105	スティックのり	9.66%	1.69%	1.33%	5.72%
B106	付箋（小）	6.28%	15.47%	10.84%	1.53%
B107	付箋（中）	1.36%	13.47%	16.47%	6.42%
総計		100.00%	100.00%	100.00%	100.00%

商品別売上比率（筆記具・文具）

商品名	五反田店	笹塚店	渋谷店	赤坂店	田町店
サインペン（赤）	8.3%	6.2%	6.2%	13.7%	8.5%
サインペン（黒）	9.1%	1.8%	14.1%	17.2%	8.6%
ボールペン（赤）	12.1%	13.3%	11.8%	4.9%	13.8%
ボールペン（黒）	14.7%	18.8%	22.9%	8.9%	22.6%
ボールペン（2色）	12.6%	1.1%	6.3%	21.9%	1.1%
ボールペン（3色）	14.8%	12.7%	0.0%	3.3%	5.6%
消しゴム	2.5%	0.4%	0.4%	1.4%	0.3%
修正ペン	6.7%	2.9%	1.1%	10.4%	1.1%
画びょう	0.3%	4.4%	3.2%	0.3%	5.4%
クリップ	1.6%	7.9%	5.3%	4.4%	16.3%
スティックのり	9.7%	1.7%	1.3%	5.7%	1.5%
付箋（小）	6.3%	15.5%	10.8%	1.5%	8.1%
付箋（中）	1.4%	13.5%	16.5%	6.4%	7.0%
総計	100.0%	100.0%	100.0%	100.0%	100.0%

集計データの準備

ここでは、ピボットテーブルを使って集計するデータを準備しましょう。

1 テキストファイルのインポート 2019

「外部データの取り込み」を使うと、テキストファイルのデータやAccessなどのほかのアプリケーションソフトで作成したデータをExcelに取り込むことができます。別のアプリケーションソフトのファイルを取り込むことを「インポート」といいます。取り込んだデータはExcelのデータとして、計算やピボットテーブルでの集計などに活用できます。

フォルダー「第6章」のファイル「売上_4月」を開いておきましょう。

Let's Try テキストファイルのインポート

4月の売上データを集計するために、4月1日から4月30日の売上データをインポートします。CSV形式のテキストファイル「売上_0401-30」を、ファイル「売上_4月」のシート「売上データ」の2行目からインポートしましょう。

インポートを開始する位置を指定します。

①セル【A2】を選択します。

②《データ》タブを選択します。

③《データの取得と変換》グループの テキストまたは CSV から （テキストまたはCSVから）をクリックします。

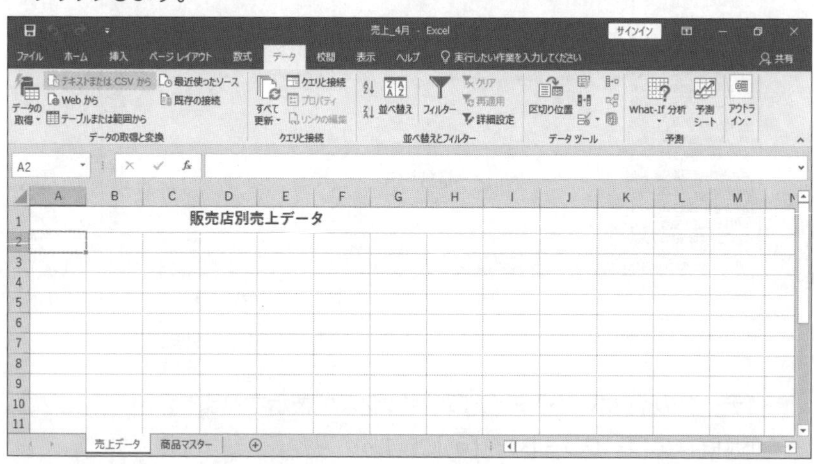

《データの取り込み》ダイアログボックスが表示されます。

テキストファイルの場所を選択します。

④《ドキュメント》が開かれていることを確認します。

※《ドキュメント》が開かれていない場合は、《PC》→《ドキュメント》をクリックします。

⑤一覧から「日商PC データ活用2級 Excel2019／2016」を選択します。

⑥《開く》をクリックします。

⑦一覧から「第6章」を選択します。

⑧《開く》をクリックします。

⑨一覧から「売上_0401-30」を選択します。

⑩《インポート》をクリックします。

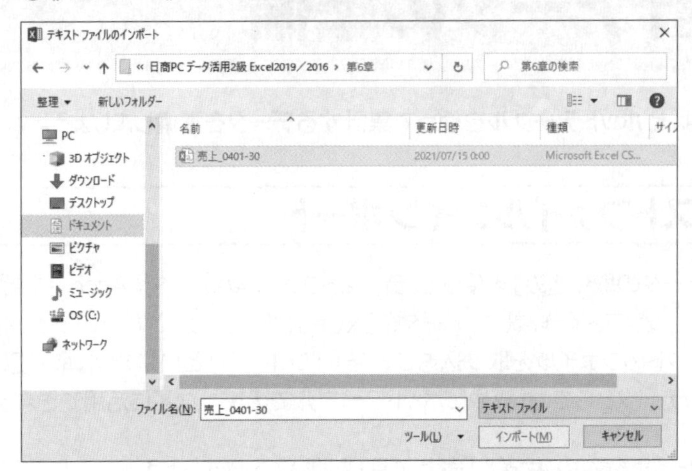

テキストファイル「売上_0401-30」の内容が表示されます。

⑪《元のファイル》が《932：日本語（シフトJIS）》になっていることを確認します。

⑫《区切り記号》が《コンマ》になっていることを確認します。

⑬《読み込み》の ▾ をクリックします。

⑭《読み込み先》をクリックします。

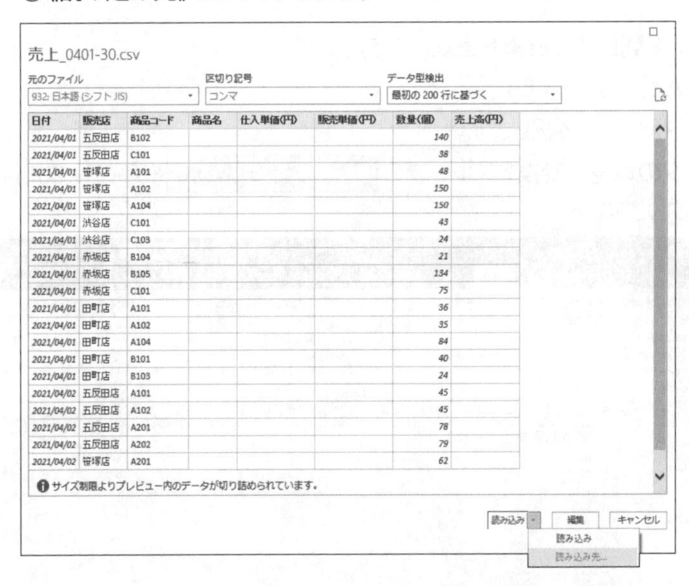

日付	販売店	商品コード	商品名	仕入単価(円)	販売単価(円)	数量(個)	売上高(円)
2021/04/01	五反田店	B102				140	
2021/04/01	五反田店	C101				38	
2021/04/01	笹塚店	A101				48	
2021/04/01	笹塚店	A102				150	
2021/04/01	笹塚店	A104				150	
2021/04/01	渋谷店	C101				43	
2021/04/01	渋谷店	C103				24	
2021/04/01	赤坂店	B104				21	
2021/04/01	赤坂店	B105				134	
2021/04/01	赤坂店	C101				75	
2021/04/01	田町店	A101				36	
2021/04/01	田町店	A102				35	
2021/04/01	田町店	A104				84	
2021/04/01	田町店	B101				40	
2021/04/01	田町店	B103				24	
2021/04/02	五反田店	A101				45	
2021/04/02	五反田店	A102				45	
2021/04/02	五反田店	A201				78	
2021/04/02	五反田店	A202				79	
2021/04/02	笹塚店	A201				62	

《データのインポート》ダイアログボックスが表示されます。

⑮《既存のワークシート》を ◉ にします。

⑯「=$A$2」と表示されていることを確認します。

⑰《OK》をクリックします。

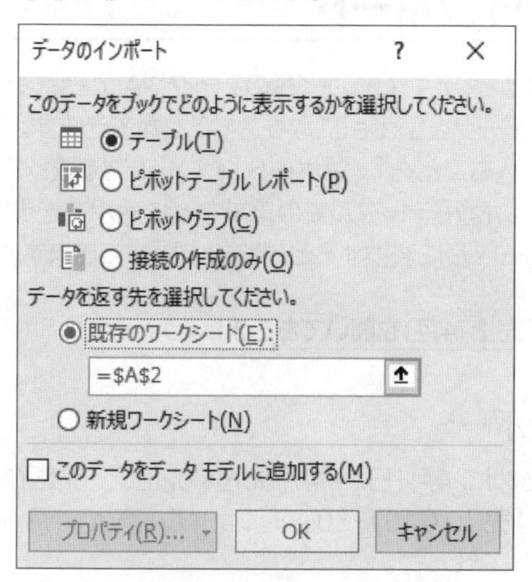

データがテーブルとして取り込まれます。

※リボンに《デザイン》タブと《クエリ》タブが表示され、自動的に《デザイン》タブに切り替わります。

※《クエリと接続》作業ウィンドウが表示されます。作業ウィンドウを閉じておきましょう。

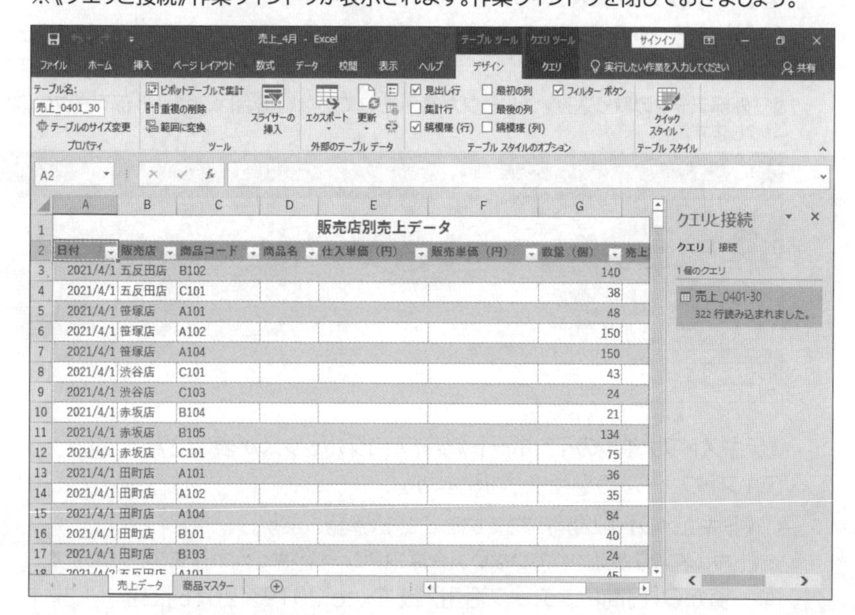

操作のポイント

データの更新

ブックに取り込んだデータと取り込み元のデータは接続されているので、取り込み元のデータが更新された場合にExcelのデータを更新できます。

Excelのデータを更新する方法は、次のとおりです。

◆《データ》タブ→《クエリと接続》グループの （すべて更新）

◆テーブル内のセルを右クリック→《更新》

※Excelに取り込んだデータを変更しても、取り込み元のデータは変更されません。

リンクを含むブックを開く

リンクを含むブックを初めて開くと、《セキュリティの警告》が表示される場合があります。
《セキュリティの警告》が表示された場合は、《コンテンツの有効化》をクリックするとリンクが更新されます。

2 テキストファイルのインポート 2016

「外部データの取り込み」を使うと、テキストファイルのデータやAccessなどのほかのアプリケーションソフトで作成したデータをExcelに取り込むことができます。別のアプリケーションソフトのファイルを取り込むことを「インポート」といいます。取り込んだデータはExcelのデータとして、計算やピボットテーブルでの集計などに活用できます。
さらに、取り込んだデータをテーブルに変換すると効率的に操作できます。

フォルダー「第6章」のファイル「売上_4月」を開いておきましょう。

テキストファイルのインポート

4月の売上データを集計するために、4月1日から4月30日の売上データをインポートします。CSV形式のテキストファイル「売上_0401-30」を、ファイル「売上_4月」のシート「売上データ」の2行目からインポートしましょう。

インポートを開始する位置を指定します。
①セル【A2】を選択します。
②《データ》タブを選択します。
③《外部データの取り込み》グループの（テキストからデータを取り込み）をクリックします。
※《外部データの取り込み》グループが表示されていない場合は、（外部データの取り込み）をクリックします。

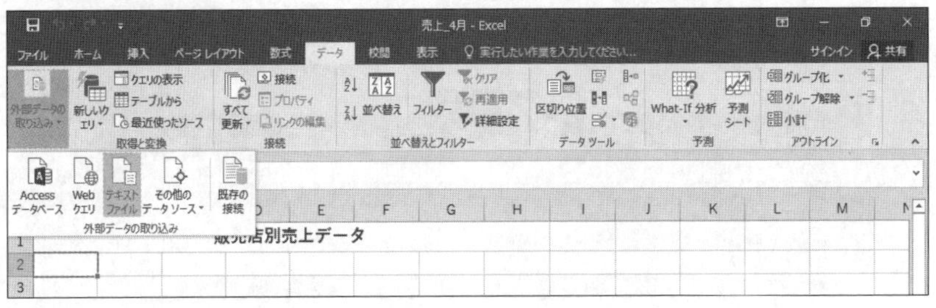

《テキストファイルのインポート》ダイアログボックスが表示されます。
テキストファイルの場所を選択します。
④《ドキュメント》が開かれていることを確認します。
※《ドキュメント》が開かれていない場合は、《PC》→《ドキュメント》をクリックします。
⑤一覧から「日商PC データ活用2級 Excel2019／2016」を選択します。
⑥《開く》をクリックします。
⑦一覧から「第6章」を選択します。
⑧《開く》をクリックします。
⑨一覧から「売上_0401-30」を選択します。
⑩《インポート》をクリックします。

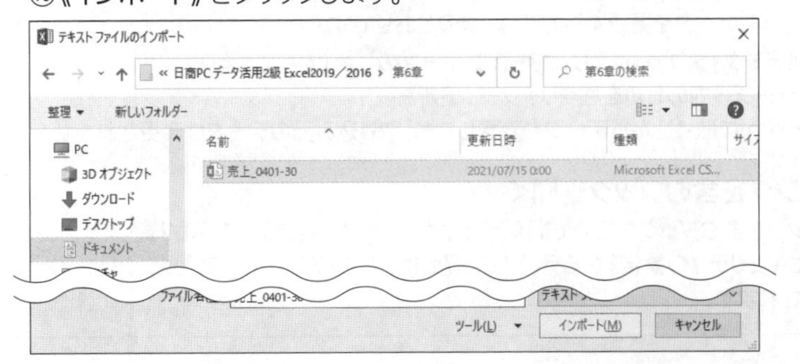

《テキストファイルウィザード-1/3》ダイアログボックスが表示されます。

⑪《元のデータの形式》の《カンマやタブなどの区切り文字によってフィールドごとに区切られたデータ》を◉にします。

※お使いの環境によっては、《カンマやタブなどの区切り文字によってフィールドごとに区切られたデータ》は《コンマやタブなどの区切り文字によってフィールドごとに区切られたデータ》と表示される場合があります。

⑫《取り込み開始行》が「1」になっていることを確認します。

⑬《元のファイル》が《932：日本語（シフトJIS）》になっていることを確認します。

⑭《次へ》をクリックします。

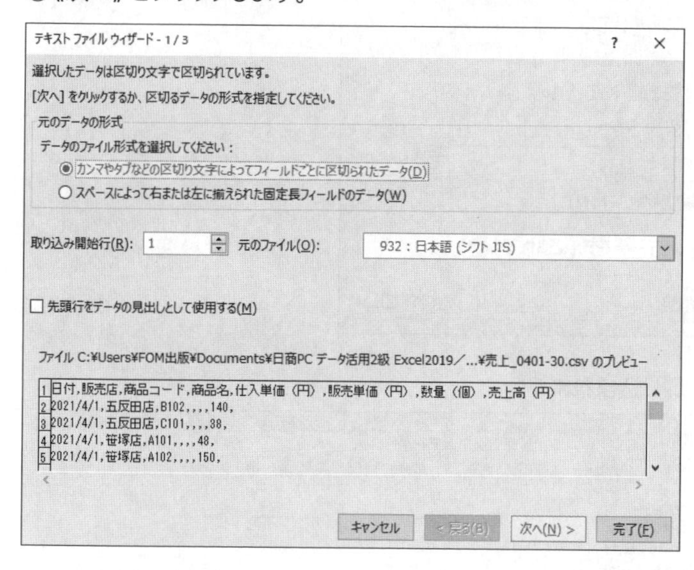

《テキストファイルウィザード-2/3》ダイアログボックスが表示されます。

⑮《区切り文字》の《タブ》を☐にします。

⑯《区切り文字》の《カンマ》を☑にします。

※お使いの環境によっては、《カンマ》は《コンマ》と表示される場合があります。

⑰《次へ》をクリックします。

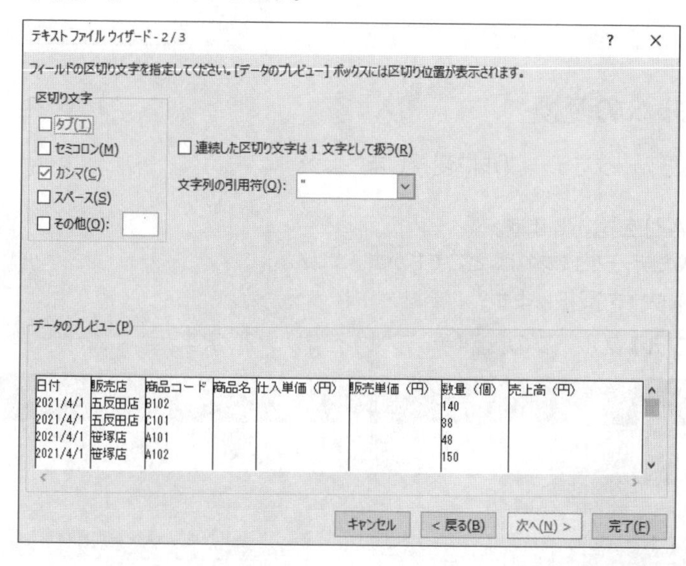

《テキストファイルウィザード-3/3》ダイアログボックスが表示されます。

⑱《完了》をクリックします。

《データの取り込み》ダイアログボックスが表示されます。

⑲《既存のワークシート》を◉にします。

⑳「=$A$2」と表示されていることを確認します。

㉑《OK》をクリックします。

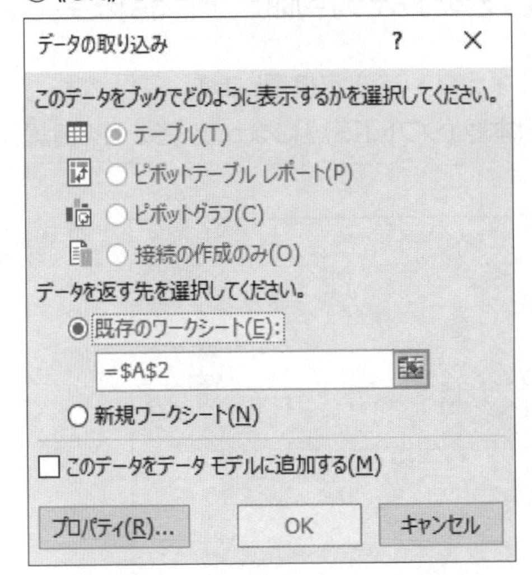

データが取り込まれます。

	A	B	C	D	E	F	G	H
1	販売店別売上データ							
2	日付	販売店	商品コード	商品名	仕入単価（円）	販売単価（円）	数量（個）	売上高（円）
3	2021/4/1	五反田店	B102				140	
4	2021/4/1	五反田店	C101				38	
5	2021/4/1	笹塚店	A101				48	
6	2021/4/1	笹塚店	A102				150	
7	2021/4/1	笹塚店	A104				150	
8	2021/4/1	渋谷店	C101				43	
9	2021/4/1	渋谷店	C103				24	
10	2021/4/1	赤坂店	B104				21	
11	2021/4/1	赤坂店	B105				134	
12	2021/4/1	赤坂店	C101				75	
13	2021/4/1	田町店	A101				36	
14	2021/4/1	田町店	A102				35	
15	2021/4/1	田町店	A104				84	
16	2021/4/1	田町店	B101				40	
17	2021/4/1	田町店	B103				24	
18	2021/4/2	五反田店	A101				45	

Let's Try テーブルへの変換

取り込んだデータをテーブルに変換しましょう。

①セル【A2】を選択します。

※取り込んだデータ内であれば、どこでもかまいません。

②《挿入》タブを選択します。

③《テーブル》グループの（テーブル）をクリックします。

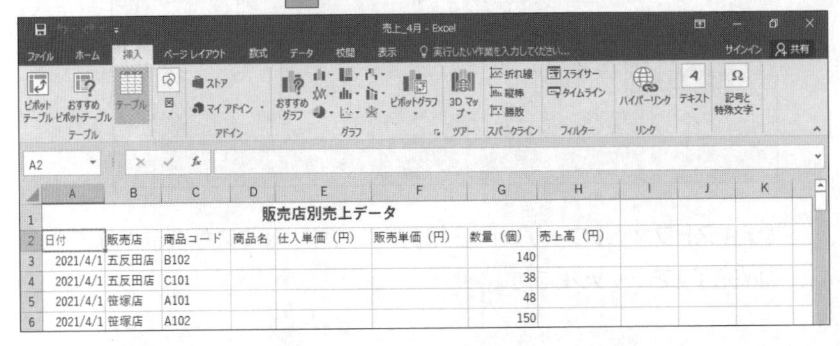

	A	B	C	D	E	F	G	H
1	販売店別売上データ							
2	日付	販売店	商品コード	商品名	仕入単価（円）	販売単価（円）	数量（個）	売上高（円）
3	2021/4/1	五反田店	B102				140	
4	2021/4/1	五反田店	C101				38	
5	2021/4/1	笹塚店	A101				48	
6	2021/4/1	笹塚店	A102				150	

《テーブルの作成》ダイアログボックスが表示されます。

④《テーブルに変換するデータ範囲を指定してください》が「=$A$2:$H$324」になっていることを確認します。

⑤《先頭行をテーブルの見出しとして使用する》を☑にします。

⑥《OK》をクリックします。

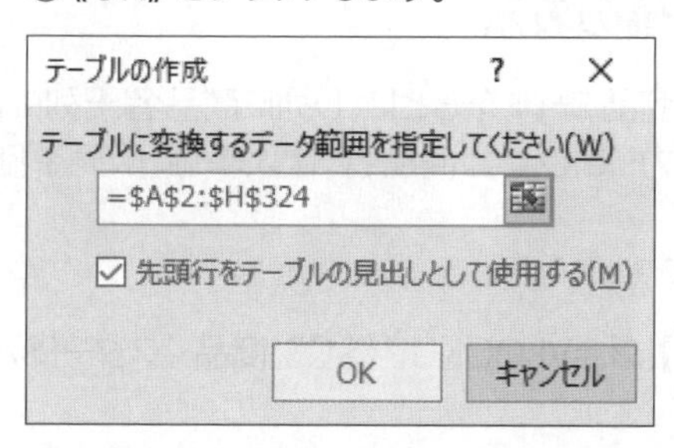

図のようなメッセージが表示されます。

⑦《はい》をクリックします。

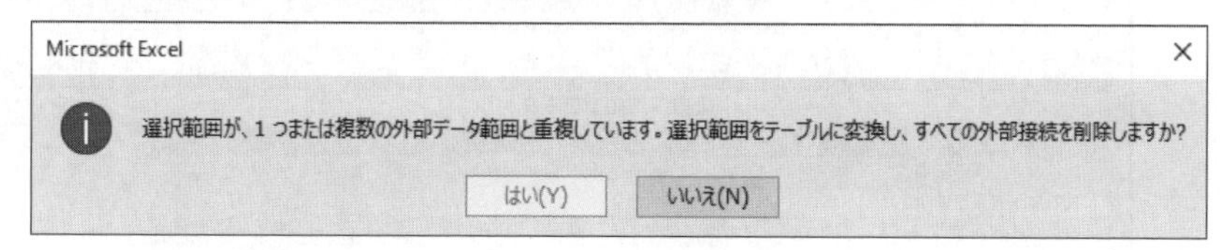

テーブルに変換され、テーブルスタイルが適用されます。

※リボンに《デザイン》タブが追加され、自動的に切り替わります。

※任意のセルをクリックして、テーブル全体の選択を解除しておきましょう。

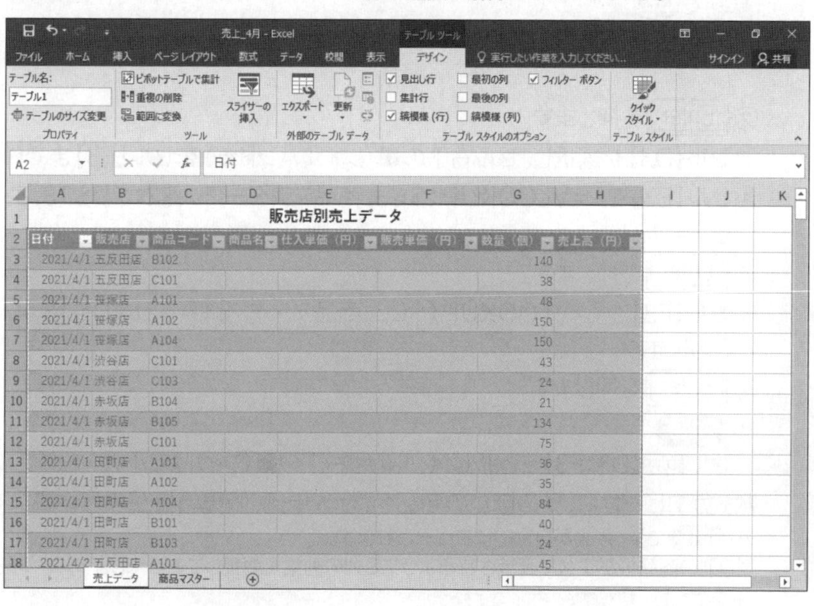

3 集計する項目の準備

集計するデータに必要なデータがない場合は、VLOOKUP関数を使ってほかのシートからデータを表示したり、数式を使ってデータを求めたりして集計の準備を行います。

Let's Try 商品名、仕入単価、販売単価の表示

VLOOKUP関数を使って、C列の商品コードをもとに、D列に商品名、E列に仕入単価、F列に販売単価を表示する数式を入力しましょう。商品名、仕入単価、販売単価は、シート**「商品マスター」**から参照します。

※シート「商品マスター」を確認しておきましょう。

①シート「売上データ」のセル【D3】に「=VLOOKUP($C3,商品マスター!$A$2:$D$18,2,FALSE)」と入力します。

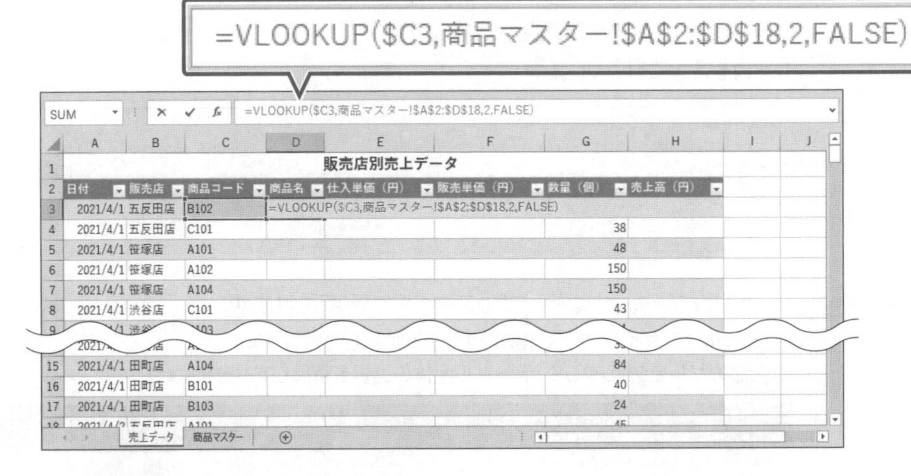

	A	B	C	D	E	F	G	H
2	日付	販売店	商品コード	商品名	仕入単価（円）	販売単価（円）	数量（個）	売上高（円）
3	2021/4/1	五反田店	B102	=VLOOKUP($C3,商品マスター!$A$2:$D$18,2,FALSE)				
4	2021/4/1	五反田店	C101				38	
5	2021/4/1	笹塚店	A101				48	
6	2021/4/1	笹塚店	A102				150	
7	2021/4/1	笹塚店	A104				150	
8	2021/4/1	渋谷店	C101				43	
15	2021/4/1	田町店	A104				84	
16	2021/4/1	田町店	B101				40	
17	2021/4/1	田町店	B103				24	

②［Enter］を押します。

③セル【D3】を選択し、セル右下の■（フィルハンドル）をセル【F3】までドラッグします。

④セル【E3】を「=VLOOKUP($C3,商品マスター!$A$2:$D$18,3,FALSE)」に修正します。

⑤［Enter］を押します。

⑥セル【F3】を「=VLOOKUP($C3,商品マスター!$A$2:$D$18,4,FALSE)」に修正します。

⑦［Enter］を押します。

⑧ 2019
セル範囲【D3:F3】を選択し、セル範囲右下の■（フィルハンドル）をダブルクリックします。

数式がコピーされ、そのほかの商品名、仕入単価、販売単価が表示されます。

※ 2016 では、数式が自動的にコピーされます。

※D列の商品名がすべて表示されるようにD列の列幅を調整しておきましょう。

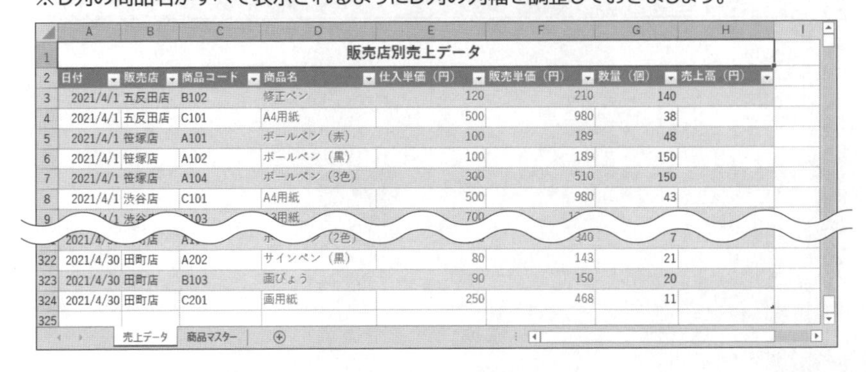

	A	B	C	D	E	F	G	H
2	日付	販売店	商品コード	商品名	仕入単価（円）	販売単価（円）	数量（個）	売上高（円）
3	2021/4/1	五反田店	B102	修正ペン	120	210	140	
4	2021/4/1	五反田店	C101	A4用紙	500	980	38	
5	2021/4/1	笹塚店	A101	ボールペン（赤）	100	189	48	
6	2021/4/1	笹塚店	A102	ボールペン（黒）	100	189	150	
7	2021/4/1	笹塚店	A104	ボールペン（3色）	300	510	150	
8	2021/4/1	渋谷店	C101	A4用紙	500	980	43	
322	2021/4/30	田町店	A202	サインペン（黒）	80	143	21	
323	2021/4/30	田町店	B103	画びょう	90	150	20	
324	2021/4/30	田町店	C201	画用紙	250	468	11	

Let's Try 売上高の数式の入力

H列に、売上高を求める数式を入力しましょう。

①セル【H3】に「=F3＊G3」と入力します。

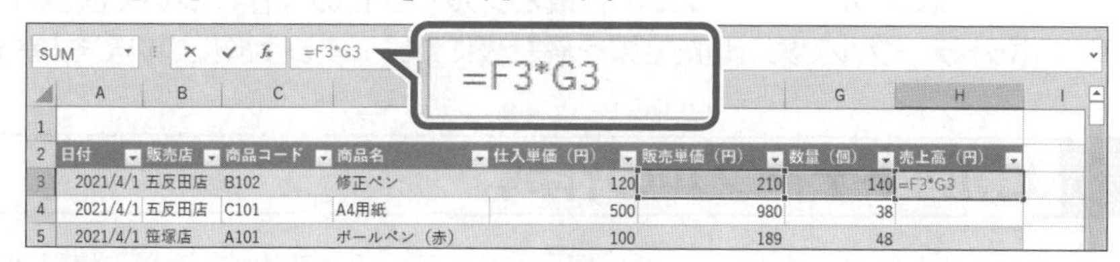

② Enter を押します。

③ 2019

　セル【H3】を選択し、セル右下の■（フィルハンドル）をダブルクリックします。

数式がコピーされ、そのほかの売上高が表示されます。

※ 2016 では、数式が自動的にコピーされます。

※任意のセルをクリックし、選択を解除しておきましょう。

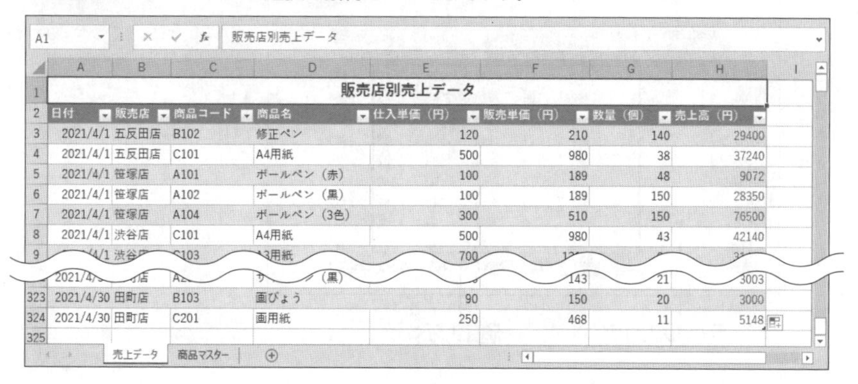

販売店別売上データ

日付	販売店	商品コード	商品名	仕入単価（円）	販売単価（円）	数量（個）	売上高（円）
2021/4/1	五反田店	B102	修正ペン	120	210	140	29400
2021/4/1	五反田店	C101	A4用紙	500	980	38	37240
2021/4/1	笹塚店	A101	ボールペン（赤）	100	189	48	9072
2021/4/1	笹塚店	A102	ボールペン（黒）	100	189	150	28350
2021/4/1	笹塚店	A104	ボールペン（3色）	300	510	150	76500
2021/4/1	渋谷店	C101	A4用紙	500	980	43	42140
2021/4/30	田町店	B103	画びょう	90	150	20	3000
2021/4/30	田町店	C201	画用紙	250	468	11	5148

Let's Try 桁区切りスタイルの設定

表の数値が4桁以上の場合には、桁区切りスタイルを設定して、数値を読み取りやすくします。E列、F列、H列の数値に桁区切りスタイルを設定しましょう。

①シート「売上データ」のセル範囲【E3：F324】を選択します。

※セル範囲【E3：F3】を選択し、Ctrl と Shift を押しながら ↓ を押すと、効率よく選択できます。

② Ctrl を押しながら、セル範囲【H3：H324】を選択します。

③《ホーム》タブを選択します。

④《数値》グループの ， （桁区切りスタイル）をクリックします。

数値に3桁区切りカンマが付きます。

※任意のセルをクリックし、選択を解除しておきましょう。

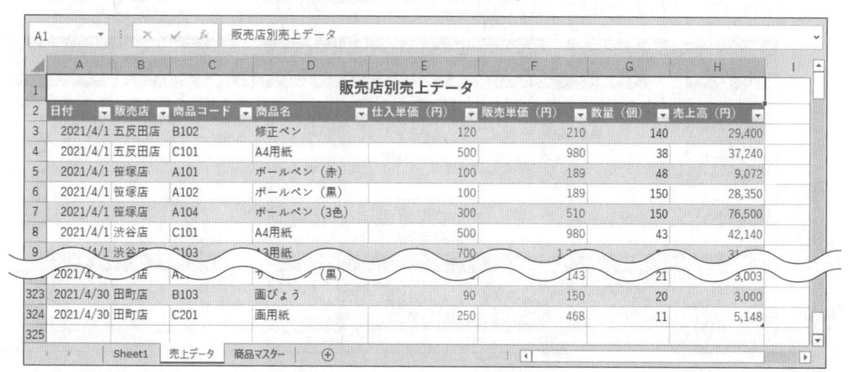

販売店別売上データ

日付	販売店	商品コード	商品名	仕入単価（円）	販売単価（円）	数量（個）	売上高（円）
2021/4/1	五反田店	B102	修正ペン	120	210	140	29,400
2021/4/1	五反田店	C101	A4用紙	500	980	38	37,240
2021/4/1	笹塚店	A101	ボールペン（赤）	100	189	48	9,072
2021/4/1	笹塚店	A102	ボールペン（黒）	100	189	150	28,350
2021/4/1	笹塚店	A104	ボールペン（3色）	300	510	150	76,500
2021/4/1	渋谷店	C101	A4用紙	500	980	43	42,140
2021/4/30	田町店	B103	画びょう	90	150	20	3,000
2021/4/30	田町店	C201	画用紙	250	468	11	5,148

STEP 3 ピボットテーブルの作成

ここでは、ピボットテーブルの作成とグループ化の操作について説明します。また、ピボットテーブルで集計した結果を集計表にコピーする手順についても確認します。

1 ピボットテーブルの作成

ピボットテーブルを使うと、表の項目名をドラッグするだけで簡単に集計表を作成できます。大量のデータをさまざまな角度から集計したり分析したりすることができます。
ピボットテーブルを作成するには、集計元データの表の項目名を行や列、値といったピボットテーブルの各要素に配置します。ピボットテーブルには、次の要素があります。

レポートフィルターエリア　列ラベルエリア

	A	B	C	D	E	F	G	H
1	商品名	(すべて)						
2								
3	合計 / 数量（個）	列ラベル						
4	行ラベル	五反田店	笹塚店	渋谷店	赤坂店	田町店	総計	
5	0-99	267	41	37	129	40	514	
6	100-199	2892	2286	2818	2547	3541	14084	
7	200-299	648	1499	1183	796	1299	5425	
8	300-399	332	27	148	505	33	1045	
9	400-499	36	19	31	195	37	318	
10	500-599	260	214	0	50	109	633	
11	900-999	542	29	43	345	162	1121	
12	1100-1199	47	30	33	68	21	199	
13	1300-1399	199	10	24	120	27	380	
14	総計	5223	4155	4317	4755	5269	23719	
15								

行ラベルエリア　値エリア

Let's Try ピボットテーブルの作成

次のようにフィールドを配置して、シート「売上データ」の数量を販売店別・販売単価別に集計しましょう。

列ラベルエリア　：販売店
行ラベルエリア　：販売単価（円）
値エリア　　　　：数量（個）

①シート「売上データ」のセル【A3】を選択します。
※テーブル内のセルであれば、どこでもかまいません。
②《挿入》タブを選択します。
③《テーブル》グループの（ピボットテーブル）をクリックします。

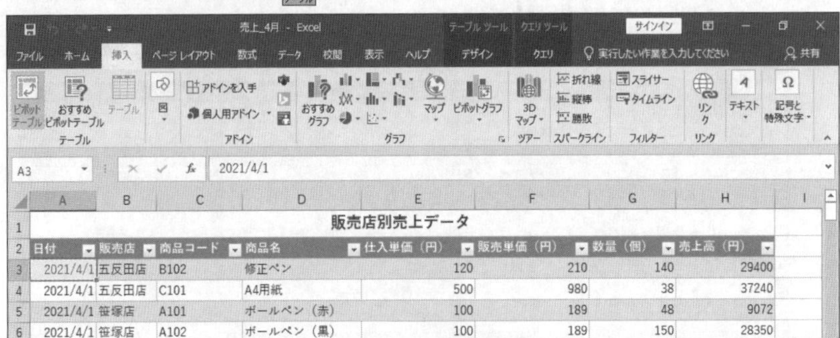

《ピボットテーブルの作成》ダイアログボックスが表示されます。

④《テーブルまたは範囲を選択》を◉にします。

⑤ 2019

《テーブル/範囲》に「売上_0401_30」と表示されていることを確認します。

2016

《テーブル/範囲》に「テーブル1」と表示されていることを確認します。

⑥《新規ワークシート》を◉にします。

⑦《OK》をクリックします。

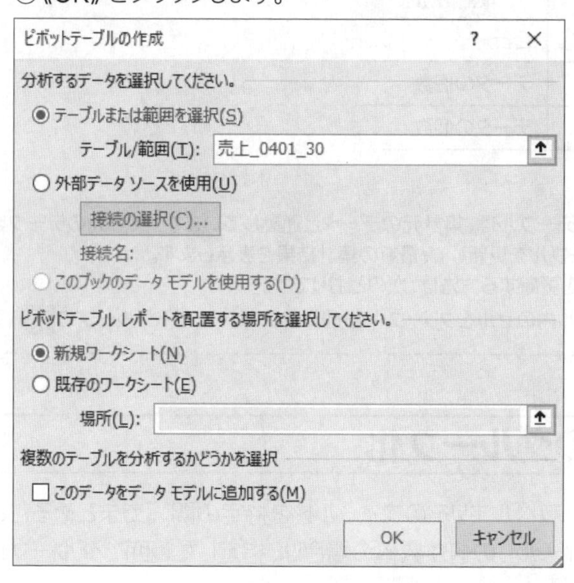

シート「Sheet1」が挿入され、《ピボットテーブルのフィールド》作業ウィンドウが表示されます。

⑧《ピボットテーブルのフィールド》作業ウィンドウの「販売店」を《列》のボックスにドラッグします。

⑨「販売単価（円）」を《行》のボックスにドラッグします。

⑩「数量（個）」を《値》のボックスにドラッグします。

⑪「数量（個）」の集計方法が《合計》になっていることを確認します。

販売店別・販売単価別に、数量を集計するピボットテーブルが作成されます。

《ピボットテーブルのフィールド》作業ウィンドウ

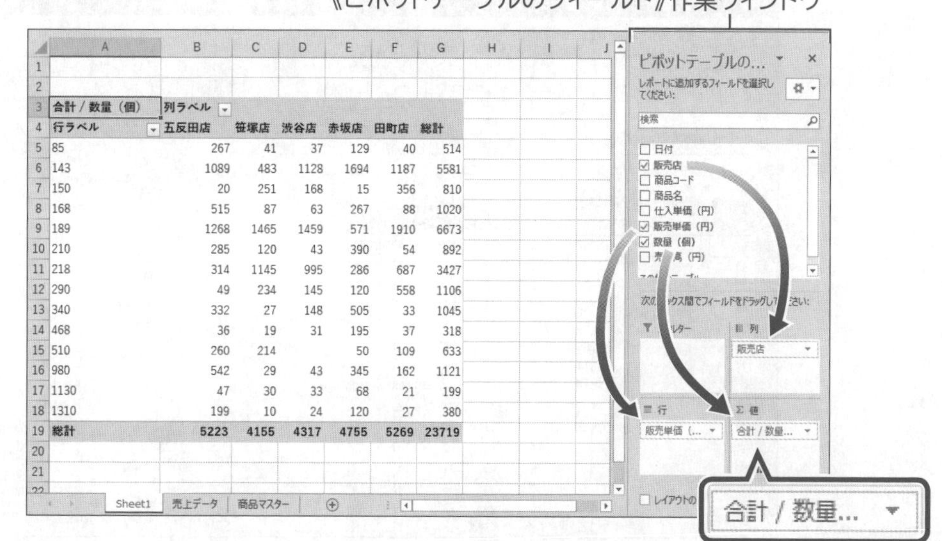

合計 / 数量（個）	列ラベル					
行ラベル	五反田店	笹塚店	渋谷店	赤坂店	田町店	総計
85	267	41	37	129	40	514
143	1089	483	1128	1694	1187	5581
150	20	251	168	15	356	810
168	515	87	63	267	88	1020
189	1268	1465	1459	571	1910	6673
210	285	120	43	390	54	892
218	314	1145	995	286	687	3427
290	49	234	145	120	558	1106
340	332	27	148	505	33	1045
468	36	19	31	195	37	318
510	260	214		50	109	633
980	542	29	43	345	162	1121
1130	47	30	33	68	21	199
1310	199	10	24	120	27	380
総計	5223	4155	4317	4755	5269	23719

操作のポイント

ピボットテーブルの範囲

ピボットテーブルで集計する場合、集計元データの表内にアクティブセルを移動しておくと、自動的に対象範囲が認識されます。

値エリアの集計方法

値エリアの集計方法は、値エリアに配置するフィールドのデータの種類によって異なります。初期の設定では、次のように集計されますが、集計方法はあとから変更できます。

データの種類	集計方法
数値	合計
文字列	データの個数
日付	データの個数

データの更新

作成したピボットテーブルは、集計元のデータと連動しています。集計元のデータを変更した場合は、ピボットテーブルを更新して、最新の集計結果を表示します。
ピボットテーブルを更新する方法は、次のとおりです。

◆ピボットテーブル内のセルをクリック→《分析》タブ→《データ》グループの（更新）

2 フィールドのグループ化

行ラベルエリアや列ラベルエリアのフィールドを特定の間隔でまとめることを「**グループ化**」といいます。フィールドの値が数値の場合は、指定した範囲でグループ化できます。

Let's Try フィールドのグループ化

行ラベルエリアの「**販売単価（円）**」を100円単位でグループ化しましょう。

①セル【A5】を選択します。
※行ラベルエリアの「販売単価（円）」のセルであれば、どこでもかまいません。
②《分析》タブを選択します。
③《グループ》グループの フィールドのグループ化（フィールドのグループ化）をクリックします。
※《グループ》グループが表示されていない場合は、（ピボットテーブルグループ）をクリックします。

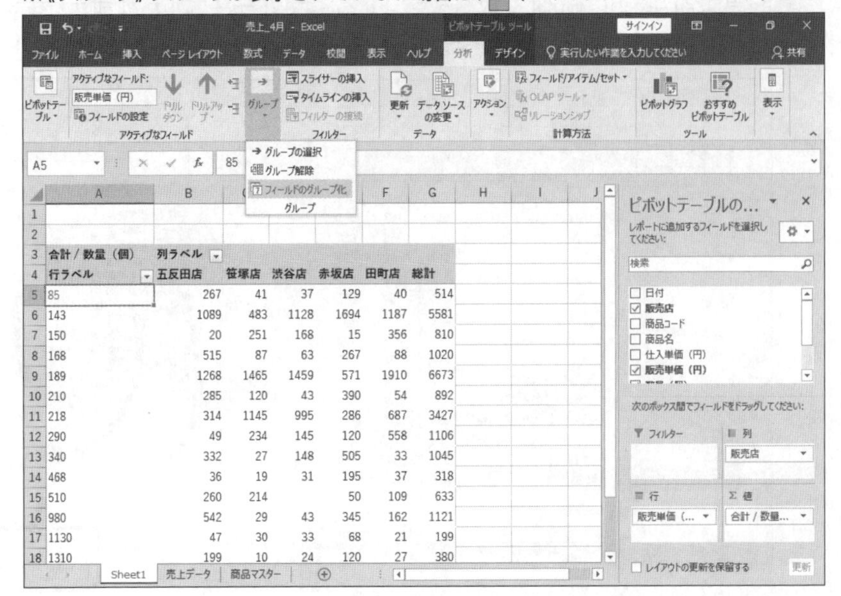

《グループ化》ダイアログボックスが表示されます。
④《先頭の値》に「0」と入力します。
⑤《単位》に「100」と表示されていることを確認します。
⑥《OK》をクリックします。

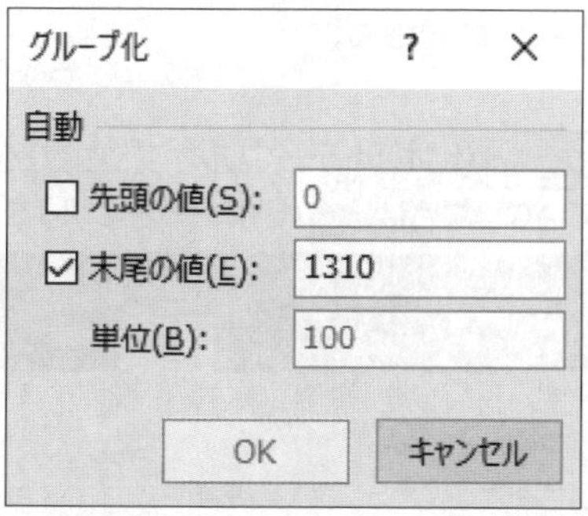

グループ化　?　×
自動
☐ 先頭の値(S): 0
☑ 末尾の値(E): 1310
単位(B): 100
OK　キャンセル

販売単価が100円単位でグループ化されます。

	A	B	C	D	E	F	G	H	I
1									
2									
3	合計 / 数量（個）	列ラベル							
4	行ラベル	五反田店	笹塚店	渋谷店	赤坂店	田町店	総計		
5	0-99	267	41	37	129	40	514		
6	100-199	2892	2286	2818	2547	3541	14084		
7	200-299	648	1499	1183	796	1299	5425		
8	300-399	332	27	148	505	33	1045		
9	400-499	36	19	31	195	37	318		
10	500-599	260	214		50	109	633		
11	900-999	542	29	43	345	162	1121		
12	1100-1199	47	30	33	68	21	199		
13	1300-1399	199	10	24	120	27	380		
14	総計	5223	4155	4317	4755	5269	23719		
15									

操作のポイント

その他の方法（グループ化）

◆列ラベルエリアまたは行ラベルエリアのセルを右クリック→《グループ化》

グループ化の単位

グループ化するフィールドが日付や時刻の場合、日付や時刻が自動的にグループ化されて表示されます。
また、グループ化の単位は、手動で「時」「月」「年」「四半期」といった日付や時刻に関するものが指定できます。グループ化の単位は複数指定できます。

グループ化の解除

グループ化を解除する方法は、次のとおりです。
◆グループ化されたセルを選択→《分析》タブ→《グループ》グループの グループ解除（グループ解除）
※《グループ》グループが表示されていない場合は、（ピボットテーブルグループ）をクリックします。

3 ピボットテーブルオプションの設定

集計の結果、該当する値がない項目については、値エリアに何も表示されません。
《ピボットテーブルオプション》ダイアログボックスを使うと、値エリアを空白にするのではなく、「0（ゼロ）」を表示するように設定できます。

Let's Try 空白セルに値を表示

値エリアの空白セルに「0」を表示しましょう。

①セル【B5】を選択します。
※ピボットテーブル内のセルであれば、どこでもかまいません。
②《分析》タブを選択します。
③《ピボットテーブル》グループの［オプション］（ピボットテーブルオプション）をクリックします。
※《ピボットテーブル》グループが表示されていない場合は、（ピボットテーブル）をクリックします。

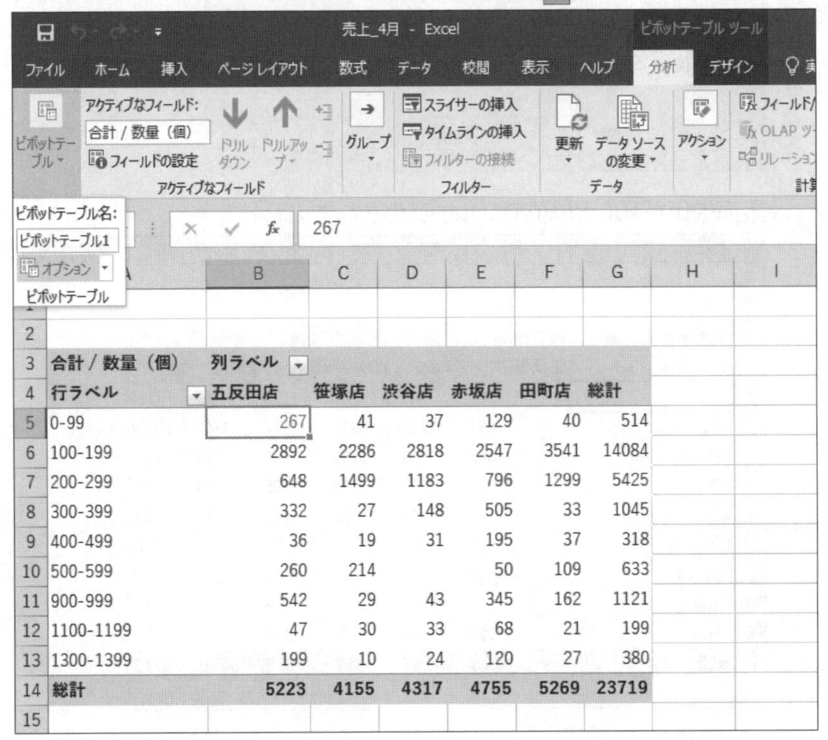

合計 / 数量（個）	列ラベル					
行ラベル	五反田店	笹塚店	渋谷店	赤坂店	田町店	総計
0-99	267	41	37	129	40	514
100-199	2892	2286	2818	2547	3541	14084
200-299	648	1499	1183	796	1299	5425
300-399	332	27	148	505	33	1045
400-499	36	19	31	195	37	318
500-599	260	214		50	109	633
900-999	542	29	43	345	162	1121
1100-1199	47	30	33	68	21	199
1300-1399	199	10	24	120	27	380
総計	5223	4155	4317	4755	5269	23719

《ピボットテーブルオプション》ダイアログボックスが表示されます。
④《レイアウトと書式》タブを選択します。
⑤《空白セルに表示する値》を☑にし、「0」と入力します。
⑥《OK》をクリックします。

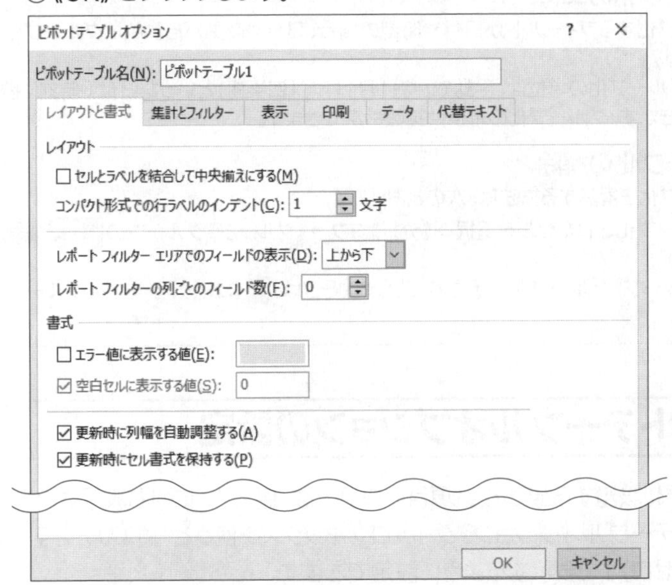

値エリアの空白セルに0が表示されます。

	A	B	C	D	E	F	G	H	I
1									
2									
3	合計 / 数量（個）	列ラベル							
4	行ラベル	五反田店	笹塚店	渋谷店	赤坂店	田町店	総計		
5	0-99	267	41	37	129	40	514		
6	100-199	2892	2286	2818	2547	3541	14084		
7	200-299	648	1499	1183	796	1299	5425		
8	300-399	332	27	148	505	33	1045		
9	400-499	36	19	31	195	37	318		
10	500-599	260	214	0	50	109	633		
11	900-999	542	29	43	345	162	1121		
12	1100-1199	47	30	33	68	21	199		
13	1300-1399	199	10	24	120	27	380		
14	総計	5223	4155	4317	4755	5269	23719		
15									

4 集計結果のコピー・貼り付け

ピボットテーブルで集計した結果を、別のファイルに用意してある集計表にコピーします。
ピボットテーブルの値エリアのセルをコピーすると、罫線や書式を含むすべての情報がコピーされます。貼り付け先の表の罫線や書式などを崩さないように、値だけを貼り付けるとよいでしょう。
また、値をコピーする前には、集計表とピボットテーブルの表の構成が同じであるかも確認し、同じであれば数値データをまとめてコピーします。

Let's Try 値のコピー・貼り付け

ピボットテーブルの値をコピーして、ファイル「集計結果」のシート「販売単価別数量分析」の表に貼り付けましょう。

フォルダー「第6章」のファイル「集計結果」を開いておきましょう。

①ファイル「集計結果」のシート「販売単価別数量分析」の表と、ファイル「売上_4月」のシート「Sheet1」のピボットテーブルの店舗名、販売単価の表示順序が同じであることを確認します。

コピー元のセル範囲を選択します。

②ファイル「売上_4月」を表示します。
③シート「Sheet1」のセル範囲【B5:F13】を選択します。
④《ホーム》タブを選択します。
⑤《クリップボード》グループの（コピー）をクリックします。

コピー先のセルを選択します。

⑥ファイル「集計結果」を表示します。
⑦シート「販売単価別数量分析」のセル【B4】を選択します。
⑧《クリップボード》グループの（貼り付け）の貼り付けをクリックします。
⑨《値の貼り付け》の（値）をクリックします。

値がコピーされます。

※合計欄にはあらかじめ数式が設定されています。
※任意のセルをクリックし、選択を解除しておきましょう。

	A	B	C	D	E	F	G	H
1	販売単価別数量分析							
2							単位：個	
3	販売単価	五反田店	笹塚店	渋谷店	赤坂店	田町店	総計	
4	0～99円	267	41	37	129	40	514	
5	100～199円	2892	2286	2818	2547	3541	14084	
6	200～299円	648	1499	1183	796	1299	5425	
7	300～399円	332	27	148	505	33	1045	
8	400～499円	36	19	31	195	37	318	
9	500～599円	260	214	0	50	109	633	
10	900～999円	542	29	43	345	162	1121	
11	1,100～1,199円	47	30	33	68	21	199	
12	1,300～1,400円	199	10	24	120	27	380	
13	総計	5223	4155	4317	4755	5269	23719	
14								

操作のポイント

貼り付けのオプション

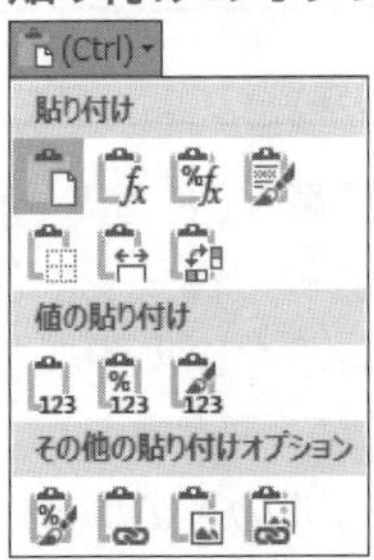

データを貼り付けた直後に表示される (Ctrl) (貼り付けのオプション)を使っても、値だけを貼り付けたり書式だけを貼り付けたりするなど、貼り付ける形式を選択できます。 (Ctrl) (貼り付けのオプション)を使わない場合は、Esc を押します。

Let's Try 桁区切りスタイルの設定

表の数値が4桁以上の場合には、桁区切りスタイルを設定して、数値を読み取りやすくします。ファイル「集計結果」のシート「販売単価別数量分析」の表の数値に桁区切りスタイルを設定しましょう。

①ファイル「**集計結果**」が表示されていることを確認します。

②シート「**販売単価別数量分析**」のセル範囲【B4：G13】を選択します。

③《**ホーム**》タブを選択します。

④《**数値**》グループの , (桁区切りスタイル)をクリックします。

数値に3桁区切りカンマが付きます。

※任意のセルをクリックし、選択を解除しておきましょう。

	A	B	C	D	E	F	G	H
1	販売単価別数量分析							
2							単位：個	
3	販売単価	五反田店	笹塚店	渋谷店	赤坂店	田町店	総計	
4	0～99円	267	41	37	129	40	514	
5	100～199円	2,892	2,286	2,818	2,547	3,541	14,084	
6	200～299円	648	1,499	1,183	796	1,299	5,425	
7	300～399円	332	27	148	505	33	1,045	
8	400～499円	36	19	31	195	37	318	
9	500～599円	260	214	0	50	109	633	
10	900～999円	542	29	43	345	162	1,121	
11	1,100～1,199円	47	30	33	68	21	199	
12	1,300～1,400円	199	10	24	120	27	380	
13	総計	5,223	4,155	4,317	4,755	5,269	23,719	
14								

STEP 4 ピボットテーブルの編集

ここでは、作成されたピボットテーブルのレイアウトの変更、集計方法の変更、項目の表示順序の変更など、ピボットテーブルを編集する操作について説明します。

1 レイアウトの変更

ピボットテーブルは、作成後にフィールドを追加したり、削除したりして簡単にレイアウトを変更できます。

Let's Try フィールドの追加

行ラベルエリアの「**販売単価（円）**」の下側に「**商品コード**」、値エリアの「**数量（個）**」の下側に「**売上高（円）**」を追加しましょう。

①ファイル「**売上_4月**」を表示します。

②シート「**Sheet1**」のセル【**A5**】を選択します。

※ピボットテーブル内のセルであれば、どこでもかまいません。

③《**ピボットテーブルのフィールド**》作業ウィンドウの「**商品コード**」を《**行**》のボックスの「**販売単価（円）**」の下にドラッグします。

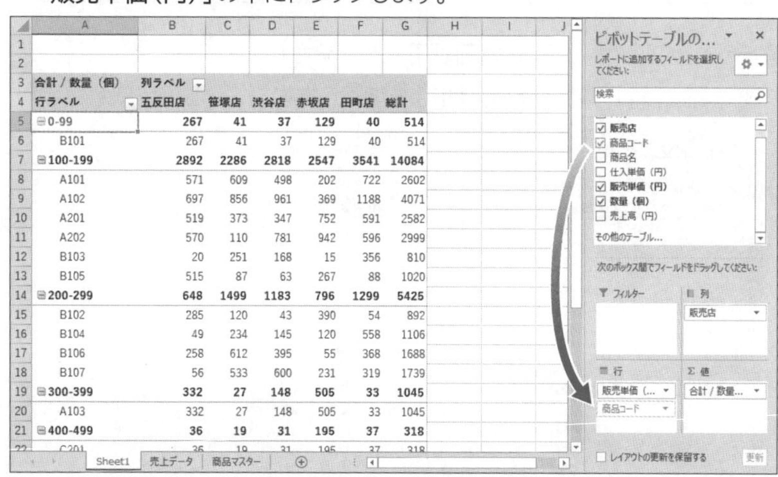

合計 / 数量（個）	列ラベル					
行ラベル	五反田店	笹塚店	渋谷店	赤坂店	田町店	総計
⊟0-99	267	41	37	129	40	514
B101	267	41	37	129	40	514
⊟100-199	2892	2286	2818	2547	3541	14084
A101	571	609	498	202	722	2602
A102	697	856	961	369	1188	4071
A201	519	373	347	752	591	2582
A202	570	110	781	942	596	2999
B103	20	251	168	15	356	810
B105	515	87	63	267	88	1020
⊟200-299	648	1499	1183	796	1299	5425
B102	285	120	43	390	54	892
B104	49	234	145	120	558	1106
B106	258	612	395	55	368	1688
B107	56	533	600	231	319	1739
⊟300-399	332	27	148	505	33	1045
A103	332	27	148	505	33	1045
⊟400-499	36	19	31	195	37	318
C201	36	19	31	195	37	318

④「**売上高（円）**」を《**値**》のボックスの「**数量（個）**」の下にドラッグします。

データが追加されます。

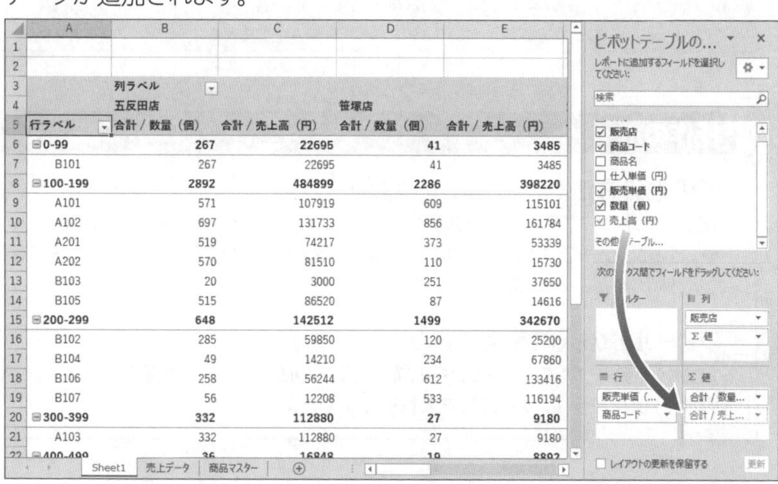

	列ラベル			
	五反田店		笹塚店	
行ラベル	合計 / 数量（個）	合計 / 売上高（円）	合計 / 数量（個）	合計 / 売上高（円）
⊟0-99	267	22695	41	3485
B101	267	22695	41	3485
⊟100-199	2892	484899	2286	398220
A101	571	107919	609	115101
A102	697	131733	856	161784
A201	519	74217	373	53339
A202	570	81510	110	15730
B103	20	3000	251	37650
B105	515	86520	87	14616
⊟200-299	648	142512	1499	342670
B102	285	59850	120	25200
B104	49	14210	234	67860
B106	258	56244	612	133416
B107	56	12208	533	116194
⊟300-399	332	112880	27	9180
A103	332	112880	27	9180
⊟400-499	36	16848	19	8892

Let's Try フィールドの削除

行ラベルエリアから「**販売単価（円）**」、値エリアから「**数量（個）**」を削除しましょう。

①《ピボットテーブルのフィールド》作業ウィンドウの《行》のボックスの「**販売単価（円）**」をクリックします。

②《フィールドの削除》をクリックします。

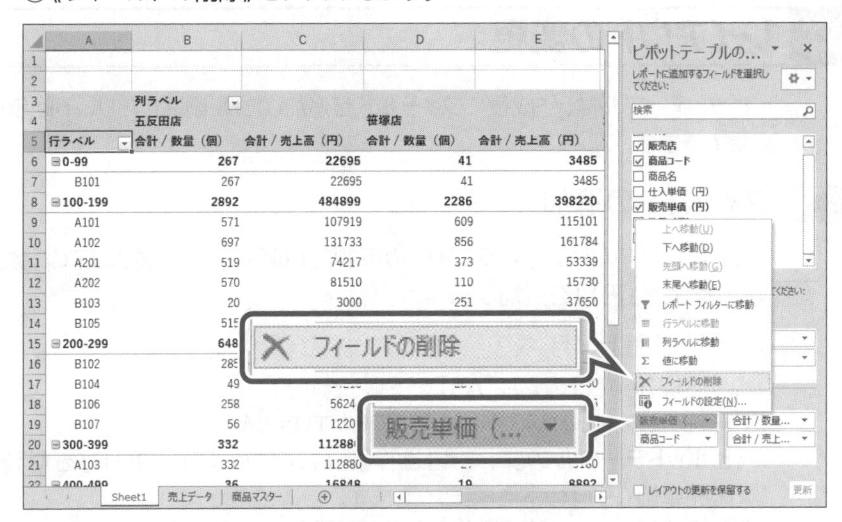

行ラベルエリアから「**販売単価（円）**」が削除されます。

③同様に、値エリアの「**数量（個）**」を削除します。

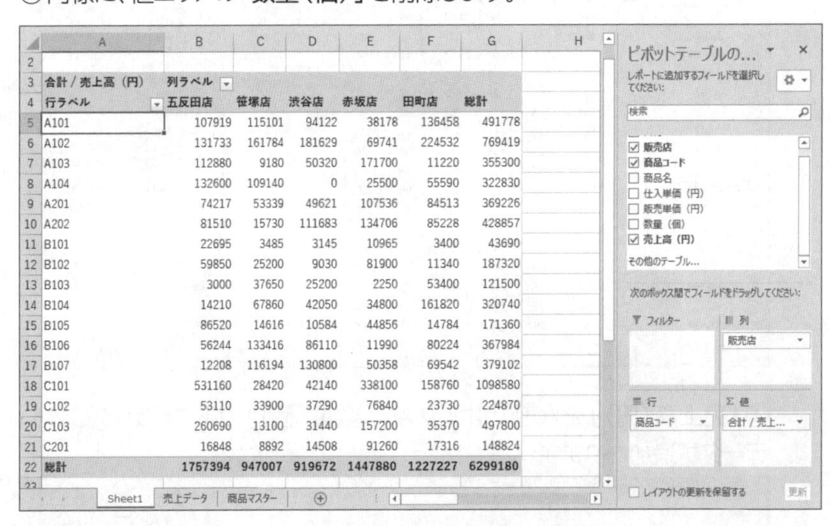

操作のポイント

その他の方法（フィールドの削除）

◆《ピボットテーブルのフィールド》作業ウィンドウのフィールド名を☐にする

◆《ピボットテーブルのフィールド》作業ウィンドウのボックス内のフィールド名を作業ウィンドウ以外の場所にドラッグ

フィールドの入れ替え

《ピボットテーブルのフィールド》作業ウィンドウのボックスに配置したフィールドは、別のエリアのボックスにドラッグすることで入れ替えができます。

操作のポイント

《値》フィールド

列ラベルエリアにだけフィールドを配置した状態で、値エリアに複数のフィールドを配置すると、値エリアに配置したフィールドは横方向（列単位）で表示されます。
縦方向（行単位）で表示したい場合は、《ピボットテーブルのフィールド》作業ウィンドウの《列》のボックスにある《値》フィールドを、《行》のボックスに移動します。
《値》フィールドは、値エリアに複数のフィールドを配置すると、自動的に表示されます。

2 レポート形式の変更

《デザイン》タブの《レイアウト》グループを使うと、ピボットテーブルの小計や総計の表示を設定したり、レポートのレイアウト形式を設定したりできます。

❶ レイアウト形式の変更

行ラベルエリアに複数のフィールドを追加すると、初期の設定では**「コンパクト形式」**で表示され、すべてのフィールドがA列に表示されます。
レイアウト形式を**「表形式」**に変更すると、追加したフィールドをそれぞれ別の列に表示できます。

Let's Try 表形式で表示

行ラベルエリアの**「商品コード」**の下側に、**「商品名」**を追加しましょう。また、レイアウトの形式を**「表形式」**に変更しましょう。

①**《ピボットテーブルのフィールド》**作業ウィンドウの**「商品名」**を**《行》**のボックスの**「商品コード」**の下にドラッグします。
行ラベルエリアに**「商品名」**が追加され、**「商品コード」**と同じA列に表示されます。

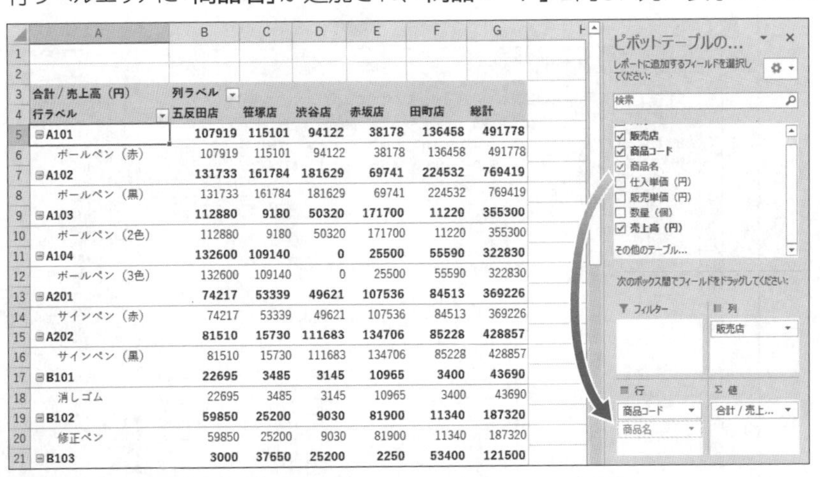

	A	B	C	D	E	F	G
1							
2							
3	合計 / 売上高（円）	列ラベル					
4	行ラベル	五反田店	笹塚店	渋谷店	赤坂店	田町店	総計
5	⊟A101	107919	115101	94122	38178	136458	491778
6	ボールペン（赤）	107919	115101	94122	38178	136458	491778
7	⊟A102	131733	161784	181629	69741	224532	769419
8	ボールペン（黒）	131733	161784	181629	69741	224532	769419
9	⊟A103	112880	9180	50320	171700	11220	355300
10	ボールペン（2色）	112880	9180	50320	171700	11220	355300
11	⊟A104	132600	109140	0	25500	55590	322830
12	ボールペン（3色）	132600	109140	0	25500	55590	322830
13	⊟A201	74217	53339	49621	107536	84513	369226
14	サインペン（赤）	74217	53339	49621	107536	84513	369226
15	⊟A202	81510	15730	111683	134706	85228	428857
16	サインペン（黒）	81510	15730	111683	134706	85228	428857
17	⊟B101	22695	3485	3145	10965	3400	43690
18	消しゴム	22695	3485	3145	10965	3400	43690
19	⊟B102	59850	25200	9030	81900	11340	187320
20	修正ペン	59850	25200	9030	81900	11340	187320
21	⊟B103	3000	37650	25200	2250	53400	121500

②セル【A5】を選択します。
※ピボットテーブル内のセルであれば、どこでもかまいません。
③**《デザイン》**タブを選択します。
④**《レイアウト》**グループの（レポートのレイアウト）をクリックします。
⑤**《表形式で表示》**をクリックします。

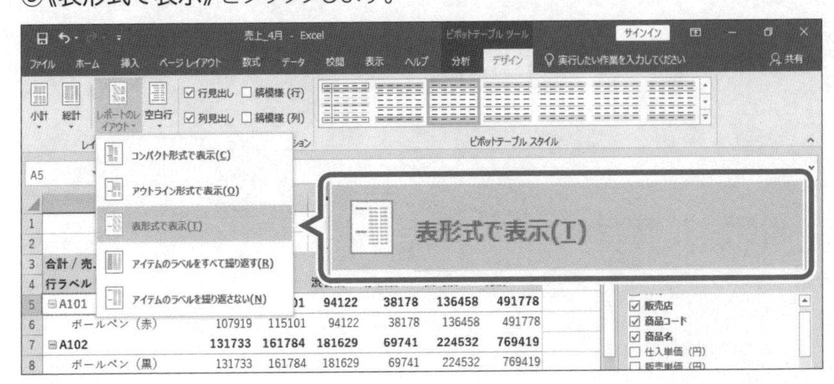

「商品名」がB列に表示されます。

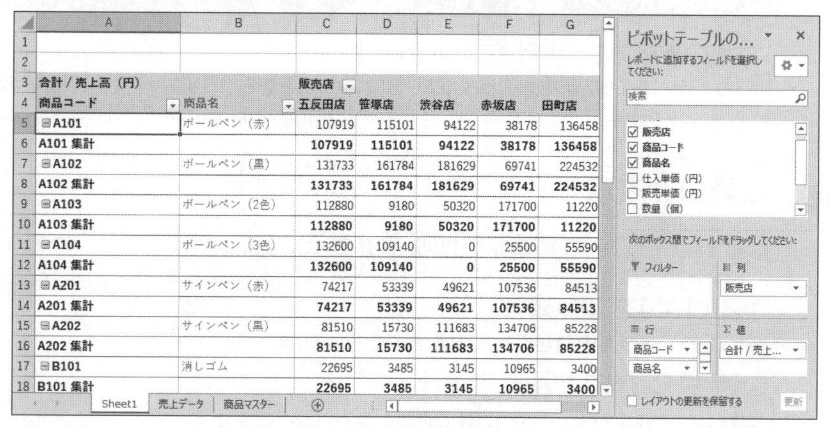

	A	B	C	D	E	F	G
1							
2							
3	合計 / 売上高（円）		販売店				
4	商品コード	商品名	五反田店	笹塚店	渋谷店	赤坂店	田町店
5	⊟A101	ボールペン（赤）	107919	115101	94122	38178	136458
6	A101 集計		107919	115101	94122	38178	136458
7	⊟A102	ボールペン（黒）	131733	161784	181629	69741	224532
8	A102 集計		131733	161784	181629	69741	224532
9	⊟A103	ボールペン（2色）	112880	9180	50320	171700	11220
10	A103 集計		112880	9180	50320	171700	11220
11	⊟A104	ボールペン（3色）	132600	109140	0	25500	55590
12	A104 集計		132600	109140	0	25500	55590
13	⊟A201	サインペン（赤）	74217	53339	49621	107536	84513
14	A201 集計		74217	53339	49621	107536	84513
15	⊟A202	サインペン（黒）	81510	15730	111683	134706	85228
16	A202 集計		81510	15730	111683	134706	85228
17	⊟B101	消しゴム	22695	3485	3145	10965	3400
18	B101 集計		22695	3485	3145	10965	3400

❷小計・総計の表示設定

小計や総計は、非表示にしたり、表示位置を変更したりできます。

Let's Try 小計の非表示

商品コードの小計行を非表示にしましょう。

①セル【A5】を選択します。

※ピボットテーブル内のセルであれば、どこでもかまいません。

②《デザイン》タブを選択します。

③《レイアウト》グループの（小計）をクリックします。

④《小計を表示しない》をクリックします。

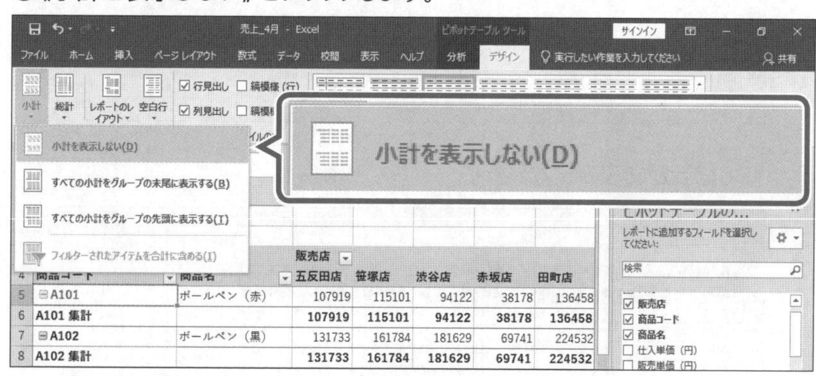

商品コードの小計行が非表示になります。

	A	B	C	D	E	F	G
1							
2							
3	合計 / 売上高（円）		販売店				
4	商品コード	商品名	五反田店	笹塚店	渋谷店	赤坂店	田町店
5	⊟A101	ボールペン（赤）	107919	115101	94122	38178	136458
6	⊟A102	ボールペン（黒）	131733	161784	181629	69741	224532
7	⊟A103	ボールペン（2色）	112880	9180	50320	171700	11220
8	⊟A104	ボールペン（3色）	132600	109140	0	25500	55590
9	⊟A201	サインペン（赤）	74217	53339	49621	107536	84513
10	⊟A202	サインペン（黒）	81510	15730	111683	134706	85228
11	⊟B101	消しゴム	22695	3485	3145	10965	3400
12	⊟B102	修正ペン	59850	25200	9030	81900	11340
13	⊟B103	画びょう	3000	37650	25200	2250	53400
14	⊟B104	クリップ	14210	67860	42050	34800	161820
15	⊟B105	スティックのり	86520	14616	10584	44856	14784
16	⊟B106	付箋（小）	56244	133416	86110	11990	80224
17	⊟B107	付箋（中）	12208	116194	130800	50358	69542
18	⊟C101	A4用紙	531160	28420	42140	338100	158760

操作のポイント

その他の方法(小計の非表示)

◆行ラベルエリアまたは列ラベルエリアのフィールドを右クリック→《"(フィールド名)"の小計》

Let's Try 総計の非表示

ピボットテーブルの行の総計(H列)を非表示にしましょう。

①セル【A5】を選択します。

※ピボットテーブル内のセルであれば、どこでもかまいません。

②《デザイン》タブを選択します。

③《レイアウト》グループの (総計) をクリックします。

④《列のみ集計を行う》をクリックします。

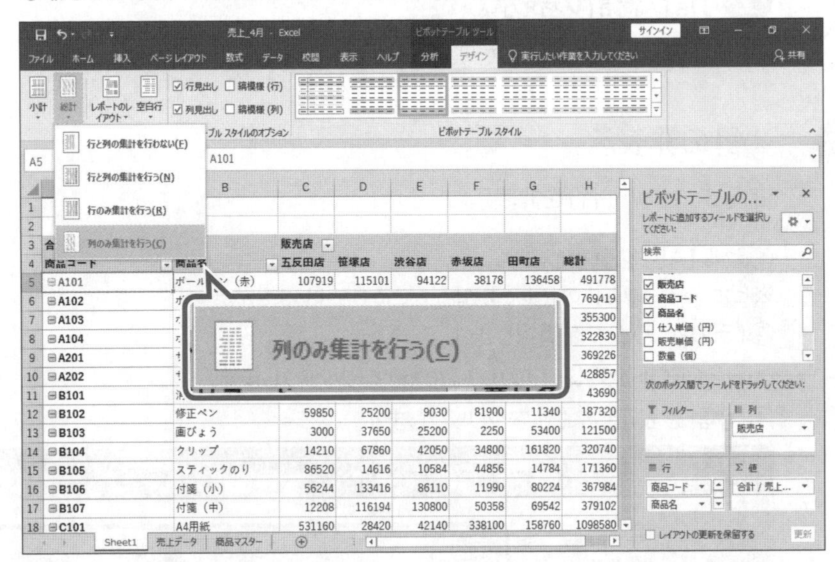

行の総計が非表示になります。

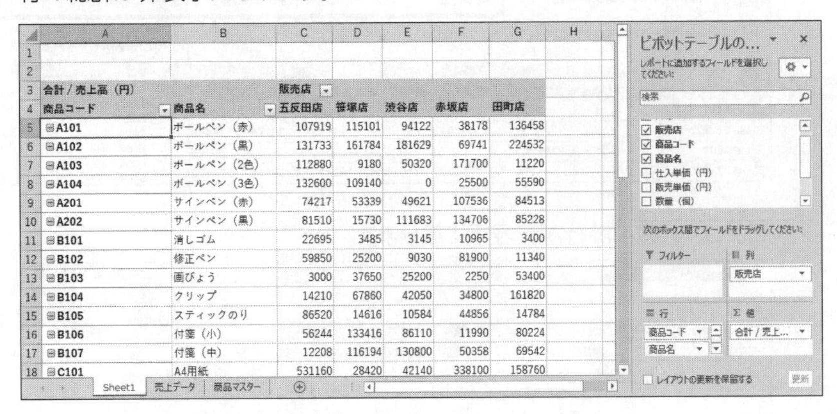

3 集計方法の変更

値エリアの集計方法には、「合計」「平均」「最大値」「最小値」などがあります。また、全体に対する比率や、列や行に対する比率に変更することもできます。

Let's Try 販売店ごとの売上構成比の表示

列の総計を100%とした場合の各販売店の売上構成比が表示されるように集計方法を変更しましょう。

①《ピボットテーブルのフィールド》作業ウィンドウの《値》のボックスの「売上高（円）」をクリックします。

②《値フィールドの設定》をクリックします。

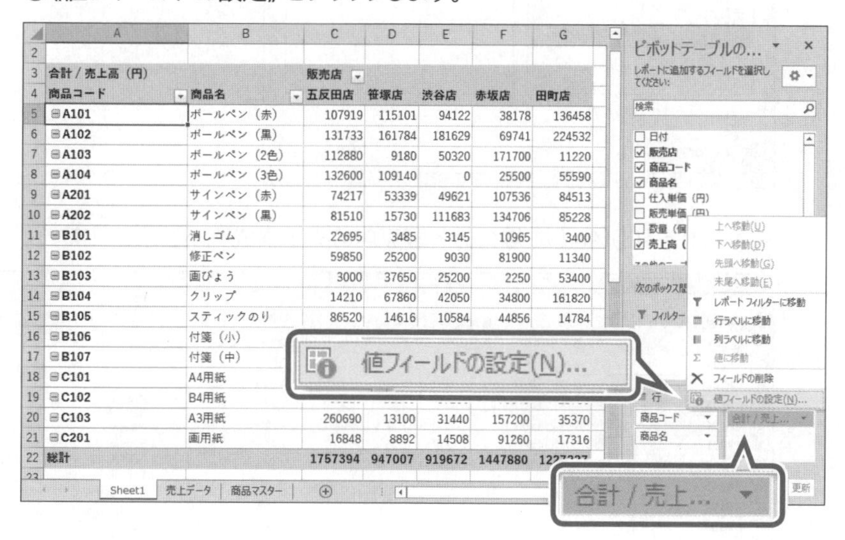

《値フィールドの設定》ダイアログボックスが表示されます。

③《集計方法》タブを選択します。

④集計に使用する計算の種類が《合計》になっていることを確認します。

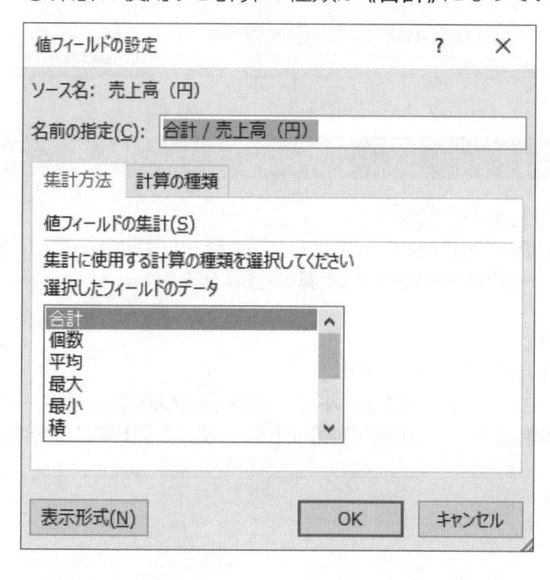

⑤《計算の種類》タブを選択します。

⑥《計算の種類》の ⌄ をクリックし、一覧から《列集計に対する比率》を選択します。

⑦《OK》をクリックします。

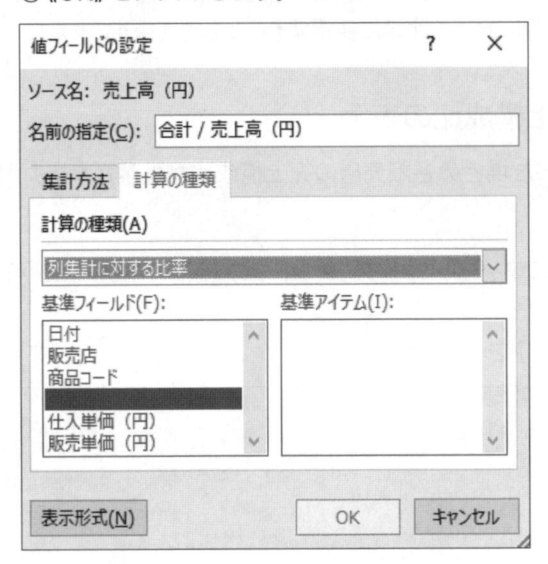

列の総計を100%とした場合の各販売店の売上構成比が表示されます。

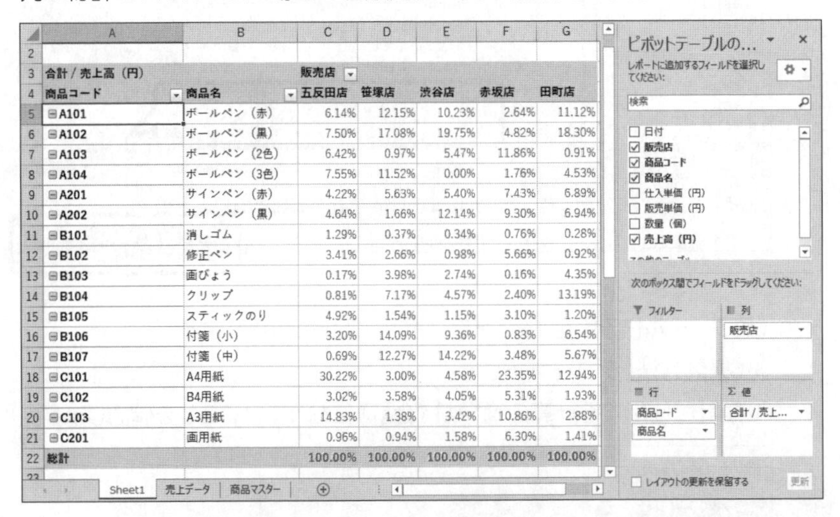

合計 / 売上高（円）		販売店				
商品コード	商品名	五反田店	笹塚店	渋谷店	赤坂店	田町店
A101	ボールペン（赤）	6.14%	12.15%	10.23%	2.64%	11.12%
A102	ボールペン（黒）	7.50%	17.08%	19.75%	4.82%	18.30%
A103	ボールペン（2色）	6.42%	0.97%	5.47%	11.86%	0.91%
A104	ボールペン（3色）	7.55%	11.52%	0.00%	1.76%	4.53%
A201	サインペン（赤）	4.22%	5.63%	5.40%	7.43%	6.89%
A202	サインペン（黒）	4.64%	1.66%	12.14%	9.30%	6.94%
B101	消しゴム	1.29%	0.37%	0.34%	0.76%	0.28%
B102	修正ペン	3.41%	2.66%	0.98%	5.66%	0.92%
B103	画びょう	0.17%	3.98%	2.74%	0.16%	4.35%
B104	クリップ	0.81%	7.17%	4.57%	2.40%	13.19%
B105	スティックのり	4.92%	1.54%	1.15%	3.10%	1.20%
B106	付箋（小）	3.20%	14.09%	9.36%	0.83%	6.54%
B107	付箋（中）	0.69%	12.27%	14.22%	3.48%	5.67%
C101	A4用紙	30.22%	3.00%	4.58%	23.35%	12.94%
C102	B4用紙	3.02%	3.58%	4.05%	5.31%	1.93%
C103	A3用紙	14.83%	1.38%	3.42%	10.86%	2.88%
C201	画用紙	0.96%	0.94%	1.58%	6.30%	1.41%
総計		100.00%	100.00%	100.00%	100.00%	100.00%

操作のポイント

その他の方法（集計方法の変更）

◆値エリアのセルを選択→《分析》タブ→《アクティブなフィールド》グループの フィールドの設定（フィールドの設定）→《集計方法》タブ／《計算の種類》タブ

計算の種類の解除

比率の計算を解除する方法は次のとおりです。

◆《ピボットテーブルのフィールド》作業ウィンドウの《値》ボックスのフィールド→《値フィールドの設定》→《計算の種類》タブ→《計算の種類》の ⌄ →一覧から《計算なし》を選択

4 データの絞り込み

行ラベルエリアや列ラベルエリアの[▼]を使うと、一部の項目に絞り込んで表示できます。

Let's Try 項目の絞り込み

行ラベルエリアの項目に「A4用紙」「B4用紙」「A3用紙」だけが表示されるように設定しましょう。

①セル【B4】の[▼]をクリックします。
②《(すべて選択)》を[ ]にします。
③《A3用紙》を[✔]にします。
④《A4用紙》を[✔]にします。
⑤《B4用紙》を[✔]にします。
⑥《OK》をクリックします。

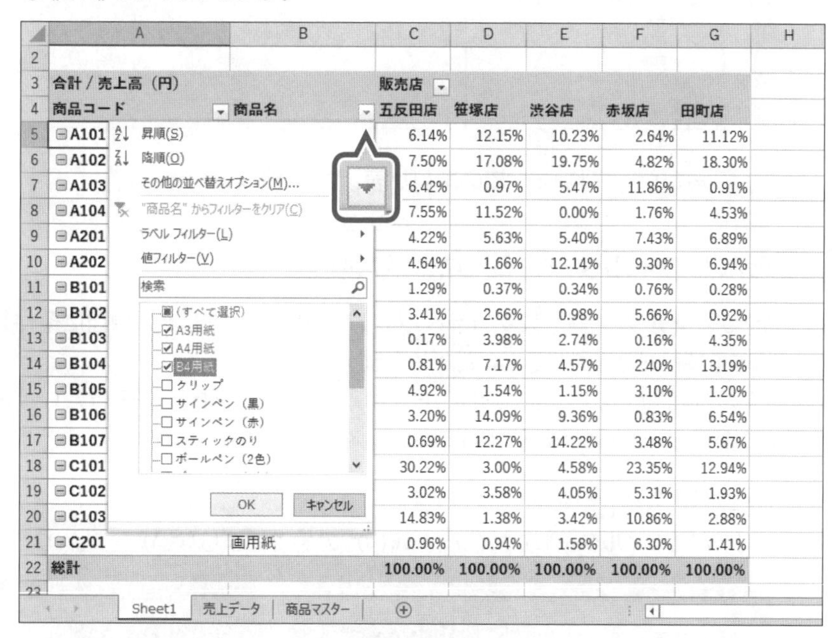

	A	B	C	D	E	F	G
3	合計 / 売上高（円）		販売店				
4	商品コード	商品名	五反田店	笹塚店	渋谷店	赤坂店	田町店
5	⊟A101		6.14%	12.15%	10.23%	2.64%	11.12%
6	⊟A102		7.50%	17.08%	19.75%	4.82%	18.30%
7	⊟A103		6.42%	0.97%	5.47%	11.86%	0.91%
8	⊟A104		7.55%	11.52%	0.00%	1.76%	4.53%
9	⊟A201		4.22%	5.63%	5.40%	7.43%	6.89%
10	⊟A202		4.64%	1.66%	12.14%	9.30%	6.94%
11	⊟B101		1.29%	0.37%	0.34%	0.76%	0.28%
12	⊟B102		3.41%	2.66%	0.98%	5.66%	0.92%
13	⊟B103		0.17%	3.98%	2.74%	0.16%	4.35%
14	⊟B104		0.81%	7.17%	4.57%	2.40%	13.19%
15	⊟B105		4.92%	1.54%	1.15%	3.10%	1.20%
16	⊟B106		3.20%	14.09%	9.36%	0.83%	6.54%
17	⊟B107		0.69%	12.27%	14.22%	3.48%	5.67%
18	⊟C101		30.22%	3.00%	4.58%	23.35%	12.94%
19	⊟C102		3.02%	3.58%	4.05%	5.31%	1.93%
20	⊟C103		14.83%	1.38%	3.42%	10.86%	2.88%
21	⊟C201	画用紙	0.96%	0.94%	1.58%	6.30%	1.41%
22	総計		100.00%	100.00%	100.00%	100.00%	100.00%

行ラベルの項目が絞り込まれます。

	A	B	C	D	E	F	G
3	合計 / 売上高（円）		販売店				
4	商品コード	商品名	五反田店	笹塚店	渋谷店	赤坂店	田町店
5	⊟C101	A4用紙	62.86%	37.68%	38.01%	59.09%	72.87%
6	⊟C102	B4用紙	6.29%	44.95%	33.63%	13.43%	10.89%
7	⊟C103	A3用紙	30.85%	17.37%	28.36%	27.48%	16.24%
8	総計		100.00%	100.00%	100.00%	100.00%	100.00%

Let's Try 絞り込みの解除

項目の絞り込みを解除して、すべての項目を表示しましょう。

①セル【B4】の をクリックします。
※項目が絞り込まれていると、 は に変わります。
②《"商品名"からフィルターをクリア》をクリックします。

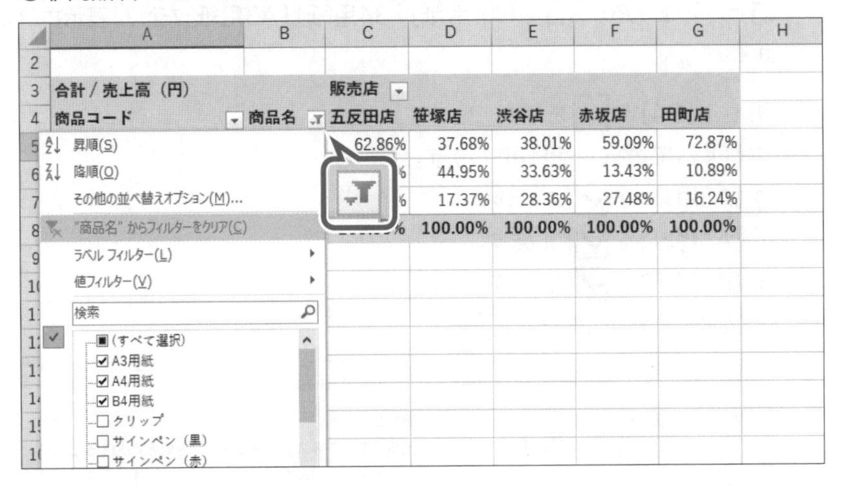

絞り込みが解除され、すべての項目が表示されます。

Let's Try ラベルフィルターを使った絞り込み

ラベルフィルターを使うと、行ラベルエリアや列ラベルエリアの項目に条件を設定して、該当する項目だけを絞り込むことができます。
行ラベルエリアの項目に、商品コードが「C」で始まる項目以外（「A」と「B」で始まる項目）が表示されるように設定しましょう。

①セル【A4】の をクリックします。
②《ラベルフィルター》をポイントし、《指定の値で始まらない》をクリックします。

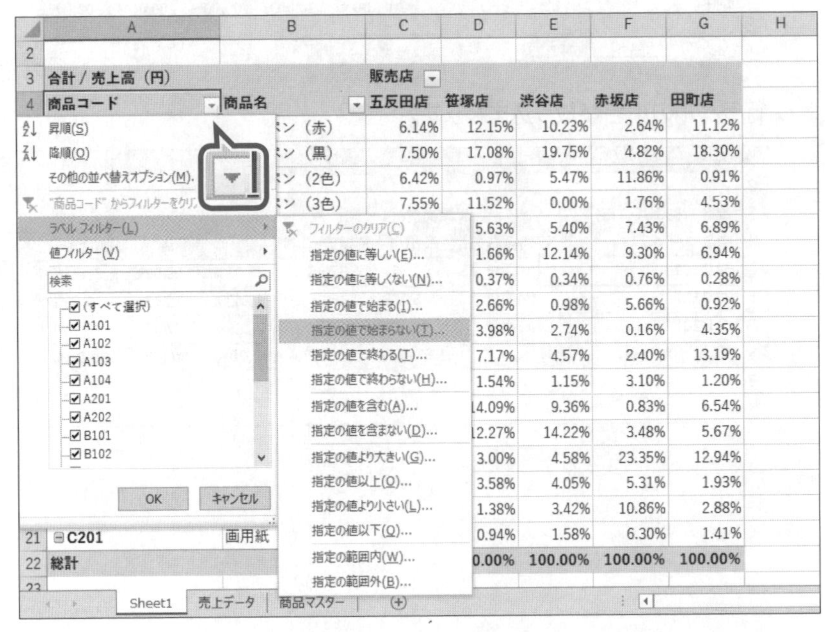

《ラベルフィルター（商品コード）》ダイアログボックスが表示されます。

③左側のボックスに「C」と入力します。

※半角の英大文字で入力します。

④右側のボックスが《で始まらない》と表示されていることを確認します。

⑤《OK》をクリックします。

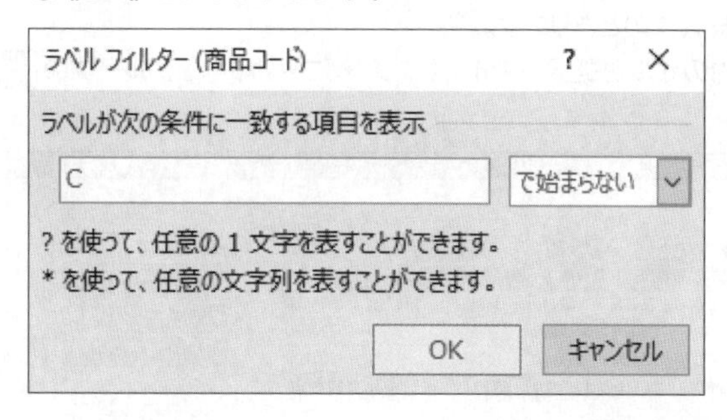

商品コードが「A」と「B」で始まる項目だけが表示されます。

	A	B	C	D	E	F	G	H
2								
3	合計 / 売上高（円）		販売店					
4	商品コード	商品名	五反田店	笹塚店	渋谷店	赤坂店	田町店	
5	⊟A101	ボールペン（赤）	12.05%	13.34%	11.85%	4.87%	13.76%	
6	⊟A102	ボールペン（黒）	14.71%	18.75%	22.87%	8.89%	22.63%	
7	⊟A103	ボールペン（2色）	12.60%	1.06%	6.34%	21.89%	1.13%	
8	⊟A104	ボールペン（3色）	14.81%	12.65%	0.00%	3.25%	5.60%	
9	⊟A201	サインペン（赤）	8.29%	6.18%	6.25%	13.71%	8.52%	
10	⊟A202	サインペン（黒）	9.10%	1.82%	14.06%	17.17%	8.59%	
11	⊟B101	消しゴム	2.53%	0.40%	0.40%	1.40%	0.34%	
12	⊟B102	修正ペン	6.68%	2.92%	1.14%	10.44%	1.14%	
13	⊟B103	画びょう	0.33%	4.36%	3.17%	0.29%	5.38%	
14	⊟B104	クリップ	1.59%	7.87%	5.29%	4.44%	16.31%	
15	⊟B105	スティックのり	9.66%	1.69%	1.33%	5.72%	1.49%	
16	⊟B106	付箋（小）	6.28%	15.47%	10.84%	1.53%	8.09%	
17	⊟B107	付箋（中）	1.36%	13.47%	16.47%	6.42%	7.01%	
18	総計		100.00%	100.00%	100.00%	100.00%	100.00%	
19								

操作のポイント

レポートフィルター

レポートフィルターエリアにフィールドを配置すると、値エリアのデータを絞り込むことができます。

レポートフィルターエリアは、《複数のアイテムを選択》を☑にすると、複数の項目を選択できるようになります。

	A	B	C	D	E	F	G	H
1	商品名	(すべて)						
2								
3								
4			笹塚店	渋谷店	赤坂店	田町店	総計	
5			115101	94122	38178	136458	491778	
6			161784	181629	69741	224532	769419	
7			9180	50320	171700	11220	355300	
8			109140	0	25500	55590	322830	
9			53339	49621	107536	84513	369226	
10			15730	111683	134706	85228	428857	
11			3485	3145	10965	3400	43690	
12			25200	9030	81900	11340	187320	
13	B103	3000	37650	25200	2250	53400	121500	
14	B104	14210	67860	42050	34800	161820	320740	
15	B105	86520	14616	10584	44856	14784	171360	
16	B106	56244	133416	86110	11990	80224	367984	
17	B107	12208	116194	130800	50358	69542	379102	
18	C101	531160	28420	42140	338100	158760	1098580	

検索
■(すべて)
☑A3用紙
☑A4用紙
☑B4用紙
□クリップ
□サインペン（黒）
□サインペン（赤）
□スティックのり
□ボールペン（2色）
☑ 複数のアイテムを選択
OK　キャンセル

操作のポイント

スライサーの挿入

「スライサー」を使うと、ピボットテーブルの集計対象がアイテムとして表示され、アイテムをクリックするだけで集計対象を絞り込んで結果を表示できます。ピボットテーブルに追加していないフィールドも使用できます。

スライサーの表示方法は、次のとおりです。

◆ピボットテーブル内のセルを選択→《分析》タブ→《フィルター》グループの スライサーの挿入（スライサーの挿入）

合計 / 売上高（円）	販売店					
商品コード	五反田店	笹塚店	渋谷店	赤坂店	田町店	総計
C101	531160	28420	42140	338100	158760	1098580
C102	53110	33900	37290	76840	23730	224870
C103	260690	13100	31440	157200	35370	497800
総計	844960	75420	110870	572140	217860	1821250

5 項目の表示順序の設定

行ラベルエリアや列ラベルエリアの項目は、昇順または降順に並べ替えたり、移動したりすることができます。

Let's Try 項目の並べ替え

行ラベルエリアの項目を商品コードの降順に並べ替えましょう。

①セル【A4】の をクリックします。

※項目が絞り込まれていると、 は に変わります。

②《降順》をクリックします。

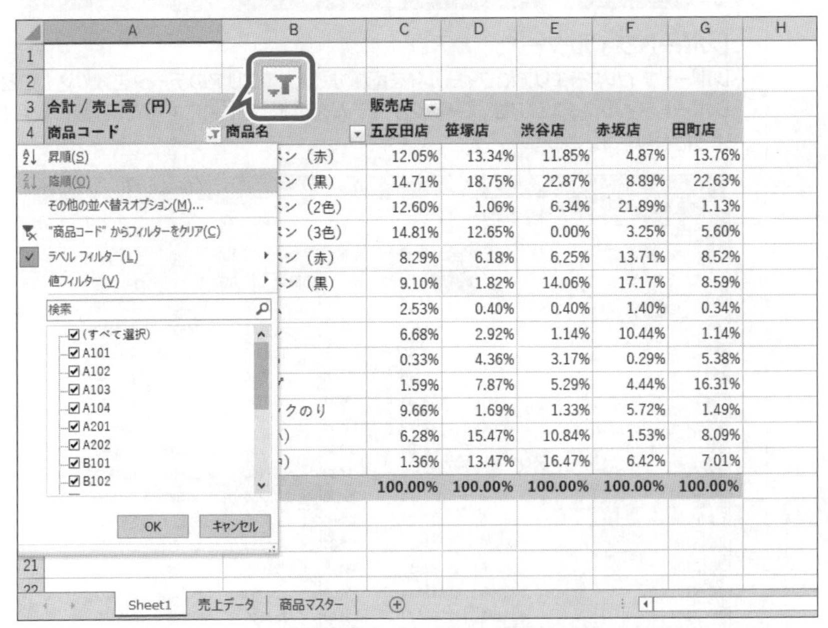

行ラベルの項目の表示順序が変更されます。

	A	B	C	D	E	F	G	H
1								
2								
3	合計 / 売上高（円）		販売店					
4	商品コード	商品名	五反田店	笹塚店	渋谷店	赤坂店	田町店	
5	⊟B107	付箋（中）	1.36%	13.47%	16.47%	6.42%	7.01%	
6	⊟B106	付箋（小）	6.28%	15.47%	10.84%	1.53%	8.09%	
7	⊟B105	スティックのり	9.66%	1.69%	1.33%	5.72%	1.49%	
8	⊟B104	クリップ	1.59%	7.87%	5.29%	4.44%	16.31%	
9	⊟B103	画びょう	0.33%	4.36%	3.17%	0.29%	5.38%	
10	⊟B102	修正ペン	6.68%	2.92%	1.14%	10.44%	1.14%	
11	⊟B101	消しゴム	2.53%	0.40%	0.40%	1.40%	0.34%	
12	⊟A202	サインペン（黒）	9.10%	1.82%	14.06%	17.17%	8.59%	
13	⊟A201	サインペン（赤）	8.29%	6.18%	6.25%	13.71%	8.52%	
14	⊟A104	ボールペン（3色）	14.81%	12.65%	0.00%	3.25%	5.60%	
15	⊟A103	ボールペン（2色）	12.60%	1.06%	6.34%	21.89%	1.13%	
16	⊟A102	ボールペン（黒）	14.71%	18.75%	22.87%	8.89%	22.63%	
17	⊟A101	ボールペン（赤）	12.05%	13.34%	11.85%	4.87%	13.76%	
18	総計		100.00%	100.00%	100.00%	100.00%	100.00%	
19								

※商品コードの昇順に戻しておきましょう。

Let's Try 項目の移動

行ラベルエリアの商品コード「A201」（サインペン（赤））と「A202」（サインペン（黒））が「A101」（ボールペン（赤））の上になるように、項目を移動しましょう。

商品コード「A201」を先頭に移動します。

①セル【A9】を右クリックします。

②《移動》をポイントし、《"A201"を先頭へ移動》をクリックします。

	A	B	C	D	E	F	G	H
1								
2								
3	合計 / 売上高（円）		販売店					
4	商品コード	商品名	五反田店	笹塚店	渋谷店	赤坂店	田町店	
5	⊟A101	ボールペン（赤）	12.05%	13.34%	11.85%	4.87%	13.76%	
6	⊟A102		14.71%	18.75%	22.87%	8.89%	22.63%	
7	⊟A103		12.60%	1.06%	6.34%	21.89%	1.13%	
8	⊟A104		14.81%	12.65%	0.00%	3.25%	5.60%	
9	⊟A201	赤）	8.29%	6.18%	6.25%	13.71%	8.52%	
10	⊟A202	黒）	9.10%	1.82%	14.06%	17.17%	8.59%	
11	⊟B101		2.53%	0.40%	0.40%	1.40%	0.34%	
12	⊟B102		6.68%	2.92%	1.14%	10.44%	1.14%	
13	⊟B103		0.33%	4.36%	3.17%	0.29%	5.38%	
14	⊟B104		1.59%	7.87%	5.29%	4.44%	16.31%	
15	⊟B105				1.33%	5.72%	1.49%	
16	⊟B106				10.84%	1.53%	8.09%	
17	⊟B107				16.47%	6.42%	7.01%	
18	総計				100.00%	100.00%	100.00%	
19								
20								
21								

游ゴシック 11 B I

コピー(C)
セルの書式設定(F)...
更新(R)
並べ替え(S)
フィルター(T)
"商品コード" の小計(B)
展開/折りたたみ(E)
グループ化(G)...
グループ解除(U)...
移動(M)
"商品コード" の削除(V)
フィールドの設定(N)...
ピボットテーブル オプション(O)...
フィールド リストを表示する(D)

"A201" を先頭へ移動(B)
"A201" を上へ移動(U)
"A201" を下へ移動(D)
"A201" を末尾へ移動(E)
"商品コード" を先頭へ移動(G)
"商品コード" を左へ移動(L)
"商品コード" を右へ移動(R)
"商品コード" を末尾へ移動(N)
"商品コード" を列に移動(C)

準備完了

「A201」が先頭に移動します。

「A202」を「A201」の下に移動します。

③セル【A10】を選択します。

※行ラベルエリアの「A202」のセルを選択します。

④アクティブセルの枠線をポイントします。

マウスポインターの形が✥に変わります。

	A	B	C	D	E	F	G	H
1								
2								
3	合計 / 売上高（円）		販売店					
4	商品コード	商品名	五反田店	笹塚店	渋谷店	赤坂店	田町店	
5	⊟A201	サインペン（赤）	8.29%	6.18%	6.25%	13.71%	8.52%	
6	⊟A101	ボールペン（赤）	12.05%	13.34%	11.85%	4.87%	13.76%	
7	⊟A102	ボールペン（黒）	14.71%	18.75%	22.87%	8.89%	22.63%	
8	⊟A103	ボールペン（2色）	12.60%	1.06%	6.34%	21.89%	1.13%	
9	⊟A104	ボールペン（3色）	14.81%	12.65%	0.00%	3.25%	5.60%	
10	⊟A202	サインペン（黒）	9.10%	1.82%	14.06%	17.17%	8.59%	
11	⊟B101	消しゴム	2.53%	0.40%	0.40%	1.40%	0.34%	
12	⊟B102	修正ペン	6.68%	2.92%	1.14%	10.44%	1.14%	
13	⊟B103	画びょう	0.33%	4.36%	3.17%	0.29%	5.38%	
14	⊟B104	クリップ	1.59%	7.87%	5.29%	4.44%	16.31%	
15	⊟B105	スティックのり	9.66%	1.69%	1.33%	5.72%	1.49%	
16	⊟B106	付箋（小）	6.28%	15.47%	10.84%	1.53%	8.09%	
17	⊟B107	付箋（中）	1.36%	13.47%	16.47%	6.42%	7.01%	
18	総計		100.00%	100.00%	100.00%	100.00%	100.00%	
19								

⑤セル【A5】の下までドラッグします。

※ドラッグ中、緑の線が表示され、移動先が確認できます。

A5:G5

	A	B	C	D	E	F	G	H
1								
2								
3	合計 / 売上高（円）		販売店					
4	商品コード	商品名	五反田店	笹塚店	渋谷店	赤坂店	田町店	
5	⊟A201	サインペン（赤）	8.29%	6.18%	6.25%	13.71%	8.52%	
6	⊟A101	ボールペン（赤）	12.05%	13.34%	11.85%	4.87%	13.76%	
7	⊟A102	ボールペン（黒）	14.71%	18.75%	22.87%	8.89%	22.63%	
8	⊟A103	ボールペン（2色）	12.60%	1.06%	6.34%	21.89%	1.13%	
9	⊟A104	ボールペン（3色）	14.81%	12.65%	0.00%	3.25%	5.60%	
10	⊟A202	サインペン（黒）	9.10%	1.82%	14.06%	17.17%	8.59%	
11	⊟B101	消しゴム	2.53%	0.40%	0.40%	1.40%	0.34%	
12	⊟B102	修正ペン	6.68%	2.92%	1.14%	10.44%	1.14%	
13	⊟B103	画びょう	0.33%	4.36%	3.17%	0.29%	5.38%	
14	⊟B104	クリップ	1.59%	7.87%	5.29%	4.44%	16.31%	
15	⊟B105	スティックのり	9.66%	1.69%	1.33%	5.72%	1.49%	
16	⊟B106	付箋（小）	6.28%	15.47%	10.84%	1.53%	8.09%	
17	⊟B107	付箋（中）	1.36%	13.47%	16.47%	6.42%	7.01%	
18	総計		100.00%	100.00%	100.00%	100.00%	100.00%	
19								

「A202」が「A201」の下に移動します。

	A	B	C	D	E	F	G	H
1								
2								
3	合計 / 売上高（円）		販売店					
4	商品コード	商品名	五反田店	笹塚店	渋谷店	赤坂店	田町店	
5	⊟A201	サインペン（赤）	8.29%	6.18%	6.25%	13.71%	8.52%	
6	⊟A202	サインペン（黒）	9.10%	1.82%	14.06%	17.17%	8.59%	
7	⊟A101	ボールペン（赤）	12.05%	13.34%	11.85%	4.87%	13.76%	
8	⊟A102	ボールペン（黒）	14.71%	18.75%	22.87%	8.89%	22.63%	
9	⊟A103	ボールペン（2色）	12.60%	1.06%	6.34%	21.89%	1.13%	
10	⊟A104	ボールペン（3色）	14.81%	12.65%	0.00%	3.25%	5.60%	
11	⊟B101	消しゴム	2.53%	0.40%	0.40%	1.40%	0.34%	
12	⊟B102	修正ペン	6.68%	2.92%	1.14%	10.44%	1.14%	
13	⊟B103	画びょう	0.33%	4.36%	3.17%	0.29%	5.38%	
14	⊟B104	クリップ	1.59%	7.87%	5.29%	4.44%	16.31%	
15	⊟B105	スティックのり	9.66%	1.69%	1.33%	5.72%	1.49%	
16	⊟B106	付箋（小）	6.28%	15.47%	10.84%	1.53%	8.09%	
17	⊟B107	付箋（中）	1.36%	13.47%	16.47%	6.42%	7.01%	
18	総計		100.00%	100.00%	100.00%	100.00%	100.00%	
19								

6 集計結果のコピー・貼り付け

ピボットテーブルで集計した結果を、別のファイルに用意してある集計表にコピーします。

Let's Try 値のコピー・貼り付け

ピボットテーブルの値をコピーして、ファイル「**集計結果**」のシート「**商品別売上比率**」の表に貼り付けましょう。

①ファイル「**集計結果**」のシート「**商品別売上比率**」の表と、ファイル「**売上_4月**」のシート「**Sheet1**」のピボットテーブルの店舗名、商品名の表示順序が同じであることを確認します。

コピー元のセル範囲を選択します。

②ファイル「**売上_4月**」を表示します。

③シート「**Sheet1**」のセル範囲【**C5:G17**】を選択します。

④《**ホーム**》タブを選択します。

⑤《**クリップボード**》グループの（コピー）をクリックします。

コピー先のセルを選択します。

⑥ファイル「**集計結果**」を表示します。

⑦シート「**商品別売上比率**」のセル【**B4**】を選択します。

⑧《**クリップボード**》グループの（貼り付け）の貼り付け をクリックします。

⑨《**値の貼り付け**》の（値）をクリックします。

値がコピーされます。

※総計欄にはあらかじめ数式が設定されています。

※任意のセルをクリックし、選択を解除しておきましょう。

	A	B	C	D	E	F	G
1	商品別売上比率（筆記具・文具）						
2							
3	商品名	五反田店	笹塚店	渋谷店	赤坂店	田町店	
4	サインペン（赤）	0.082869763	0.06182834	0.06247183	0.137079339	0.085190177	
5	サインペン（黒）	0.091013035	0.018233559	0.140606627	0.171713747	0.085910906	
6	ボールペン（赤）	0.12050099	0.13342027	0.118497685	0.048666633	0.137551396	
7	ボールペン（黒）	0.147091402	0.187533253	0.228667219	0.088900928	0.226331106	
8	ボールペン（2色）	0.12604038	0.010641072	0.063351857	0.218871099	0.011309902	
9	ボールペン（3色）	0.148059483	0.126510528	0	0.032505609	0.056035426	
10	消しゴム	0.02534095	0.004039666	0.003959491	0.013977412	0.003427243	
11	修正ペン	0.066827753	0.029210787	0.011368586	0.104400367	0.011430864	
12	画びょう	0.003349762	0.043642307	0.031726288	0.002868142	0.053827878	
13	クリップ	0.015866706	0.078660477	0.052940095	0.044360596	0.163116614	
14	スティックのり	0.096607138	0.016942257	0.013325041	0.057179278	0.01490246	
15	付箋（小）	0.062801339	0.154650253	0.10841074	0.01528401	0.08086681	
16	付箋（中）	0.013631298	0.13468723	0.164674541	0.064192841	0.070099219	
17	総計	1	1	1	1	1	(Ctrl)
18							

販売単価別数量分析　商品別売上比率

パーセントスタイルの設定

ファイル「**集計結果**」のシート「**商品別売上比率**」の表の数値をパーセントスタイルに設定し、小数点第1位まで表示しましょう。

①ファイル「**集計結果**」が表示されていることを確認します。
②シート「**商品別売上比率**」のセル範囲【B4:F17】を選択します。
③《**ホーム**》タブを選択します。
④《**数値**》グループの （表示形式）をクリックします。
《**セルの書式設定**》ダイアログボックスが表示されます。
⑤《**表示形式**》タブを選択します。
⑥《**分類**》の一覧から《**パーセンテージ**》を選択します。
⑦《**小数点以下の桁数**》を「**1**」に設定します。
⑧《**OK**》をクリックします。

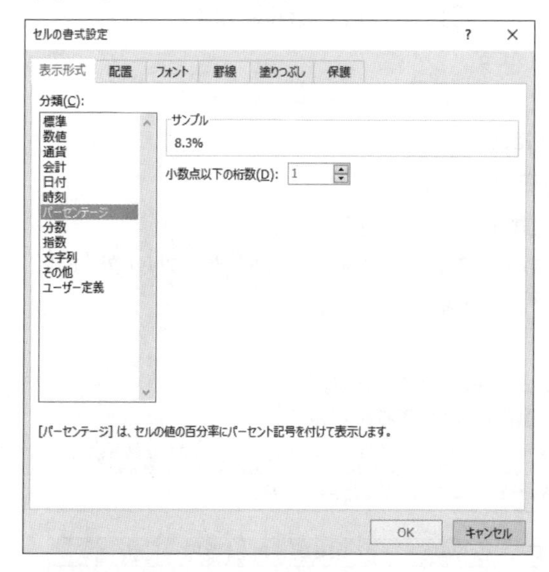

%で表示され、小数点第1位までの表示になります。

	A	B	C	D	E	F	G
1	商品別売上比率（筆記具・文具）						
2							
3	商品名	五反田店	笹塚店	渋谷店	赤坂店	田町店	
4	サインペン（赤）	8.3%	6.2%	6.2%	13.7%	8.5%	
5	サインペン（黒）	9.1%	1.8%	14.1%	17.2%	8.6%	
6	ボールペン（赤）	12.1%	13.3%	11.8%	4.9%	13.8%	
7	ボールペン（黒）	14.7%	18.8%	22.9%	8.9%	22.6%	
8	ボールペン（2色）	12.6%	1.1%	6.3%	21.9%	1.1%	
9	ボールペン（3色）	14.8%	12.7%	0.0%	3.3%	5.6%	
10	消しゴム	2.5%	0.4%	0.4%	1.4%	0.3%	
11	修正ペン	6.7%	2.9%	1.1%	10.4%	1.1%	
12	画びょう	0.3%	4.4%	3.2%	0.3%	5.4%	
13	クリップ	1.6%	7.9%	5.3%	4.4%	16.3%	
14	スティックのり	9.7%	1.7%	1.3%	5.7%	1.5%	
15	付箋（小）	6.3%	15.5%	10.8%	1.5%	8.1%	
16	付箋（中）	1.4%	13.5%	16.5%	6.4%	7.0%	
17	総計	100.0%	100.0%	100.0%	100.0%	100.0%	
18							

※ファイルに「集計結果（完成）」「売上_4月（完成）」と名前を付けて、フォルダー「第6章」に保存し、閉じておきましょう。

確認問題

解答 ▶ 別冊P.9

実技科目

あなたは、24時間営業のファミリーレストランに勤務しています。店長から、人員配置を見直すために、1週間分（11月1日～7日）の注文状況を分析した資料を作成するように命じられました。

フォルダー「第6章」のファイル「売上データ_1101-1107」「時間帯別注文状況」を開いておきましょう。

問題1

カテゴリ別の注文数量を受付時間ごとに集計します。ファイル「売上データ_1101-1107」をもとに、以下の指示に従って集計しましょう。

（指示）
- 集計結果は、ファイル「時間帯別注文状況」のシート「時間帯別注文状況」を利用すること。
- 受付時間は、1時間単位でまとめて集計すること。
- 該当する値がない場合は「0」を表示すること。
- 数値には、桁区切り（,）を設定すること。
- 作成後、ファイルを上書き保存すること。

問題2

カテゴリ別の売上構成比を受付時間ごとに集計します。ファイル「売上データ_1101-1107」をもとに、以下の指示に従って集計しましょう。

（指示）
- 集計結果は、ファイル「時間帯別注文状況」のシート「時間帯別注文状況」を利用すること。
- 受付時間は、1時間単位でまとめて集計すること。
- 売上構成比は、全体の売上金額に対する受付時間ごとの比率を集計すること。
- 比率を示す数値は、小数点第1位まで表示し、「%」記号を付けること。
- 作成後、ファイルを上書き保存すること。

ファイル「売上データ_1101-1107」の内容

●シート「売上データ」

	A	B	C	D	E	F	G	H	I
1	伝票番号	日付	受付時間	メニュー番号	カテゴリ	メニュー名	単価	数量	売上金額
2	110001	11/1	0:10	201	ピザ	マルゲリータ	900	1	900
3	110001	11/1	0:10	901	ドリンク	ドリンクバー	350	3	1,050
4	110001	11/1	0:10	905	ドリンク	グラスワイン（白）	300	1	300
5	110002	11/1	0:30	901	ドリンク	ドリンクバー	350	2	700
6	110002	11/1	0:30	101	パスタ	トマトミートソース	1,000	1	1,000
7	110002	11/1	0:30	102	パスタ	ナスとベーコンのトマトソース	900	1	900
8	110002	11/1	0:30	607	デザート	いちごシャーベット	300	1	300
9	110002	11/1	0:30	608	デザート	キウイシャーベット	300	1	300
10	110003	11/1	0:40	202	ピザ	フレッシュバジルのマルゲリータ	1,000	1	1,000
11	110003	11/1	0:40	203	ピザ	シーフード	900	1	900
12	110003	11/1	0:40	903	ドリンク	ビール（グラス）	400	3	1,200
13	110003	11/1	0:40	504	サラダ	シーザーサラダ	500	1	500
4170	111873	11/7	23:45	904	ドリンク	ビール（中ジョッキ）	600	2	1,200
4171	111874	11/7	23:50	901	ドリンク	ドリンクバー	350	2	700
4172	111875	11/7	23:50	901	ドリンク	ドリンクバー	350	3	1,050
4173	111876	11/7	23:55	203	ピザ	シーフード	900	1	900
4174	111877	11/7	23:55	203	ピザ	シーフード	900	1	900
4175	111877	11/7	23:55	904	ドリンク	ビール（中ジョッキ）	600	2	1,200
4176									

売上データ　メニュー

ファイル「時間帯別注文状況」の内容

●シート「時間帯別注文状況」

	A	B	C	D	E	F	G	H	I	J
1	時間帯別注文状況									
2	(11月1日～11月7日)									
3										
4	時間	数量								売上構成比
5		パスタ	ピザ	ドリア	ハンバーグ	サラダ	デザート	ドリンク	計	
6	0:00～								0	
7	1:00～								0	
8	2:00～								0	
9	3:00～								0	
10	4:00～								0	
11	5:00～								0	
12	6:00～								0	
13	7:00～								0	
14	8:00～								0	
15	9:00～								0	
16	10:00～								0	
17	11:00～								0	
18	12:00～								0	
19	13:00～								0	
20	14:00～								0	
21	15:00～								0	
22	16:00～								0	
23	17:00～								0	
24	18:00～								0	
25	19:00～								0	
26	20:00～								0	
27	21:00～								0	
28	22:00～								0	
29	23:00～								0	
30	合計	0	0	0	0	0	0	0	0	0
31										

時間帯別注文状況

Chapter 7

第7章
グラフの活用

STEP 1 作成するブックの確認

この章で作成するブックを確認します。

1 作成するブックの確認

次のようなExcelの機能を使って、グラフを作成します。

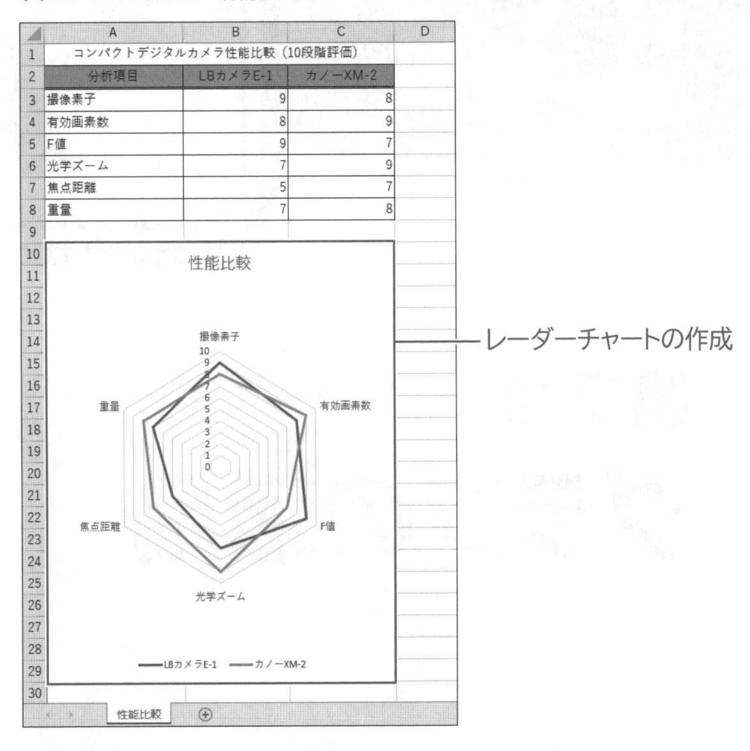

	A	B	C
1	コンパクトデジタルカメラ性能比較（10段階評価）		
2	分析項目	LBカメラE-1	カノーXM-2
3	撮像素子	9	8
4	有効画素数	8	9
5	F値	9	7
6	光学ズーム	7	9
7	焦点距離	5	7
8	重量	7	8

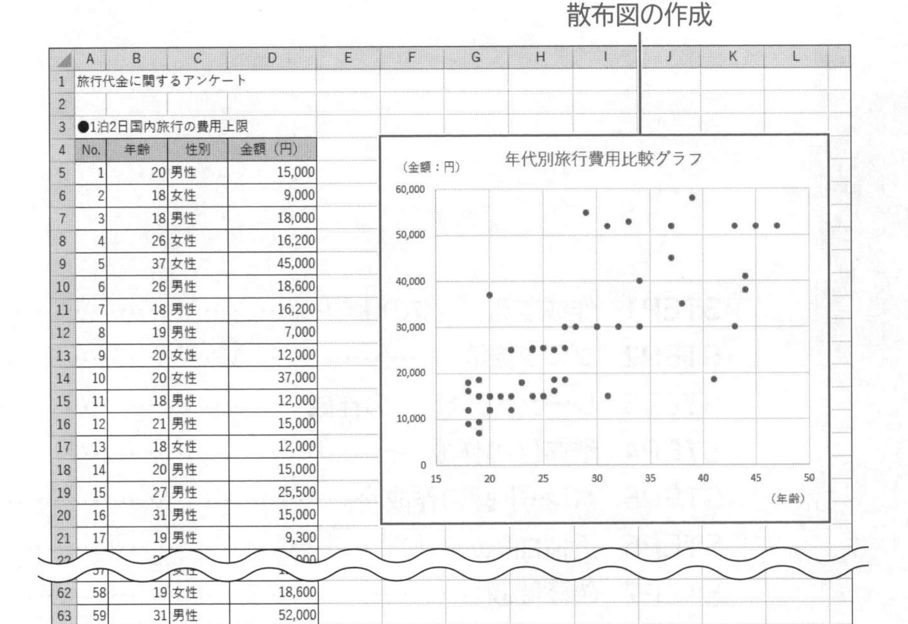

旅行代金に関するアンケート

●1泊2日国内旅行の費用上限

No.	年齢	性別	金額（円）
1	20	男性	15,000
2	18	女性	9,000
3	18	男性	18,000
4	26	女性	16,200
5	37	女性	45,000
6	26	男性	18,600
7	18	男性	16,200
8	19	男性	7,000
9	20	女性	12,000
10	20	女性	37,000
11	18	男性	12,000
12	21	男性	15,000
13	18	女性	12,000
14	20	男性	15,000
15	27	男性	25,500
16	31	男性	15,000
17	19	男性	9,300
58	19	女性	18,600
59	31	男性	52,000

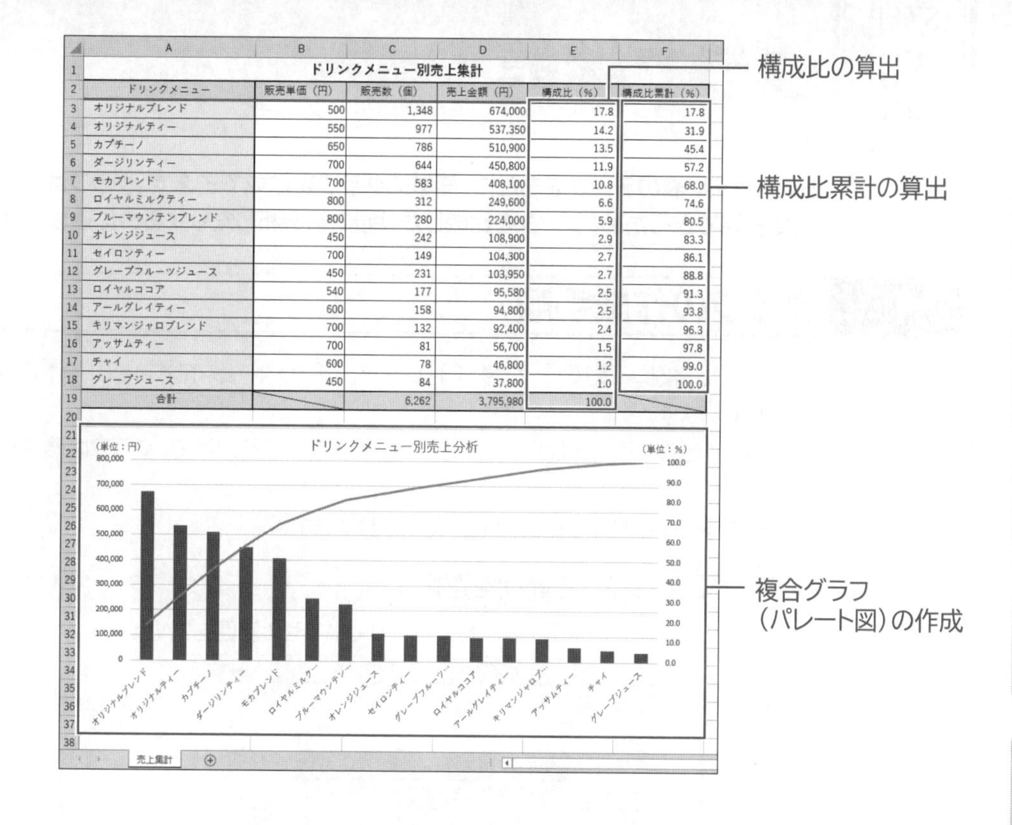

	A	B	C	D	E	F
1	ドリンクメニュー別売上集計					
2	ドリンクメニュー	販売単価（円）	販売数（個）	売上金額（円）	構成比（%）	構成比累計（%）
3	オリジナルブレンド	500	1,348	674,000	17.8	17.8
4	オリジナルティー	550	977	537,350	14.2	31.9
5	カプチーノ	650	786	510,900	13.5	45.4
6	ダージリンティー	700	644	450,800	11.9	57.2
7	モカブレンド	700	583	408,100	10.8	68.0
8	ロイヤルミルクティー	800	312	249,600	6.6	74.6
9	ブルーマウンテンブレンド	800	280	224,000	5.9	80.5
10	オレンジジュース	450	242	108,900	2.9	83.3
11	セイロンティー	700	149	104,300	2.7	86.1
12	グレープフルーツジュース	450	231	103,950	2.7	88.8
13	ロイヤルココア	540	177	95,580	2.5	91.3
14	アールグレイティー	600	158	94,800	2.5	93.8
15	キリマンジャロブレンド	700	132	92,400	2.4	96.3
16	アッサムティー	700	81	56,700	1.5	97.8
17	チャイ	600	78	46,800	1.2	99.0
18	グレープジュース	450	84	37,800	1.0	100.0
19	合計		6,262	3,795,980	100.0	

構成比の算出

構成比累計の算出

複合グラフ（パレート図）の作成

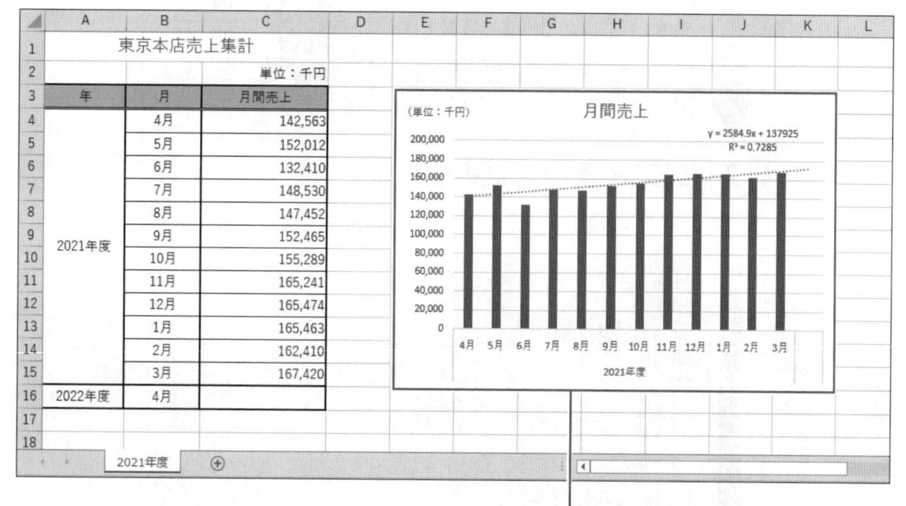

	A	B	C
1	東京本店売上集計		
2			単位：千円
3	年	月	月間売上
4	2021年度	4月	142,563
5		5月	152,012
6		6月	132,410
7		7月	148,530
8		8月	147,452
9		9月	152,465
10		10月	155,289
11		11月	165,241
12		12月	165,474
13		1月	165,463
14		2月	162,410
15		3月	167,420
16	2022年度	4月	

近似曲線の追加

STEP 2

グラフ機能

Excelでは、表のデータをもとに、簡単にグラフを作成できます。グラフはデータを視覚的に表現できるため、データを比較したり傾向を分析したりするのに適しています。

1 グラフの作成手順

Excelには、縦棒・横棒・折れ線・円・レーダーチャート・散布図などの基本のグラフが用意されています。
グラフのもとになるセル範囲とグラフの種類を選択するだけで、グラフは簡単に作成できます。
グラフを作成する基本的な手順は、次のとおりです。

1 もとになるセル範囲を選択する

グラフのもとになるデータが入力されているセル範囲を選択します。

	A	B	C	D	E	F
1		支店別売上集計				
2						単位：千円
3		支店名	4月	5月	6月	合計
4		京都	87,568	85,125	79,612	252,305
5		大阪	102,365	96,547	96,487	295,399
6		岡山	75,683	62,457	88,412	226,552
7		広島	89,869	94,586	76,592	261,047
8		福岡	98,937	84,152	74,682	257,771
9		合計	454,422	422,867	415,785	1,293,074
10						

2 グラフの種類を選択する

グラフの種類・パターンを選択して、グラフを作成します。

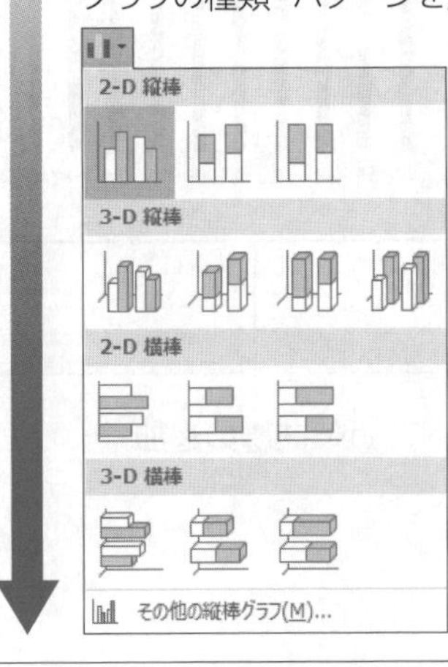

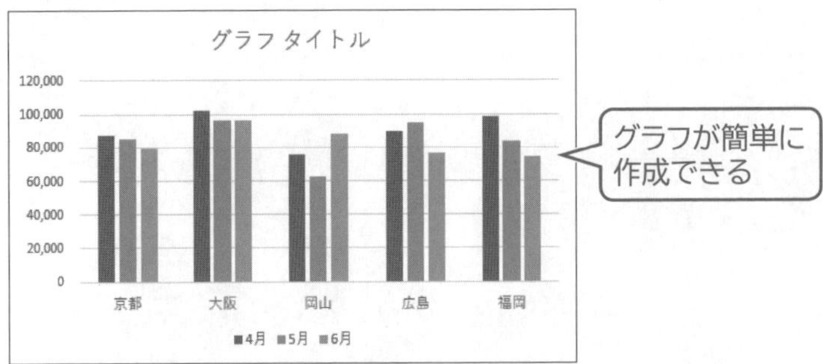

STEP 3 レーダーチャートの作成

レーダーチャートの作成方法、編集方法について説明します。

1 レーダーチャートの作成

レーダーチャートは、複数の項目間の比較やバランスを表現するときに使います。

Let's Try グラフの作成

表のデータをもとに、種類ごとに分析項目が比較できるグラフを作成しましょう。

グラフの種類	：レーダーチャート
もとになるセル範囲	：セル範囲【A2：C8】
項目ラベル	：「分析項目」を表示

フォルダー「第7章」のファイル「レーダーチャートの作成」を開いておきましょう。

①セル範囲【A2：C8】を選択します。

	A	B	C	D	E	F	G	H	I
1	コンパクトデジタルカメラ性能比較（10段階評価）								
2	分析項目	LBカメラE-1	カノーXM-2						
3	撮像素子	9	8						
4	有効画素数	8	9						
5	F値	9	7						
6	光学ズーム	7	9						
7	焦点距離	5	7						
8	重量	7	8						
9									

②《挿入》タブを選択します。

③ **2019**
《グラフ》グループの［ウォーターフォール図］（ウォーターフォール図、じょうごグラフ、株価チャート、等高線グラフ、レーダーチャートの挿入）をクリックします。

2016
《グラフ》グループの［等高線グラフ］（等高線グラフまたはレーダーチャートの挿入）をクリックします。

④《レーダー》の《レーダー》をクリックします。

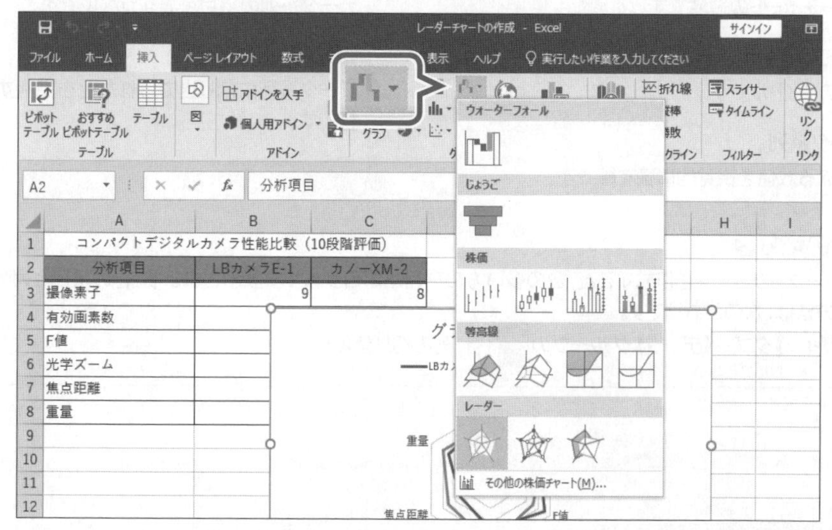

レーダーチャートが作成されます。

※項目ラベルに分析項目が表示され、種類ごとの線が表示されていることを確認しておきましょう。

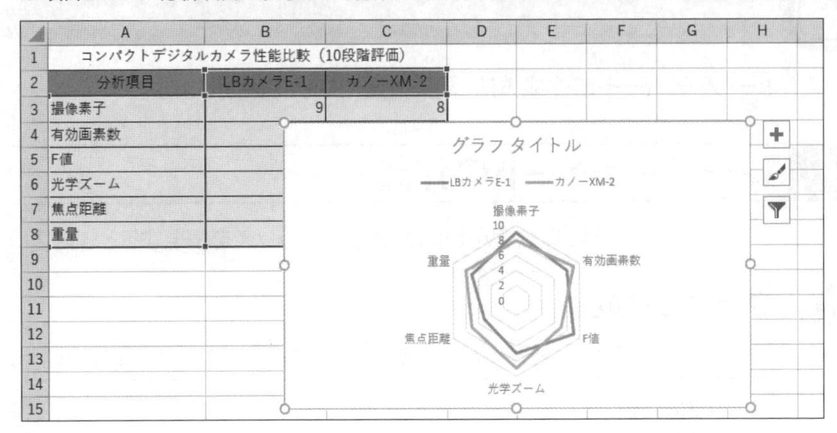

操作のポイント

レーダーチャートの構成要素

レーダーチャートを構成する要素には、次のようなものがあります。

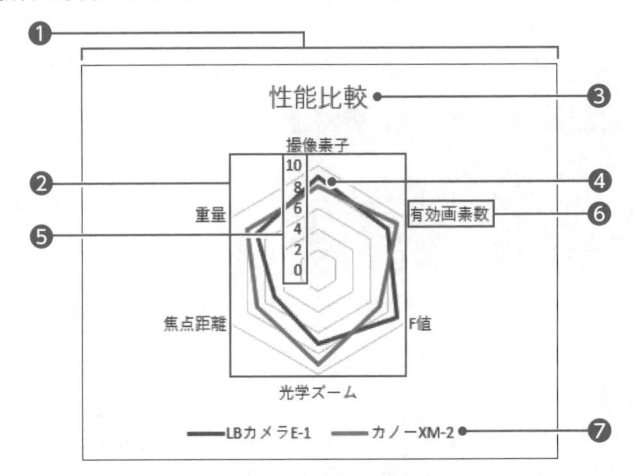

❶グラフエリア
グラフ全体の領域です。すべての要素が含まれます。

❷プロットエリア
レーダーチャートの領域です。

❸グラフタイトル
グラフのタイトルです。

❹データ系列
もとになる数値を視覚的に表す線です。

❺値軸
データ系列の数値を表す軸です。

❻項目ラベル
データ系列の項目を表すラベルです。

❼凡例
データ系列に割り当てられた色を識別するための情報です。

行/列の切り替え

通常、レーダーチャートを作成すると、数の多い方の項目が項目ラベルに表示されます。行の項目と列の項目を切り替える方法は、次のとおりです。

◆《デザイン》タブ→《データ》グループの［行/列の切り替え］（行/列の切り替え）

2 グラフの移動とサイズ変更

シート上に作成したグラフは、自由に移動したり、サイズを変更したりできます。
グラフを移動するには、グラフエリアをポイントし、マウスポインターの形が↖︎の状態でドラッグします。
グラフのサイズを変更するには、グラフの周囲の○（ハンドル）をポイントし、マウスポインターの形が⤡や⤢の状態でドラッグします。

Let's Try グラフの移動

グラフを表の下に移動しましょう。

①グラフエリアをポイントします。
※マウスポインターの形が↖︎に変わります。

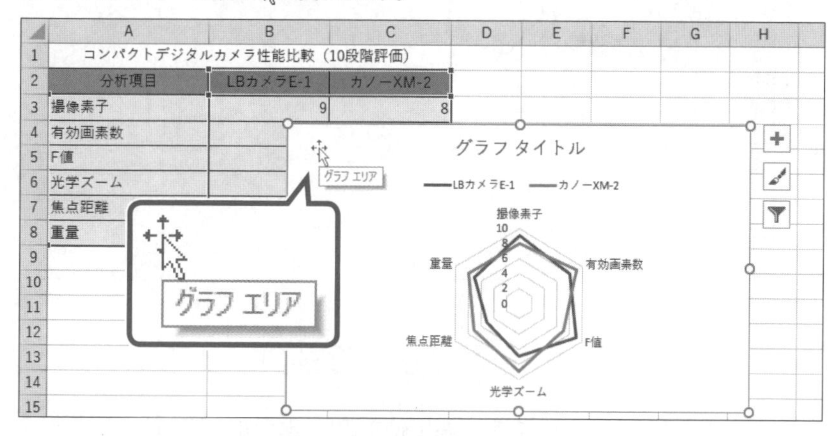

②図のようにドラッグします。（左上位置の目安：セル【A10】）
※ドラッグ中、マウスポインターの形が✥に変わります。

	A	B	C
1	コンパクトデジタルカメラ性能比較（10段階評価）		
2	分析項目	LBカメラE-1	カノーXM-2
3	撮像素子	9	8
4	有効画素数	8	9
5	F値	9	7
6	光学ズーム	7	9
7	焦点距離	5	7
8	重量	7	8

グラフ タイトル
LBカメラE-1　カノーXM-2
性能比較

グラフが移動します。

Let's Try グラフのサイズ変更

グラフのサイズを変更しましょう。

①グラフが選択されていることを確認します。

②グラフエリア右下の○（ハンドル）をポイントします。

※マウスポインターの形が⤡に変わります。

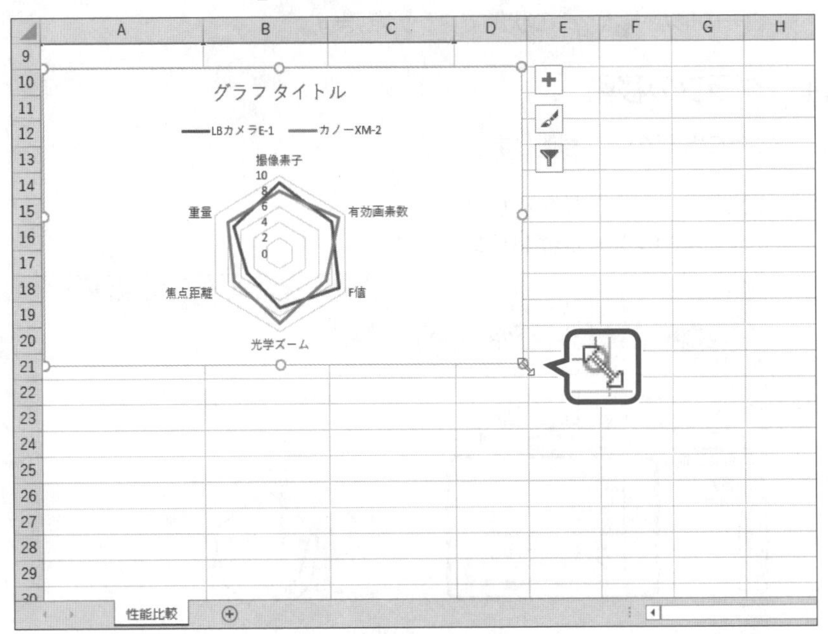

③図のようにドラッグします。（右下位置の目安：セル【C29】）

※ドラッグ中、マウスポインターの形が＋に変わります。

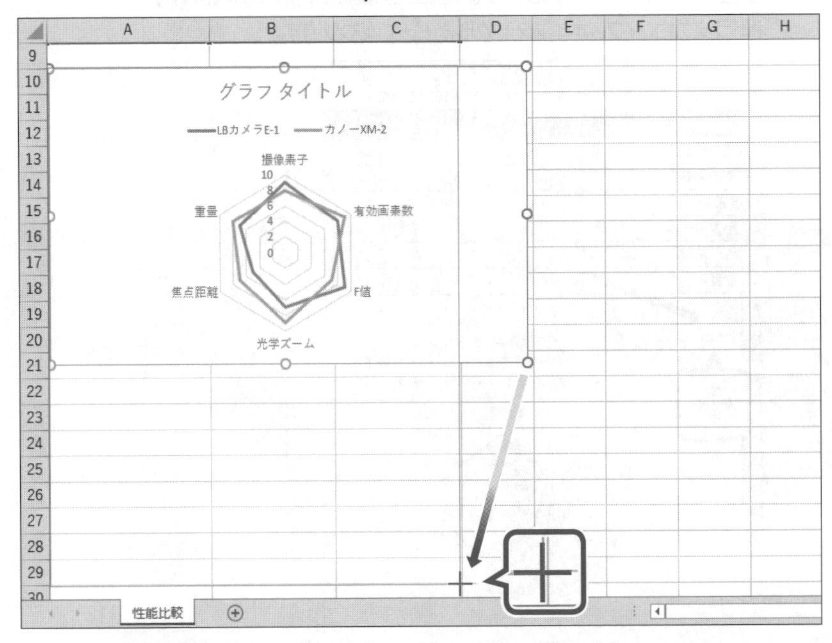

第7章 グラフの活用

グラフのサイズが変更されます。

操作のポイント

グラフの配置

Alt を押しながら、グラフの移動やサイズ変更を行うと、セルの枠線に合わせて配置されます。

グラフシートへの移動

グラフは、シート全体にグラフを表示するグラフ専用の「グラフシート」に配置することもできます。

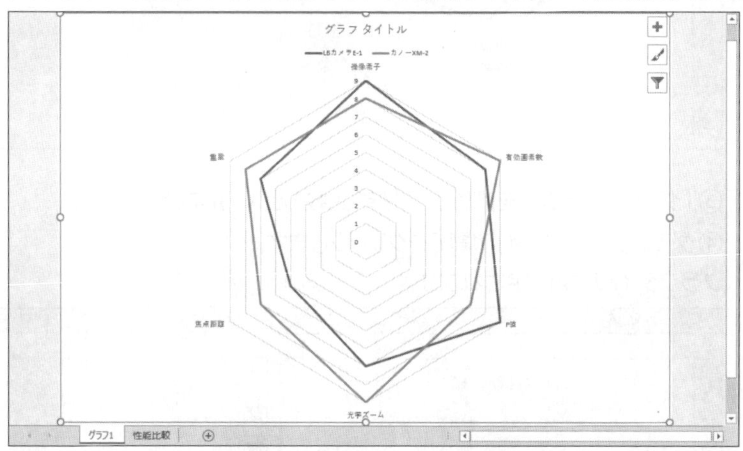

グラフをグラフシートに移動する方法は、次のとおりです。

◆グラフを選択→《デザイン》タブ→《場所》グループの (グラフの移動)→《新しいシート》を ◉ にする

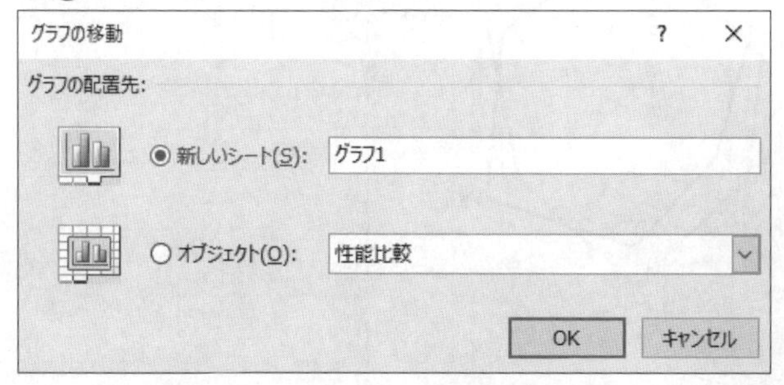

3 グラフタイトルの変更

グラフタイトルを変更するには、グラフタイトルの要素を選択して文字を編集します。
また、必要がない場合は、非表示にすることもできます。

Let's Try グラフタイトルの入力

グラフタイトルに**「性能比較」**と入力しましょう。

①グラフタイトルをクリックします。
グラフタイトルが選択されます。
②グラフタイトルを再度クリックします。
グラフタイトルが編集状態になり、カーソルが表示されます。

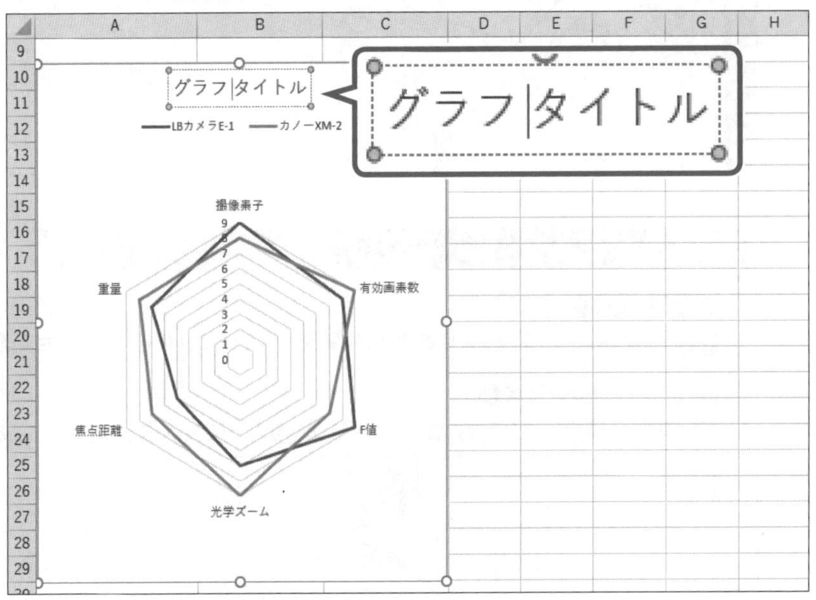

③**「グラフタイトル」**を削除し、**「性能比較」**と入力します。
④グラフタイトル以外の場所をクリックします。
グラフタイトルが確定されます。

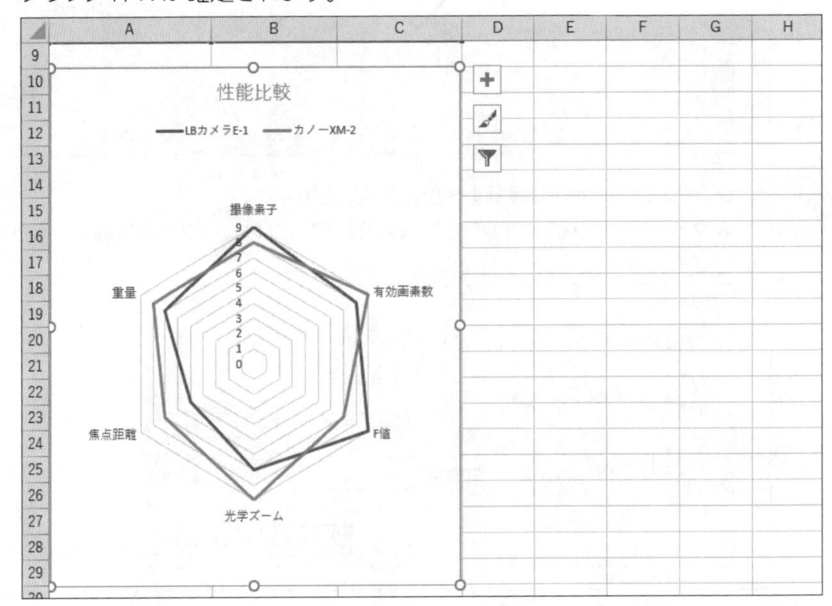

操作のポイント

グラフタイトルの非表示

グラフタイトルを非表示にする方法は、次のとおりです。

◆グラフを選択→《デザイン》タブ→《グラフのレイアウト》グループの (グラフ要素を追加)→《グラフタイトル》→《なし》

4 凡例の変更

凡例は、グラフの上、下、左、右など、自由に移動できます。また、必要がない場合は、非表示にすることもできます。

Let's Try 凡例を下に移動

凡例の位置をグラフの下に移動しましょう。

①グラフが選択されていることを確認します。
②《デザイン》タブを選択します。
③《グラフのレイアウト》グループの (グラフ要素を追加)をクリックします。
④《凡例》をポイントします。
⑤《下》をクリックします。

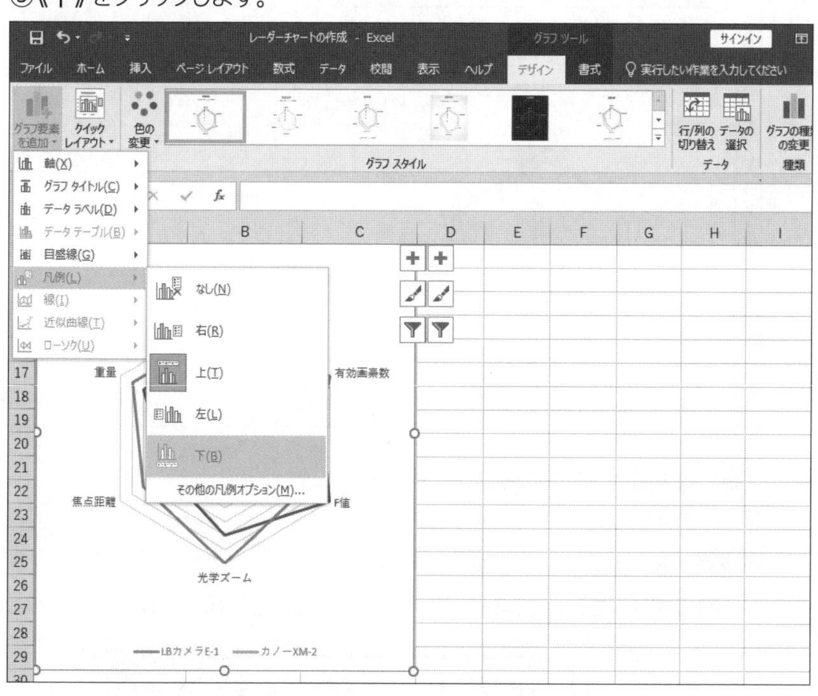

凡例の位置が変更されます。

操作のポイント

凡例の非表示

凡例を非表示にする方法は、次のとおりです。

◆グラフを選択→《デザイン》タブ→《グラフのレイアウト》グループの (グラフ要素を追加)→《凡例》→《なし》

5 値軸の設定

数値軸の最小値・最大値・目盛間隔は、データ系列の数値やグラフのサイズに応じてExcelが自動的に調整しますが、データ系列の数値やグラフのサイズに関わらず指定した値に変更できます。

Let's Try 値軸の最大値の変更

値軸の最大値を「10」に変更しましょう。

①値軸を選択します。
※ポップヒントに《レーダー(値)軸》と表示されていることを確認してクリックしましょう。
②《書式》タブを選択します。
③《現在の選択範囲》グループの 選択対象の書式設定 (選択対象の書式設定)をクリックします。

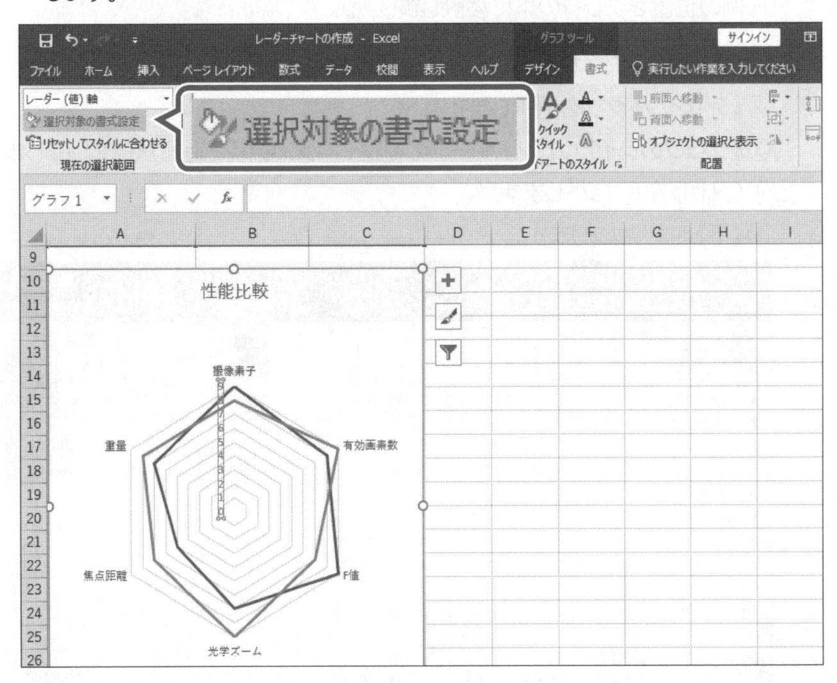

《軸の書式設定》作業ウィンドウが表示されます。
④《軸のオプション》をクリックします。
⑤ (軸のオプション)をクリックします。
⑥《軸のオプション》の詳細が表示されていることを確認します。

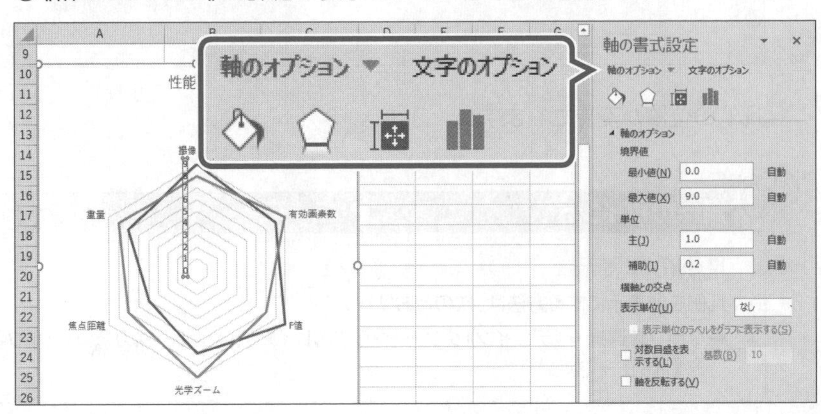

⑦《境界値》の《最大値》に「10」と入力します。

⑧《軸の書式設定》作業ウィンドウの × (閉じる)をクリックします。

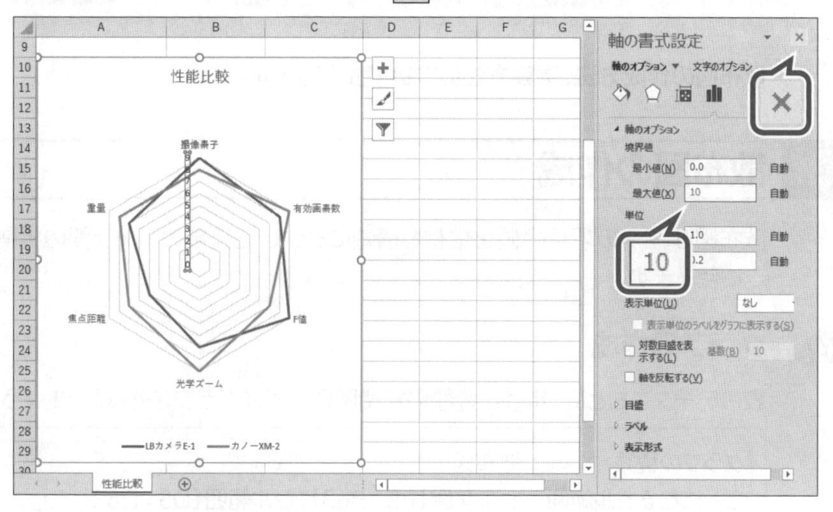

値軸の最大値が「10」に変更されます。

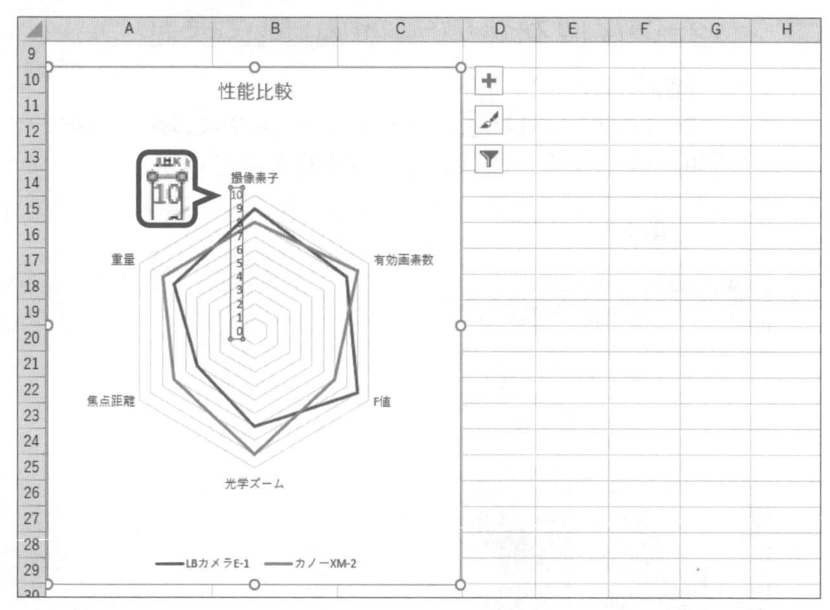

※ファイルに「レーダーチャートの作成(完成)」と名前を付けて、フォルダー「第7章」に保存し、閉じておきましょう。

操作のポイント

グラフ要素の選択

グラフを編集する場合、まず対象となる要素を選択し、次にその要素に対して処理を行います。グラフ上の要素は、クリックすると選択できます。

要素をポイントすると、ポップヒントに要素名が表示されます。複数の要素が重なっている箇所や要素の面積が小さい箇所は、選択するときにポップヒントで確認するようにしましょう。

また、グラフ要素が選択しにくい場合は、リボンを使って選択します。

リボンを使ってグラフ要素を選択する方法は、次のとおりです。

◆グラフを選択→《書式》タブ→《現在の選択範囲》グループの グラフ エリア (グラフ要素)の ▾ →一覧から選択

STEP 4

散布図の作成

散布図の作成方法、編集方法について説明します。

1 散布図の作成

散布図は、2つの項目の値を縦軸と横軸にとって、2種類のデータ間の相関関係を表すときに使います。

Let's Try グラフの作成

表のデータをもとに、年齢と金額の相関関係を表すグラフを作成しましょう。

グラフの種類	：散布図
もとになるセル範囲	：セル範囲【B5：B63】、セル範囲【D5：D63】

フォルダー「第7章」のファイル「散布図の作成」を開いておきましょう。

①セル範囲【B5：B63】を選択します。

※セル【B5】を選択し、Ctrl と Shift を押しながら ↓ を押すと、効率よく選択できます。

② Ctrl を押しながら、セル範囲【D5：D63】を選択します。

	A	B	C	D	E	F	G	H	I	J	K
1	旅行代金に関するアンケート										
2											
3	●1泊2日国内旅行の費用上限										
4	No.	年齢	性別	金額（円）							
5	1	20	男性	15,000							
6	2	18	女性	9,000							
7	3	18	男性	18,000							
8	4	26	女性	16,200							
9	5	37	女性	45,000							
10	6	26	男性	18,600							
11	7	18	男性	16,200							
12	8	19	男性	7,000							
13	9	20	女性	12,000							
14	10	20	女性	37,000							
15	11	18	男性	12,000							
16	12	21	男性	15,000							
17	13	18	女性	12,000							
	54	39	女性	[illegible]							
59	55	38	男性	35,000							
60	56	41	女性	18,600							
61	57	20	女性	12,000							
62	58	19	女性	18,600							
63	59	31	男性	52,000							
64											

年代別旅行費用比較

③《挿入》タブを選択します。

④《グラフ》グループの （散布図（X，Y）またはバブルチャートの挿入）をクリックします。

⑤《散布図》の《散布図》をクリックします。

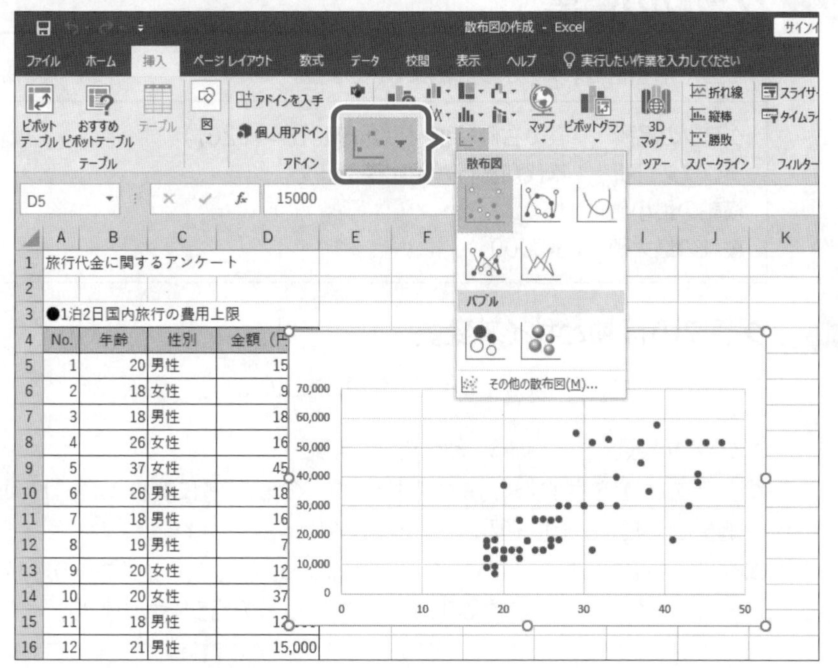

散布図が作成されます。

操作のポイント

散布図の構成要素

散布図を構成する要素には、次のようなものがあります。

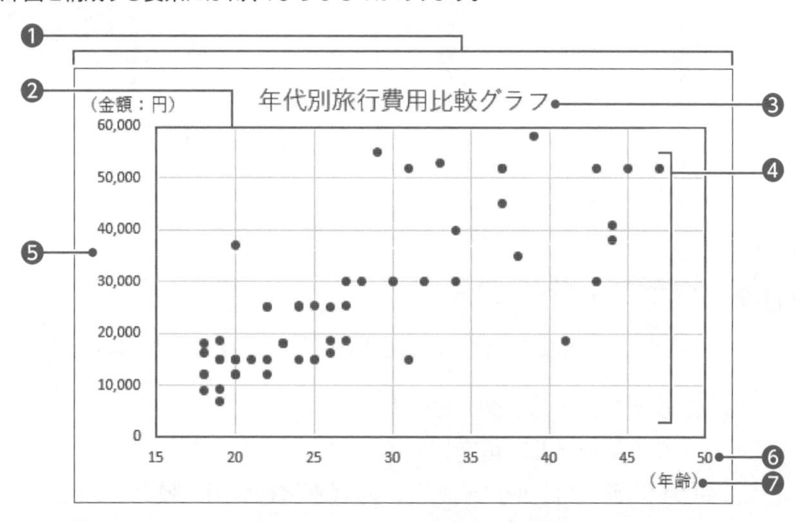

❶グラフエリア
グラフ全体の領域です。すべての要素が含まれます。

❷プロットエリア
散布図の領域です。

❸グラフタイトル
グラフのタイトルです。

❹データ系列
もとになる数値を視覚的に表す点です。

❺値軸（縦軸）
データ系列の数値を表す軸です。

❻値軸（横軸）
データ系列の数値を表す軸です。

❼軸ラベル
軸を説明する文字列です。

2 グラフの編集

作成した散布図を、次のように編集しましょう。

グラフの場所	：表の右側（目安：セル範囲【F4：L20】）
グラフタイトル	：年代別旅行費用比較グラフ
横軸の最小値	：15
縦軸の最大値	：60,000

Let's Try グラフの移動とサイズ変更

グラフを表の右に移動して、サイズを変更しましょう。

①グラフが選択されていることを確認します。
②グラフエリアをポイントし、マウスポインターの形が に変わったら、ドラッグして位置を調整します。（左上位置の目安：セル【F4】）
③グラフエリア右下の○（ハンドル）をポイントし、マウスポインターの形が に変わったら、ドラッグしてサイズを調整します。（右下位置の目安：セル【L20】）

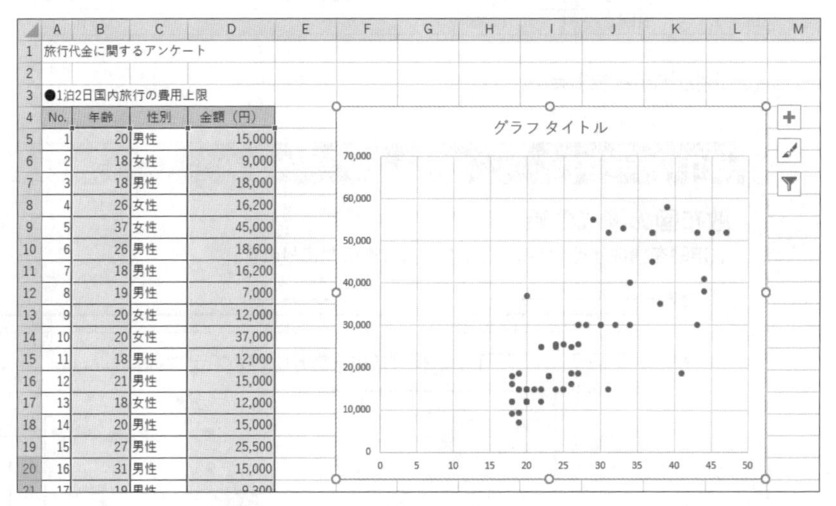
旅行代金に関するアンケート

●1泊2日国内旅行の費用上限

No.	年齢	性別	金額（円）
1	20	男性	15,000
2	18	女性	9,000
3	18	男性	18,000
4	26	女性	16,200
5	37	女性	45,000
6	26	男性	18,600
7	18	男性	16,200
8	19	男性	7,000
9	20	女性	12,000
10	20	女性	37,000
11	18	男性	12,000
12	21	男性	15,000
13	18	女性	12,000
14	20	男性	15,000
15	27	男性	25,500
16	31	男性	15,000

Let's Try グラフタイトルの入力

グラフタイトルに**「年代別旅行費用比較グラフ」**と入力しましょう。

①グラフタイトルをクリックします。
②グラフタイトルを再度クリックします。
③**「グラフタイトル」**を削除し、**「年代別旅行費用比較グラフ」**と入力します。
④グラフタイトル以外の場所をクリックします。
グラフタイトルが確定されます。

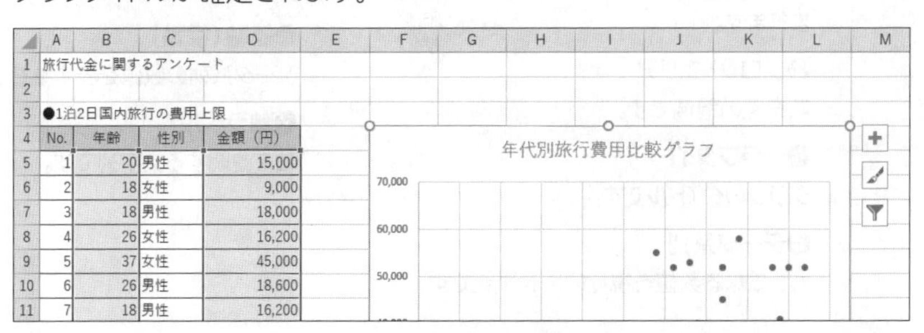
旅行代金に関するアンケート

●1泊2日国内旅行の費用上限

No.	年齢	性別	金額（円）
1	20	男性	15,000
2	18	女性	9,000
3	18	男性	18,000
4	26	女性	16,200
5	37	女性	45,000
6	26	男性	18,600
7	18	男性	16,200

Let's Try 横軸の最小値・縦軸の最大値の変更

横軸の最小値を「15」、縦軸の最大値を「60,000」に変更しましょう。

①横軸を選択します。

※ポップヒントに《横（値）軸》と表示されていることを確認してクリックしましょう。

②《**書式**》タブを選択します。

③《**現在の選択範囲**》グループの 選択対象の書式設定 （選択対象の書式設定）をクリックします。

《**軸の書式設定**》作業ウィンドウが表示されます。

④《**軸のオプション**》をクリックします。

⑤ （軸のオプション）をクリックします。

⑥《**軸のオプション**》の詳細が表示されていることを確認します。

⑦《**境界値**》の《**最小値**》に「15」と入力します。

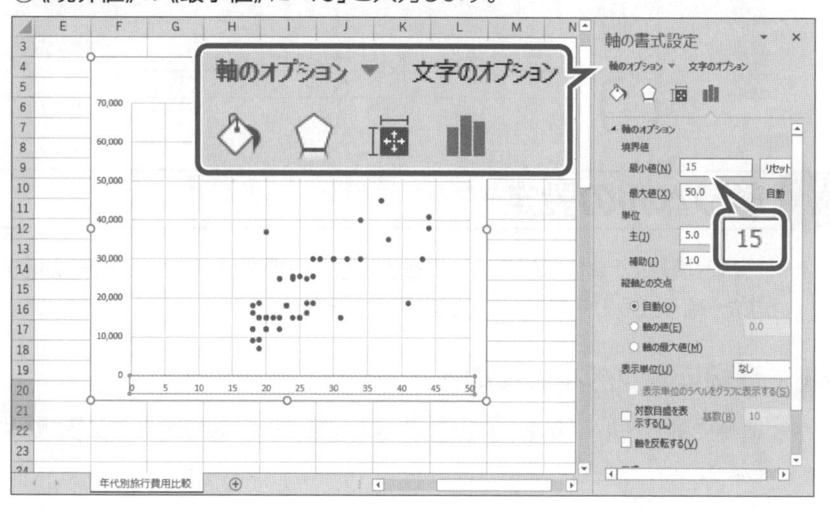

⑧縦軸を選択します。

※ポップヒントに《縦（値）軸》と表示されていることを確認してクリックしましょう。

《**軸の書式設定**》作業ウィンドウが縦軸の設定に切り替わります。

⑨《**軸の書式設定**》作業ウィンドウに《**軸のオプション**》の詳細が表示されていることを確認します。

⑩《**境界値**》の《**最大値**》に「60000」と入力します。

⑪《**軸の書式設定**》作業ウィンドウの × （閉じる）をクリックします。

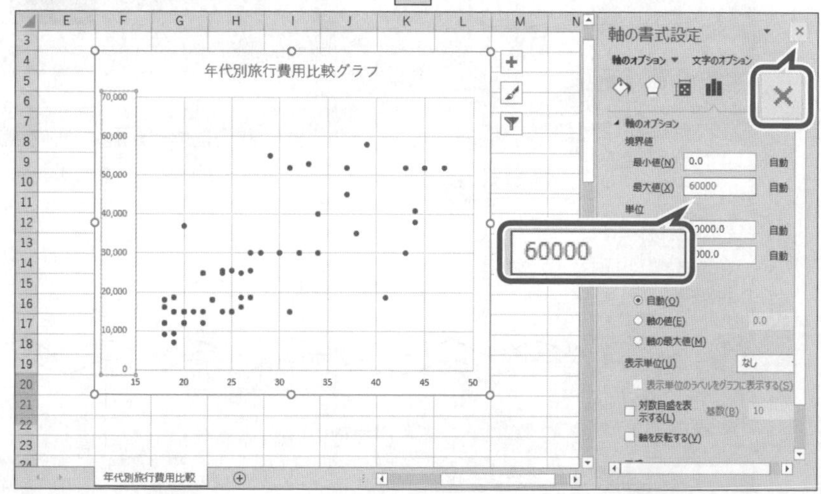

横軸の最小値が「15」、縦軸の最大値が「60,000」に変更されます。

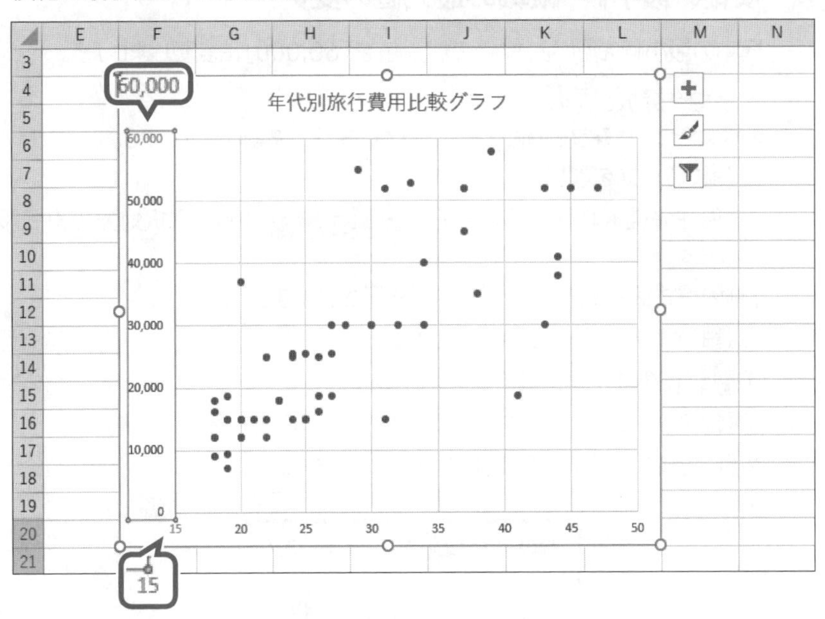

3 軸ラベルの設定

縦軸と横軸に、単位などのラベルを表示したい場合は、軸ラベルを追加します。
また、軸ラベルの向きなど、書式を設定できます。

Let's Try 横軸に軸ラベルを追加

横軸に軸ラベル「（年齢）」を追加しましょう。また、軸ラベルをグラフの右下に移動しましょう。

①グラフが選択されていることを確認します。
②《デザイン》タブを選択します。
③《グラフのレイアウト》グループの（グラフ要素を追加）をクリックします。
④《軸ラベル》をポイントします。
⑤《第1横軸》をクリックします。

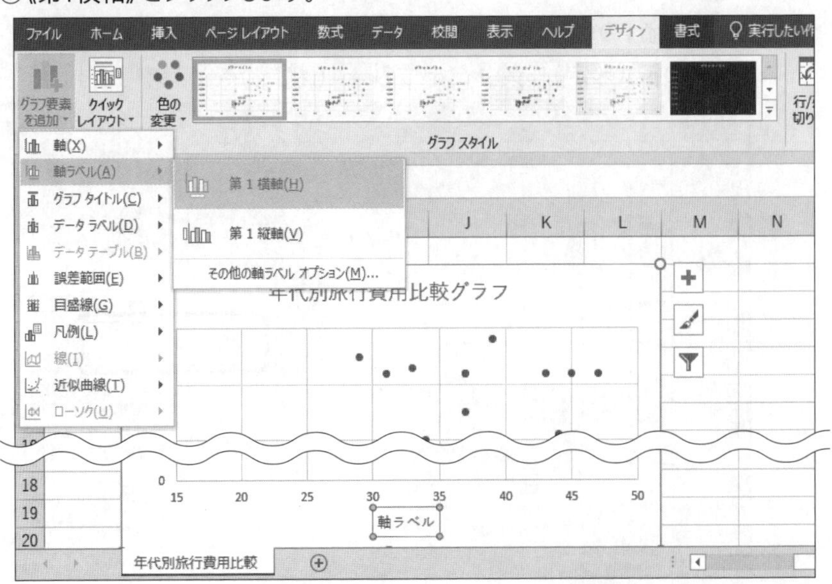

軸ラベルが表示されます。

⑥軸ラベルが選択されていることを確認します。

⑦軸ラベルをクリックします。

軸ラベルが編集状態になり、カーソルが表示されます。

⑧**「軸ラベル」**を削除し、**「（年齢）」**と入力します。

⑨軸ラベル以外の場所をクリックします。

軸ラベルが確定されます。

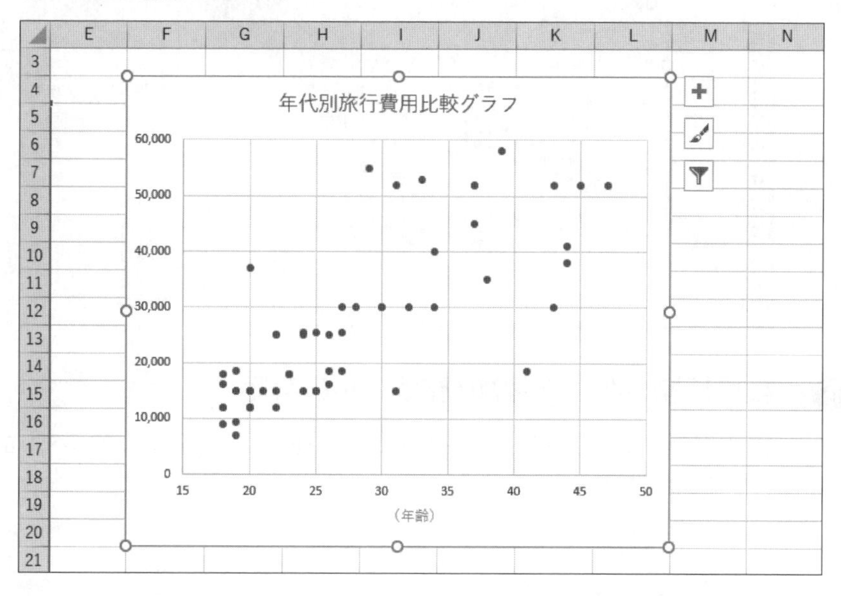

軸ラベルを移動します。

⑩軸ラベルを選択します。

⑪軸ラベルの枠線をポイントします。

※マウスポインターの形が✥に変わります。

⑫図のように、軸ラベルの枠線をドラッグします。

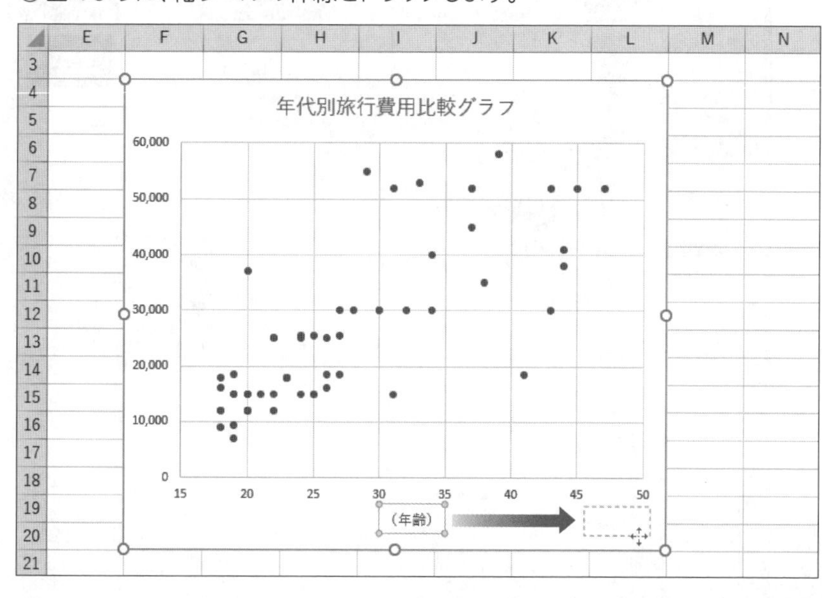

軸ラベルが移動します。

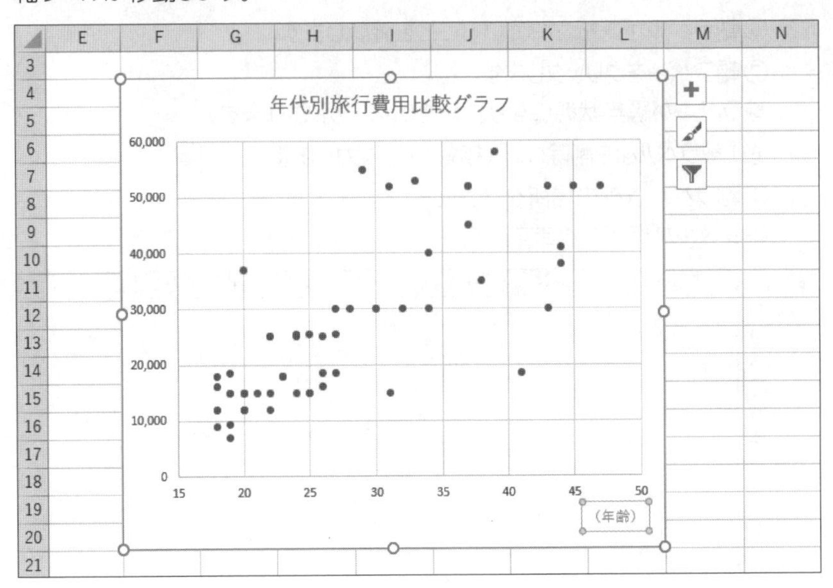

Let's Try 縦軸に軸ラベルを追加・軸ラベルの設定

縦軸に軸ラベル「（金額：円）」を横書きで追加しましょう。また、軸ラベルはグラフの左上に移動しましょう。

①グラフが選択されていることを確認します。
②《デザイン》タブを選択します。
③《グラフのレイアウト》グループの（グラフ要素を追加）をクリックします。
④《軸ラベル》をポイントします。
⑤《第1縦軸》をクリックします。

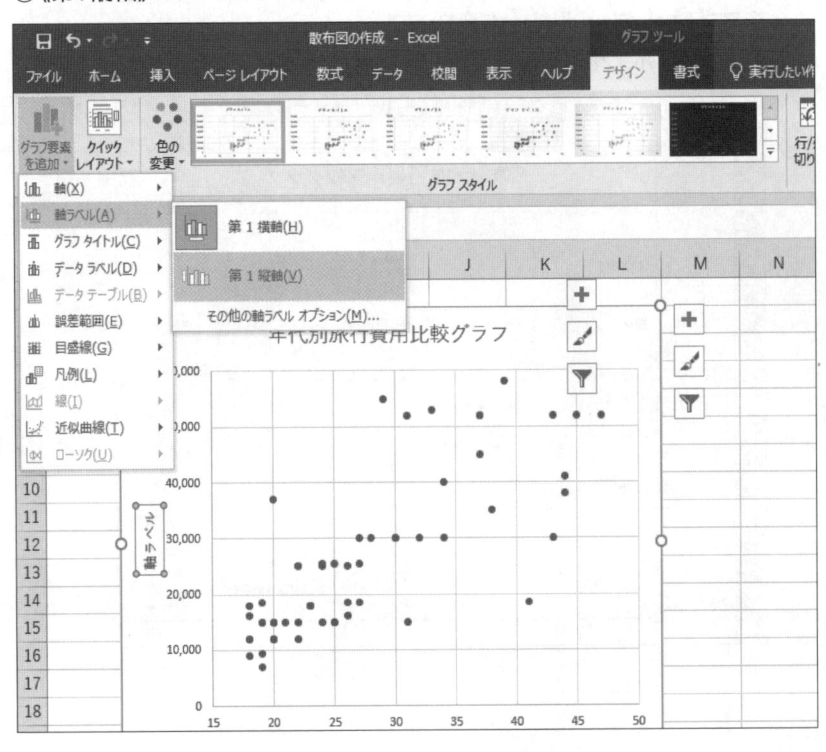

軸ラベルが表示されます。

⑥軸ラベルが選択されていることを確認します。
⑦軸ラベルをクリックします。
⑧**「軸ラベル」**を削除し、**「（金額：円）」**と入力します。
⑨軸ラベル以外の場所をクリックします。
軸ラベルが確定されます。
⑩軸ラベルを選択します。
⑪**《ホーム》**タブを選択します。
⑫**《配置》**グループの （方向）をクリックします。
⑬**《左へ90度回転》**をクリックします。

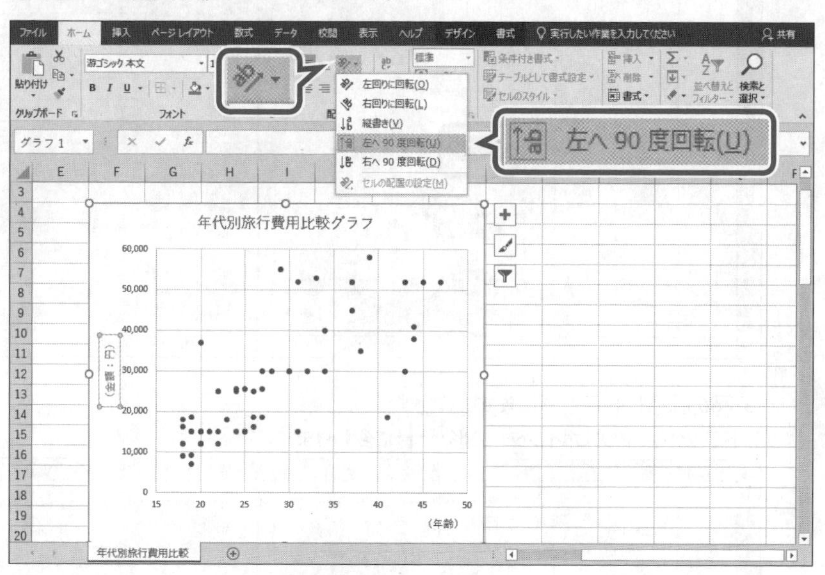

軸ラベルが横書きに変更されます。
軸ラベルを移動します。
⑭軸ラベルが選択されていることを確認します。
⑮軸ラベルの枠線をポイントし、マウスポインターの形が に変わったら、グラフの左上にドラッグします。
軸ラベルが移動します。

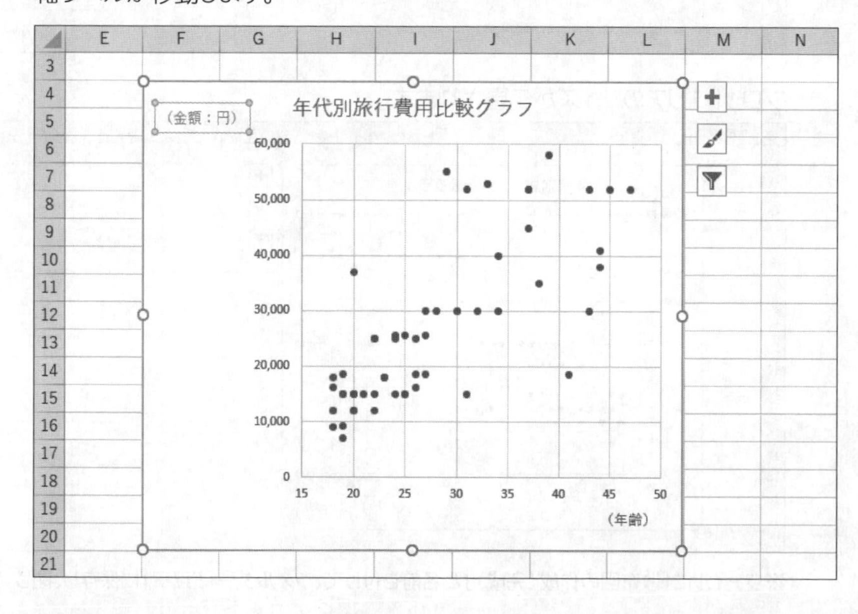

Let's Try　プロットエリアのサイズ変更

軸ラベルの設定を変更したときに、プロットエリアのサイズが小さくなってしまった場合には、サイズを調整します。プロットエリアのサイズを拡大しましょう。

①プロットエリアを選択します。

※プロットエリアの周囲をポイントし、ポップヒントが《プロットエリア》の状態でクリックしましょう。

②プロットエリアの左中央の○（ハンドル）をポイントします。

※マウスポインターの形が⇔に変わります。

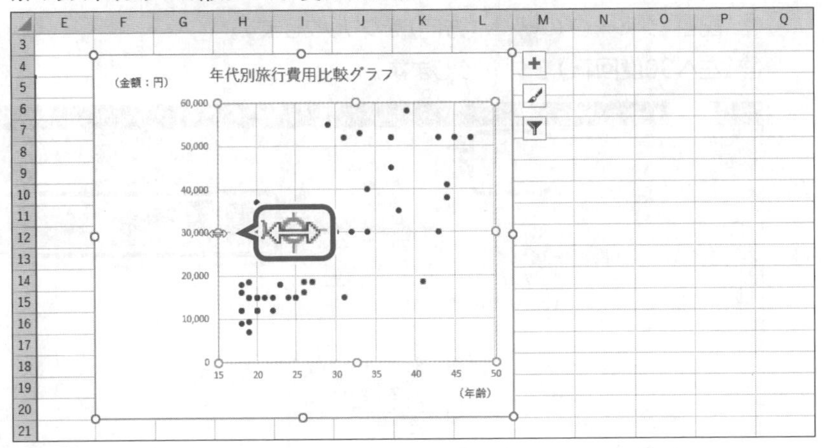

③図のようにドラッグします。

※ドラッグ中、マウスポインターの形が＋に変わります。

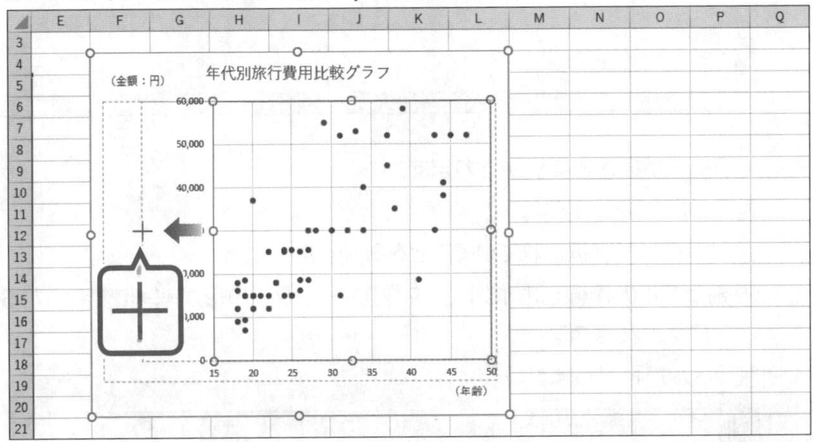

プロットエリアのサイズが変更されます。

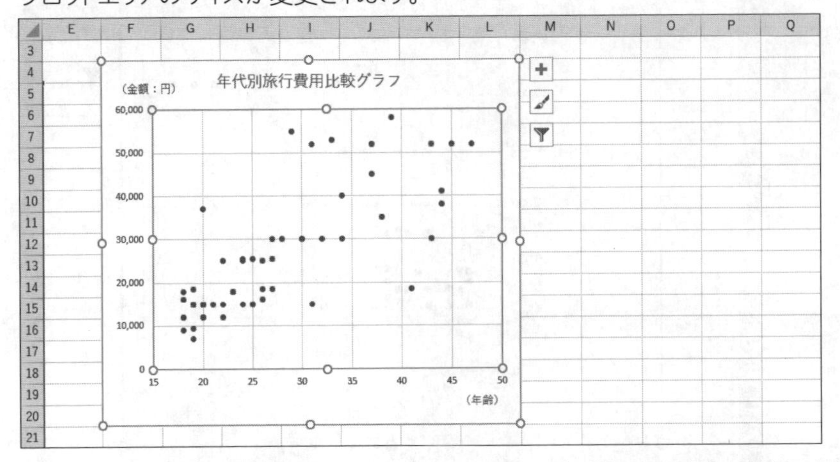

※ファイルに「散布図の作成（完成）」と名前を付けて、フォルダー「第7章」に保存し、閉じておきましょう。

STEP 5

パレート図の作成

パレート図の作成方法、編集方法について説明します。
また、パレート図を作成するために必要な計算についても説明します。

1 パレート図に必要な値の準備

パレート図は、分析の基準となる**「売上金額」**を縦棒グラフとし、その**「構成比の累計」**を折れ線グラフで表した複合グラフです。
よって、パレート図の作成には、**「売上金額」**と**「構成比の累計」**の値を求めておく必要があります。
また、分析の基準となる**「売上金額」**は、重要な順（降順）に並べ替えておきます。

Let's Try 売上金額の並べ替え

表を売上金額の降順に並べ替えましょう。

フォルダー「第7章」のファイル「パレート図の作成」を開いておきましょう。

①セル範囲【A2:D18】を選択します。
※19行目の合計は範囲に含めません。
②《データ》タブを選択します。
③《並べ替えとフィルター》グループの（並べ替え）をクリックします。

ドリンクメニュー別売上集計

ドリンクメニュー	販売単価（円）	販売数（個）	売上金額（円）	構成比（%）	構成比累計（%）
アールグレイティー	600	158	94,800		
アッサムティー	700	81	56,700		
オリジナルティー	550	977	537,350		
オリジナルブレンド	500	1,348	674,000		
オレンジジュース	450	242	108,900		
カプチーノ	650	786	510,900		
キリマンジャロブレンド	700	132	92,400		
グレープジュース	450	84	37,800		
グレープフルーツジュース	450	231	103,950		
セイロンティー	700	149	104,300		
ダージリンティー	700	644	450,800		
チャイ	600	78	46,800		
ブルーマウンテンブレンド	800	280	224,000		
モカブレンド	700	583	408,100		
ロイヤルココア	540	177	95,580		
ロイヤルミルクティー	800	312	249,600		
合計		6,262	3,795,980		

《並べ替え》ダイアログボックスが表示されます。
④**《先頭行をデータの見出しとして使用する》**を☑にします。
⑤**《最優先されるキー》**の**《列》**のをクリックし、一覧から**「売上金額（円）」**を選択します。
⑥ **2019**
《並べ替えのキー》が**《セルの値》**になっていることを確認します。
2016
《並べ替えのキー》が**《値》**になっていることを確認します。

⑦ 2019

《順序》の ⌄ をクリックし、一覧から《大きい順》を選択します。

2016

《順序》の ⌄ をクリックし、一覧から《降順》を選択します。

⑧《OK》をクリックします。

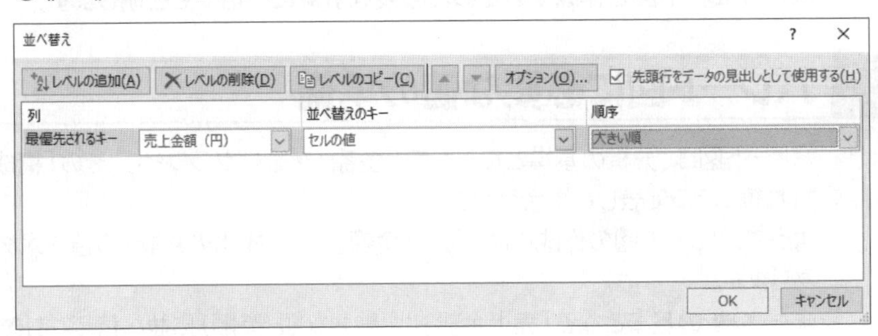

表が売上金額の大きい順に並べ替えられます。

※任意のセルをクリックし、選択を解除しておきましょう。

	A	B	C	D	E	F
1	ドリンクメニュー別売上集計					
2	ドリンクメニュー	販売単価（円）	販売数（個）	売上金額（円）	構成比（%）	構成比累計（%）
3	オリジナルブレンド	500	1,348	674,000		
4	オリジナルティー	550	977	537,350		
5	カプチーノ	650	786	510,900		
6	ダージリンティー	700	644	450,800		
7	モカブレンド	700	583	408,100		
8	ロイヤルミルクティー	800	312	249,600		
9	ブルーマウンテンブレンド	800	280	224,000		
10	オレンジジュース	450	242	108,900		
11	セイロンティー	700	149	104,300		
12	グレープフルーツジュース	450	231	103,950		
13	ロイヤルココア	540	177	95,580		
14	アールグレイティー	600	158	94,800		
15	キリマンジャロブレンド	700	132	92,400		
16	アッサムティー	700	81	56,700		
17	チャイ	600	78	46,800		
18	グレープジュース	450	84	37,800		
19	合計		6,262	3,795,980		

Let's Try 構成比の算出

構成比の累計を求めるために、セル範囲【E3：E19】に売上金額の構成比を求めましょう。構成比は「各メニューの売上÷全体の売上」で求めますが、表の項目に「構成比（%）」と表示されているので、「各メニューの売上÷全体の売上×100」として数式を入力します。

1件目の構成比を求めます。

①セル【E3】に「=D3/$D$19*100」と入力します。

※数式の入力中に F4 を押すと、「$」が付きます。

※数式をコピーしたときに、売上金額の合計が常に同じセルを参照するように、絶対参照「$D$19」にします。

	A	B	C	D	E	F
1	ドリンクメニュー別売上集計					
2	ドリンクメニュー	販売単価（円）	販売数（個）	売上金額（円）	構成比（%）	構成比累計（%）
3	オリジナルブレンド	500	1,348	674,000	=D3/$D$19*100	
4	オリジナルティー	550	977	537,350		
5	カプチーノ	650	786	510,900		
6	ダージリンティー	700	644	450,800		
7	モカブレンド	700	583	408,100		
8	ロイヤルミルクティー	800	312	249,600		
9	ブルーマウンテンブレンド	800	280	224,000		

②[Enter]を押します。
1件目の構成比が求められます。
数式をコピーします。
③セル【E3】を選択し、セル右下の■（フィルハンドル）をセル【E19】までドラッグします。
④[オートフィルオプション]（オートフィルオプション）をクリックします。
※[オートフィルオプション]をポイントすると、[オートフィルオプション▼]になります。
⑤《書式なしコピー（フィル）》をクリックします。
数式がコピーされ、2件目以降の構成比が表示されます。
※セル範囲【E3:E19】には、あらかじめ小数点第1位までの表示形式が設定されています。

	A	B	C	D	E	F
1		ドリンクメニュー別売上集計				
2	ドリンクメニュー	販売単価（円）	販売数（個）	売上金額（円）	構成比（%）	構成比累計（%）
3	オリジナルブレンド	500	1,348	674,000	17.8	
4	オリジナルティー	550	977	537,350	14.2	
5	カプチーノ	650	786	510,900	13.5	
6	ダージリンティー	700	644	450,800	11.9	
7	モカブレンド	700	583	408,100	10.8	
8	ロイヤルミルクティー	800	312	249,600	6.6	
9	ブルーマウンテンブレンド	800	280	224,000	5.9	
10	オレンジジュース	450	242	108,900	2.9	
11	セイロンティー	700	149	104,300	2.7	
12	グレープフルーツジュース	450	231	103,950	2.7	
13	ロイヤルココア	540	177	95,580	2.5	
14	アールグレイティー	600	158	94,800	2.5	
15	キリマンジャロブレンド	700	132	92,400	2.4	
16	アッサムティー	700	81	56,700	1.5	
17	チャイ	600	78	46,800	1.2	
18	グレープジュース	450	84	37,800	1.0	
19	合計		6,262	3,795,980	100.0	
20						

Let's Try 構成比累計の算出

E列の構成比をもとに、セル範囲【F3:F18】に構成比累計を求めましょう。

①セル【F3】に「=E3」と入力します。
②[Enter]を押します。
1件目の構成比累計が表示されます。
2件目以降の構成比累計を求めます。
③セル【F4】に「=F3+E4」と入力します。
④[Enter]を押します。
数式をコピーします。
⑤セル【F4】を選択し、セル右下の■（フィルハンドル）をダブルクリックします。
数式がコピーされ、2件目以降の構成比累計が表示されます。
※セル範囲【F3:F18】には、あらかじめ小数点第1位までの表示形式が設定されています。

	A	B	C	D	E	F
1		ドリンクメニュー別売上集計				
2	ドリンクメニュー	販売単価（円）	販売数（個）	売上金額（円）	構成比（%）	構成比累計（%）
3	オリジナルブレンド	500	1,348	674,000	17.8	17.8
4	オリジナルティー	550	977	537,350	14.2	31.9
5	カプチーノ	650	786	510,900	13.5	45.4
6	ダージリンティー	700	644	450,800	11.9	57.2
7	モカブレンド	700	583	408,100	10.8	68.0
8	ロイヤルミルクティー	800	312	249,600	6.6	74.6
9	ブルーマウンテンブレンド	800	280	224,000	5.9	80.5
10	オレンジジュース	450	242	108,900	2.9	83.3
11	セイロンティー	700	149	104,300	2.7	86.1
12	グレープフルーツジュース	450	231	103,950	2.7	88.8
13	ロイヤルココア	540	177	95,580	2.5	91.3
14	アールグレイティー	600	158	94,800	2.5	93.8
15	キリマンジャロブレンド	700	132	92,400	2.4	96.3
16	アッサムティー	700	81	56,700	1.5	97.8
17	チャイ	600	78	46,800	1.2	99.0
18	グレープジュース	450	84	37,800	1.0	100.0
19	合計		6,262	3,795,980	100.0	
20						

2 パレート図の作成

集合縦棒グラフと折れ線グラフを1つにまとめた複合グラフで、パレート図を作成しましょう。

Let's Try グラフの作成

表のデータをもとに、次のようなグラフを作成しましょう。

グラフの種類	：集合縦棒グラフと折れ線グラフの複合グラフ
もとになるセル範囲	：セル範囲【A2：A18】、セル範囲【D2：D18】、セル範囲【F2：F18】
項目軸	：メニュー名を表示

①セル範囲【A2:A18】を選択します。

②［Ctrl］を押しながら、セル範囲【D2:D18】とセル範囲【F2:F18】を選択します。

	A	B	C	D	E	F
1	ドリンクメニュー別売上集計					
2	ドリンクメニュー	販売単価（円）	販売数（個）	売上金額（円）	構成比（%）	構成比累計（%）
3	オリジナルブレンド	500	1,348	674,000	17.8	17.8
4	オリジナルティー	550	977	537,350	14.2	31.9
5	カプチーノ	650	786	510,900	13.5	45.4
6	ダージリンティー	700	644	450,800	11.9	57.2
7	モカブレンド	700	583	408,100	10.8	68.0
8	ロイヤルミルクティー	800	312	249,600	6.6	74.6
9	ブルーマウンテンブレンド	800	280	224,000	5.9	80.5
10	オレンジジュース	450	242	108,900	2.9	83.3
11	セイロンティー	700	149	104,300	2.7	86.1
12	グレープフルーツジュース	450	231	103,950	2.7	88.8
13	ロイヤルココア	540	177	95,580	2.5	91.3
14	アールグレイティー	600	158	94,800	2.5	93.8
15	キリマンジャロブレンド	700	132	92,400	2.4	96.3
16	アッサムティー	700	81	56,700	1.5	97.8
17	チャイ	600	78	46,800	1.2	99.0
18	グレープジュース	450	84	37,800	1.0	100.0
19	合計		6,262	3,795,980	100.0	
20						

③《挿入》タブを選択します。

④《グラフ》グループの［複合グラフの挿入］（複合グラフの挿入）をクリックします。

⑤《組み合わせ》の《集合縦棒-第2軸の折れ線》をクリックします。

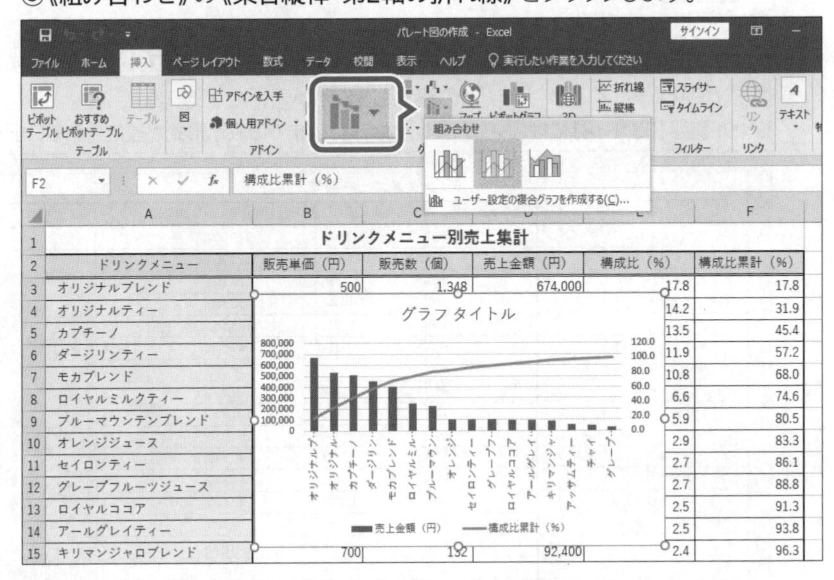

パレート図が作成されます。

操作のポイント

複合グラフ

同一のグラフエリア内に異なる種類のグラフを表示したものを「複合グラフ」といいます。複合グラフは、大きな開きがあるデータや単位が異なるデータを表現するときに使います。
縦棒グラフや折れ線グラフ、面グラフでは、左側に表示される値軸「主軸」のほかに、右側に表示される値軸「第2軸」を使ってデータ系列を表示できます。

3 グラフの編集

作成したパレート図を、次のように編集しましょう。

グラフの場所	：表の下側（目安：セル範囲【A21：F37】）
グラフタイトル	：ドリンクメニュー別売上分析
凡例	：非表示
第2軸の最大値	：100
主軸の軸ラベル	：「（単位：円）」と横書きでグラフの左上に表示
第2軸の軸ラベル	：「（単位：%）」と横書きでグラフの右上に表示

Let's Try グラフの移動とサイズ変更

グラフを表の下に移動して、サイズを変更しましょう。

①グラフが選択されていることを確認します。
②グラフエリアをポイントし、マウスポインターの形が に変わったら、ドラッグして位置を調整します。（左上位置の目安：セル【A21】）
③グラフエリア右下の○（ハンドル）をポイントし、マウスポインターの形が に変わったら、ドラッグしてサイズを調整します。（右下位置の目安：セル【F37】）

Let's Try グラフタイトルの入力

グラフタイトルに**「ドリンクメニュー別売上分析」**と入力しましょう。

①グラフタイトルをクリックします。
②グラフタイトルを再度クリックします。
③**「グラフタイトル」**を削除し、**「ドリンクメニュー別売上分析」**と入力します。
④グラフタイトル以外の場所をクリックします。
グラフタイトルが確定されます。

Let's Try 凡例の非表示

凡例を非表示にしましょう。

①グラフが選択されていることを確認します。
②**《デザイン》**タブを選択します。
③**《グラフのレイアウト》**グループの （グラフ要素を追加）をクリックします。
④**《凡例》**をポイントします。
⑤**《なし》**をクリックします。
凡例が非表示になります。

Let's Try 第2軸の最大値の変更

第2軸の最大値を「100」に変更しましょう。

①第2軸を選択します。
※ポップヒントに《第2軸縦（値）軸》と表示されていることを確認してクリックしましょう。
②《書式》タブを選択します。
③《現在の選択範囲》グループの 選択対象の書式設定 （選択対象の書式設定）をクリックします。

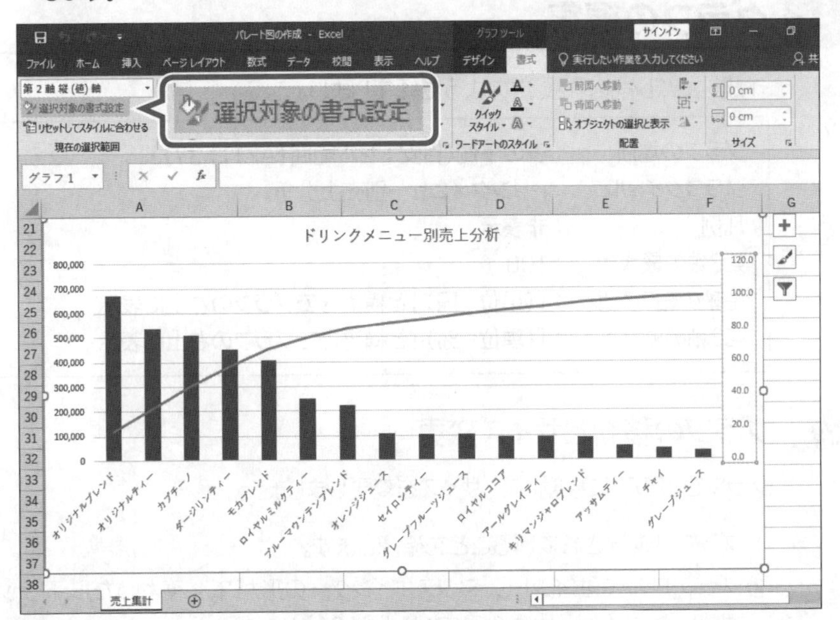

《軸の書式設定》作業ウィンドウが表示されます。
④《軸のオプション》をクリックします。
⑤ （軸のオプション）をクリックします。
⑥《軸のオプション》の詳細が表示されていることを確認します。
⑦《境界値》の《最大値》に「100」と入力します。
⑧《軸の書式設定》作業ウィンドウの × （閉じる）をクリックします。
第2軸の最大値が「100」に変更されます。
※最大値を「100」に変更すると、自動的に目盛間隔が「10」に変更されます。

Let's Try 軸ラベルの追加・軸ラベルの設定

主軸に軸ラベル「（単位：円）」、第2軸に軸ラベル「（単位：%）」を横書きで追加しましょう。
また、軸ラベルはそれぞれグラフの上に移動し、プロットエリアのサイズを調整しましょう。

①グラフが選択されていることを確認します。
②《デザイン》タブを選択します。
③《グラフのレイアウト》グループの グラフ要素を追加 （グラフ要素を追加）をクリックします。
④《軸ラベル》をポイントします。
⑤《第1縦軸》をクリックします。
軸ラベルが表示されます。
⑥軸ラベルが選択されていることを確認します。

⑦軸ラベルをクリックします。

⑧**「軸ラベル」**を削除し、**「（単位：円）」**と入力します。

⑨軸ラベル以外の場所をクリックします。

軸ラベルが確定されます。

⑩軸ラベルを選択します。

⑪**《ホーム》**タブを選択します。

⑫**《配置》**グループの（方向）をクリックします。

⑬**《左へ90度回転》**をクリックします。

軸ラベルが横書きに変更されます。

軸ラベルを移動します。

⑭軸ラベルが選択されていることを確認します。

⑮軸ラベルの枠線をポイントし、マウスポインターの形がに変わったら、グラフの左上にドラッグします。

軸ラベルが移動します。

⑯同様に、第2軸の軸ラベルに**「（単位：%）」**と入力して横書きに設定し、グラフの右上にドラッグします。

プロットエリアのサイズを変更します。

⑰プロットエリアを選択します。

※プロットエリアの周囲をポイントし、ポップヒントが《プロットエリア》の状態でクリックしましょう。

⑱プロットエリアの左中央の○（ハンドル）をポイントし、マウスポインターの形が⇔に変わったら、ドラッグしてサイズを調整します。

⑲プロットエリアの右中央の○（ハンドル）をポイントし、マウスポインターの形が⇔に変わったら、ドラッグしてサイズを調整します。

プロットエリアのサイズが変更されます。

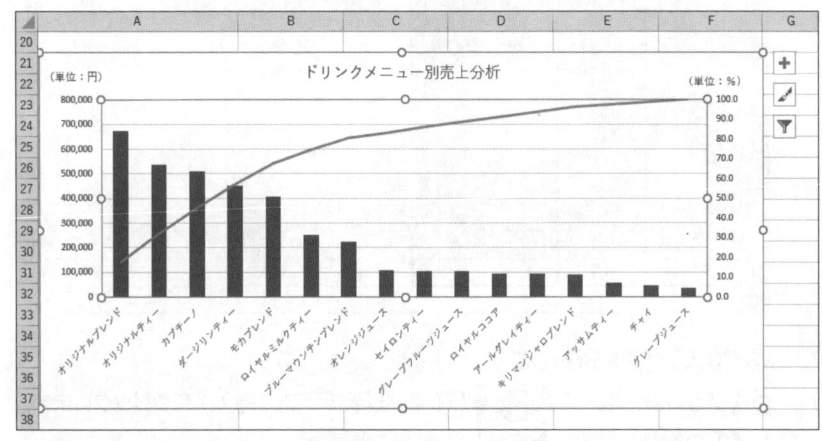

※ファイルに「パレート図の作成（完成）」と名前を付けて、フォルダー「第7章」に保存し、閉じておきましょう。

第1章 第2章 第3章 第4章 第5章 第6章 第7章 模擬試験 付録1 付録2 索引

STEP 6

近似曲線の追加

縦棒グラフを使った近似曲線の追加方法、編集方法について説明します。

1 近似曲線の追加

近似曲線を追加するには、最初にグラフを作成する必要があります。

Let's Try グラフの作成

表のデータをもとに、次のようなグラフを作成しましょう。

グラフの種類	：集合縦棒グラフ
もとになるセル範囲	：セル範囲【A3：C15】
グラフの場所	：表の右側（目安：セル範囲【E3：K15】）
値軸の軸ラベル	：「（単位：千円）」と横書きでグラフの左上に表示

フォルダー「第7章」のファイル「近似曲線の追加」を開いておきましょう。

①セル範囲【A3：C15】を選択します。

	A	B	C	D	E	F	G	H	I
1	東京本店売上集計								
2			単位：千円						
3	年	月	月間売上						
4	2021年度	4月	142,563						
5		5月	152,012						
6		6月	132,410						
7		7月	148,530						
8		8月	147,452						
9		9月	152,465						
10		10月	155,289						
11		11月	165,241						
12		12月	165,474						
13		1月	165,463						
14		2月	162,410						
15		3月	167,420						
16	2022年度	4月							
17									

②《挿入》タブを選択します。

③《グラフ》グループの ![縦棒/横棒グラフの挿入] （縦棒/横棒グラフの挿入）をクリックします。

④《2-D縦棒》の《集合縦棒》をクリックします。

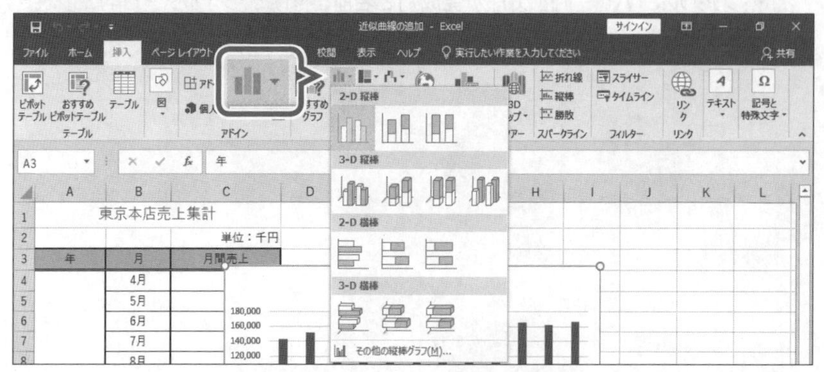

縦棒グラフが作成されます。

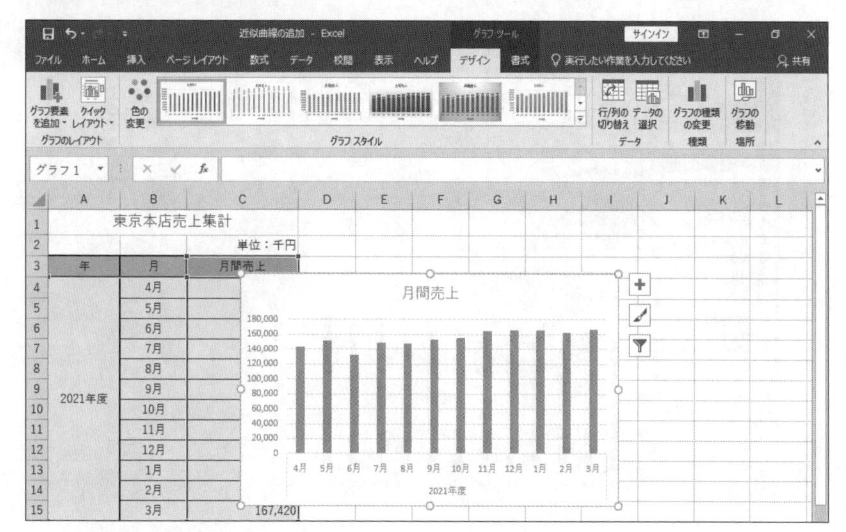

Let's Try グラフの移動とサイズ変更

グラフを表の右に移動して、サイズを変更しましょう。

①グラフが選択されていることを確認します。

②グラフエリアをポイントし、マウスポインターの形が に変わったら、ドラッグして位置を調整します。（左上位置の目安：セル【E3】）

③グラフエリア右下の○（ハンドル）をポイントし、マウスポインターの形が に変わったら、ドラッグしてサイズを調整します。（右下位置の目安：セル【K15】）

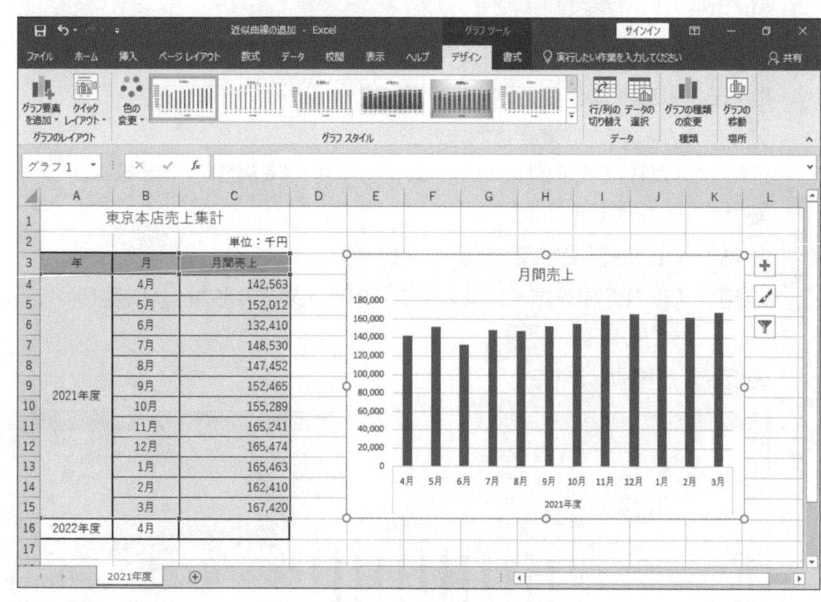

Let's Try 軸ラベルの追加・軸ラベルの設定

①グラフが選択されていることを確認します。

②《デザイン》タブを選択します。

③《グラフのレイアウト》グループの （グラフ要素を追加）をクリックします。

④《軸ラベル》をポイントします。

⑤《第1縦軸》をクリックします。

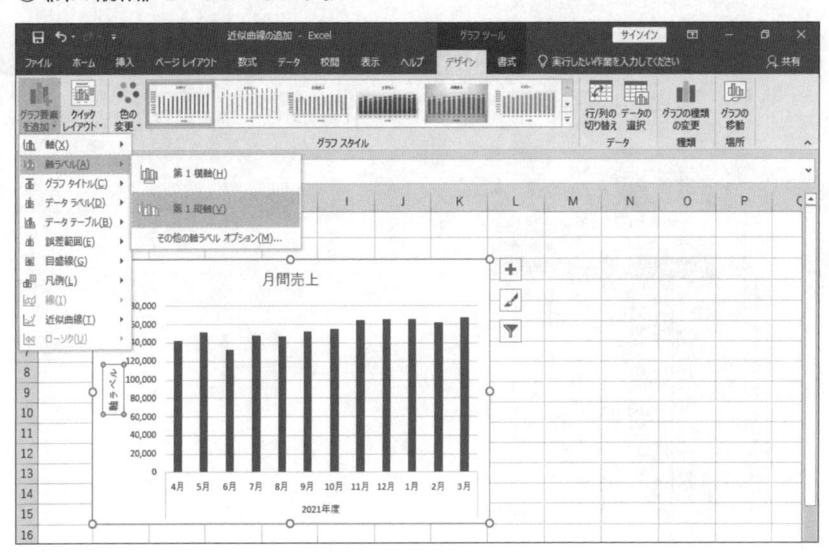

軸ラベルが表示されます。

⑥軸ラベルが選択されていることを確認します。

⑦軸ラベルをクリックします。

⑧「**軸ラベル**」を削除し、「**(単位:千円)**」と入力します。

⑨軸ラベル以外の場所をクリックします。

軸ラベルが確定されます。

⑩軸ラベルを選択します。

⑪《**ホーム**》タブを選択します。

⑫《**配置**》グループの (方向)をクリックします。

⑬《**左へ90度回転**》をクリックします。

軸ラベルが横書きに変更されます。

※軸ラベルが1行で表示されない場合は、フォントサイズを調整しておきましょう。

軸ラベルを移動します。

⑭軸ラベルが選択されていることを確認します。

⑮軸ラベルの枠線をポイントし、マウスポインターの形が に変わったら、グラフの左上にドラッグします。

軸ラベルが移動します。

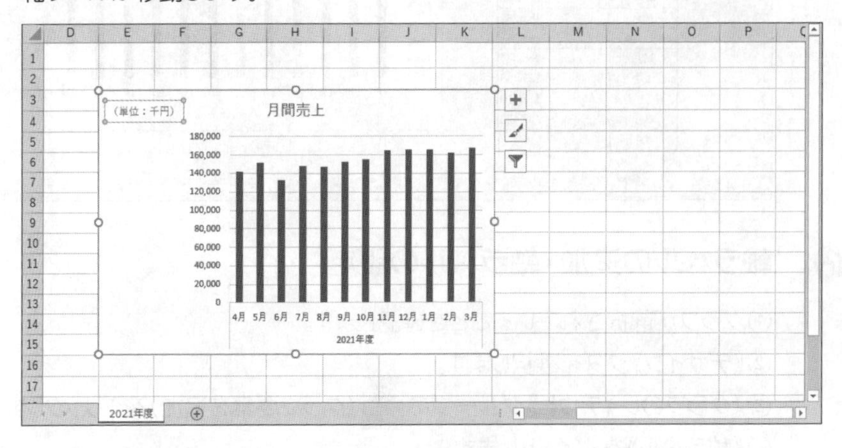

プロットエリアのサイズを変更します。

⑯プロットエリアを選択します。

※プロットエリアの周囲をポイントし、ポップヒントが《プロットエリア》の状態でクリックしましょう。

⑰プロットエリアの左中央の○（ハンドル）をポイントし、マウスポインターの形が⇔に変わったら、左にドラッグしてサイズを調整します。

プロットエリアのサイズが変更されます。

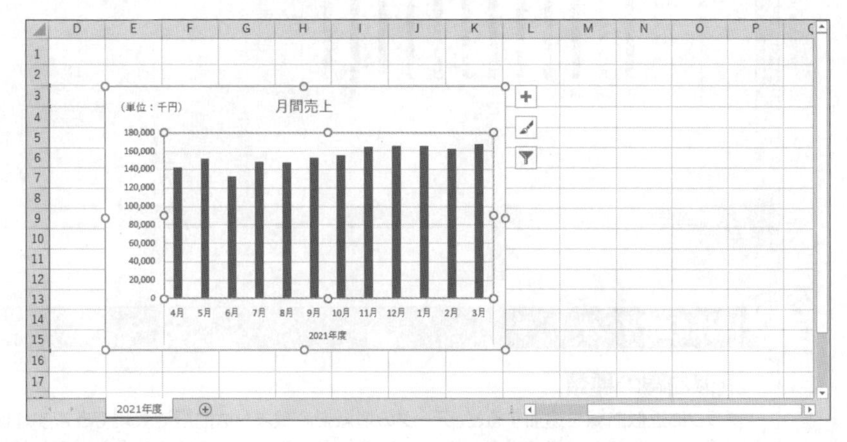

Let's Try 近似曲線の追加

作成した縦棒グラフに、近似曲線を追加しましょう。

近似曲線の種類：線形近似

①グラフが選択されていることを確認します。

②《デザイン》タブを選択します。

③《グラフのレイアウト》グループの（グラフ要素を追加）をクリックします。

④《近似曲線》をポイントします。

⑤《線形》をクリックします。

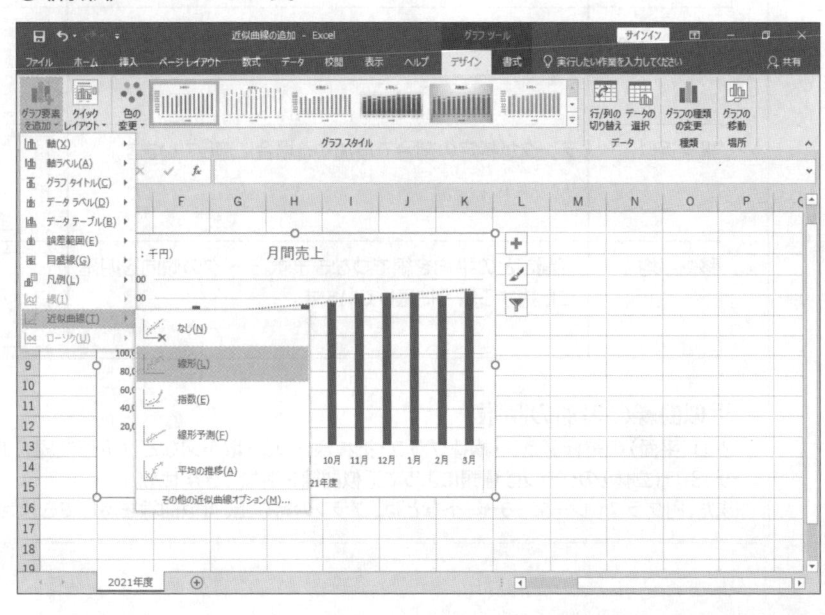

線形近似の近似曲線が追加されます。

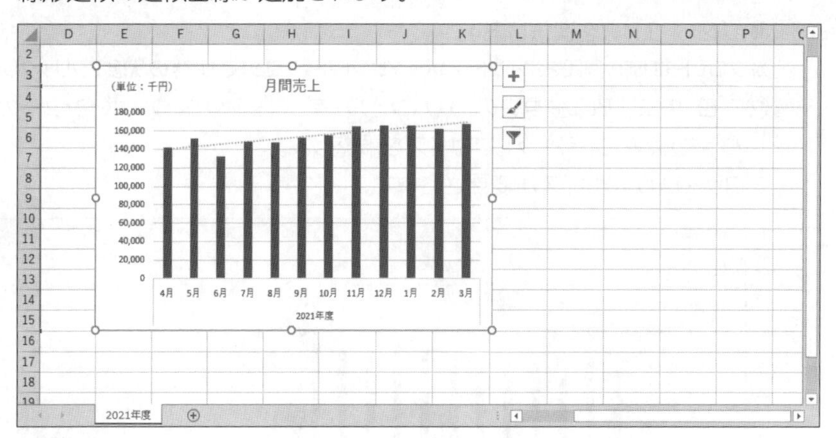

操作のポイント

近似曲線の種類

グラフに近似曲線を追加すると、データの増減を直線または曲線で表現できます。曲線のカーブが緩やかであるか急激であるかによって、データの変動が小さいのか大きいのかがわかります。
近似曲線には、次のような種類があります。

種類	説明	グラフ
指数近似	データが次第に大きく増減する場合に適しています。	
線形近似	データが一定の割合で増減している場合に適しています。	
対数近似	データが急速に増減し、そのあと横ばい状態になる場合に適しています。	
多項式近似	データが変動し、ばらつきがある場合に適しています。	
累乗近似	データが特定の割合で増加する場合に適しています。	
移動平均	区間ごとの平均を線でつなぎます。データの傾向を明確に把握する場合に適しています。	

近似曲線の追加の制限

2-D（平面）の縦棒グラフ・横棒グラフ・折れ線グラフ・散布図などは近似曲線を追加できますが、3-D（立体）のグラフは種類によって近似曲線を追加できません。
また、円グラフやレーダーチャートなどは、グラフの特性上、近似曲線を追加できません。

2 予測の表示

データの変動を予測してグラフに表示できます。未来のデータの変動は、現在までのデータの変動をもとに予測されます。

Let's Try 売上予測の表示

2022年度4月の売上予測を表示しましょう。

①グラフの近似曲線を選択します。
※ポップヒントに《系列"月間売上" 近似曲線 1》と表示されていることを確認してクリックしましょう。
②《書式》タブを選択します。
③《現在の選択範囲》グループの 選択対象の書式設定 (選択対象の書式設定)をクリックします。

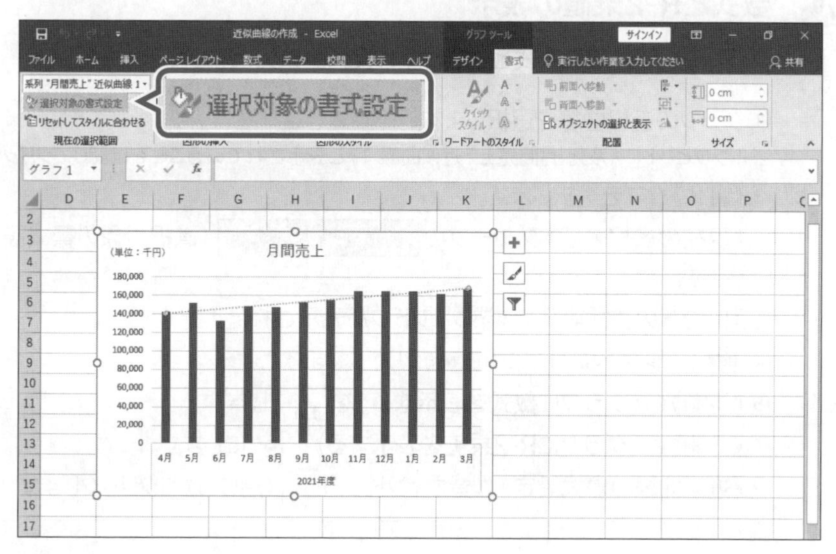

《近似曲線の書式設定》作業ウィンドウが表示されます。
④ (近似曲線のオプション)をクリックします。
⑤《予測》の《前方補外》の《区間》に「1」と入力します。
⑥《近似曲線の書式設定》作業ウィンドウの × (閉じる)をクリックします。

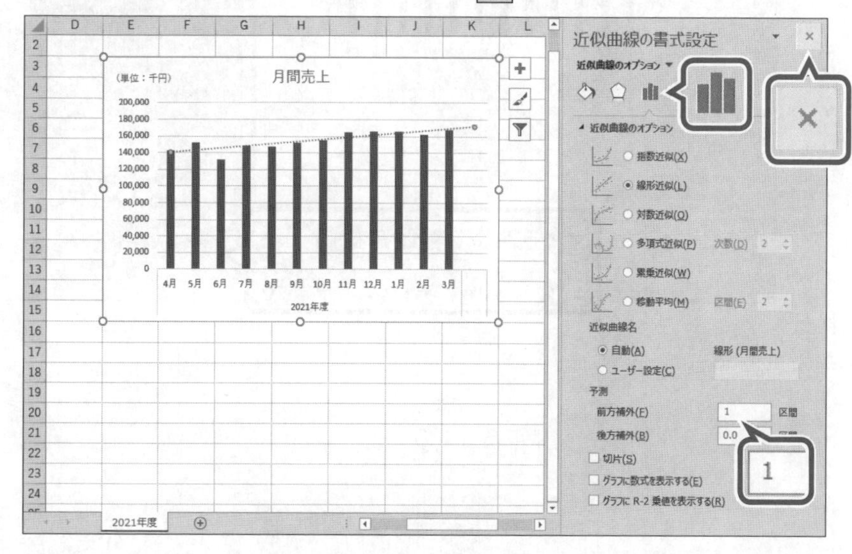

2022年度4月の売上を予測した近似曲線が表示されます。

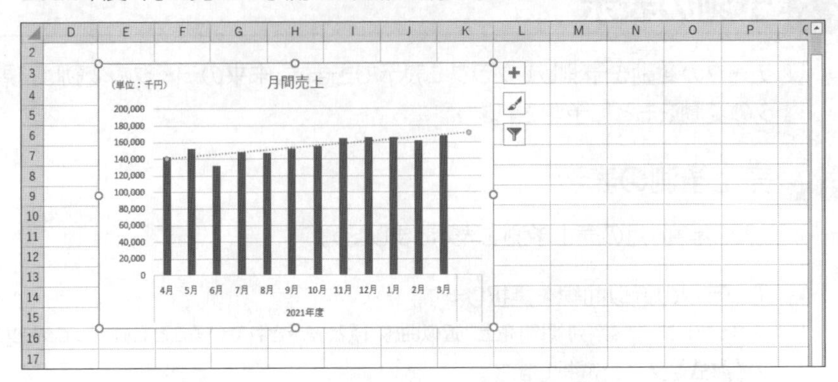

Let's Try 数式とR-2乗値の表示

グラフに近似曲線の数式とR-2乗値を表示しましょう。

①グラフの近似曲線を選択します。

※ポップヒントに《系列"月間売上" 近似曲線 1》と表示されていることを確認してクリックしましょう。

②《書式》タブを選択します。

③《現在の選択範囲》グループの 選択対象の書式設定 (選択対象の書式設定)をクリックします。

《近似曲線の書式設定》作業ウィンドウが表示されます。

④ (近似曲線のオプション)をクリックします。

⑤《予測》の《グラフに数式を表示する》を☑にします。

⑥《予測》の《グラフにR-2乗値を表示する》を☑にします。

⑦《近似曲線の書式設定》作業ウィンドウの × (閉じる)をクリックします。

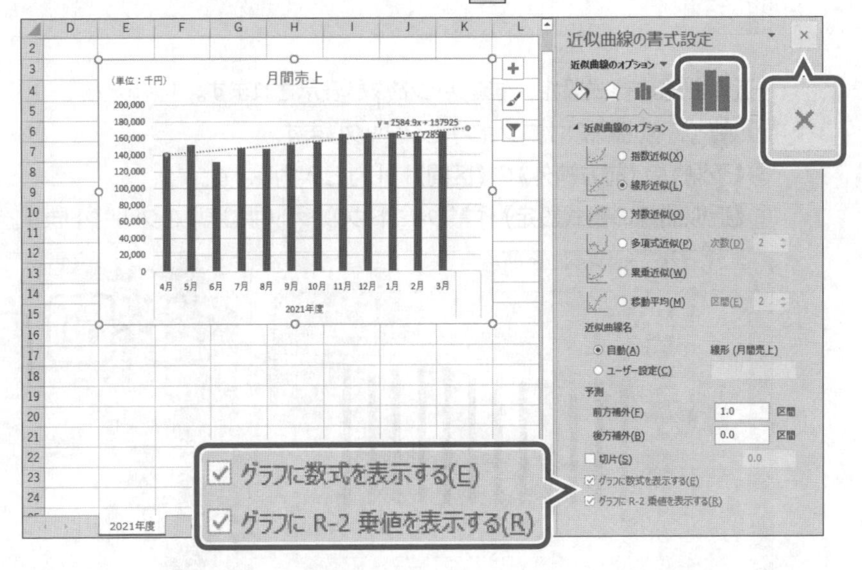

グラフに近似曲線の数式とR-2乗値が表示されます。
※数式とR-2乗値の位置を調整しておきましょう。

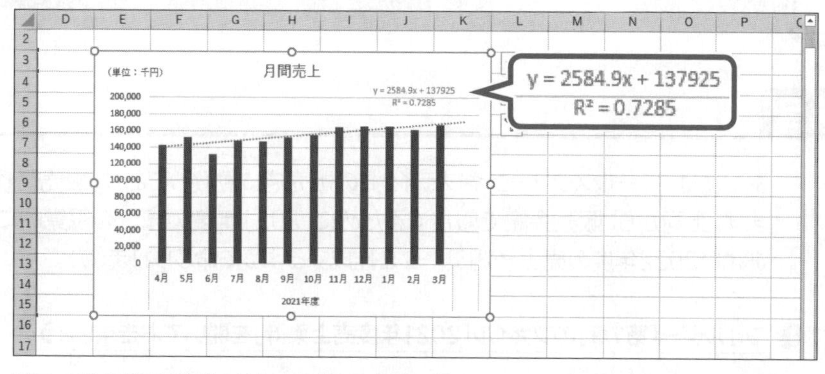

※ファイルに「近似曲線の追加(完成)」と名前を付けて、フォルダー「第7章」に保存し、閉じておきましょう。

2022年度4月の売上予測をする場合、表示された数式「y=2584.9x+137925」にx=13(13番目の月)を代入して計算します。2022年度4月の予測値は「171528.7千円」になります。
また、表示されたR-2乗値「0.7285」は、近似曲線の予測値の精度を示します。0～1の範囲となり、一般的には0.5以上あれば使用することができ、0.8以上で高い精度を意味します。

操作のポイント

近似曲線のオプション

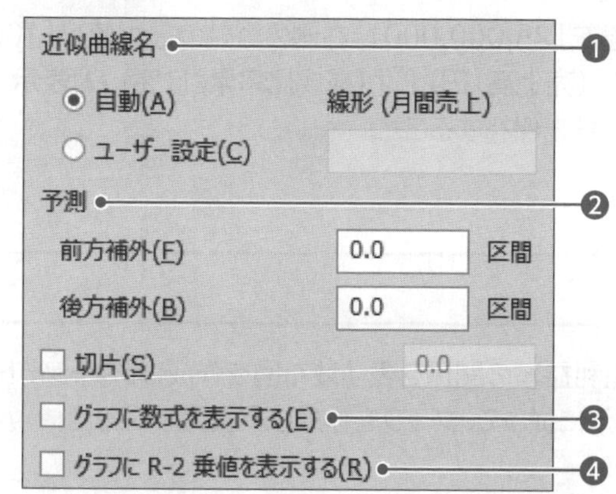

❶近似曲線名
近似曲線の名前を設定します。《自動》が◉のとき、Excelが自動的に設定します。
《ユーザー設定》を◉にすると、ユーザーが設定できます。

❷予測
データの動きを予測するときに、予測する区間を設定します。
《前方補外》に設定すると、未来の動きを予測して、近似曲線が右方向に延長されます。
《後方補外》に設定すると、過去の動きを予測して、近似曲線が左方向に延長されます。

❸グラフに数式を表示する
近似曲線の数式を表示します。表示した数式をもとに予測値を求めることができます。

❹グラフにR-2乗値を表示する
近似曲線のR-2乗値を表示します。近似曲線の予測値の精度を示します。

STEP 7
確認問題

解答 ▶ 別冊P.12

実技科目

あなたは、ロールスクリーンやブラインドの販売店に勤務しており、販売管理を担当しています。上司から、販売会議で報告するために、2021年度の売上を視覚的に分析した資料および2022年度の売上予測データを作成するように命じられました。

フォルダー「第7章」のファイル「2021年度売上集計」を開いておきましょう。

問題1

取扱商品の品揃えを見直すために、商品ごとのパレート図を複合グラフで作成します。シート「**重点分析**」の表を完成させ、以下の指示に従って、グラフを作成しましょう。

（指示）
- グラフの横軸には、商品名を表示すること。
- グラフは、グラフシートに配置し、シート名は「**パレート図**」とすること。
- グラフのタイトルは「**商品別売上状況**」とすること。
- 凡例は表示しないこと。
- 左側の縦軸の最大値を「**25,000,000**」、右側の縦軸の最大値を「**100**」とすること。
- 縦軸には単位として「**（売上高：円）**」、「**（構成比率累計：％）**」と表示すること。
- 作成後、ファイルを上書き保存すること。

問題2

商品ごとの売上高と粗利益率の関係を表す散布図を作成します。シート「**利益分析**」の表を完成させ、以下の指示に従って、グラフを作成しましょう。

（指示）
- グラフは、表の下側に配置すること。
- グラフのタイトルは「**売上高と粗利益率**」とすること。
- 凡例は表示しないこと。
- 横軸には単位として「**（売上高：円）**」、縦軸には単位として「**（粗利益率：％）**」と表示すること。
- 縦軸の目盛線は、最小値を「**20**」、最大値を「**50**」とし、中間に目盛線を1本表示すること。
- 横軸の目盛線は、最小値を「**0**」、最大値を「**25,000,000**」とし、中間に目盛線を1本表示すること。
- データラベルとして「**粗利益率**」の値を表示すること。
- 作成後、ファイルを上書き保存すること。

問題3

2022年度の売上高予測をするために近似曲線を作成します。シート**「売上傾向」**の表をもとに、以下の指示に従って、グラフおよび近似曲線を作成しましょう。

（指示）
・ 2017年度から2021年度の売上高の合計値を使用して縦棒グラフを作成すること。
・ グラフは、表の下側に配置すること。
・ グラフのタイトルは**「売上高推移」**とすること。
・ 凡例は表示しないこと。
・ 縦軸の単位として**「（単位：千円）」**と表示すること。
・ 近似曲線**「線形近似」**を追加し、グラフに数式およびR-2乗値を表示すること。
・ 作成後、ファイルを上書き保存すること。

ファイル「2021年度売上集計」の内容

●シート「重点分析」

商品別売上状況（2021年度）

商品名	売上高（円）	構成比（%）	構成比率累計（%）
洗えるスクリーン	20,394,800		
ウッドスクリーン	5,155,000		
採光スクリーン	1,874,800		
遮光スクリーン	23,903,800		
すだれ風スクリーン	2,373,200		
耐水スクリーン	4,111,800		
標準スクリーン	12,612,800		
フッ素コートスクリーン	3,968,000		
プリーツスクリーン	2,522,000		
防炎スクリーン	16,010,200		
レースドレープスクリーン	1,652,200		
和紙スクリーン	1,565,400		
合計	96,144,000		−

重点分析　利益分析　売上傾向

●シート「利益分析」

商品別利益分析（2021年度）

商品名	売上高（円）	粗利益（円）	粗利益率（%）
遮光スクリーン	23,903,800	8,375,100	
洗えるスクリーン	20,394,800	8,545,300	
防炎スクリーン	16,010,200	4,661,300	
標準スクリーン	12,612,800	5,335,600	
ウッドスクリーン	5,155,000	1,928,900	
耐水スクリーン	4,111,800	1,102,300	
フッ素コートスクリーン	3,968,000	913,700	
プリーツスクリーン	2,522,000	961,800	
すだれ風スクリーン	2,373,200	1,021,400	
採光スクリーン	1,874,800	652,800	
レースドレープスクリーン	1,652,200	659,600	
和紙スクリーン	1,565,400	713,500	
合計	96,144,000	34,871,300	

重点分析　利益分析　売上傾向

●シート「売上傾向」

売上高推移

単位：円

	2017年度	2018年度	2019年度	2020年度	2021年度
4月	3,632,900	3,814,540	4,402,220	4,274,000	7,705,910
5月	4,195,770	4,405,550	5,084,280	4,936,200	5,378,840
6月	4,860,000	5,103,000	5,889,170	5,717,650	5,246,880
7月	4,964,630	5,212,860	6,015,970	5,840,750	5,997,640
8月	3,981,270	4,180,330	4,824,360	4,683,850	5,974,480
9月	4,888,300	5,132,720	5,923,470	5,750,950	5,950,560
10月	5,501,320	5,776,390	6,666,310	6,472,150	6,536,990
11月	5,947,360	6,244,730	7,206,800	6,996,900	11,707,820
12月	8,110,990	8,516,540	9,828,620	9,542,350	12,127,040
1月	7,352,960	7,720,610	8,910,060	8,650,550	11,232,400
2月	6,012,050	6,312,660	7,285,190	7,073,000	9,022,450
3月	6,723,880	7,060,070	8,147,760	7,910,450	9,262,990
合計	66,171,430	69,480,000	80,184,210	77,848,800	96,144,000

重点分析　利益分析　売上傾向

Challenge

模擬試験

第1回 模擬試験 問題

解答▶別冊P.18

本試験は、試験プログラムを使ったネット試験です。
本書の模擬試験は、試験プログラムを使わずに操作します。

知識科目

試験時間の目安:5分

本試験の知識科目は、データ活用分野と共通分野から出題されます。
本書では、データ活用分野の問題のみを取り扱っています。共通分野の問題は含まれません。

問題 1

あなたは精密部品を製造する工場に勤務しています。得意先から注文を受けた部品を製造し、得意先に発送しました。このような業務プロセスを何といいますか。次の中から選びなさい。

1 受注
2 納品
3 検品

問題 2

あなたが販売を担当する商品の今月の売上額について、前年同期比を報告することになりました。このときの正しい計算式を、次の中から選びなさい。

1 今月の売上額 ÷ 前年同月の売上額 × 100
2 今月の売上額 ÷ 今年の売上合計額 × 100
3 今月の売上額 ÷ 前年の売上合計額 × 100

問題 3

あなたが勤務する商店では、消費税は小数を切り捨てて計算します。あなたの商店で消費税を表計算ソフトで求めるときに使う関数はどれですか。次の中から選びなさい。

1 ROUNDDOWN関数
2 ROUNDUP関数
3 ROUND関数

問題 4

クロスSWOT分析の説明として正しいものを、次の中から選びなさい。

1 品質管理で多く利用されている分析手法
2 販売戦略の立案や在庫管理で多く利用されている分析手法
3 課題解決で多く利用されている分析手法

問題 5

あなたが勤務する商店で、新商品を500円で仕入れて、20%の利益率で販売します。販売価格はいくらですか。次の中から選びなさい。

1 600円
2 625円
3 640円

■ **問題 6** 表計算ソフトで作成した表を印刷しようとしたところ、複数ページにわたっているため、ページ番号を印刷したいと思います。このときに使う最も適切な設定はどれですか。次の中から選びなさい。

1 ヘッダー／フッター
2 余白
3 印刷範囲

■ **問題 7** 限界利益を求める式を、次の中から選びなさい。

1 売上高 － 固定費
2 売上高 － 変動費
3 売上高 － 仕入値

■ **問題 8** あなたは上司より、商品販売実績から顧客の年代層別の割合がわかるグラフを作成するように指示されました。このときに作成する最も適切なグラフを、次の中から選びなさい。

1 複合グラフ
2 散布図
3 円グラフ

■ **問題 9** 売上などのデータを共有してさまざまな切り口で集計・分析するために最も適切な保存方法を、次の中から選びなさい。

1 最小単位のデータのまま保存する。
2 部門ごとに集計されたデータとして保存する。
3 商品ごとに集計されたデータとして保存する。

■ **問題 10** 一般に、製造業において製品の（　　　　）を下げることは、企業利益の増大に結び付きます。
（　　　　）に入る最も適切な語句を、次の中から選びなさい。

1 利益率
2 在庫数
3 製造原価

実技科目　試験時間の目安：40分

本試験の実技科目は、試験プログラムを使って出題されます。
本書では、試験プログラムを使わずに操作します。

あなたは、あるデパートの地下食品売場に勤務しており、冷凍食品売場の販売管理を担当しています。このたび、**「夏期の商品構成、男性客・女性客へのアプローチ」**などの見直しを、来週の会議で報告するよう上司より命じられました。
あなたが作成する書類は、次の3点です。
1. 男性・女性の性別ごとの年代別売上管理表を作成する。
2. 商品の売上高と粗利益の分析を行う。
3. 分析結果をまとめる。

以下、各問の指示に従い、資料を作成しなさい。

なお、資料作成にあたっては、**「ドキュメント」**内のフォルダー**「日商PC　データ活用2級Excel2019／2016」**内のフォルダー**「模擬試験」**にある**「売上データ」**（注）、**「販売管理表」**の2つのExcelファイルを使用しなさい。

また、特に指定のない限り、数値には以下の書式設定を行ってください。
- 数値には、表示桁数や単位に関係なく、桁区切り（,）を設定すること。
- 金額を示す数値は、整数として表すこと。
- 割合を示す数値は、小数点第1位まで表すこと。

（注）
ファイル**「売上データ」**には、以下のデータが含まれています。
1）シート**「売上データ」**
- 先月（1か月間）の売上データです。

2）シート**「商品マスター」**
- 当売場で扱う商品のマスターデータです。

3）シート**「顧客マスター」**
- 4店舗の顧客のマスターデータです。

4）シート**「店舗マスター」**
- 店舗のマスターデータです。

問題1

このたび年代別の売上に着目した分析を行うこととなった。ファイル**「売上データ」**のデータをもとにして、性別ごとに分け、売上高、売上原価、粗利益、一人あたり売上高、一人あたり粗利益がわかる表を作成しなさい。その際、以下の指示に従うこと。

（指示）
- ファイル**「販売管理表」**のシート**「売上管理」**に作成すること。
- 作成後、ファイルを上書き保存すること。

問題2

洋食について、商品ごとの売上高と粗利益率の関係に着目した分析を行うこととなった。ファイル「**売上データ**」のデータをもとに、洋食の商品別販売管理表を完成させたあと、横軸に売上高、縦軸に粗利益率をとった散布図を作成しなさい。その際、以下の指示に従うこと。

（表の指示）
- ファイル「**販売管理表**」のシート「**商品別販売管理**」を利用すること。
- 「**売上高の降順**」に並べ替えること。

（グラフの指示）
- グラフのタイトルは「**商品別粗利益率の分布**」とすること。
- 横軸の単位として「**（売上高：円）**」、縦軸の単位として「**（粗利益率：%）**」とすること。
- 凡例は表示しないこと。
- 横軸・縦軸ともに目盛線を表示すること。
- 横軸の目盛線は、最小値を0、最大値を70,000、目盛間隔を35,000とすること。
- 縦軸の目盛線は、最小値を45.0、最大値を65.0、目盛間隔を10.0とすること。
- グラフは、表の下側に配置すること。
- 作成後、ファイルを上書き保存すること。

問題3

これまでの分析結果をもとに、次の文章の空欄を適当な語句や数値で埋め、文章を完成させなさい。
※❶～❿については、選択肢の一覧より選択すること。

「性別ごとの年代別売上管理」表をみると、一人あたりの売上高が高いのは［❶］で、次に高いのは［❷］である。一人あたり粗利益が一番低いのは［❸］で、2番目は［❹］、3番目は［❺］であり、これらの顧客層にアピールできる商品を検討する必要があろう。
売上高ごとの商品別粗利益率の分布をみると、売上高は高いが、粗利益率が55%を切る商品は［❻］のエリアに分布しており、その商品数は［❼］商品である。
ナポリタンと海老と貝柱のクリームパスタについて検討すると、前者は［❽］、後者は［❾］のエリアに位置していることから、粗利益率を向上させる必要があるのは、［❿］である。

（選択肢）

❶	20代女性	40代女性	50代女性	60代女性
❷	20代男性	30代女性	40代男性	70代女性
❸	20代女性	20代男性	30代男性	50代男性
❹	20代女性	20代男性	50代女性	70代男性
❺	20代男性	30代男性	40代女性	70代男性
❻	右上	右下	左上	左下
❼	1	2	3	4
❽	右上	右下	左上	左下
❾	右上	右下	左上	左下
❿	ナポリタン		海老と貝柱のクリームパスタ	

ファイル「売上データ」の内容

●シート「売上データ」

	A	B	C	D	E	F	G
1	売上No.	商品コード	販売数量（個）	顧客コード	店舗コード		
2	BRUN00001	C1123	1	04DSA1715	BRUN04		
3	BRUN00002	E1142	2	03DSA1234	BRUN03		
4	BRUN00003	E1141	2	04DSA1703	BRUN04		
5	BRUN00004	H3177	1	03DSA1221	BRUN03		
6	BRUN00005	G3168	2	04DSA1238	BRUN04		
7	BRUN00006	J1193	2	04DSA1603	BRUN04		
3017	BRUN03016	D2134	2	03DSA1504	BRUN03		
3018	BRUN03017	J1192	1	04DSA1420	BRUN04		
3019	BRUN03018	C1122	2	04DSA1212	BRUN04		
3020	BRUN03019	A1101	1	03DSA1211	BRUN03		
3021	BRUN03020	A1102	3	04DSA1124	BRUN04		
3022							

各シートについて ｜ 売上データ ｜ 商品マスター ｜ 顧客マスター ｜ 店舗マスター

●シート「商品マスター」

	A	B	C	D	E	F
1	商品コード	商品名	販売コーナー	販売単価（円）	仕入単価（円）	
2	A1101	ひじきごはん(3人前)	和食	428	213	
3	A1102	讃岐うどん（3人前）	和食	198	88	
4	B1112	野菜いっぱいポモドーロ	洋食	347	190	
5	B1113	ベーコン＆チーズパスタ	洋食	328	153	
6	B2114	讃岐うどん（5人前）	和食	268	140	
7	B2115	肉うどん（3人前）	和食	368	191	
45	J1192	アスパラとベーコンピラフ	洋食	425	188	
46	J1193	小海老とアスパラのドリア	洋食	358	194	
47	J2194	チキンとグリル茄子欧風	洋食	338	184	
48	J2195	ハンバーグ野菜いろいろ	洋食	447	196	
49	J2196	ビーフシチュートロピカル	洋食	628	306	
50						

各シートについて ｜ 売上データ ｜ 商品マスター ｜ 顧客マスター ｜ 店舗マスター

●シート「顧客マスター」

	A	B	C	D	E	F	G	H	I	J
1	顧客コード	年齢	性別							
2	02DSA1103	65	女性							
3	02DSA1106	62	女性							
4	02DSA1107	45	男性							
5	02DSA1114	56	男性							
6	02DSA1120	30	女性							
7	02DSA1123	50	男性							
1032	05DSA1917	29	男性							
1033	05DSA1918	50	男性							
1034	05DSA1919	37	女性							
1035	05DSA1920	67	女性							
1036	05DSA1921	37	男性							
1037										

各シートについて ｜ 売上データ ｜ 商品マスター ｜ 顧客マスター ｜ 店舗マスター

●シート「店舗マスター」

	A	B	C	D	E	F	G
1	店舗コード	店舗名					
2	BRUN02	バルーン境町店					
3	BRUN03	バルーン橋店					
4	BRUN04	バルーン中央町店					
5	BRUN05	バルーン新町店					
6							

各シートについて｜売上データ｜商品マスター｜顧客マスター｜店舗マスター

※そのほか、ファイル内には各シートの概略が表示されているシート「各シートについて」が含まれます。

ファイル「販売管理表」の内容

●シート「売上管理」

	A	B	C	D	E	F	G	H	I	J	K	L	M
1	性別ごとの年代別売上管理												
2		男性						女性					
3		20代	30代	40代	50代	60代	70代	20代	30代	40代	50代	60代	70代
4	売上高（円）												
5	売上原価（円）												
6	粗利益（円）												
7	顧客数（人）	23	43	52	38	41	11	30	64	65	66	84	35
8	一人あたり売上高（円）												
9	一人あたり粗利益（円）												
10													

売上管理｜商品別販売管理

●シート「商品別販売管理」

	A	B	C	D	E	F	G	H
1	冷凍食品（洋食）の商品別販売管理表							
2	商品コード	商品名	販売コーナー	売上高（円）	売上原価（円）	売上構成比（%）	粗利益（円）	粗利益率（%）
3	B1112	野菜いっぱいポモドーロ	洋食					
4	B1113	ベーコン＆チーズパスタ	洋食					
5	C1121	たらこといかのパスタ	洋食					
6	D1132	なす入りミートソース	洋食					
7	D1133	海老と貝柱のクリームパスタ	洋食					
8	D2134	ナポリタン	洋食					
9	H2174	魚介とトマトペスカトーレ	洋食					
10	H2175	ほうれん草とベーコンパスタ	洋食					
11	H2176	オムライス	洋食					
12	H3177	完熟トマトのチキンライス	洋食					
13	J1191	夏野菜のドライカレー	洋食					
14	J1192	アスパラとベーコンピラフ	洋食					
15	J1193	小海老とアスパラのドリア	洋食					
16	J2194	チキンとグリル茄子欧風	洋食					
17	J2195	ハンバーグ野菜いろいろ	洋食					
18	J2196	ビーフシチュートロピカル	洋食					
19								
20								

売上管理｜商品別販売管理

第2回 模擬試験 問題

解答 ▶ 別冊P.24

本試験は、試験プログラムを使ったネット試験です。
本書の模擬試験は、試験プログラムを使わずに操作します。

知識科目

試験時間の目安:5分

本試験の知識科目は、データ活用分野と共通分野から出題されます。
本書では、データ活用分野の問題のみを取り扱っています。共通分野の問題は含まれません。

問題 1

あなたは、ある製品のメーカーに勤務しています。このたび、製品開発のための資材を購入しました。このような業務プロセスを何といいますか。次の中から選びなさい。

1　製造
2　仕入
3　発注

問題 2

あなたは上司から全商品の売上のうち、ある商品の売上が占める割合を求めるように指示されました。あなたが求める値を、次の中から選びなさい。

1　前年同期比
2　売上構成比
3　構成比率累計

問題 3

表計算ソフトで、繰り返し行われる作業を自動化するために使われる機能はどれですか。次の中から選びなさい。

1　XML
2　IF関数
3　マクロ

問題 4

税込価格が5,500円の商品を20%値引きしたとき、本体価格はいくらになりますか。次の中から選びなさい。消費税率は10%とします。

1　4,400円
2　4,000円
3　6,000円

問題 5

あなたは上司から、上位10件の得意客について売上順位と売上金額を報告するように指示されました。このときに使う表計算ソフトの関数はどれですか。次の中から選びなさい。

1　RANK関数
2　IF関数
3　MAX関数

■ **問題 6** 損益分岐点を求める式を、次の中から選びなさい。

1　損益分岐点　＝　固定費　÷　（　1　－　変動費　÷　売上高　）
2　損益分岐点　＝　固定費　÷　売上高　×　100
3　損益分岐点　＝　限界利益　÷　売上高　×　100

■ **問題 7** あなたは上司から、商品の売上データを利用して、毎月の売上額の変化をグラフで報告するように指示されました。このときに作成する最も適切なグラフを、次の中から選びなさい。

1　レーダーチャート
2　積み上げ棒グラフ
3　折れ線グラフ

■ **問題 8** 問題発見に使われる手法の「3C分析」において、「3C」が意味する言葉の組み合わせとして正しいものを、次の中から選びなさい。

1　Customer（顧客）、Competitor（競合）、Company（自社）
2　Customer（顧客）、Company（自社）、Cooperation（協力）
3　Customer（顧客）、Construction（構築）、Cooperation（協力）

■ **問題 9** 販売部門では、商品の販売数が増えたときでも一定の（　　　　）を節約することが利益の増大に効果的です。
（　　　　）に入る適切な語句を次の中から選びなさい。

1　損益分岐点
2　固定費
3　限界利益

■ **問題 10** 収益から費用を差し引いた金額を利益として表示する報告書で、企業の一定期間における経営成績を明らかにするものは何ですか。次の中から選びなさい。

1　貸借対照表
2　損益計算書
3　試算表

実技科目　　試験時間の目安:40分

本試験の実技科目は、試験プログラムを使って出題されます。
本書では、試験プログラムを使わずに操作します。

あなたは、あるスポーツ用品販売会社の営業部に勤務しています。6月は売上実績が低下することから、スポーツシューズの販売強化キャンペーンを実施しました。
あなたは6月の売上実績を分析し、来週開催される営業会議のための資料を作成することになりました。

以下、各問の指示に従い、資料を作成しなさい。

なお、資料作成にあたっては、「ドキュメント」内のフォルダー「日商PC　データ活用2級 Excel2019／2016」内のフォルダー「模擬試験」にある「販売データ」（注）、「販売集計」の2つのファイルを使用しなさい。

また、特に指定のない限り、数値には以下の書式設定を行ってください。
・数値には表示桁数や単位に関係なく、桁区切り（,）を設定すること。
・金額を示す数値は、整数として表すこと。
・割合を示す数値は、小数点第1位まで表すこと。

（注）
ファイル「販売データ」には、以下のデータが含まれています。
1）シート「2021年6月実績」
　・2021年6月の販売実績データです。
2）シート「商品マスター」
　・各商品のメーカーおよび仕入単価、販売単価のデータです。
3）シート「2020年6月売上集計」
　・2020年6月のメーカーごとの売上集計です。

問題1

「**2021年6月実績**」と「**商品マスター**」、「**2020年6月売上集計**」の各データを使い、メーカーごとの売上高、売上原価、粗利益、粗利益率、前年同期比をファイル「**販売集計**」のシート「**売上集計**」に集計しなさい。なお、集計にあたっては、以下の指示に従うこと。

（指示）
- 6月の販売強化キャンペーンでは、販売単価を18%引きとし、100円未満を四捨五入した値で計算すること。
- 表のタイトルは、「**販売強化キャンペーン売上実績**」とすること。
- 作成後、ファイルを上書き保存すること。

問題2

スポーツシューズの取扱商品の見直しを行うために、ABC分析を行うこととなった。ファイル「**販売データ**」のデータをもとに、商品別に売上高の構成がわかる表を作成したあと、パレート図を作成しなさい。その際、以下の指示に従うこと。

（表の指示）
- ファイル「**販売集計**」のシート「**ABC分析**」を利用すること。
- ランクは、構成比率累計が70%までを「**A**」、90%までを「**B**」、100%までを「**C**」とすること。

（グラフの指示）
- グラフのタイトルは、「**スポーツシューズ商品別ABC分析グラフ**」とすること。
- 左側の縦軸の単位として「**（売上高：円）**」、右側の縦軸の単位として「**（構成比率累計：%）**」と表示すること。
- 右側の縦軸の最大値を100とすること。
- 凡例は表示しないこと。
- グラフは「**スポーツシューズ商品別ABC分析表**」の下側に配置すること。
- 作成後、ファイルを上書き保存すること。

問題3

これまでの集計、分析結果をもとに、次の文章の空欄を適当な語句や数値で埋め、文章を完成させなさい。

※❶❸❺❼❽❾❿については、選択肢の一覧より選択すること。

メーカー別の売上高は［❶］が［❷］円と最も大きい。粗利益率を見ると［❸］が最も大きく［❹］%である。前年同期比を見ると最も伸びたのは［❺］で［❻］%となっている。
スポーツシューズ商品別ABC分析表によると［❼］から［❽］までの商品で売上の7割を占めている。したがって、これらの商品の品揃えを重点的に行うことが望ましい。また、［❾］から［❿］までの商品は売上に占める割合が低く、今後商品の取り扱い中止などについて検討する必要がある。

（選択肢）

❶	サンエー	クリスタル	サワムラ
	フォルダー	マイケル	ピレネー

❸	サンエー	クリスタル	サワムラ
	シンフォニー	グッド	マイケル

❺	サンエー	クリスタル	サワムラ
	ビジャイ	マイケル	フォルダー

❼	サンライズランナー	カールトラック	サワムラストライカー
	プリンスマウンテン	プライズアウトドア	マックルウィング

❽	サンセットランナー	カールロード	プリンスアウトドアー
	グッドアワーエアー	マックルウィング	マックルロードランナー

❾	カールトラック	サワムラストライカー	リゾルアップシューズ
	グッドアワーロード	マックルウィング	マックルロードランナー

❿	サンセットランナー	サワムラストライカー	マルケラスシュート
	プライズアウトドア	マックルウィング	マウンターオーシャン

ファイル「販売データ」の内容

●シート「2021年6月実績」

	A	B	C
1	日付	商品コード	売上数量
2	6/1	S1001	3
3	6/1	S1002	7
4	6/1	SM0301	4
5	6/1	SM0021	4
6	6/1	P2211	1
7	6/1	BJ011	2
300	6/30	P2211	2
301	6/30	P3314	2
302	6/30	BJ011	1
303	6/30	F00221	7
304	6/30	MKM0041	2
305			

各シートについて　2021年6月実績　商品マスター　2020年6月売上集計

●シート「商品マスター」

	A	B	C	D	E
1	商品コード	商品名	メーカー名	仕入単価（円）	販売単価（円）
2	S1001	サンライズランナー	サンエー	3,780	7,000
3	S1002	サンセットランナー	サンエー	6,615	12,380
4	K2213	カールトラック	クリスタル	4,794	9,600
5	K3222	カールロード	クリスタル	2,499	5,100
6	SM0301	サワムラストライカー	サワムラ	13,214	22,920
7	SM0021	マルケラスシュート	サワムラ	14,160	24,800
8	P2211	プリンスマウンテン	シンフォニー	3,908	7,840
9	P2514	プリンスアウトドアー	シンフォニー	4,282	8,200
10	P3314	プリンスフィールド	シンフォニー	5,565	9,950
11	BJ011	リゾルアップシューズ	ビジャイ	3,950	7,900
12	F00221	プライズアウトドア	フォルダー	3,954	8,200
13	F01331	プライズライトランナー	フォルダー	3,972	8,450
14	GO891	グッドアワーロード	グッド	2,252	4,800
15	GO711	グッドアワースプリント	グッド	2,718	5,750
16	GO927	グッドアワーエアー	グッド	3,332	6,800
17	MKM0023	マックルスプリンター	マイケル	9,240	16,800
18	MKM0035	マックルウィング	マイケル	10,514	19,480
19	MKM0041	マックルロードランナー	マイケル	5,880	10,600
20	PR003	マウンターアズール	ピレネー	4,489	8,470
21	PR006	マウンターオーシャン	ピレネー	1,981	3,790
22					

各シートについて　2021年6月実績　商品マスター　2020年6月売上集計

●シート「2020年6月売上集計」

	A	B
1	メーカー名	売上高（円）
2	サワムラ	2,434,020
3	クリスタル	1,517,750
4	サンエー	1,158,580
5	フォルダー	1,084,860
6	シンフォニー	695,030
7	マイケル	534,410
8	グッド	355,650
9	ビジャイ	153,510
10	ピレネー	133,970
11	合計	8,067,780
12		

各シートについて　2021年6月実績　商品マスター　2020年6月売上集計

※そのほか、ファイル内には各シートの概略が表示されているシート「各シートについて」が含まれます。

ファイル「販売集計」の内容

●シート「売上集計」

	A	B	C	D	E	F	G	H
1								
2	メーカー名	売上高（円）	売上原価（円）	粗利益（円）	粗利益率（%）	前年度売上高（円）	前年同期比（%）	
3	サンエー							
4	クリスタル							
5	サワムラ							
6	シンフォニー							
7	ビジャイ							
8	フォルダー							
9	グッド							
10	マイケル							
11	ピレネー							
12	合計							
13								

売上集計　ABC分析

●シート「ABC分析」

	A	B	C	D	E	F	G
1	スポーツシューズ商品別ABC分析表						
2	商品名	売上高（円）	構成比（%）	構成比率累計（%）	ランク		
3							
4							
5							
6							
7							
8							
9							
10							
11							
12							
13							
14							
15							
16							
17							
18							
19							
20							
21							
22							
23	合計			－	－		
24							

売上集計　ABC分析

第3回 模擬試験 問題

解答▶別冊P.31

本試験は、試験プログラムを使ったネット試験です。
本書の模擬試験は、試験プログラムを使わずに操作します。

知識科目

試験時間の目安：5分

本試験の知識科目は、データ活用分野と共通分野から出題されます。
本書では、データ活用分野の問題のみを取り扱っています。共通分野の問題は含まれません。

問題 1

あなたはある会社の販売部門に勤務しています。期末になり、棚卸しを行うことになりました。棚卸しについての説明として正しいものを、次の中から選びなさい。

1　今期の利益総額を計算すること。
2　実際の在庫量を調べること。
3　帳簿上の販売数量を合計すること。

問題 2

あなたが勤務する会社は、一定期間ごとに在庫数を確認して、不足分を発注します。
この発注方式を、次の中から選びなさい。

1　定量発注方式
2　定常発注方式
3　定期発注方式

問題 3

上司より、売上高の高い商品を選別し、販売戦略を立てるための資料を作成するように指示されました。最も適切な手法を、次の中から選びなさい。

1　ABC分析
2　3C分析
3　利益分析

問題 4

売上高が1,000千円、変動費400千円、固定費200千円、限界利益600千円のとき、費用はどれですか。次の中から選びなさい。

1　400千円
2　500千円
3　600千円

問題 5

あなたは上司から、今年4月の売上高を基準にした毎月の伸び率や落ち込み率をグラフで報告するように指示されました。このときに作成する適切なグラフを、次の中から選びなさい。

1　レーダーチャート
2　パレート図
3　ファンチャート

■ 問題 6

利益率を求める式はどれですか。次の中から選びなさい。

1 利益率(%) ＝ 利益 ÷ 売上高 × 100

2 利益率(%) ＝ 利益 ÷ 原価 × 100

3 利益率(%) ＝ 利益 ÷ 限界利益 × 100

■ 問題 7

表計算ソフトで、ほかのアプリケーションソフトで作成した既存のデータを取り込む作業を何と呼びますか。次の中から選びなさい。

1 インポート

2 エンコード

3 エクスポート

■ 問題 8

QC七つ道具に含まれない手法はどれですか。次の中から選びなさい。

1 パレート図

2 散布図

3 ピボットテーブル

■ 問題 9

情報の漏えいを防止するために利用する電子認証のうち、公開鍵暗号方式で暗号化するときに使用する鍵を、次の中から選びなさい。

1 公開鍵

2 秘密鍵

3 共通鍵

■ 問題 10

あなたは上司から、全売上の明細データを利用して特定の得意先に販売した売上金額のデータを抜き出して報告するように指示されました。このときに使う最も適切な表計算ソフトの機能はどれですか。次の中から選びなさい。

1 フィルター

2 並べ替え

3 VLOOKUP関数

実技科目

試験時間の目安:40分

本試験の実技科目は、試験プログラムを使って出題されます。
本書では、試験プログラムを使わずに操作します。

あなたは、あるファッション卸販売業者のバッグ部門に勤務しています。今回、上司から2020年度の売上を分析した資料を作成し、2019年度と2020年度の売上から2021年度第1四半期の売上予測をするように指示されました。
あなたが今日行う仕事は、次の3点です。
1. 2020年度の売上を支店ごとに集計した売上集計表を作成する。
2. 2021年度第1四半期の売上予測をするために近似曲線入りのグラフを作成する。
3. 1.および2.で集計、分析した結果をまとめる。

以下、各問の指示に従い、資料を作成しなさい。

なお、資料作成にあたっては、**「ドキュメント」**内のフォルダー**「日商PC データ活用2級Excel2019／2016」**内のフォルダー**「模擬試験」**にある**「商品売上データ」**(注)、**「売上集計」**の2つのExcelファイルを使用しなさい。

また、特に指定のない限り、数値には以下の書式設定を行ってください。
・数値には、表示桁数や単位に関係なく、桁区切り(,)を設定すること。
・金額を示す数値は、整数として表すこと。
・割合を示す数値は、小数点第1位まで表すこと。

(注)
ファイル**「商品売上データ」**には、以下のデータが含まれています。
1) シート**「2020年度売上」**
・2020年度の売上データです。
2) シート**「支店コード」**
・支店コードと支店名の一覧です。
3) シート**「商品コード」**
・商品コードと商品名、販売価格の一覧です。

問題1

2020年の売上実績を、支店ごとに整理することになった。ファイル**「商品売上データ」**をもとに、毎月の売上高の実績、合計、前年度比を求めなさい。その際、以下の指示に従うこと。

(指示)
・ファイル**「売上集計」**のシート**「2020年度売上集計」**を利用すること。
・作成後、ファイルを上書き保存すること。

問題2

2019年度および2020年度の全売上高の実績をもとに、2021年度第1四半期の売上予測をすることになった。ファイル「**売上集計**」の2019年度と2020年度の売上高から、予測するのに必要な表およびグラフを作成しなさい。その際、以下の指示に従うこと。

（表の指示）
・ファイル「**売上集計**」のシート「**2021年度売上予測**」を利用すること。

（グラフの指示）
・四半期ごとの全売上高を比較する縦棒グラフを作成すること。
・グラフのタイトルは「**全支店売上高推移**」とすること。
・縦軸の単位として「**（単位：千円）**」と表示すること。
・凡例は表示しないこと。
・グラフは、表の下側に配置すること。
・近似曲線「**線形近似**」を追加し、グラフに数式およびR-2乗値を表示すること。
・作成後、ファイルを上書き保存すること。

問題3

これまでの集計、分析結果をもとに、次の文章の空欄を適当な語句や数値で埋め、文章を完成させなさい。
※ ❼❽❿については、選択肢の一覧より選択すること。

2020年度の売上を集計したところ、最も高かったのは［❶］支店で、最も低かったのは［❷］支店であった。また、前年度比が最も高かったのは［❸］支店で［❹］%であった。一方、［❺］支店と［❻］支店は前年度比が100%を下回った。全支店では前年度比は100%を［❼］。
2019年度第1四半期～2021年度第1四半期の近似曲線より、この期間における全支店売上高推移は、［❽］であることがわかる。また、近似曲線のR-2乗値は［❾］となり、2021年度第1四半期の売上予測は、基準値である0.5を［❿］。

（選択肢）

❼	上回った	下回った	割り込んだ
❽	上昇傾向	下降傾向	横ばい

❿	上回っているので使用できる	下回っているので使用できない

ファイル「商品売上データ」の内容

●シート「2020年度売上」

	A	B	C	D	E
1	日付	商品コード	販売数量	顧客コード	支店コード
2	2020/4/1	B002	36	2003	301
3	2020/4/1	A010	40	1002	201
4	2020/4/1	C007	27	3003	301
5	2020/4/1	A001	40	1005	501
6	2020/4/2	A015	19	1001	101
7	2020/4/2	C009	16	3002	201
…	…	…	…	…	…
…	202…	C00…	39	…003	301
1428	2021/3/30	B003	19	2004	401
1429	2021/3/30	A001	30	1005	501
1430	2021/3/31	B010	34	2002	201
1431	2021/3/31	A001	32	1001	101
1432	2021/3/31	C006	35	3004	401
1433					

各シートについて　2020年度売上　支店コード　商品コード

●シート「支店コード」

	A	B
1	支店コード	支店名
2	101	札幌
3	201	東京
4	301	名古屋
5	401	大阪
6	501	福岡
7		

各シートについて　2020年度売上　支店コード　商品コード

●シート「商品コード」

	A	B	C
1	商品コード	商品名	販売価格
2	A001	メンズ　ショルダーバッグTS-01	6,800
3	A002	メンズ　ショルダーバッグTS-02	6,800
4	A003	メンズ　ショルダーバッグKE121	7,280
5	A004	メンズ　ショルダーバッグTK80	7,580
6	A005	メンズ　ショルダーバッグSS100	9,800
7	A006	メンズ　アタッシュケースAS7000	12,800
8	A007	メンズ　アタッシュケースHS4000S	13,800
9	A008	メンズ　アタッシュケースHK6500E	15,800
10	A009	メンズ　ボストンバッグBB01	8,000
11	A010	メンズ　ボストンバッグBB02	8,000
12	A011	メンズ　ボストンバッグBB03	8,000
13	A012	メンズ　ボストンバッグBB04	8,000
14	A013	メンズ　メッセンジャーバッグMB-001B	7,500
15	…	…	…
…	C008	リュッ…ク（…）	6,75…
41	C009	リュックサック（オレンジ）	6,750
42	C010	リュックサック（グリーン）	6,750
43	C011	ウエストバッグ（ゴールド）	2,480
44	C012	ウエストバッグ（シルバー）	2,480
45	C013	ウエストバッグ（ホワイト）	2,480
46			

各シートについて　2020年度売上　支店コード　商品コード

※そのほか、ファイル内には各シートの概略が表示されているシート「各シートについて」が含まれます。

ファイル「売上集計」の内容

●シート「2019年度売上集計」

2019年度月間売上高

単位：千円

	第1四半期				第2四半期				第3四半期				第4四半期				合計
	4月	5月	6月	計	7月	8月	9月	計	10月	11月	12月	計	1月	2月	3月	計	
札幌	3,414	3,644	3,546	10,604	3,061	2,921	3,371	9,352	2,978	3,306	3,095	9,380	3,353	3,324	3,425	10,101	39,437
東京	5,036	4,629	5,083	14,747	4,200	4,305	6,095	14,599	4,700	5,499	4,380	14,579	5,229	5,194	5,152	15,575	59,500
名古屋	3,197	3,616	3,486	10,299	3,701	3,490	4,259	11,451	3,431	3,867	3,708	11,005	3,757	3,844	3,680	11,281	44,036
大阪	4,466	4,267	4,789	13,522	4,868	4,972	4,878	14,718	4,829	4,372	4,445	13,647	4,036	4,540	5,062	13,639	55,525
福岡	3,482	2,842	3,443	9,768	2,809	3,429	3,051	9,289	3,274	3,653	3,605	10,532	3,383	3,070	3,291	9,744	39,333
合計	19,595	18,999	20,347	58,941	18,639	19,116	21,654	59,409	19,212	20,697	19,233	59,143	19,757	19,971	20,611	60,339	237,832

2019年度売上集計 | 2020年度売上集計 | 2021年度売上予測

●シート「2020年度売上集計」

2020年度月間売上高

単位：千円

	第1四半期				第2四半期				第3四半期				第4四半期				合計	前年度比
	4月	5月	6月	計	7月	8月	9月	計	10月	11月	12月	計	1月	2月	3月	計		(%)
札幌																		
東京																		
名古屋																		
大阪																		
福岡																		
合計																		

2019年度売上集計 | 2020年度売上集計 | 2021年度売上予測

●シート「2021年度売上予測」

売上高実績データ

単位：千円

	2019年度				2020年度			
	第1四半期	第2四半期	第3四半期	第4四半期	第1四半期	第2四半期	第3四半期	第4四半期
札幌								
東京								
名古屋								
大阪								
福岡								
合計								

2019年度売上集計 | 2020年度売上集計 | 2021年度売上予測

実技科目　ワンポイントアドバイス

1　実技科目の注意事項

日商PC検定試験は、インターネットを介して実施され、受験者情報の入力から試験の実施まで、すべて試験会場のPCを操作して行います。また、実技科目では、日商PC検定試験のプログラム以外に、表計算ソフトのExcelを使って解答します。
原則として、試験会場には自分のPCを持ち込むことはできません。慣れない環境で失敗しないために、次のような点に気を付けましょう。

❶ PCの環境を確認する

試験会場によって、PCの環境は異なります。
現在、実技科目で使用できるExcelのバージョンは2013、2016、2019のいずれかで、試験会場によって異なります。
また、PCの種類も、デスクトップ型やノートブック型など、試験会場によって異なります。ノートブック型のPCの場合には、キーボードにテンキーがないこともあるため、数字の入力に戸惑うかもしれません。試験を開始してから戸惑わないように、事前に試験会場にアプリケーションソフトのバージョンや、PCの種類などを確認してから申し込むようにしましょう。
試験会場で席に着いたら、使用するPCの環境が申し込んだときの環境と同じであるか確認しましょう。
また、試験会場で使用するExcelは、普段使っている環境と同じとは限りません。
画面の解像度によってはリボンの表示の仕方が異なるなど、試験会場のPCによって設定が異なることがあります。自分の使いやすいように設定したいときは、試験官の許可をもらうようにしましょう。試験前に勝手にPCに触れると不正行為とみなされることもあるため、注意しましょう。

❷ 受験者情報は正確に入力する

試験が開始されると、受験者の氏名や生年月日といった受験者情報の入力画面が表示されます。ここで入力した内容は、試験結果とともに受験者データとして残るので、正確に入力します。
また、氏名と生年月日は本人確認のもととなるとともに、デジタル合格証にも表示されるので入力を間違えないように、十分注意しましょう。
これらの入力時間は、試験時間に含まれないので、落ち着いて対応しましょう。

❸ 使用するアプリケーションソフト以外は起動しない

試験が開始されたら、指定のアプリケーションソフト以外を起動すると、試験プログラムが誤動作したり、正しい採点が行われなくなったりする可能性があります。
また、Microsoft EdgeやInternet Explorerなどのブラウザーを起動してインターネットに接続すると、試験の解答につながる情報を検索したと判断されることがあります。
試験中は指定されたアプリケーションソフト以外は起動しないようにしましょう。

2　実技科目の操作のポイント

実技科目の問題は、**「職場の上司からの指示」**が想定されています。その指示を達成するためにどのような機能を使えばよいのか、どのような手順で進めればよいのかといった具体的な作業については、自分で考えながら解答する必要があります。
問題文をよく読んで、具体的にどのような作業をしなければならないのかを素早く判断する力が求められています。
解答を作成するにあたって、次のような点に気を付けましょう。

❶ 問題全体を確認する

データ活用の実技科目の問題には、複数の問が用意されています。まず、実技科目の問題文が表示されたら、全画面で表示して、問題全体を確認しましょう。

※下の画面は、サンプル問題です。実際の試験問題とは異なります。

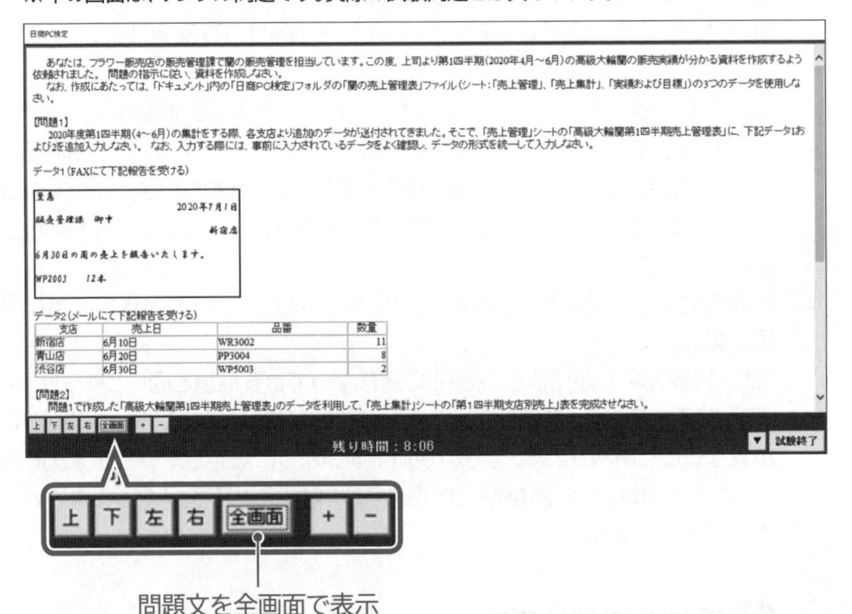

❷ 完成させる表を確認して、集計に必要なデータを判断する

問題文には、集計するための具体的な指示はありません。問題文や完成させる表を確認して、集計作業を行うために必要なデータを素早く判断することが重要です。まず、作業に入る前には、完成させるシートの表を確認して、項目の種類や、項目の位置など、表の構成をよく理解しましょう。
集計に必要なデータがシートに表示されていなければ、ほかのシートからデータをコピーしたり、数式を使ってデータを求めたりして集計を行う準備を整えます。

③ピボットテーブルを使って効率よく集計する

正しく集計できれば、集計するために使用する機能は問われません。しかし、日商PC検定試験 データ活用2級では複数の項目を集計したり、大量のデータを集計したりすることが多く、時間的な制約を考えると、ピボットテーブルを利用することが必須といえるでしょう。

●ピボットテーブル

	A	B	C	D	E	F	G	H	I	J	K	L	M	N
1														
2														
3		列ラベル												
4		⊟男性						⊟女性						総計
5	値	20-29	30-39	40-49	50-59	60-69	70-79	20-29	30-39	40-49	50-59	60-69	70-79	
6	合計 / 売上高	81779	118812	176960	126207	140965	34351	109130	251109	210106	215145	333748	129039	1927351
7	合計 / 売上原価	38472	55966	83202	59198	65706	16010	51000	118148	99255	100905	156398	61413	905673
8														
9														
10														

必要なデータをコピー

●完成させる表

	A	B	C	D	E	F	G	H	I	J	K	L	M
1	性別ごとの年代別売上管理												
2		男性						女性					
3		20代	30代	40代	50代	60代	70代	20代	30代	40代	50代	60代	70代
4	売上高（円）												
5	売上原価（円）												
6	粗利益（円）												
7	顧客数（人）	23	43	52	38	41	11	30	64	65	66	84	35
8	一人あたり売上高（円）												
9	一人あたり粗利益（円）												
10													

④完成させる表の構成を崩さない

集計結果を別の表に貼り付ける場合、集計結果と貼り付け先の項目の並び順が一致していることを確認しましょう。
また、貼り付け先の表に罫線や塗りつぶしの色が設定されている場合も、罫線や色の設定が崩れないように、値だけを貼り付けるようにしましょう。罫線の種類や色の設定が変更されたり、表の構成が崩れたりすると、減点されることがあるので注意しましょう。
また、表内に行や列を挿入し、あとから非表示にした場合、元の表と同じように見えますが、表の構成は変更されていると判断されます。
ただし、表の構成が崩れないのであれば、空いているセルを計算などに利用しても問題ありません。

⑤数値の書式設定を忘れない

「数値には表示桁数や単位に関係なく、桁区切り（,）を設定」「金額を示す数値は整数」「割合を示す数値は小数点第1位まで表示」などの指示が問題文に記載されていることがあります。よく把握しておき、忘れないように設定しましょう。
また、特に指示がなくても、4桁以上の数値には必ず桁区切りスタイルを設定しましょう。
なお、数値の小数点以下の桁数を調整する場合、特に**「切り捨て」「四捨五入」「切り上げ」**などの指示がなければ、［←.0 .00］（小数点以下の表示桁数を増やす）や［.00 →.0］（小数点以下の表示桁数を減らす）などのボタンや、**《セルの書式設定》**ダイアログボックスを使って設定すると効率的です。

❻ パーセント表示に注意する

割合や比率などを求める場合、数値には「%」の表示が必要です。ただし、表の項目に「粗利益率(%)」などのように入力されている場合は、表内の値に「%」を付ける必要はありません。このような場合は、値を求めるときに、「粗利益÷売上高×100」として求めます。

	A	B	C	D	E	F	G	H	I
1	冷凍食品（洋食）の商品別販売管理表								
2	商品コード	商品名	販売コーナー	売上高（円）	売上原価（円）	売上構成比（%）	粗利益（円）	粗利益率（%）	
3	D1133	海老と貝柱のクリームパスタ	洋食	67,240	33,456	11.8	33,784	50.2	
4	C1121	たらこといかのパスタ	洋食	61,047	30,951	10.7	30,096	49.3	
5	B1112	野菜いっぱいポモドーロ	洋食	58,990	32,300	10.4	26,690	45.2	
6	B1113	ベーコン＆チーズパスタ	洋食	53,464	24,939	9.4	28,525	53.4	
7	D2134	ナポリタン	洋食	46,632	20,706	8.2	25,926	55.6	
8	D1132	なす入りミートソース	洋食	41,912	18,252	7.4	23,660	56.5	
9	J2196	ビーフシチュートロピカル	洋食	34,540	16,830	6.1	17,710	51.3	
10	J1191	夏野菜のドライカレー	洋食	29,640	12,420	5.2	17,220	58.1	
11	J2195	ハンバーグ野菜いろいろ	洋食	28,161	12,348	5.0	15,813	56.2	
12	J1192	アスパラとベーコンピラフ	洋食	24,650	10,904	4.3	13,746	55.8	
13	H3177	完熟トマトのチキンライス	洋食	23,880	9,600	4.2	14,280	59.8	
14	J1193	小海老とアスパラのドリア	洋食	23,628	12,804	4.2	10,824	45.8	
15	H2175	ほうれん草とベーコンパスタ	洋食	21,777	10,065	3.8	11,712	53.8	
16	J2194	チキンとグリル茄子欧風	洋食	19,942	10,856	3.5	9,086	45.6	
17	H2176	オムライス	洋食	17,640	7,336	3.1	10,304	58.4	
18	H2174	魚介とトマトペスカトーレ	洋食	15,552	7,182	2.7	8,370	53.8	
19				568,695	270,949	100.0	297,746	52.4	
20									

❼ 問題文の指示どおりにグラフを作成する

表のデータに誤りがあればグラフにも反映されます。グラフを作成する前には、いったん表のデータを見直しましょう。
グラフのタイトルや凡例、データラベルなどの設定については、問題文の指示どおりに作成します。グラフが完成したら、指示が抜けていないか見直しましょう。

❽ 指示以外の操作は控える

問題文に指示がないのに、見栄えがよいからといって表やグラフを装飾するようなことは控えましょう。
また、シート名を変更したり、シートの表示順序を変更したりすると、採点するシートを特定できなくなり、採点されない可能性があるので控えましょう。

❾ 見直しをする

時間が余ったら、必ず見直しをするようにしましょう。ひらがなで入力しなければいけないのに、漢字に変換していたり、設問をひとつ解答し忘れていたりするなど、入力ミスや単純ミスで点を落としてしまうことも珍しくありません。確実に点を獲得するために、何度も見直して合格を目指しましょう。

❿ 指示どおりに保存する

作成したファイルは、問題文で指定された保存場所に、指定されたファイル名で保存します。保存先やファイル名を間違えてしまうと、解答ファイルが無いとみなされ、採点されません。せっかく解答ファイルを作成しても、採点されないと不合格になってしまうので、必ず保存先とファイル名が正しいかを確認するようにしましょう。
ファイル名は、英数字やカタカナの全角や半角、英字の大文字や小文字が区別されるので、間違えないように入力します。また、ファイル名に余分な空白が入っている場合もファイル名が違うと判断されるので注意が必要です。
本試験では、時間内にすべての問題が解き終わらないこともあります。そのため、ファイルは最後に保存するのではなく、最初に指定されたファイル名で保存し、随時上書き保存するとよいでしょう。

Appendix

付録1
日商PC検定試験の概要

日商PC検定試験「データ活用」とは

1 目的

「日商PC検定試験」は、ネット社会における企業人材の育成・能力開発ニーズを踏まえ、企業実務でIT（情報通信技術）を利活用する実践的な知識、スキルの修得に資するとともに、個人、部門、企業のそれぞれのレベルでITを利活用した生産性の向上に寄与することを目的に、**「文書作成」**、**「データ活用」**、**「プレゼン資料作成」**の3分野で構成され、それぞれ独立した試験として実施しています。中でも**「データ活用」**は、主としてExcelを活用し、業務データの活用、取り扱いを問う内容となっています。

2 受験資格

どなたでも受験できます。いずれの分野・級でも学歴・国籍・取得資格等による制限はありません。

3 試験科目・試験時間・合格基準等

級	知識科目	実技科目	合格基準
1級	30分（論述式）	60分	知識、実技の2科目とも70点以上（100点満点）で合格
2級	15分（択一式）	40分	
3級	15分（択一式）	30分	
Basic（基礎級）	―	30分	実技科目70点以上（100点満点）で合格

※Basic（基礎級）に知識科目はありません。

4 試験方法

インターネットを介して試験の実施から採点、合否判定までを行う**「ネット試験」**で実施します。

※2級、3級およびBasic（基礎級）は試験終了後、即時に採点・合否判定を行います。1級は答案を日本商工会議所に送信し、中央採点で合否を判定します。

5 受験料（税込み）

1級	2級	3級	Basic（基礎級）
10,480円	7,330円	5,240円	4,200円

※上記受験料は、2021年6月現在（消費税10%）のものです。

6 試験会場

商工会議所ネット試験施行機関（各地商工会議所、および各地商工会議所が認定した試験会場）

7 試験日時

●1級	日程が決まり次第、検定試験ホームページ等で公開します。
●2級・3級・Basic（基礎級）	各ネット試験施行機関が決定します。

8 受験申込方法

検定試験ホームページで最寄りのネット試験施行機関を確認のうえ、直接お問い合わせください。

9 その他

試験についての最新情報および詳細は、検定試験ホームページでご確認ください。

検定試験ホームページ	https://www.kentei.ne.jp/

「データ活用」の内容と範囲

1 1級

自ら課題やテーマを設定し、業務データベースを各種の手法を駆使して分析するとともに、適切で説得力のある業務報告・レポート資料等を作成し、問題解決策や今後の戦略・方針等を立案する。

科目	内容と範囲
知識科目	○2、3級の試験範囲を修得したうえで、第三者に正確かつわかりやすく説明することができる。 ○業務データの全ライフサイクル（作成、伝達、保管、保存、廃棄）を考慮し、社内における業務データ管理方法を提案できる。 ○基本的な企業会計に関する知識を身につけている。（決算、配当、連結決算、国際会計、キャッシュフロー、ディスクロージャー、時価主義） 等
	（共通） ○企業実務で必要とされるハードウェア、ソフトウェア、ネットワークに関し、第三者に正確かつわかりやすく説明することができる。 ○ネット社会に対応したデジタル仕事術を理解し、自社の業務に導入・活用できる。 ○インターネットを活用した新たな業務の進め方、情報収集・発信の仕組みを提示できる。 ○複数のプログラム間での電子データの相互運用が実現できる。 ○情報セキュリティーやコンプライアンスに関し、社内で指導的立場となれる。 等
実技科目	○企業実務で必要とされる表計算ソフト、文書作成ソフト、データベースソフト、プレゼンソフトの機能、操作法を修得している。 ○当該業務に必要な情報を取捨選択するとともに、最適な作業手順を考え業務に当たれる。 ○表計算ソフトの関数を自在に活用できるとともに、各種分析手法の特徴と活用法を理解し、目的に応じて使い分けができる。 ○業務で必要とされる計数・市場動向を示す指標・経営指標等を理解し、問題解決や今後の戦略・方針等を立案できる。 ○業務データベースを適切な方法で分析するとともに、表現技術を駆使し、説得力ある業務報告・レポート・プレゼン資料を作成できる。 ○当該業務に係る情報をWebサイトから収集し活用することができる。 等

2 2級

Excelを用い、当該業務に関する最適なデータベースを作成するとともに、適切な方法で分析し、表やグラフを駆使して業務報告・レポート等を作成する。

科目	内容と範囲
知識科目	○電子認証の仕組み（電子署名、電子証明書、認証局、公開鍵暗号方式等）について理解している。 ○企業実務で必要とされるビジネスデータの取り扱い（売上管理、利益分析、生産管理、マーケティング、人事管理等）について理解している。 ○業種別の業務フローについて理解している。 ○業務改善に関する知識（問題発見の手法、QC等）を身につけている。 等
	（共通） ○企業実務で必要とされるハードウェア、ソフトウェア、ネットワークに関する実践的な知識を身につけている。 ○業務における電子データの適切な取り扱い、活用について理解している。 ○ソフトウェアによる業務データの連携について理解している。 ○複数のソフトウェア間での共通操作を理解している。 ○ネットワークを活用した効果的な業務の進め方、情報収集・発信について理解している。 ○電子メールの活用、ホームページの運用に関する実践的な知識を身につけている。 等
実技科目	○企業実務で必要とされる表計算ソフト、文書作成ソフトの機能、操作法を身につけている。 ○表計算ソフトを用いて、当該業務に関する最適なデータベースを作成することができる。 ○表計算ソフトの関数を駆使して、業務データベースから必要とされるデータ、値を求めることができる。 ○業務データベースを適切な方法で分析するとともに、表やグラフを駆使し的確な業務報告・レポートを作成できる。 ○業務で必要とされる計数（売上・売上原価・粗利益等）を理解し、業務で求められる数値計算ができる。 ○業務データを分析し、当該ビジネスの現状や課題を把握することができる。 ○業務データベースを目的に応じ分類、保存し、業務で使いやすいファイル体系を構築できる。 等

※本書で学習できる範囲は、表の網かけ部分となります。

3 3級

Excelを用い、指示に従い正確かつ迅速に業務データベースを作成し、集計、分類、並べ替え、計算、グラフ作成等を行う。

科目	内容と範囲
知識科目	○取引の仕組み（見積、受注、発注、納品、請求、契約、覚書等）と業務データの流れについて理解している。 ○データベース管理（ファイリング、共有化、再利用）について理解している。 ○電子商取引の現状と形態、その特徴を理解している。 ○電子政府、電子自治体について理解している。 ○ビジネスデータの取り扱い（売上管理、利益分析、生産管理、顧客管理、マーケティング等）について理解している。 等
	（共通） ○ハードウェア、ソフトウェア、ネットワークに関する基本的な知識を身につけている。 ○ネット社会における企業実務、ビジネススタイルについて理解している。 ○電子データ、電子コミュニケーションの特徴と留意点を理解している。 ○デジタル情報、電子化資料の整理・管理について理解している。 ○電子メール、ホームページの特徴と仕組みについて理解している。 ○情報セキュリティー、コンプライアンスに関する基本的な知識を身につけている。 等
実技科目	○企業実務で必要とされる表計算ソフトの機能、操作法を一通り身につけている。 ○業務データの迅速かつ正確な入力ができ、紙媒体で収集した情報のデジタルデータベース化が図れる。 ○表計算ソフトにより業務データを一覧表にまとめるとともに、指示に従い集計、分類、並べ替え、計算等ができる。 ○各種グラフの特徴と作成方を理解し、目的に応じて使い分けできる。 ○指示に応じた適切で正確なグラフ作成ができる。 ○表およびグラフにより、業務データを分析するとともに、売上げ予測など分析結果を業務に生かせる。 ○作成したデータベースに適切なファイル名を付け保存するとともに、日常業務で活用しやすく整理分類しておくことができる。 等

4 Basic（基礎級）

Excelの基本的な操作スキルを有し、企業実務に対応することができる。

科目	内容と範囲
実技科目	○企業実務で必要とされる表計算ソフトの機能、操作法の基本を身につけている。 ○指示に従い、正確に業務データの入力ができる。 ○指示に従い、表計算ソフトにより、並べ替え、順位付け、抽出、計算等ができる。 ○指示に従い、グラフが作成できる。 ○指示に従い、作成したファイルにファイル名を付け保存することができる。 等
使用する機能の範囲	○ワークシートへの入力 ・データ（数値・文字）の入力 ・計算式の入力（相対参照・絶対参照） ○関数の入力〔SUM、AVG、INT、ROUND、IF、ROUNDUP、ROUNDDOWN等〕 ○ワークシートの編集 ・データ（数値・文字）・式の編集／消去 ・データ（数値・文字）・式の複写／移動 ・行または列の挿入／削除 ○ワークシートの表示／装飾 ・データ（数値・文字）の表示形式変更 ・データ（数値・文字）の配置変更 ・データ（数値・文字）サイズの変更 ・列（セル）幅の変更 ・罫線の設定 ○グラフの作成 ・グラフ作成〔折れ線・横棒・縦棒・積み上げ・円等〕 ・グラフの装飾 ○データベース機能の利用 ・ソート（並べ替え） ・データの検索・削除・抽出・置換・集計 ○ファイル操作 ・ファイルの保存、読込み 等

日商PC 試験実施イメージ

試験開始ボタンをクリックすると、試験センターから試験問題がダウンロードされ、試験開始となります。（試験問題は受験者ごとに違います。）

試験は、知識科目、実技科目の順に解答します。

知識科目では、上部の問題を読んで下部の選択肢のうち正解と思われるものを選びます。解答に自信がない問題があったときは、**「見直しチェック」**欄をクリックすると**「解答状況」**の当該問題番号に色が付くので、あとで時間があれば見直すことができます。

【参考】知識科目

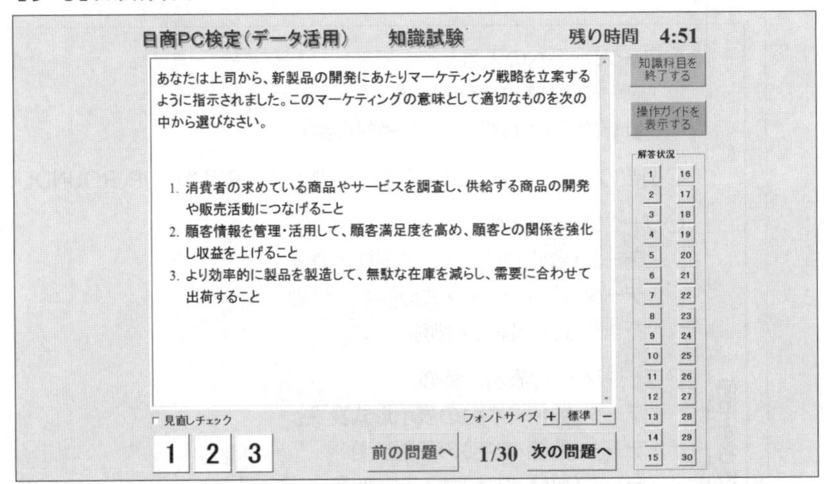

知識科目を終了すると、実技科目に移ります。試験問題で指定されたファイルを呼び出して（アプリケーションソフトを起動）、答案を作成します。

【参考】実技科目

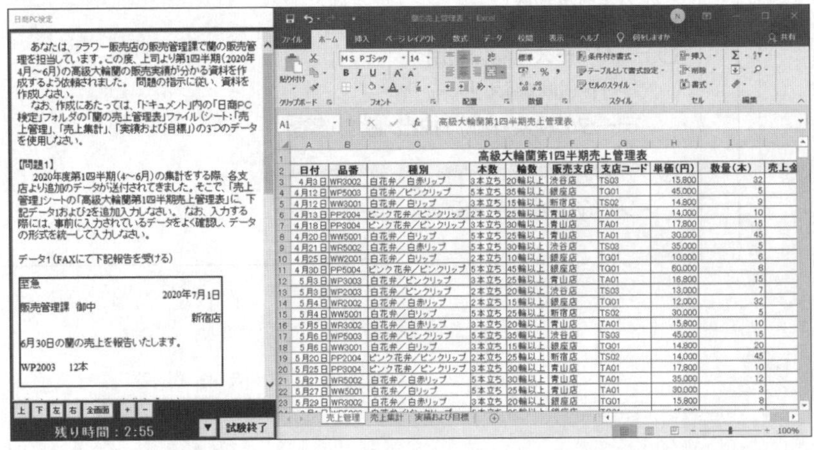

作成した答案を試験問題で指定されたファイル名で保存します。

答案（知識、実技両科目）はシステムにより自動採点され、得点と合否結果（両科目とも70点以上で合格）が表示されます。

※【参考】の問題はすべてサンプル問題のものです。実際の試験問題とは異なります。

Appendix

付録2
1級
サンプル問題

1級 1級サンプル問題

解答 ▶ 別冊P.40

答案は、(マイ)ドキュメントの指定のフォルダーにある答案用紙「答案.docx」に作成し、上書き保存すること(答案用紙以外に保存した答案は採点対象外となる)。
知識科目の2題については答案用紙の1枚目に、実技科目は2枚目から作成しなさい。
なお、答案用紙の1枚目に氏名、生年月日を入力すること。
試験時間は知識科目、実技科目あわせて90分(科目ごとの時間の区切りはないが、知識科目は30分、実技科目は60分を目安に、時間配分には十分気を付けること)。

> **解答を終了して答案を送信する際には、答案用紙など使用したファイルおよびフォルダーは、必ずすべて閉じてから「答案送信」を押してください。**ファイルおよびフォルダーを閉じずに「答案送信」を押すと答案が正常に送信されず、採点できない場合があります。

※指定のフォルダーは、ダウンロード後に解凍したフォルダーになります。

知識科目

問題1

次の2つの設問から1つを選んで解答しなさい。答案は、答案用紙の1枚目に作成すること。なお、どちらの設問に解答するかを示すため、問題番号のとなりの(　　)欄にAまたはBを入力すること。

A 仕事の生産性を上げるにはデジタル情報の整理が不可欠であり、ファイルやフォルダーの名付け方が重要なポイントと言える。ファイル名とフォルダー名の付け方について、200～300字程度で説明しなさい。

B 企業ではテレワークの導入が進んできており、その際にクラウドサービスを利用することが多くなっている。クラウドサービスのメリットを「一元管理」という言葉も使用して、200～300字程度で説明しなさい。

問題2

次の2つの設問から1つを選んで解答しなさい。答案は、答案用紙の1枚目に作成すること。なお、どちらの設問に解答するかを示すため、問題番号のとなりの(　　)欄にAまたはBを入力すること。

A Excelにはアドインという機能があるが、その機能や活用例を200～300字程度で説明しなさい。

B データの種類である「定量データ」と「定性データ」の違いを述べたうえで、両データのうちピボットテーブルで集計する場合に適しているデータについての説明及び集計方法を200～300字程度で説明しなさい。

問題3

あなたが勤める日商信用金庫融資部では、重点的に支援する業種を選定し、それに属する企業への融資活動を強化することを考えています。これまでの検討により、支援する業種の候補として製造業では、印刷業、金属製品製造業、食料品製造業、電子部品製造業の4つに絞り込みました。そしてこれらの業種に属する顧客企業の安全性(自己資本比率※1)と収益性(株主資本利益率※2)のデータをExcelの表にまとめました。顧客企業の自己資本比率と株主資本利益率の平均値を業種別に計算して比較すると、各業種の平均的な強みが分かりますが、それだけでは全体像はみえてきません。たとえば、自己資本比率が3割以上の企業は各業種でそれぞれ何パーセントあるのでしょうか。さらに、すべての顧客企業のデータを一つの散布図にプロットしてみると、各業種の特徴が分かるかもしれません。
支援する業種の選定については、(1)安全性を重視して株主資本利益率が多少低くても自己資本比率が高い企業が属する業種を優先する、(2)株主資本利益率が高い企業が属する業種を優先する、というどちらの方針にするかを決めかねています。
あなたは、まず4つの業種の現状を分析したうえで、一つの散布図上にすべての顧客企業を業種別に表示し、各業種の散らばりを分析して、上記の2つの方針における支援先の業種をそれぞれ提案するよう上司から指示されました。

※1 自己資本比率とは、会社の総資産に占める、自己資本の比率のこと。この比率が高いほどその会社の財務体質が健全であると判断できる。
※2 株主資本利益率とは、株主が出資した株主資本に対する利益の比率のこと。この比率が高いほど株主資本をもとに効率的に収益を上げていると判断できる。

【課題】
下記の手順に従って、上司への提案書を作成しなさい。答案は、「答案.docx」の2枚目から作成し、A4用紙2枚以内で作成しなさい。なお、試験時間内に作業が終わらない場合であっても、「答案.docx」を上書き保存してから終了すること(保存された結果のみが採点対象となる)。

1.【ワークシートの整理】
- 指定のフォルダー内のワークシートを整理・加工しなさい。

2.【データ分析】
- 各業種の自己資本比率と株主資本利益率の各平均値が分かる表を作成し、分析結果をまとめなさい。
- 自己資本比率3割以上の企業の表を作成し、分析結果をまとめなさい。

3.【グラフ化】
- 散布図を作成し、散布図上で各業種の企業分布範囲を図示したうえで、各業種の傾向を分析しなさい。

4.【提案作成】
- 上記の2つの方針のそれぞれを採用した場合に、どの業種を支援先とするべきか提案しなさい。

ファイル「ワークシート」の内容

●シート「経営指標」

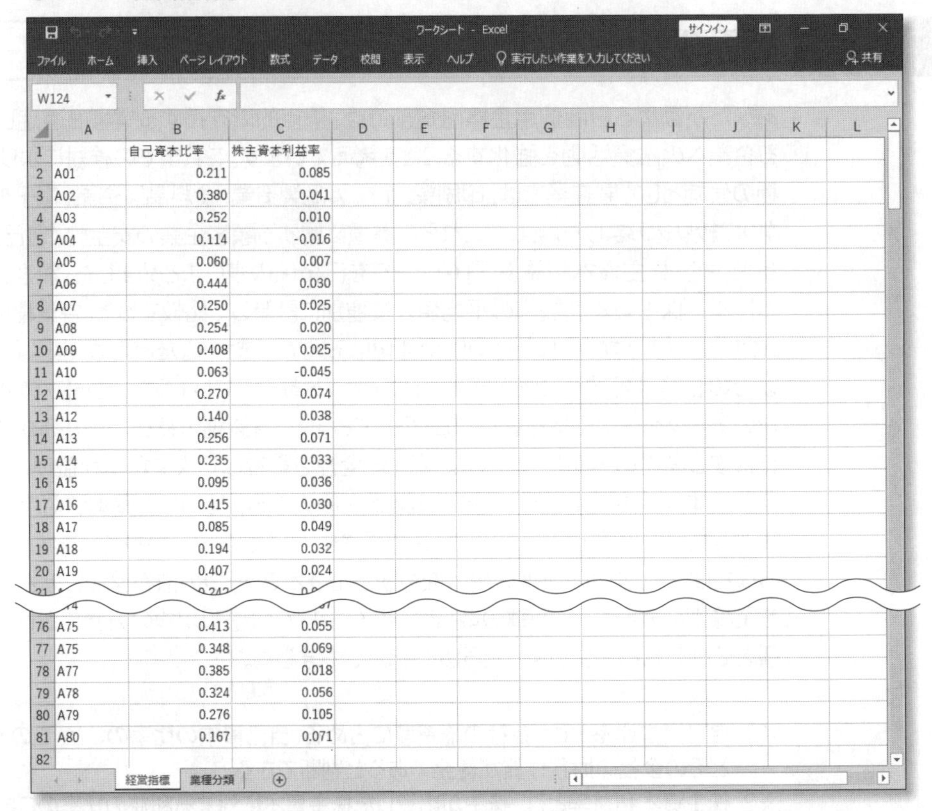

	A	B	C
1		自己資本比率	株主資本利益率
2	A01	0.211	0.085
3	A02	0.380	0.041
4	A03	0.252	0.010
5	A04	0.114	-0.016
6	A05	0.060	0.007
7	A06	0.444	0.030
8	A07	0.250	0.025
9	A08	0.254	0.020
10	A09	0.408	0.025
11	A10	0.063	-0.045
12	A11	0.270	0.074
13	A12	0.140	0.038
14	A13	0.256	0.071
15	A14	0.235	0.033
16	A15	0.095	0.036
17	A16	0.415	0.030
18	A17	0.085	0.049
19	A18	0.194	0.032
20	A19	0.407	0.024
76	A75	0.413	0.055
77	A75	0.348	0.069
78	A77	0.385	0.018
79	A78	0.324	0.056
80	A79	0.276	0.105
81	A80	0.167	0.071
82			

●シート「業種分類」

	A	B	C	D
1	印刷業	金属製品製造業	食料品製造業	電子部品製造業
2	A47	A53	A12	A07
3	A10	A41	A66	A71
4	A22	A23	A11	A25
5	A32	A38	A34	A21
6	A04	A61	A29	A75
7	A31	A16	A09	A78
8	A24	A51	A77	A60
9	A68	A03	A64	A46
10	A67	A44	A06	A72
11	A69	A58	A28	A39
12	A62	A26	A02	A59
13	A05	A73	A27	A56
14	A50		A19	A74
15	A65		A63	A49
16	A54		A48	A01
17	A36		A35	A79
18	A15		A70	A42
19	A17		A75	A18
20	A30		A37	A33
21	A43		A40	A08
22	A52		A13	A57
23	A45			A55
24				A14
25				A80
26				A20
27				

Index

索引

Index 索引

さ

し

す

せ

そ

た

ち

つ

て

と

な

に

ね

の

は

ひ

ふ

へ

ほ

ま

み

め

も

ゆ

よ

ら

り

る

れ

ろ

わ

よくわかるマスター
日商PC検定試験 データ活用 2級
公式テキスト&問題集
Microsoft® Excel® 2019/2016 対応
(FPT2103)

2021年 7 月22日 初版発行
2022年11月27日 初版第 4 刷発行

©編者：日本商工会議所 IT活用能力検定研究会

発行者：青山 昌裕

発行所：FOM(エフオーエム)出版（株式会社富士通ラーニングメディア）
〒144-8588 東京都大田区新蒲田１-17-25
https://www.fom.fujitsu.com/goods/

印刷／製本：株式会社広済堂ネクスト

表紙デザインシステム：株式会社アイロン・ママ

●本書に関するご質問は、ホームページまたはメールにてお寄せください。
<ホームページ>
上記ホームページ内の「FOM出版」から「QAサポート」にアクセスし、「QAフォームのご案内」からQAフォームを選択して、必要事項をご記入の上、送信してください。
<メール>
FOM-shuppan-QA@cs.jp.fujitsu.com
なお、次の点に関しては、あらかじめご了承ください。
・ご質問の内容によっては、回答に日数を要する場合があります。
・本書の範囲を超えるご質問にはお答えできません。
・電話やFAXによるご質問には一切応じておりません。

緑色の用紙の内側に、別冊「解答と解説」が添付されています。

別冊は必要に応じて取りはずせます。取りはずす場合は、この用紙を1枚めくっていただき、別冊の根元を持って、ゆっくりと引き抜いてください。

日本商工会議所

日商PC検定試験 データ活用2級
公式テキスト&問題集

Microsoft® Excel® 2019／2016対応

解答と解説

Answer 確認問題 解答と解説

第1章 企業で扱うデータの流れ

知識科目

問題1

解答 **3 検収**

解説 仕入業務において、納品された商品の内容や数量が正しいかどうかを確認する業務プロセスを検収といいます。
受入は納品された商品を受け取ること、請求は納品した商品の代金を回収する業務プロセスです。

問題2

解答 **2 手形決済**

解説 企業間の取引において、現金を使わずに支払う期日を明示した書類である手形を使って決済する方法を手形決済といいます。
振込決済は、代金を銀行振込で決済することです。
現金決済は、代金を現金で決済することです。

問題3

解答 **2 見積請求**

解説 仕入業務では、仕入先に見積請求を行い、発注して原料や製品を仕入れます。原料や製品が納品されてから支払いを行います。

問題4

解答 **2 納品書**

解説 経理部門では、納品した情報をもとに売上を計上します。見積書や発注書は営業部門で扱います。

問題5

解答 **3 在庫はできる限り少なくする。**

解説 在庫は、不足しない範囲でできる限り少なくすることが必要です。
在庫を持たない場合、顧客からの注文に対応できず、ほかの企業に注文を取られてしまうなど、企業にとって損失を生む可能性があります。

問題6

解答 **3 顧客とのやり取りと、仕入先とのやり取りの2つのフローが並行して進行する。**

解説 営業部門の業務として、顧客と営業部門との間で行われる販売業務、製品を供給する仕入先と営業部門との間で行われる仕入業務の2つがあります。

第2章　業務における計算処理とデータの取り扱い

知識科目

問題1

解答　**3 累計**

解説　毎日や毎月の合計値を次々と加算して求めた、その時点での全合計の値を累計といいます。
合算は複数の値を合計したもの、決算は一定期間の収支を計算して損益を計算することです。

問題2

解答　**2 前年同期比（%）　=　今期値　÷　前期値　×　100**

解説　前年同期比は、前年の同じ月や期間と比較します。今期値を前期値で除算して100を掛けた値が前年同期比です。今期値が前期値を上回ると100%よりも大きな値となります。

問題3

解答　**2 売上構成比（%）　=　当該商品の売上金額　÷　売上合計金額　×　100**

解説　売上構成比は、ある商品が全体の売上のうち何%を占めているかを示す数値です。当該商品の売上金額を売上合計金額で除算して100を掛けた値が売上構成比です。

問題4

解答　**2 CSVファイル**

解説　CSVファイルは、「Comma-Separated Values」の略でExcelをはじめとする表形式のデータを、セルのデータごとにカンマで区切ったテキストファイルです。汎用性が高く、データ共有に広く利用されます。
HTMLファイルは、「Hyper Text Markup Language」の略でWebページのデータを記述するためのものです。
TXTファイルは、テキストファイルのことです。汎用性は高いですが、規則性がないためExcelのデータ共有としてはあまり適しません。

問題5

解答　**2 レコード**

解説　データベースでは、1組のデータをレコードと呼びます。
フィールドはレコードを構成している項目のことで、セルは表計算ソフトのマス目のことです。

問題6

解答　**1 マクロ**

解説　マクロはプログラムの一種で、Excelの操作を自動化します。決められた処理をあらかじめ記述しておき実行することで、複数の処理が自動的に行えるようになります。
ピボットテーブルは、複数の項目間で集計することができる機能のことです。
ヘッダーは、印刷するときにすべてのページの上部に共通して表示する場所のことです。

第3章　業務データの分析

知識科目

問題1

解答　**1 仕入値**

解説　変動費とは、仕入値や原材料費のように、売上高に比例してかかる費用です。
人件費は、売上高に関係なく必要となる固定費です。
資本金は、費用ではありません。

問題2

解答　**3 売上高　－　変動費**

解説　限界利益は、売上高から変動費を引いた値です。
原価から固定費を引いたものは変動費、売上高から原価を引いたものは利益です。

問題3

解答　**3 Zチャート**

解説　Zチャートは、企業の業績の傾向を見るグラフで、右上がりであれば業績が向上し、右下がりであれば業績が低下していることが読み取れます。
ファンチャートは、ある時点の値を基準として、値の変動割合を読み取れます。
レーダーチャートは、複数の項目の大きさを比較するグラフで強みや弱みを読み取れます。

問題4

解答　**2 円グラフ**

解説　項目の割合を比較するときは円グラフを利用します。
積み上げ棒グラフは、項目ごとに量と内訳を同時に比較するときに利用します。
面グラフは、時系列で項目の量の変化を見ながら全体量を把握するときに利用します。

問題5

解答　**2 ABC分析**

解説　商品の売上から販売戦略を立てたり、適正な在庫管理を行ったりするときに最も利用されている分析方法はABC分析です。
利益分析は、どのように利益が生まれ、どうすれば利益を増やすことができるのかを分析します。
積み上げ棒グラフは、項目ごとの量を1つの要素として積み上げて表示する棒グラフです。要素ごとの合計の量を比較すると同時に、要素を構成する内訳も比較するときに利用します。

問題6

解答　**2 企業の利益額**

解説　損益計算書からは、企業の収益と費用から利益額を読み取ることができます。
企業の資産額や負債額は貸借対照表から読み取ることができます。

第4章　問題発見と課題解決

知識科目

■問題1

解答　**3　あるべき状態と現状との差**

解説　問題とは、「現状」と「本来考えられていた状態（あるべき状態）」が異なることです。

■問題2

解答　**1　3C分析**

解説　3C分析とは、「Customer（顧客）」「Competitor（競合）」「Company（自社）」について、それぞれの視点から考える分析方法で、現状を客観的に事実として把握できます。現状が把握できれば、あるべき状態と比較して問題を発見することができます。

■問題3

解答　**1　問題の発見　→　情報の収集　→　分析　→　課題化**

解説　問題を客観的に分析するためには、発見した問題に対して、情報を収集し、分析して課題化します。

■問題4

解答　**2　必要な情報だけを集める。**

解説　情報の収集では、問題に関する必要な情報だけを集めることが重要になります。あらゆる情報や過去の情報すべてを集めても、問題とは関係のない情報が多くなり、問題を誤解し、誤った解決策に向かうことがあります。

■問題5

解答　**2　クロスSWOT分析**

解説　クロスSWOT分析では、**「内部環境」**と**「外部環境」**について、4つの要素に分類し、**「SO（強化戦略）」「ST（逆転戦略）」「WO（補完戦略）」「WT（回避戦略）」**の4つの視点で考察して、とるべき戦略を検討します。

■問題6

解答　**3　製品やサービスの品質を向上すること。**

解説　QCは「Quality Control」の略で、品質管理のことです。QCは、製品やサービスの品質を向上するために行います。
製品の売上金額を分析する場合は、ABC分析などを利用します。
新しい製品やサービスを開発する場合は、マーケティングなどを行います。

第5章　表作成の活用

実技科目

完成例

ファイル「売上」の内容

●シート「2021年3月売上」

ポイント1

	A	B	C	D	E	F	G	H	I
1	日付	商品ID	商品名	定価	販売価格	販売数量	合計金額	担当ID	担当者名
2	2021/3/1	A007	大吟醸　蔵蔵	7950	7155	30	214650	101	岡本　純一
3	2021/3/1	A008	大吟醸　六海川	9200	9200	15	138000	105	北村　博
4	2021/3/1	A003	純吟　多主丸	5300	5300	15	79500	105	北村　博
5	2021/3/2	B002	麦焼酎　吉ヨム	1900	1900	20	38000	101	岡本　純一
6	2021/3/2	A002	清酒　花吹雪	4500	4500	20	90000	102	佐々木　葵
7	2021/3/2	A004	純吟　谷中	6050	5445	30	163350	102	佐々木　葵
8	2021/3/2	D002	シャトーフールヴォー	2700	2700	15	40500	103	中村　洋司
107	2021/3/30	D002	シャトーフールヴォー	2700	2700	10	27000	101	岡本　純一
108	2021/3/30	D005	トスカーナソアーベ	3750	3750	15	56250	101	岡本　純一
109	2021/3/30	C002	デカーロキャンティ	3100	3100	15	46500	101	岡本　純一
110	2021/3/30	A001	清酒　月桂樹	4200	4200	10	42000	103	中村　洋司
111	2021/3/30	A001	清酒　月桂樹	4200	4200	15	63000	104	藤田　昇
112									

2021年3月売上　商品一覧　担当一覧

ポイント2

ファイル「年間集計」の内容

●シート「2020年度」

ポイント3

	A	E	I	M	N	O	P	Q	R
1	2020年度年間集計								
2									単位：円
3	担当者名	第1四半期	第2四半期	第3四半期	第4四半期				合計
4		計	計	計	1月	2月	3月	計	
5	岡本　純一	4,893,140	4,117,920	4,809,620	1,867,390	1,994,310	2,171,100	6,032,800	19,853,480
6	佐々木　葵	4,959,400	3,958,360	4,571,880	1,526,600	1,589,270	1,113,350	4,229,220	17,718,860
7	中村　洋司	4,016,070	3,433,810	3,788,670	1,268,620	1,291,600	1,465,600	4,025,820	15,264,370
8	藤田　昇	5,105,190	4,008,280	4,897,630	1,783,440	1,629,670	2,347,350	5,760,460	19,771,560
9	北村　博	5,488,690	4,763,370	5,941,900	2,004,510	2,034,140	2,333,400	6,372,050	22,566,010
10	合計	24,462,490	20,281,740	24,009,700	8,450,560	8,538,990	9,430,800	26,420,350	95,174,280
11									

2020年度

※上の図では、3月の数値が確認できるように、N～P列を再表示させています。

ファイル「四半期別集計」の内容

●シート「2020年度」

ポイント4

	A	B	C	D	E	F	G	H
1	2020年度売上集計							
2								単位：円
3	担当者	予算	実績					予算達成率
4			第1四半期	第2四半期	第3四半期	第4四半期	合計	(%)
5	岡本　純一	17,791,000	4,893,140	4,117,920	4,809,620	6,032,800	19,853,480	111.6
6	佐々木　葵	17,412,000	4,959,400	3,958,360	4,571,880	4,229,220	17,718,860	101.8
7	中村　洋司	14,892,000	4,016,070	3,433,810	3,788,670	4,025,820	15,264,370	102.5
8	藤田　昇	18,174,000	5,105,190	4,008,280	4,897,630	5,760,460	19,771,560	108.8
9	北村　博	22,497,000	5,488,690	4,763,370	5,941,900	6,372,050	22,566,010	100.3
10	合計	90,766,000	24,462,490	20,281,740	24,009,700	26,420,350	95,174,280	104.9
11								

2020年度　2019年度

ポイント5

解答のポイント

ポイント1

集計のもととなるシートに必要なデータがない場合は、VLOOKUP関数を使ってほかのシートからデータを表示したり、数式を使ってデータを求めたりして準備します。
ここでは、ファイル「売上」のシート「2021年3月売上」に、商品名、定価、販売価格、合計金額、担当者名を追加します。

ポイント2

販売数量によって販売価格が異なるため、IF関数を使って処理を判断します。
また、販売価格（割引後の価格）を求める場合、「定価−（定価×割引率）」または「定価×（1−割引率）」で求めます。単に「定価×割引率」では、割引金額になってしまうので注意しましょう。

ポイント3

SUMIF関数を使うと、ファイル「年間集計」のシート「2020年度」内の表に、直接集計できるので、効率的です。
別のファイルのセルを参照すると、数式にファイル名の情報も表示されます。

ポイント4

2020年度の予算は、2019年度の売上実績の108%とあるので、シート「2019年度」の実績合計（G列）をもとに算出します。
また、千円未満を切り捨てるとの指示があるので、ROUNDDOWN関数を使って調整します。

ポイント5

ファイル「四半期別集計」のシート「2020年度」は、ファイル「年間集計」のシート「2020年度」から値をコピーします。値をコピーする場合、各月の列を非表示にして、四半期ごとの小計をコピーすると、まとめて値がコピーでき効率的です。表示されている列の値だけをコピーするには、可視セルの設定をすることも忘れないようにしましょう。

操作手順

問題1

●VLOOKUP関数の入力（商品名・定価の表示）

①ファイル「売上」を表示します。
②シート「2021年3月売上」の列番号【C:D】を選択します。
③選択した列を右クリックします。
④《挿入》をクリックします。
※2列挿入されます。
⑤シート「商品一覧」のセル範囲【B1:C1】を選択します。
⑥《ホーム》タブを選択します。
⑦《クリップボード》グループの（コピー）をクリックします。
⑧シート「2021年3月売上」のセル【C1】を選択します。
⑨《クリップボード》グループの（貼り付け）をクリックします。
⑩セル【C2】に「=VLOOKUP(B2」と入力します。
⑪【F4】を3回押します。
※数式をコピーしたときに、常に同じ列を参照するように、複合参照「$B2」にします。
⑫数式の続きに「,」を入力します。
⑬シート「商品一覧」のセル範囲【A2:C23】を選択します。
⑭【F4】を押します。
※数式をコピーしたときに、常に同じセル範囲を参照するように、絶対参照「$A$2:$C$23」にします。
⑮数式の続きに「,2,FALSE)」と入力します。
⑯数式バーに「=VLOOKUP($B2,商品一覧!$A$2:$C$23,2,FALSE)」と表示されていることを確認します。
⑰【Enter】を押します。
⑱セル【C2】を選択し、セル右下の■（フィルハンドル）をセル【D2】までドラッグします。
⑲セル【D2】を「=VLOOKUP($B2,商品一覧!$A$2:$C$23,3,FALSE)」と修正します。
⑳【Enter】を押します。
㉑セル範囲【C2:D2】を選択し、セル範囲右下の■（フィルハンドル）をダブルクリックします。
※数式が111行目までコピーされます。
※C列の列幅を調整しておきましょう。

確認問題
第1回
第2回
第3回
採点シート
付録2

●販売価格の算出

①列番号【E】を右クリックします。

②《挿入》をクリックします。

※1列挿入されます。

③セル【E1】に「販売価格」と入力します。

④セル【E2】に「=IF(F2>=30,D2*(1-0.1),D2)」と入力します。

※「(1-0.1)」は「(100%-10%)」でもかまいません。

⑤セル【E2】を選択し、セル右下の■(フィルハンドル)をダブルクリックします。

※数式が111行目までコピーされます。

●合計金額の算出

①列番号【G】を右クリックします。

②《挿入》をクリックします。

※1列挿入されます。

③セル【G1】に「合計金額」と入力します。

④セル【G2】に「=E2*F2」と入力します。

⑤セル【G2】を選択し、セル右下の■(フィルハンドル)をダブルクリックします。

※数式が111行目までコピーされます。

●VLOOKUP関数の入力(担当者名の表示)

①セル【I1】に「担当者名」と入力します。

※シート「担当一覧」のセル【B1】をコピーしてもかまいません。

②セル【I2】に「=VLOOKUP(H2,」と入力します。

③シート「担当一覧」のセル範囲【A2:B6】を選択します。

④ F4 を押します。

※数式をコピーしたときに、常に同じセル範囲を参照するように、絶対参照「$A$2:$B$6」にします。

⑤数式の続きに「,2,FALSE)」と入力します。

⑥数式バーに「=VLOOKUP(H2,担当一覧!$A$2:$B$6,2,FALSE)」と表示されていることを確認します。

⑦ Enter を押します。

⑧セル【I2】を選択し、セル右下の■(フィルハンドル)をダブルクリックします。

※数式が111行目までコピーされます。

※H列の書式をコピーし、I列の列幅を調整しておきましょう。

●3月の売上の集計

①ファイル「年間集計」を表示します。

②シート「2020年度」のセル【P5】に「=SUMIF(」と入力します。

③ファイル「売上」を表示します。

④シート「2021年3月売上」のセル範囲【I2:I111】を選択します。

※開始セルを選択し、 Ctrl + Shift + ↓ を押すと効率よく選択できます。

※別のファイルのシートを参照すると、ファイル名が「[ ]」で囲まれ、続けてシート名とセル範囲が「!」で区切られて表示されます。セル範囲は絶対参照で表示されます。

⑤数式の続きに「,」を入力します。

⑥ファイル「年間集計」を表示します。

⑦シート「2020年度」のセル【A5】を選択します。

⑧数式の続きに「,」を入力します。

⑨ファイル「売上」を表示します。

⑩シート「2021年3月売上」のセル範囲【G2:G111】を選択します。

※開始セルを選択し、 Ctrl + Shift + ↓ を押すと効率よく選択できます。

⑪数式の続きに「)」を入力します。

⑫数式バーに「=SUMIF('[売上.xlsx]2021年3月売上'!$I$2:$I$111,A5,'[売上.xlsx]2021年3月売上'!$G$2:$G$111)」と表示されていることを確認します。

⑬ Enter を押します。

⑭セル【P5】を選択し、セル右下の■(フィルハンドル)をダブルクリックします。

※数式が9行目までコピーされます。

※セル範囲【P5:P9】には、あらかじめ桁区切りスタイルが設定されています。

●上書き保存

①ファイル「年間集計」が表示されていることを確認します。

②クイックアクセスツールバーの (上書き保存)をクリックします。

※同様に、ファイル「売上」も上書き保存しておきましょう。

※ファイル「年間集計」は別のファイルを参照した数式を含んでいます。いったんファイルを閉じてから、再度ファイル「年間集計」を開くと、リンクの更新についてのメッセージが表示され、更新するかどうかを選択できます。リンクを更新するには、リンク元のファイル「売上」も一緒に開いておきましょう。

※リンクを設定後、初めてファイルを開くと、《セキュリティの警告》が表示される場合があります。《セキュリティの警告》が表示された場合は、《コンテンツの有効化》をクリックするとリンクが更新されます。

問題2

●2020年度予算の算出

①ファイル「四半期別集計」を表示します。
②シート「2020年度」のセル【B5】に「=ROUNDDOWN(」と入力します。
③シート「2019年度」のセル【G5】を選択します。
④数式の続きに「*1.08, −3)」と入力します。
※「1.08」は「108%」でもかまいません。
⑤数式バーに「=ROUNDDOWN('2019年度'!G5*1.08, −3)」と表示されていることを確認します。
⑥ Enter を押します。
⑦セル【B5】を選択し、セル右下の■(フィルハンドル)をダブルクリックします。
※数式が9行目までコピーされます。
※セル範囲【B5:B9】には、あらかじめ桁区切りスタイルが設定されています。

●値の貼り付け(四半期ごとの集計値の表示)

①ファイル「年間集計」を表示します。
②シート「2020年度」の列番号【B:D】を選択します。
③ Ctrl を押しながら、列番号【F:H】、列番号【J:L】、列番号【N:P】を選択します。
④選択した列番号を右クリックします。
⑤《非表示》をクリックします。
⑥セル範囲【E5:Q9】を選択します。
⑦《ホーム》タブを選択します。
⑧《編集》グループの (検索と選択)をクリックします。
⑨《条件を選択してジャンプ》をクリックします。
⑩《可視セル》を◉にします。
⑪《OK》をクリックします。
⑫《クリップボード》グループの (コピー)をクリックします。
⑬ファイル「四半期別集計」を表示します。
⑭シート「2020年度」のセル【C5】を選択します。
⑮《クリップボード》グループの (貼り付け)の 貼り付け をクリックします。
⑯《値の貼り付け》の (値)をクリックします。
※セル範囲【C5:F9】には、あらかじめ桁区切りスタイルが設定されています。

●予算達成率の算出

①ファイル「四半期別集計」が表示されていることを確認します。
②シート「2020年度」のセル【H5】に「=G5/B5*100」と入力します。
③セル【H5】を選択し、セル右下の■(フィルハンドル)をセル【H10】までドラッグします。
④ (オートフィルオプション)をクリックします。
※ をポイントすると、 になります。
⑤《書式なしコピー(フィル)》をクリックします。
※セル範囲【H5:H10】には、あらかじめ小数点第1位までの表示形式が設定されています。

●上書き保存

①ファイル「四半期別集計」が表示されていることを確認します。
②クイックアクセスツールバーの (上書き保存)をクリックします。
※同様に、ファイル「年間集計」も上書き保存しておきましょう。

第6章　ピボットテーブルの活用

実技科目

完成例

ファイル「売上データ_1101-1107」の内容

●シート「Sheet1」

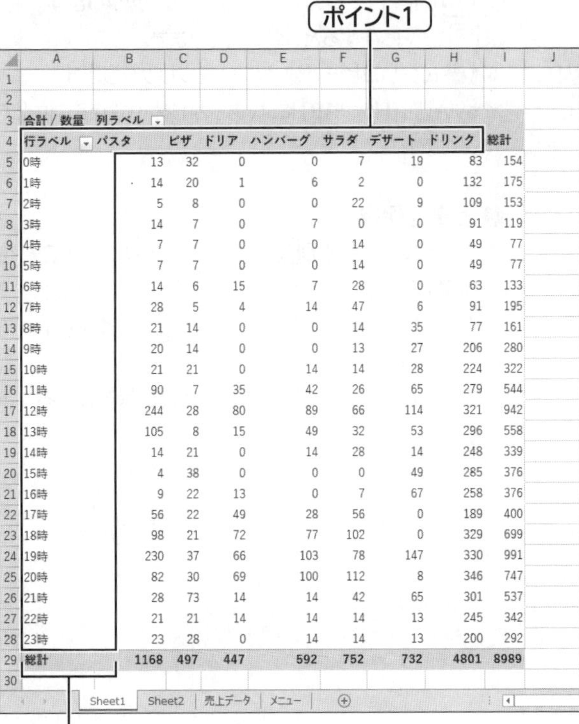

合計 / 数量	列ラベル							
行ラベル	パスタ	ピザ	ドリア	ハンバーグ	サラダ	デザート	ドリンク	総計
0時	13	32	0	0	7	19	83	154
1時	14	20	1	6	2	0	132	175
2時	5	8	0	0	22	9	109	153
3時	14	7	0	7	0	0	91	119
4時	7	7	0	0	14	0	49	77
5時	7	7	0	0	14	0	49	77
6時	14	6	15	7	28	0	63	133
7時	28	5	4	14	47	6	91	195
8時	21	14	0	0	14	35	77	161
9時	20	14	0	0	13	27	206	280
10時	21	21	0	14	14	28	224	322
11時	90	7	35	42	26	65	279	544
12時	244	28	80	89	66	114	321	942
13時	105	8	15	49	32	53	296	558
14時	14	21	0	14	28	14	248	339
15時	4	38	0	0	0	49	285	376
16時	9	22	13	0	7	67	258	376
17時	56	22	49	28	56	0	189	400
18時	98	21	72	77	102	0	329	699
19時	230	37	66	103	78	147	330	991
20時	82	30	69	100	112	8	346	747
21時	28	73	14	14	42	65	301	537
22時	21	21	14	14	14	13	245	342
23時	23	28	0	14	14	13	200	292
総計	1168	497	447	592	752	732	4801	8989

●シート「Sheet2」

ポイント3

行ラベル	合計 / 売上金額
0時	1.59%
1時	1.91%
2時	1.29%
3時	1.37%
4時	0.71%
5時	0.71%
6時	1.40%
7時	1.96%
8時	1.59%
9時	2.34%
10時	2.96%
11時	6.29%
12時	12.90%
13時	6.27%
14時	2.86%
15時	2.95%
16時	3.03%
17時	4.69%
18時	8.51%
19時	13.43%
20時	9.23%
21時	5.73%
22時	3.34%
23時	2.93%
総計	100.00%

Sheet1　Sheet2　売上データ　メニュー

ポイント4

ファイル「時間帯別注文状況」の内容

●シート「時間帯別注文状況」

時間帯別注文状況

(11月1日～11月7日)

時間	数量								売上構成比
	パスタ	ピザ	ドリア	ハンバーグ	サラダ	デザート	ドリンク	計	
0:00～	13	32	0	0	7	19	83	154	1.6%
1:00～	14	20	1	6	2	0	132	175	1.9%
2:00～	5	8	0	0	22	9	109	153	1.3%
3:00～	14	7	0	7	0	0	91	119	1.4%
4:00～	7	7	0	0	14	0	49	77	0.7%
5:00～	7	7	0	0	14	0	49	77	0.7%
6:00～	14	6	15	7	28	0	63	133	1.4%
7:00～	28	5	4	14	47	6	91	195	2.0%
8:00～	21	14	0	0	14	35	77	161	1.6%
9:00～	20	14	0	0	13	27	206	280	2.3%
10:00～	21	21	0	14	14	28	224	322	3.0%
11:00～	90	7	35	42	26	65	279	544	6.3%
12:00～	244	28	80	89	66	114	321	942	12.9%
13:00～	105	8	15	49	32	53	296	558	6.3%
14:00～	14	21	0	14	28	14	248	339	2.9%
15:00～	4	38	0	0	0	49	285	376	2.9%
16:00～	9	22	13	0	7	67	258	376	3.0%
17:00～	56	22	49	28	56	0	189	400	4.7%
18:00～	98	21	72	77	102	0	329	699	8.5%
19:00～	230	37	66	103	78	147	330	991	13.4%
20:00～	82	30	69	100	112	8	346	747	9.2%
21:00～	28	73	14	14	42	65	301	537	5.7%
22:00～	21	21	14	14	14	13	245	342	3.3%
23:00～	23	28	0	14	14	13	200	292	2.9%
合計	1,168	497	447	592	752	732	4,801	8,989	100.0%

時間帯別注文状況

解答のポイント

ポイント1

ピボットテーブルを作成する際には、完成させる集計表をよく確認してから作業を開始するようにしましょう。
ピボットテーブルで集計した結果を、別の集計表に貼り付けるので、集計表と同じ項目の並びでピボットテーブルを作成しておくと、まとめてコピーでき、効率的です。
集計表と項目の並びを合わせるためにグループ化や項目の移動が必要な場合は、行ラベルエリアや列ラベルエリアにフィールドを追加しながら、まとめて操作すると確認しやすいでしょう。

ポイント2

時間帯別に集計するために、ピボットテーブルにおいて「受付時間」を時間単位でグループ化して表示します。

ポイント3

問題2では、問題1で完成させたファイル「時間帯別注文状況」の表の売上構成比（J列）の値をピボットテーブルで集計します。ピボットテーブルでは、全体の売上金額に対する比率を求めるので、行ラベルエリアと値エリアを配置するだけで集計できます。
新しくピボットテーブルを作成しない場合は、問題1で作成したピボットテーブルの値エリアに「売上金額」を追加しても同様の結果を求められます。

ポイント4

全体の売上金額に対する比率を求める場合、ピボットテーブルの計算の種類を《総計に対する比率》に変更します。

操作手順

問題1

●ピボットテーブルの作成（時間帯ごとの数量の集計）

①ファイル「売上データ_1101-1107」を表示します。
②シート「売上データ」のセル【A2】を選択します。
※表内のセルであれば、どこでもかまいません。
③《挿入》タブを選択します。
④《テーブル》グループの（ピボットテーブル）をクリックします。
⑤《テーブルまたは範囲を選択》を◉にします。
⑥《テーブル/範囲》に「売上データ!＄A＄1:$I$4175」と表示されていることを確認します。
⑦《新規ワークシート》を◉にします。
⑧《OK》をクリックします。
⑨《ピボットテーブルのフィールド》作業ウィンドウの「受付時間」を《行》のボックスにドラッグします。
⑩「受付時間」が時間単位でグループ化されていることを確認します。
⑪《ピボットテーブルのフィールド》作業ウィンドウの「カテゴリ」を《列》のボックスにドラッグします。
⑫セル【F4】を右クリックします。
※列ラベルエリアの「パスタ」のセルを右クリックします。
⑬《移動》をポイントし、《"パスタ"を先頭へ移動》をクリックします。
⑭セル【H4】を選択します。
※列ラベルエリアの「ピザ」のセルを選択します。
⑮アクティブセルの枠線をポイントし、マウスポインターの形がに変わったら、セル【B4】の右までドラッグします。
※ドラッグ中、緑の線が表示され、移動先が確認できます。
⑯同様に、左から「パスタ」「ピザ」「ドリア」「ハンバーグ」「サラダ」「デザート」「ドリンク」の順になるように、そのほかのカテゴリを移動します。
⑰《ピボットテーブルのフィールド》作業ウィンドウの「数量」を《値》のボックスにドラッグします。
⑱「数量」の集計方法が《合計》になっていることを確認します。

●空白セルに「0」を表示

①セル【B5】を選択します。
※ピボットテーブル内のセルであれば、どこでもかまいません。
②《分析》タブを選択します。
③《ピボットテーブル》グループの オプション（ピボットテーブルオプション）をクリックします。
④《レイアウトと書式》タブを選択します。
⑤《空白セルに表示する値》を☑にし、「0」と入力します。
⑥《OK》をクリックします。

●値の貼り付け（数量の表示）

①ファイル「時間帯別注文状況」の表と、ファイル「売上データ_1101-1107」のシート「Sheet1」のピボットテーブルの時間帯、カテゴリの表示順序が同じであることを確認します。
②ファイル「売上データ_1101-1107」を表示します。
③シート「Sheet1」のセル範囲【B5:H28】を選択します。
④《ホーム》タブを選択します。
⑤《クリップボード》グループの（コピー）をクリックします。
⑥ファイル「時間帯別注文状況」を表示します。
⑦セル【B6】を選択します。

⑧《クリップボード》グループの（貼り付け）の をクリックします。
⑨《値の貼り付け》の（値）をクリックします。

●表示形式の設定（桁区切り）
①セル範囲【B6:I30】を選択します。
②《ホーム》タブを選択します。
③《数値》グループの（桁区切りスタイル）をクリックします。

●上書き保存
①ファイル「時間帯別注文状況」が表示されていることを確認します。
②クイックアクセスツールバーの（上書き保存）をクリックします。
※同様に、ファイル「売上データ_1101-1107」も上書き保存しておきましょう。

問題2

●ピボットテーブルの作成（時間帯ごとの売上金額の比率の集計）
①ファイル「売上データ_1101-1107」を表示します。
②シート「売上データ」のセル【A2】を選択します。
※表内のセルであれば、どこでもかまいません。
③《挿入》タブを選択します。
④《テーブル》グループの（ピボットテーブル）をクリックします。
⑤《テーブルまたは範囲を選択》を◉にします。
⑥《テーブル/範囲》に「売上データ!$A$1:$I$4175」と表示されていることを確認します。
⑦《新規ワークシート》を◉にします。
⑧《OK》をクリックします。
⑨《ピボットテーブルのフィールド》作業ウィンドウの「受付時間」を《行》のボックスにドラッグします。
⑩《ピボットテーブルのフィールド》作業ウィンドウの「売上金額」を《値》のボックスにドラッグします。
⑪「売上金額」の集計方法が《合計》になっていることを確認します。
⑫《値》のボックスの「売上金額」をクリックします。
⑬《値フィールドの設定》をクリックします。
⑭《計算の種類》タブを選択します。
⑮《計算の種類》のをクリックし、一覧から《総計に対する比率》を選択します。
⑯《OK》をクリックします。

●値の貼り付け（売上構成比の表示）
①ファイル「時間帯別注文状況」の表と、ファイル「売上データ_1101-1107」のシート「Sheet2」のピボットテーブルの時間帯が同じであることを確認します。
②ファイル「売上データ_1101-1107」を表示します。
③シート「Sheet2」のセル範囲【B4:B27】を選択します。
④《ホーム》タブを選択します。
⑤《クリップボード》グループの（コピー）をクリックします。
⑥ファイル「時間帯別注文状況」を表示します。
⑦セル【J6】を選択します。
⑧《クリップボード》グループの（貼り付け）の をクリックします。
⑨《値の貼り付け》の（値）をクリックします。

●表示形式の設定（パーセントスタイル・小数点第1位までの表示）
①セル範囲【J6:J30】を選択します。
②《ホーム》タブを選択します。
③《数値》グループの（表示形式）をクリックします。
④《表示形式》タブを選択します。
⑤《分類》の一覧から《パーセンテージ》を選択します。
⑥《小数点以下の桁数》を「1」に設定します。
⑦《OK》をクリックします。

●上書き保存
①ファイル「時間帯別注文状況」が表示されていることを確認します。
②クイックアクセスツールバーの（上書き保存）をクリックします。
※同様に、ファイル「売上データ_1101-1107」も上書き保存しておきましょう。

第7章　グラフの活用

実技科目

完成例

ファイル「2021年度売上集計」の内容

●シート「重点分析」

	A	B	C	D	E
1	商品別売上状況（2021年度）				
2					
3	商品名	売上高（円）	構成比（%）	構成比率累計（%）	
4	遮光スクリーン	23,903,800	24.9	24.9	
5	洗えるスクリーン	20,394,800	21.2	46.1	
6	防炎スクリーン	16,010,200	16.7	62.7	
7	標準スクリーン	12,612,800	13.1	75.8	
8	ウッドスクリーン	5,155,000	5.4	81.2	
9	耐水スクリーン	4,111,800	4.3	85.5	
10	フッ素コートスクリーン	3,968,000	4.1	89.6	
11	プリーツスクリーン	2,522,000	2.6	92.2	
12	すだれ風スクリーン	2,373,200	2.5	94.7	
13	採光スクリーン	1,874,800	1.9	96.7	
14	レースドレープスクリーン	1,652,200	1.7	98.4	
15	和紙スクリーン	1,565,400	1.6	100.0	
16	合計	96,144,000	100.0	−	
17					

パレート図　重点分析　利益分析　売上傾向

ポイント1

●シート「パレート図」

ポイント2

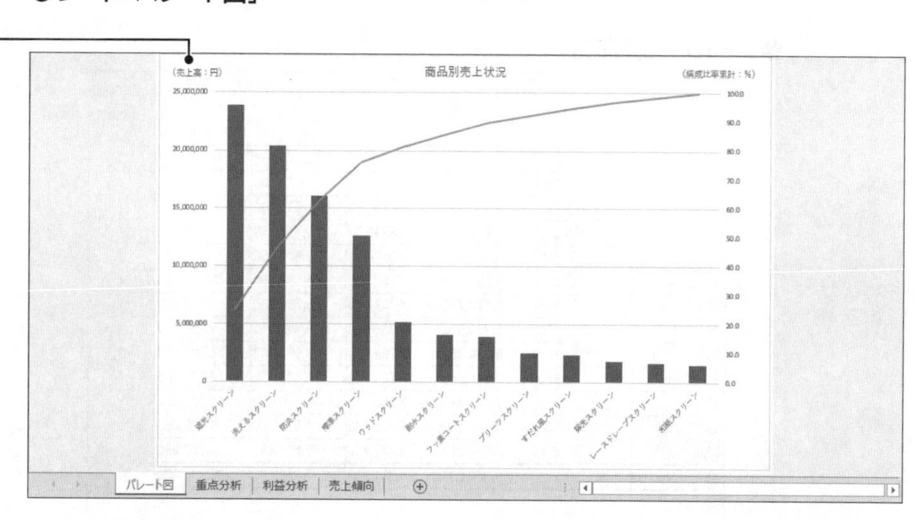

●シート「利益分析」

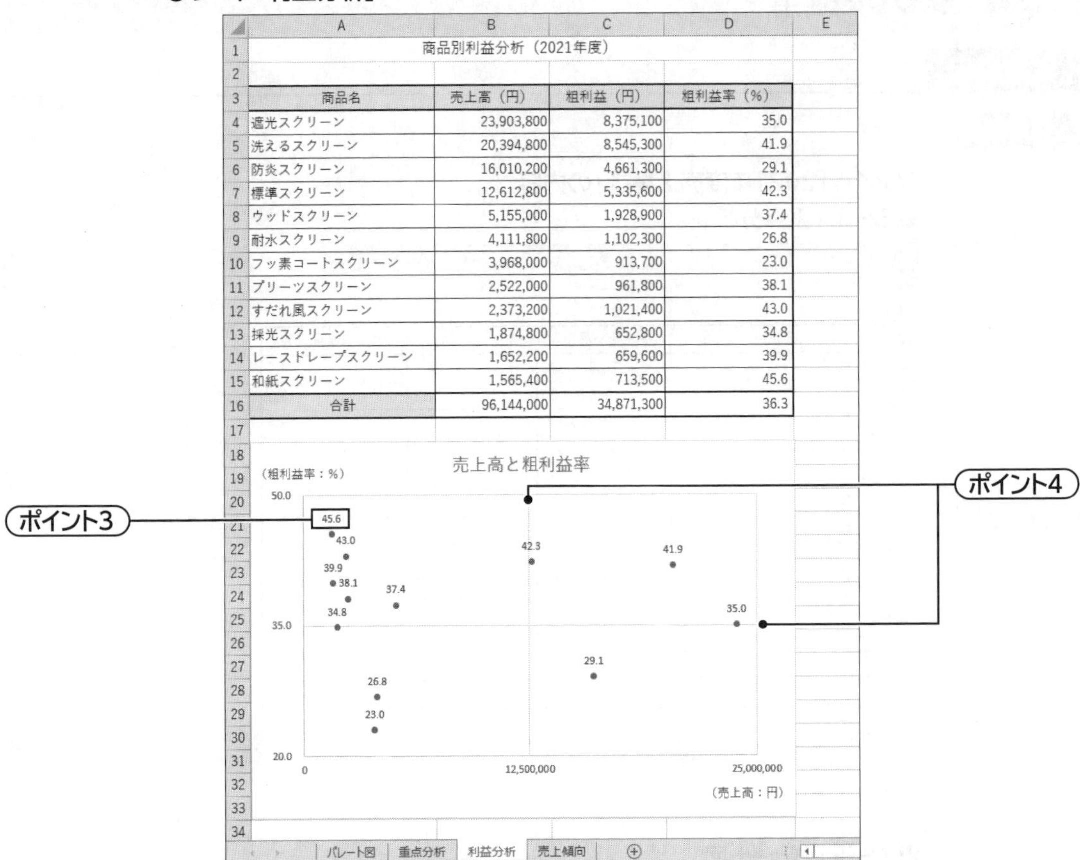

商品別利益分析（2021年度）

商品名	売上高（円）	粗利益（円）	粗利益率（%）
遮光スクリーン	23,903,800	8,375,100	35.0
洗えるスクリーン	20,394,800	8,545,300	41.9
防炎スクリーン	16,010,200	4,661,300	29.1
標準スクリーン	12,612,800	5,335,600	42.3
ウッドスクリーン	5,155,000	1,928,900	37.4
耐水スクリーン	4,111,800	1,102,300	26.8
フッ素コートスクリーン	3,968,000	913,700	23.0
プリーツスクリーン	2,522,000	961,800	38.1
すだれ風スクリーン	2,373,200	1,021,400	43.0
採光スクリーン	1,874,800	652,800	34.8
レースドレープスクリーン	1,652,200	659,600	39.9
和紙スクリーン	1,565,400	713,500	45.6
合計	96,144,000	34,871,300	36.3

●シート「売上傾向」

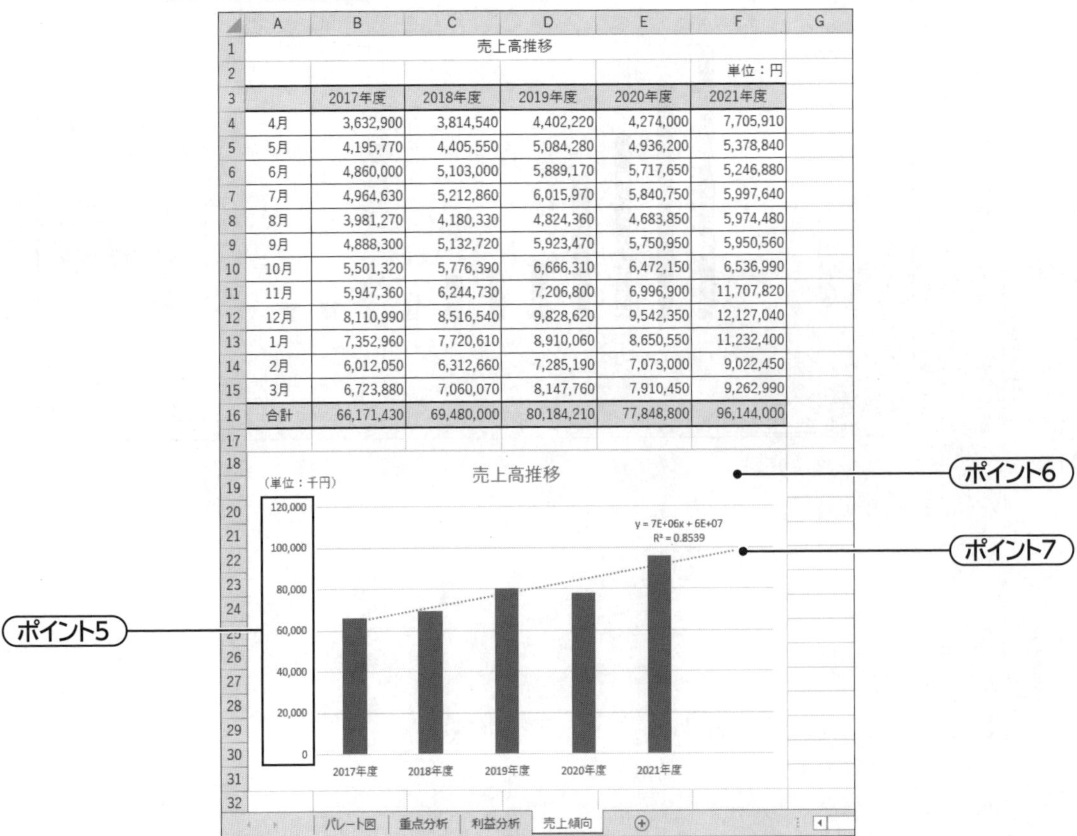

売上高推移

単位：円

	2017年度	2018年度	2019年度	2020年度	2021年度
4月	3,632,900	3,814,540	4,402,220	4,274,000	7,705,910
5月	4,195,770	4,405,550	5,084,280	4,936,200	5,378,840
6月	4,860,000	5,103,000	5,889,170	5,717,650	5,246,880
7月	4,964,630	5,212,860	6,015,970	5,840,750	5,997,640
8月	3,981,270	4,180,330	4,824,360	4,683,850	5,974,480
9月	4,888,300	5,132,720	5,923,470	5,750,950	5,950,560
10月	5,501,320	5,776,390	6,666,310	6,472,150	6,536,990
11月	5,947,360	6,244,730	7,206,800	6,996,900	11,707,820
12月	8,110,990	8,516,540	9,828,620	9,542,350	12,127,040
1月	7,352,960	7,720,610	8,910,060	8,650,550	11,232,400
2月	6,012,050	6,312,660	7,285,190	7,073,000	9,022,450
3月	6,723,880	7,060,070	8,147,760	7,910,450	9,262,990
合計	66,171,430	69,480,000	80,184,210	77,848,800	96,144,000

解答のポイント

ポイント1

パレート図を作成する場合、グラフのもととなる表は、売上高の多い順（降順）に並べ替えておくことを忘れないようにしましょう。

ポイント2

軸ラベルの表示位置の指示がない場合は、見やすい場所に配置するとよいでしょう。
また、軸ラベルの設定を変更したときに、プロットエリアのサイズが小さくなってしまった場合には、サイズを調整しましょう。

ポイント3

データラベルの表示位置の指示がない場合は、見やすい場所に表示するとよいでしょう。

ポイント4

縦軸と横軸の中間に目盛線を1本引くには、軸の最小値と最大値の差の半分の値を目盛間隔に指定します。

ポイント5

縦軸の単位を千円にするには、《軸の書式設定》作業ウィンドウにおいて《表示形式》を設定します。

ポイント6

グラフの配置に関する詳細な指示がない場合は、見やすいように位置やサイズを調整しましょう。

ポイント7

近似曲線に予測を表示する場合は、近似曲線の右に予測する区間を設定します。

操作手順

問題1

●並べ替え

①シート「重点分析」のセル範囲【A3:B15】を選択します。
※16行目の合計は範囲に含めません。
②《データ》タブを選択します。
③《並べ替えとフィルター》グループの（並べ替え）をクリックします。
④《先頭行をデータの見出しとして使用する》を☑にします。
⑤《最優先されるキー》の《列》の をクリックし、一覧から「売上高（円）」を選択します。
⑥ 2019
《並べ替えのキー》が《セルの値》になっていることを確認します。
2016
《並べ替えのキー》が《値》になっていることを確認します。
⑦ 2019
《順序》の をクリックし、一覧から《大きい順》を選択します。
2016
《順序》の をクリックし、一覧から《降順》を選択します。
⑧《OK》をクリックします。

●構成比の算出

①セル【C4】に「=B4/$B$16*100」と入力します。
※数式の入力中に F4 を押すと、「$」が付きます。
※数式をコピーしたときに、売上高の合計が常に同じセルを参照するように、絶対参照「$B$16」にします。
②セル【C4】を選択し、セル右下の■（フィルハンドル）をセル【C16】までドラッグします。
③ （オートフィルオプション）をクリックします。
※ をポイントすると、 になります。
④《書式なしコピー（フィル）》をクリックします。
※セル範囲【C4:C16】には、あらかじめ小数点第1位までの表示形式が設定されています。

●構成比率累計の算出

①セル【D4】に「=C4」と入力します。
②セル【D5】に「=D4+C5」と入力します。
③セル【D5】を選択し、セル右下の■（フィルハンドル）をダブルクリックします。
※セル範囲【D4:D15】には、あらかじめ小数点第1位までの表示形式が設定されています。

●複合グラフの作成（パレート図）

①セル範囲【A3:B15】を選択します。
② Ctrl を押しながら、セル範囲【D3:D15】を選択します。
③《挿入》タブを選択します。
④《グラフ》グループの （複合グラフの挿入）をクリックします。
⑤《組み合わせ》の《集合縦棒-第2軸の折れ線》をクリックします。
⑥グラフの横軸（項目軸）に「商品名」が表示されていることを確認します。

●グラフシートへの移動

①グラフが選択されていることを確認します。
②《デザイン》タブを選択します。
③《場所》グループの （グラフの移動）をクリックします。
④《新しいシート》を◉にし、「パレート図」と入力します。
⑤《OK》をクリックします。

●グラフタイトルの入力
①グラフタイトルをクリックします。
②グラフタイトルを再度クリックします。
③「商品別売上状況」と入力します。
④グラフタイトル以外の場所をクリックします。

●凡例の非表示
①グラフが選択されていることを確認します。
②《デザイン》タブを選択します。
③《グラフのレイアウト》グループの（グラフ要素を追加）をクリックします。
④《凡例》をポイントします。
⑤《なし》をクリックします。

●値軸の設定
①主軸を選択します。
②《書式》タブを選択します。
③《現在の選択範囲》グループの 選択対象の書式設定（選択対象の書式設定）をクリックします。
④《軸の書式設定》作業ウィンドウの《軸のオプション》をクリックします。
⑤（軸のオプション）をクリックします。
⑥《軸のオプション》の詳細が表示されていることを確認します。
⑦《境界値》の《最大値》に「25000000」と入力します。
※入力を確定すると「2.5E7」と表示されます。
⑧第2軸を選択します。
※《軸の書式設定》作業ウィンドウが第2軸の設定に切り替わります。
⑨《軸のオプション》の詳細が表示されていることを確認します。
⑩《境界値》の《最大値》に「100」と入力します。
⑪《軸の書式設定》作業ウィンドウの（閉じる）をクリックします。
※最大値を「100」に変更すると、自動的に目盛間隔が「10」に変更されます。

●軸ラベルの設定
①グラフが選択されていることを確認します。
②《デザイン》タブを選択します。
③《グラフのレイアウト》グループの（グラフ要素を追加）をクリックします。
④《軸ラベル》をポイントします。
⑤《第1縦軸》をクリックします。
⑥軸ラベルが選択されていることを確認します。
⑦軸ラベルをクリックします。
⑧「(売上高:円)」と入力します。
⑨軸ラベルが選択されていることを確認します。
⑩《ホーム》タブを選択します。
⑪《配置》グループの（方向）をクリックします。
⑫《左へ90度回転》をクリックします。
⑬軸ラベルが横書きに変更されていることを確認します。
⑭軸ラベルの枠線をポイントし、マウスポインターの形が に変わったら、グラフの左上にドラッグします。
⑮同様に、第2軸の軸ラベルに「(構成比率累計:%)」と入力して横書きに設定し、グラフの右上にドラッグします。
※軸ラベルの位置に合わせて、プロットエリアのサイズを調整しておきましょう。

●上書き保存
①クイックアクセスツールバーの（上書き保存）をクリックします。

問題2

●粗利益率の算出
①シート「利益分析」のセル【D4】に「=C4/B4*100」と入力します。
②セル【D4】を選択し、セル右下の■（フィルハンドル）をセル【D16】までドラッグします。
③（オートフィルオプション）をクリックします。
※ をポイントすると、 になります。
④《書式なしコピー（フィル）》をクリックします。
※セル範囲【D4:D16】には、あらかじめ小数点第1位までの表示形式が設定されています。

●散布図の作成
①セル範囲【B4:B15】を選択します。
② Ctrl を押しながら、セル範囲【D4:D15】を選択します。
③《挿入》タブを選択します。
④《グラフ》グループの（散布図（X, Y）またはバブルチャートの挿入）をクリックします。
⑤《散布図》の《散布図》をクリックします。

●グラフの移動・サイズ変更
①グラフが選択されていることを確認します。
②グラフエリアをポイントし、マウスポインターの形が に変わったら、ドラッグして位置を調整します。（左上位置の目安：セル【A18】）
③グラフエリア右下の○（ハンドル）をポイントし、マウスポインターの形が に変わったら、ドラッグしてサイズを調整します。（右下位置の目安：セル【D33】）

●グラフタイトルの入力
①グラフタイトルをクリックします。
②グラフタイトルを再度クリックします。
③「売上高と粗利益率」と入力します。
④グラフタイトル以外の場所をクリックします。

●凡例の非表示
①グラフに凡例が表示されていないことを確認します。

●軸ラベルの設定
①グラフが選択されていることを確認します。
②《デザイン》タブを選択します。
③《グラフのレイアウト》グループの (グラフ要素を追加)をクリックします。
④《軸ラベル》をポイントします。
⑤《第1横軸》をクリックします。
⑥軸ラベルが選択されていることを確認します。
⑦軸ラベルをクリックします。
⑧「(売上高:円)」と入力します。
⑨軸ラベルの枠線をポイントし、マウスポインターの形が に変わったら、グラフの右下にドラッグします。
⑩《グラフのレイアウト》グループの (グラフ要素を追加)をクリックします。
⑪《軸ラベル》をポイントします。
⑫《第1縦軸》をクリックします。
⑬軸ラベルが選択されていることを確認します。
⑭軸ラベルをクリックします。
⑮「(粗利益率:%)」と入力します。
⑯軸ラベルが選択されていることを確認します。
⑰《ホーム》タブを選択します。
⑱《配置》グループの (方向)をクリックします。
⑲《左へ90度回転》をクリックします。
⑳軸ラベルが横書きに変更されていることを確認します。
㉑軸ラベルの枠線をポイントし、マウスポインターの形が に変わったら、グラフの左上にドラッグします。
※軸ラベルの位置に合わせて、プロットエリアのサイズを調整しておきましょう。

●値軸の設定
①縦軸を選択します。
②《書式》タブを選択します。
③《現在の選択範囲》グループの 選択対象の書式設定 (選択対象の書式設定)をクリックします。
④《軸の書式設定》作業ウィンドウの《軸のオプション》をクリックします。
⑤ (軸のオプション)をクリックします。
⑥《軸のオプション》の詳細が表示されていることを確認します。
⑦《境界値》の《最小値》に「20」と入力します。
⑧《最大値》が「50.0」になっていることを確認します。
⑨ 2019
《単位》の《主》に「15」と入力します。
2016
《単位》の《目盛》に「15」と入力します。
※中間に目盛線を1本引くため、最小値と最大値の差の半分の値を指定します。
⑩横軸を選択します。
※《軸の書式設定》作業ウィンドウが横軸の設定に切り替わります。
⑪《軸のオプション》の詳細が表示されていることを確認します。
⑫《境界値》の《最小値》が「0.0」になっていることを確認します。
⑬《最大値》に「25000000」と入力します。
※入力を確定すると「2.5E7」と表示されます。
⑭ 2019
《単位》の《主》に「12500000」と入力します。
2016
《単位》の《目盛》に「12500000」と入力します。
※中間に目盛線を1本引くため、最小値と最大値の差の半分の値を指定します。
※入力を確定すると「1.25E7」と表示されます。
⑮《軸の書式設定》作業ウィンドウの × (閉じる)をクリックします。

●データラベルの表示
①グラフが選択されていることを確認します。
②《デザイン》タブを選択します。
③《グラフのレイアウト》グループの (グラフ要素を追加)をクリックします。
④《データラベル》をポイントします。
⑤《上》をクリックします。

●上書き保存
①クイックアクセスツールバーの (上書き保存)をクリックします。

問題3

●縦棒グラフの作成
①シート「売上傾向」のセル範囲【B3:F3】を選択します。
② Ctrl を押しながら、セル範囲【B16:F16】を選択します。

③《挿入》タブを選択します。
④《グラフ》グループの (縦棒/横棒グラフの挿入)をクリックします。
⑤《2-D縦棒》の《集合縦棒》をクリックします。

● グラフの移動・サイズ変更

①グラフが選択されていることを確認します。
②グラフエリアをポイントし、マウスポインターの形が に変わったら、ドラッグして位置を調整します。(左上位置の目安:セル【A18】)
③グラフエリア右下の○(ハンドル)をポイントし、マウスポインターの形が に変わったら、ドラッグしてサイズを調整します。(右下位置の目安:セル【F31】)

● グラフタイトルの入力

①グラフタイトルをクリックします。
②グラフタイトルを再度クリックします。
③「売上高推移」と入力します。
④グラフタイトル以外の場所をクリックします。

● 凡例の非表示

①グラフに凡例が表示されていないことを確認します。

● 値軸の設定

①縦軸を選択します。
②《書式》タブを選択します。
③《現在の選択範囲》グループの 選択対象の書式設定 (選択対象の書式設定)をクリックします。
④《軸の書式設定》作業ウィンドウの《軸のオプション》をクリックします。
⑤ (軸のオプション)をクリックします。
⑥《軸のオプション》の詳細が表示されていることを確認します。
⑦《表示単位》の をクリックし、一覧から《千》を選択します。
⑧《表示単位のラベルをグラフに表示する》が ✓ になっていることを確認します。
⑨《軸の書式設定》作業ウィンドウの × (閉じる)をクリックします。

● 表示単位ラベルの設定

①表示単位ラベルの「千」を選択します。
②表示単位ラベルをクリックします。
③「(単位:千円)」と入力します。
④表示単位ラベルが選択されていることを確認します。
⑤《ホーム》タブを選択します。
⑥《配置》グループの (方向)をクリックします。
⑦《左へ90度回転》をクリックします。
⑧表示単位ラベルが横書きに変更されていることを確認します。
⑨表示単位ラベルの枠線をポイントし、マウスポインターの形が に変わったら、グラフの左上にドラッグします。
※表示単位ラベルの位置に合わせて、プロットエリアのサイズを調整しておきましょう。

● 近似曲線の追加

①グラフが選択されていることを確認します。
②《デザイン》タブを選択します。
③《グラフのレイアウト》グループの グラフ要素を追加 (グラフ要素を追加)をクリックします。
④《近似曲線》をポイントします。
⑤《線形》をクリックします。
⑥線形近似の近似曲線が追加されていることを確認します。
⑦グラフの近似曲線を選択します。
⑧《書式》タブを選択します。
⑨《現在の選択範囲》グループの 選択対象の書式設定 (選択対象の書式設定)をクリックします。
⑩ (近似曲線のオプション)をクリックします。
⑪《予測》の《前方補外》の《区間》に「1」と入力します。
⑫《予測》の《グラフに数式を表示する》を ✓ にします。
⑬《予測》の《グラフにR-2乗値を表示する》を ✓ にします。
⑭《近似曲線の書式設定》作業ウィンドウの × (閉じる)をクリックします。
⑮グラフに近似曲線の数式とR-2乗値が表示されていることを確認します。
※数式とR-2乗値の位置を調整しておきましょう。
※表示された数式「y=7E+06x+6E+07」は値が大きいため指数で表示されています。数値で表示すると「y=6,831,394x+57,471,506」に相当し、2022年度の売上予測をする場合、x=6(6番目の年度)を代入して計算します。2022年度の売上予測値は「98,459,870円」になります。
※数式を数値で表示するには、数式を選択→《書式》タブ→《現在の選択範囲》グループの《選択対象の書式設定》→《ラベルオプション》→《ラベルオプション》→《表示形式》の《カテゴリ》を《数値》にします。

● 上書き保存

①クイックアクセスツールバーの (上書き保存)をクリックします。

Answer 第1回 模擬試験 解答と解説

知識科目

問題1
解答 **2** 納品

問題2
解答 **1** 今月の売上額 ÷ 前年同月の売上額 × 100

問題3
解答 **1** ROUNDDOWN関数

問題4
解答 **3** 課題解決で多く利用されている分析手法

問題5
解答 **2** 625円

問題6
解答 **1** ヘッダー／フッター

問題7
解答 **2** 売上高 − 変動費

問題8
解答 **3** 円グラフ

問題9
解答 **1** 最小単位のデータのまま保存する。

問題10
解答 **3** 製造原価

実技科目

完成例

ファイル「販売管理表」

●シート「売上管理」

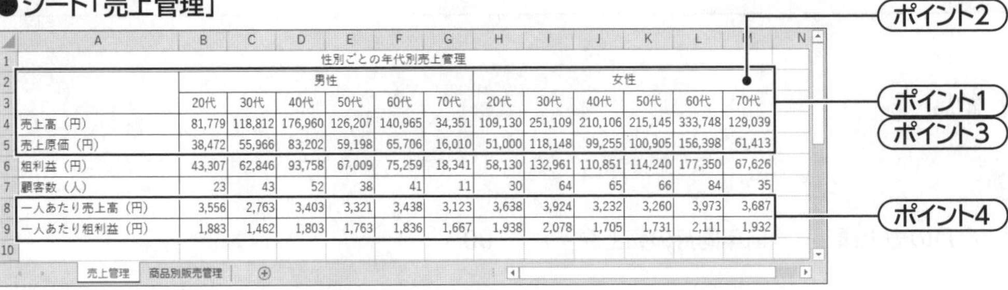

	A	B	C	D	E	F	G	H	I	J	K	L	M
1	性別ごとの年代別売上管理												
2		男性						女性					
3		20代	30代	40代	50代	60代	70代	20代	30代	40代	50代	60代	70代
4	売上高（円）	81,779	118,812	176,960	126,207	140,965	34,351	109,130	251,109	210,106	215,145	333,748	129,039
5	売上原価（円）	38,472	55,966	83,202	59,198	65,706	16,010	51,000	118,148	99,255	100,905	156,398	61,413
6	粗利益（円）	43,307	62,846	93,758	67,009	75,259	18,341	58,130	132,961	110,851	114,240	177,350	67,626
7	顧客数（人）	23	43	52	38	41	11	30	64	65	66	84	35
8	一人あたり売上高（円）	3,556	2,763	3,403	3,321	3,438	3,123	3,638	3,924	3,232	3,260	3,973	3,687
9	一人あたり粗利益（円）	1,883	1,462	1,803	1,763	1,836	1,667	1,938	2,078	1,705	1,731	2,111	1,932

●シート「商品別販売管理」

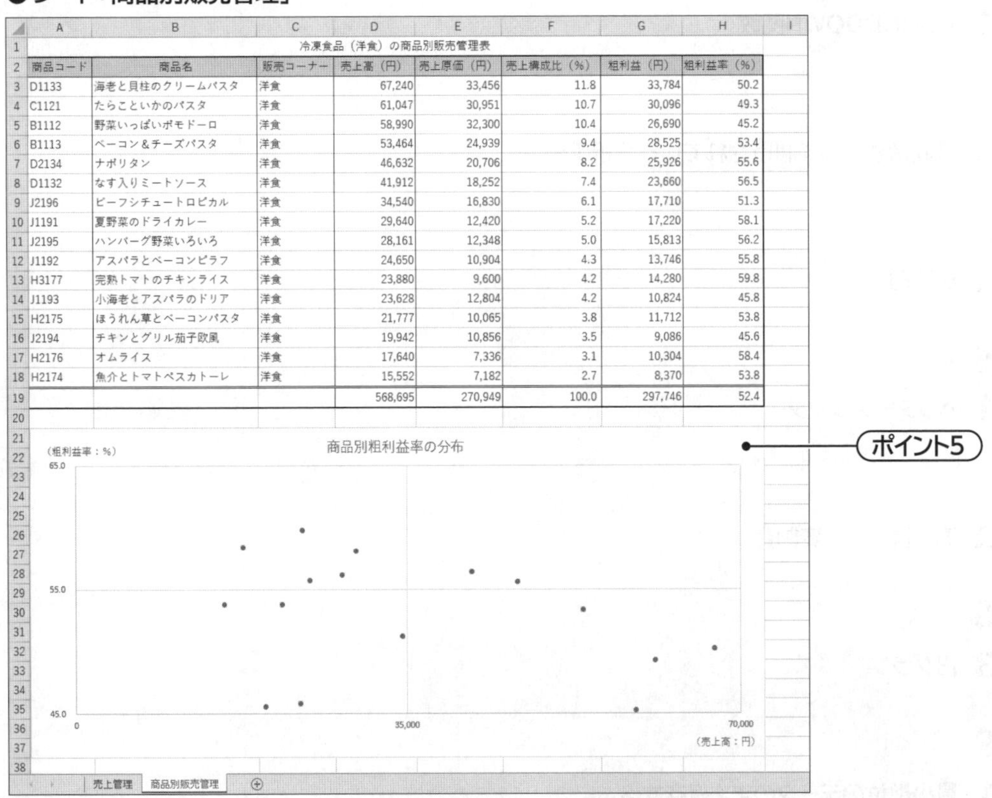

	A	B	C	D	E	F	G	H
1	冷凍食品（洋食）の商品別販売管理表							
2	商品コード	商品名	販売コーナー	売上高（円）	売上原価（円）	売上構成比（%）	粗利益（円）	粗利益率（%）
3	D1133	海老と貝柱のクリームパスタ	洋食	67,240	33,456	11.8	33,784	50.2
4	C1121	たらこといかのパスタ	洋食	61,047	30,951	10.7	30,096	49.3
5	B1112	野菜いっぱいポモドーロ	洋食	58,990	32,300	10.4	26,690	45.2
6	B1113	ベーコン＆チーズパスタ	洋食	53,464	24,939	9.4	28,525	53.4
7	D2134	ナポリタン	洋食	46,632	20,706	8.2	25,926	55.6
8	D1132	なす入りミートソース	洋食	41,912	18,252	7.4	23,660	56.5
9	J2196	ビーフシチュートロピカル	洋食	34,540	16,830	6.1	17,710	51.3
10	J1191	夏野菜のドライカレー	洋食	29,640	12,420	5.2	17,220	58.1
11	J2195	ハンバーグ野菜いろいろ	洋食	28,161	12,348	5.0	15,813	56.2
12	J1192	アスパラとベーコンピラフ	洋食	24,650	10,904	4.3	13,746	55.8
13	H3177	完熟トマトのチキンライス	洋食	23,880	9,600	4.2	14,280	59.8
14	J1193	小海老とアスパラのドリア	洋食	23,628	12,804	4.2	10,824	45.8
15	H2175	ほうれん草とベーコンパスタ	洋食	21,777	10,065	3.8	11,712	53.8
16	J2194	チキンとグリル茄子欧風	洋食	19,942	10,856	3.5	9,086	45.6
17	H2176	オムライス	洋食	17,640	7,336	3.1	10,304	58.4
18	H2174	魚介とトマトペスカトーレ	洋食	15,552	7,182	2.7	8,370	53.8
19				568,695	270,949	100.0	297,746	52.4

解答のポイント

ポイント1

問題文には、集計するための具体的な指示はありません。ピボットテーブルで集計する前に、完成させる表をよく確認して、どのような項目があるのか、表の構成はどうなっているのかを理解しましょう。

また、集計するシートに必要なデータがない場合は、VLOOKUP関数を使ってほかのシートからデータを参照したり、数式を使ってデータを求めたりして準備します。

問題1では、ピボットテーブルで集計する前に、シート「売上データ」に、販売単価、仕入単価、性別、年齢を追加します。また、追加した販売単価、仕入単価を使って売上高、売上原価を求めておく必要があります。

ポイント2

年代ごとに集計するために、ピボットテーブルにおいて「年齢」をグループ化します。グループ化するときには、《先頭の値》と《単位》の指定に注意しましょう。

ポイント3

問題1で作成するピボットテーブルは、列ラベルエリアにだけフィールドを配置した状態で、値エリアに複数のフィールドを配置します。そのため、値エリアに配置したフィールドは横方向（列単位）で表示されます。縦方向（行単位）で表示したい場合は、《ピボットテーブルのフィールド》作業ウィンドウの《列》のボックスにある《値》フィールドを《行》のボックスに移動します。

ポイント4

一人あたり売上高、一人あたり粗利益とは、顧客一人あたりが購入した売上高とその売上に伴う粗利益のことをいいます。よって、売上高や粗利益を顧客数で割ることで求めることができます。

ポイント5

記号を全角で入力するか半角で入力するか、問題文で判断できない場合は、元のExcelファイルに合わせましょう。

操作手順

問題1

●VLOOKUP関数の入力（商品名・販売コーナー・販売単価・仕入単価の表示）

①ファイル「売上データ」を表示します。
②シート「売上データ」の列番号【C:F】を選択します。
③選択した列を右クリックします。
④《挿入》をクリックします。
※4列挿入されます。
⑤シート「商品マスター」のセル範囲【B1:E1】を選択します。
※「商品名」と「販売コーナー」は問題2で必要になるので一緒にコピーしておきましょう。
⑥《ホーム》タブを選択します。
⑦《クリップボード》グループの（コピー）をクリックします。
⑧シート「売上データ」のセル【C1】を選択します。
⑨《クリップボード》グループの（貼り付け）をクリックします。
⑩セル【C2】に「=VLOOKUP(B2」と入力します。
⑪F4を3回押します。
※数式をコピーしたときに、常に同じ列を参照するように、複合参照「$B2」にします。
⑫数式の続きに「,」を入力します。
⑬シート「商品マスター」のセル範囲【A2:E49】を選択します。
※セル【A2】を選択し、Ctrl+Shift+↓を押してから、Ctrl+Shift+→を押すと、効率よく選択できます。
⑭F4を押します。
※数式をコピーしたときに、常に同じセル範囲を参照するように、絶対参照「$A$2:$E$49」にします。
⑮数式の続きに「,2,FALSE)」と入力します。
⑯数式バーに「=VLOOKUP($B2,商品マスター!$A$2:$E$49,2,FALSE)」と表示されていることを確認します。
⑰Enterを押します。
⑱セル【C2】を選択し、セル右下の■（フィルハンドル）をセル【F2】までドラッグします。
⑲セル【D2】を「=VLOOKUP($B2,商品マスター!$A$2:$E$49,3,FALSE)」と修正します。
⑳セル【E2】を「=VLOOKUP($B2,商品マスター!$A$2:$E$49,4,FALSE)」と修正します。
㉑セル【F2】を「=VLOOKUP($B2,商品マスター!$A$2:$E$49,5,FALSE)」と修正します。
㉒セル範囲【C2:F2】を選択し、セル範囲右下の■（フィルハンドル）をダブルクリックします。
※数式が3021行目までコピーされます。
※C～F列の列幅を調整しておきましょう。

●売上高・売上原価の算出

①列番号【H:I】を選択します。
②選択した列を右クリックします。
③《挿入》をクリックします。
※2列挿入されます。
④セル【H1】に「売上高」と入力します。
⑤セル【I1】に「売上原価」と入力します。
⑥セル【H2】に「=E2*G2」と入力します。
⑦セル【I2】に「=F2*G2」と入力します。
⑧セル範囲【H2:I2】を選択し、セル範囲右下の■（フィルハンドル）をダブルクリックします。
※数式が3021行目までコピーされます。

●顧客の年齢・性別の表示

①列番号【K:L】を選択します。
②選択した列を右クリックします。
③《挿入》をクリックします。
※2列挿入されます。
④シート「顧客マスター」のセル範囲【B1:C1】を選択します。
⑤《ホーム》タブを選択します。
⑥《クリップボード》グループの（コピー）をクリックします。
⑦シート「売上データ」のセル【K1】を選択します。
⑧《クリップボード》グループの（貼り付け）をクリックします。
⑨セル【K2】に「=VLOOKUP(J2」と入力します。
⑩F4を3回押します。
※数式をコピーしたときに、常に同じ列を参照するように、複合参照「$J2」にします。
⑪数式の続きに「,」を入力します。
⑫シート「顧客マスター」のセル範囲【A2:C1036】を選択します。
※セル【A2】を選択し、Ctrl+Shift+↓を押してから、Ctrl+Shift+→を押すと、効率よく選択できます。
⑬F4を押します。
※数式をコピーしたときに、常に同じセル範囲を参照するように、絶対参照「$A$2:$C$1036」にします。

⑭数式の続きに「,2,FALSE)」と入力します。
⑮数式バーに「=VLOOKUP($J2,顧客マスター!$A$2:$C$1036,2,FALSE)」と表示されていることを確認します。
⑯ Enter を押します。
⑰セル【K2】を選択し、セル右下の■(フィルハンドル)をセル【L2】までドラッグします。
⑱セル【L2】を「=VLOOKUP($J2,顧客マスター!$A$2:$C$1036,3,FALSE)」と修正します。
⑲セル範囲【K2:L2】を選択し、セル範囲右下の■(フィルハンドル)をダブルクリックします。
※数式が3021行目までコピーされます。

●ピボットテーブルの作成(性別年代別の売上高・売上原価の集計)

①セル【A2】を選択します。
※表内のセルであれば、どこでもかまいません。
②《挿入》タブを選択します。
③《テーブル》グループの (ピボットテーブル)をクリックします。
④《テーブルまたは範囲を選択》を◉にします。
⑤《テーブル/範囲》に「売上データ!$A$1:$M$3021」と表示されていることを確認します。
⑥《新規ワークシート》を◉にします。
⑦《OK》をクリックします。
⑧《ピボットテーブルのフィールド》作業ウィンドウの「性別」を《列》のボックスにドラッグします。
⑨列ラベルエリアの ▾ をクリックし、一覧から《降順》を選択します。
※性別の順序が逆になります。
⑩《ピボットテーブルのフィールド》作業ウィンドウの「年齢」を《列》のボックスの「性別」の下にドラッグします。
⑪セル【A5】を選択します。
※列ラベルエリアの「年齢」のセルであれば、どこでもかまいません。
⑫《分析》タブを選択します。
⑬《グループ》グループの フィールドのグループ化 (フィールドのグループ化)をクリックします。
⑭《先頭の値》に「20」と入力します。
⑮《単位》が「10」になっていることを確認します。
⑯《OK》をクリックします。
⑰《ピボットテーブルのフィールド》作業ウィンドウの「売上高」を《値》のボックスにドラッグします。
⑱「売上原価」を《値》のボックスの「売上高」の下にドラッグします。
⑲「売上高」と「売上原価」の集計方法が《合計》になっていることを確認します。
⑳《列》のボックスにある《値》フィールドを《行》のボックスにドラッグします。
※《値》フィールドが表示されていない場合は、《列》のボックスをスクロールします。
㉑《デザイン》タブを選択します。
㉒《レイアウト》グループの (小計)をクリックします。
㉓《小計を表示しない》をクリックします。

●値の貼り付け(売上高・売上原価の表示)

①ファイル「販売管理表」のシート「売上管理」の表と、ファイル「売上データ」のシート「Sheet1」のピボットテーブルの性別と年代、売上高と売上原価の表示順序が同じであることを確認します。
②ファイル「売上データ」を表示します。
③シート「Sheet1」のセル範囲【B6:M7】を選択します。
④《ホーム》タブを選択します。
⑤《クリップボード》グループの (コピー)をクリックします。
⑥ファイル「販売管理表」を表示します。
⑦シート「売上管理」のセル【B4】を選択します。
⑧《クリップボード》グループの (貼り付け)の 貼り付け をクリックします。
⑨《値の貼り付け》の (値)をクリックします。
※表には、あらかじめ桁区切りスタイルが設定されています。

●粗利益の算出

①セル【B6】に「=B4-B5」と入力します。
②セル【B6】を選択し、セル右下の■(フィルハンドル)をセル【M6】までドラッグします。

●一人あたり売上高・一人あたり粗利益の算出

①セル【B8】に「=B4/B7」と入力します。
②セル【B9】に「=B6/B7」と入力します。
③セル範囲【B8:B9】を選択し、セル範囲右下の■(フィルハンドル)をセル【M9】までドラッグします。

●上書き保存

①ファイル「販売管理表」が表示されていることを確認します。
②クイックアクセスツールバーの (上書き保存)をクリックします。
※同様に、ファイル「売上データ」も上書き保存しておきましょう。

問題2

●ピボットテーブルの作成(販売コーナー「洋食」の売上高・売上原価の集計)

①ファイル「売上データ」を表示します。
②シート「売上データ」のセル【A2】を選択します。
※表内のセルであれば、どこでもかまいません。
※C列に「商品名」、D列に「販売コーナー」が表示されていることを確認しておきましょう。
③《挿入》タブを選択します。
④《テーブル》グループの (ピボットテーブル)をクリックします。
⑤《テーブルまたは範囲を選択》を◉にします。

⑥《テーブル/範囲》に「売上データ!$A$1:$M$3021」と表示されていることを確認します。
⑦《新規ワークシート》を◉にします。
⑧《OK》をクリックします。
⑨《ピボットテーブルのフィールド》作業ウィンドウの「商品コード」を《行》のボックスにドラッグします。
⑩「商品名」を《行》のボックスの「商品コード」の下にドラッグします。
⑪「販売コーナー」を《行》のボックスの「商品名」の下にドラッグします。
⑫《デザイン》タブを選択します。
⑬《レイアウト》グループの（レポートのレイアウト）をクリックします。
⑭《表形式で表示》をクリックします。
⑮《レイアウト》グループの（小計）をクリックします。
⑯《小計を表示しない》をクリックします。
⑰「販売コーナー」のをクリックし、《（すべて選択）》をにします。
⑱《洋食》をにします。
⑲《OK》をクリックします。
⑳《ピボットテーブルのフィールド》作業ウィンドウの「売上高」を《値》のボックスにドラッグします。
㉑「売上原価」を《値》のボックスの「売上高」の下にドラッグします。
㉒「売上高」と「売上原価」の集計方法が《合計》になっていることを確認します。
※A～C列の列幅を調整しておきましょう。

●値の貼り付け（売上高・売上原価の表示）

①ファイル「販売管理表」のシート「商品別販売管理」の表と、ファイル「売上データ」のシート「Sheet2」のピボットテーブルの商品コード、商品名、販売コーナー、売上高、売上原価の表示順序が同じであることを確認します。
②ファイル「売上データ」を表示します。
③シート「Sheet2」のセル範囲【D4：E19】を選択します。
④《ホーム》タブを選択します。
⑤《クリップボード》グループの（コピー）をクリックします。
⑥ファイル「販売管理表」を表示します。
⑦シート「商品別販売管理」のセル【D3】を選択します。
⑧《クリップボード》グループの（貼り付け）のをクリックします。
⑨《値の貼り付け》の（値）をクリックします。
※表のD～E列には、あらかじめ桁区切りスタイルが設定されています。

●合計の算出

①セル範囲【D19：E19】を選択します。
②《ホーム》タブを選択します。
③《編集》グループの（合計）をクリックします。

●売上構成比・粗利益・粗利益率の算出

①セル【F3】に「=D3/$D$19*100」と入力します。
※数式の入力中に【F4】を押すと、「$」が自動的に付きます。
※数式をコピーしたときに、売上高の合計が常に同じセルを参照するように、絶対参照「$D$19」にします。
②セル【G3】に「=D3－E3」と入力します。
③セル【H3】に「=G3/D3*100」と入力します。
④セル範囲【F3：H3】を選択し、セル範囲右下の■（フィルハンドル）をダブルクリックします。
※数式が19行目までコピーされます。
⑤（オートフィルオプション）をクリックします。
※をポイントすると、になります。
⑥《書式なしコピー（フィル）》をクリックします。
※表のF列とH列には小数点第1位までの表示形式、G列には桁区切りスタイルが設定されています。

●並べ替え

①セル範囲【A2：H18】を選択します。
※19行目の合計は範囲に含めません。
②《データ》タブを選択します。
③《並べ替えとフィルター》グループの（並べ替え）をクリックします。
④《先頭行をデータの見出しとして使用する》をにします。
⑤《最優先されるキー》の《列》のをクリックし、一覧から「売上高（円）」を選択します。
⑥ 2019
《並べ替えのキー》が《セルの値》になっていることを確認します。
2016
《並べ替えのキー》が《値》になっていることを確認します。
⑦ 2019
《順序》のをクリックし、一覧から《大きい順》を選択します。
2016
《順序》のをクリックし、一覧から《降順》を選択します。
⑧《OK》をクリックします。

●散布図の作成

①セル範囲【D3：D18】を選択します。
②【Ctrl】を押しながら、セル範囲【H3：H18】を選択します。
③《挿入》タブを選択します。
④《グラフ》グループの（散布図（X，Y）またはバブルチャートの挿入）をクリックします。
⑤《散布図》の《散布図》をクリックします。

●グラフの移動・サイズ変更

①グラフが選択されていることを確認します。
②グラフエリアをポイントし、マウスポインターの形がに変わったら、ドラッグして位置を調整します。（左上位置の目安：セル【A21】）

③グラフエリア右下の○（ハンドル）をポイントし、マウスポインターの形が⤡に変わったら、ドラッグしてサイズを調整します。（右下位置の目安：セル【H37】）

●グラフタイトルの入力

①グラフタイトルをクリックします。
②グラフタイトルを再度クリックします。
③「商品別粗利益率の分布」と入力します。
④グラフタイトル以外の場所をクリックします。

●軸ラベルの設定

①グラフが選択されていることを確認します。
②《デザイン》タブを選択します。
③《グラフのレイアウト》グループの（グラフ要素を追加）をクリックします。
④《軸ラベル》をポイントします。
⑤《第1横軸》をクリックします。
⑥軸ラベルが選択されていることを確認します。
⑦軸ラベルをクリックします。
⑧「（売上高：円）」と入力します。
⑨軸ラベルの枠線をポイントし、マウスポインターの形が✥に変わったら、グラフの右下にドラッグします。
⑩《グラフのレイアウト》グループの（グラフ要素を追加）をクリックします。
⑪《軸ラベル》をポイントします。
⑫《第1縦軸》をクリックします。
⑬軸ラベルが選択されていることを確認します。
⑭軸ラベルをクリックします。
⑮「（粗利益率：%）」と入力します。
⑯軸ラベルが選択されていることを確認します。
⑰《ホーム》タブを選択します。
⑱《配置》グループの（方向）をクリックします。
⑲《左へ90度回転》をクリックします。
⑳軸ラベルが横書きに変更されていることを確認します。
㉑軸ラベルの枠線をポイントし、マウスポインターの形が✥に変わったら、グラフの左上にドラッグします。
※軸ラベルの位置に合わせて、プロットエリアのサイズを調整しておきましょう。

●凡例の非表示

①グラフに凡例が表示されていないことを確認します。

●値軸の設定・目盛線の表示

①横軸を選択します。
②《書式》タブを選択します。
③《現在の選択範囲》グループの 選択対象の書式設定 （選択対象の書式設定）をクリックします。
④《軸の書式設定》作業ウィンドウの《軸のオプション》をクリックします。
⑤（軸のオプション）をクリックします。
⑥《軸のオプション》の詳細が表示されていることを確認します。
⑦《境界値》の《最小値》が「0.0」になっていることを確認します。
⑧《最大値》に「70000」と入力します。
⑨ 2019
《単位》の《主》に「35000」と入力します。
2016
《単位》の《目盛》に「35000」と入力します。
⑩縦軸を選択します。
※《軸の書式設定》作業ウィンドウが縦軸の設定に切り替わります。
⑪《軸の書式設定》作業ウィンドウに《軸のオプション》の詳細が表示されていることを確認します。
⑫《境界値》の《最小値》に「45」と入力します。
⑬《最大値》に「65」と入力します。
⑭ 2019
《単位》の《主》に「10」と入力します。
2016
《単位》の《目盛》に「10」と入力します。
⑮《軸の書式設定》作業ウィンドウの × （閉じる）をクリックします。
⑯グラフに目盛線が表示されていることを確認します。

●上書き保存

①ファイル「販売管理表」が表示されていることを確認します。
②クイックアクセスツールバーの（上書き保存）をクリックします。
※同様に、ファイル「売上データ」も上書き保存しておきましょう。

問題3

「性別ごとの年代別売上管理」表をみると、一人あたりの売上高が高いのは ❶60代女性 で、次に高いのは ❷30代女性 である。一人あたり粗利益が一番低いのは ❸30代男性 で、2番目は ❹70代男性 、3番目は ❺40代女性 であり、これらの顧客層にアピールできる商品を検討する必要があろう。
売上高ごとの商品別粗利益率の分布をみると、売上高は高いが、粗利益率が55%を切る商品は ❻右下 のエリアに分布しており、その商品数は ❼4 商品である。
ナポリタンと海老と貝柱のクリームパスタについて検討すると、前者は ❽右上 、後者は ❾右下 のエリアに位置していることから、粗利益率を向上させる必要があるのは、❿海老と貝柱のクリームパスタ である。

Answer 第2回 模擬試験 解答と解説

知識科目

■問題1
解答 **2** 仕入

■問題2
解答 **2** 売上構成比

■問題3
解答 **3** マクロ

■問題4
解答 **2** 4,000円

■問題5
解答 **1** RANK関数

■問題6
解答 **1** 損益分岐点 ＝ 固定費 ÷ （ 1 － 変動費 ÷ 売上高 ）

■問題7
解答 **3** 折れ線グラフ

■問題8
解答 **1** Customer（顧客）、Competitor（競合）、Company（自社）

■問題9
解答 **2** 固定費

■問題10
解答 **2** 損益計算書

実技科目

完成例

ファイル「販売集計」

●シート「売上集計」

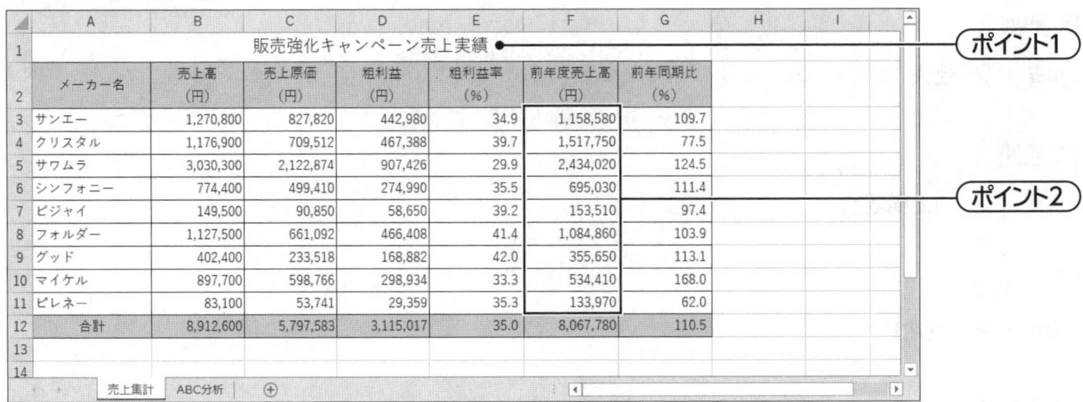

	A	B	C	D	E	F	G
1			販売強化キャンペーン売上実績				
2	メーカー名	売上高（円）	売上原価（円）	粗利益（円）	粗利益率（%）	前年度売上高（円）	前年同期比（%）
3	サンエー	1,270,800	827,820	442,980	34.9	1,158,580	109.7
4	クリスタル	1,176,900	709,512	467,388	39.7	1,517,750	77.5
5	サワムラ	3,030,300	2,122,874	907,426	29.9	2,434,020	124.5
6	シンフォニー	774,400	499,410	274,990	35.5	695,030	111.4
7	ビジャイ	149,500	90,850	58,650	39.2	153,510	97.4
8	フォルダー	1,127,500	661,092	466,408	41.4	1,084,860	103.9
9	グッド	402,400	233,518	168,882	42.0	355,650	113.1
10	マイケル	897,700	598,766	298,934	33.3	534,410	168.0
11	ピレネー	83,100	53,741	29,359	35.3	133,970	62.0
12	合計	8,912,600	5,797,583	3,115,017	35.0	8,067,780	110.5

●シート「ABC分析」

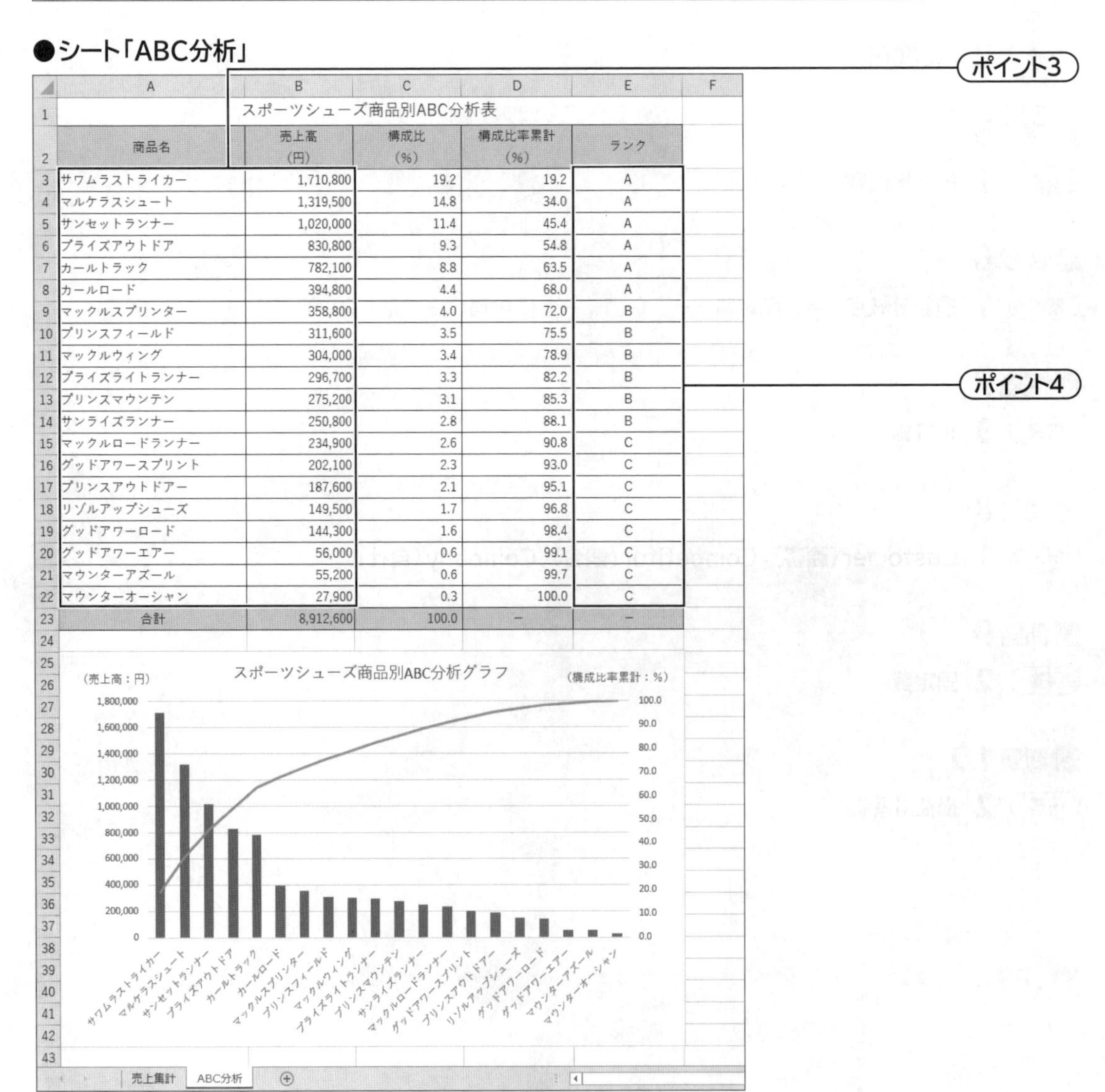

	A	B	C	D	E
1		スポーツシューズ商品別ABC分析表			
2	商品名	売上高（円）	構成比（%）	構成比率累計（%）	ランク
3	サワムラストライカー	1,710,800	19.2	19.2	A
4	マルケラスシュート	1,319,500	14.8	34.0	A
5	サンセットランナー	1,020,000	11.4	45.4	A
6	プライズアウトドア	830,800	9.3	54.8	A
7	カールトラック	782,100	8.8	63.5	A
8	カールロード	394,800	4.4	68.0	A
9	マックルスプリンター	358,800	4.0	72.0	B
10	プリンスフィールド	311,600	3.5	75.5	B
11	マックルウィング	304,000	3.4	78.9	B
12	プライズライトランナー	296,700	3.3	82.2	B
13	プリンスマウンテン	275,200	3.1	85.3	B
14	サンライズランナー	250,800	2.8	88.1	B
15	マックルロードランナー	234,900	2.6	90.8	C
16	グッドアワースプリント	202,100	2.3	93.0	C
17	プリンスアウトドアー	187,600	2.1	95.1	C
18	リゾルアップシューズ	149,500	1.7	96.8	C
19	グッドアワーロード	144,300	1.6	98.4	C
20	グッドアワーエアー	56,000	0.6	99.1	C
21	マウンターアズール	55,200	0.6	99.7	C
22	マウンターオーシャン	27,900	0.3	100.0	C
23	合計	8,912,600	100.0	−	−

解答のポイント

ポイント1

表のタイトルの配置について指示がない場合は、表の上の行に入力し、表の幅に合わせて中央に配置するとよいでしょう。また、フォントサイズなどについても、ファイル内にあるほかの表のタイトルと合わせるとよいでしょう。

ポイント2

「前年度売上高」は、ファイル「販売データ」のシート「2020年6月売上集計」の値を参照します。ただし、シート「2020年6月売上集計」とシート「売上集計」の表は、メーカー名の並びが異なるため、そのまま値を貼り付けることができません。このような場合は、VLOOKUP関数を使って参照するとよいでしょう。

ポイント3

ABC分析の表は、売上高の降順に並べ替えておく必要があります。ピボットテーブルで集計したときに一緒に並べ替えてから値を貼り付けると効率的です。値エリアの数値を並べ替えるには、《データ》タブや《ホーム》タブのボタンを使います。

ポイント4

「ランク」は条件を判断して手入力しても構いませんが、入力ミスを防ぐためにもIF関数を使うとよいでしょう。Aランクは構成比率累計が70%までとあるので「D3<=70」、Bランクは90%までなので「D3<=90」、Cランクはそれ以外になります。3つの処理を判断する必要があるので、「真の場合」または「偽の場合」にIF関数を指定するネストの設定が必要です。

操作手順

問題1

●VLOOKUP関数の入力(商品名・メーカー名・仕入単価・販売単価の表示)

①ファイル「販売データ」を表示します。
②シート「2021年6月実績」の列番号【C:F】を選択します。
③選択した列を右クリックします。
④《挿入》をクリックします。
※4列挿入されます。
⑤シート「商品マスター」のセル範囲【B1:E1】を選択します。
⑥《ホーム》タブを選択します。
⑦《クリップボード》グループの(コピー)をクリックします。
⑧シート「2021年6月実績」のセル【C1】を選択します。
⑨《クリップボード》グループの(貼り付け)をクリックします。
⑩セル【C2】に「=VLOOKUP(B2」と入力します。
⑪【F4】を3回押します。
※数式をコピーしたときに、常に同じ列を参照するように、複合参照「$B2」にします。
⑫数式の続きに「,」を入力します。
⑬シート「商品マスター」のセル範囲【A2:E21】を選択します。
⑭【F4】を押します。
※数式をコピーしたときに、常に同じセル範囲を参照するように、絶対参照「$A$2:$E$21」にします。
⑮数式の続きに「,2,FALSE)」と入力します。
⑯数式バーに「=VLOOKUP($B2,商品マスター!$A$2:$E$21,2,FALSE)」と表示されていることを確認します。
⑰【Enter】を押します。
⑱セル【C2】を選択し、セル右下の■(フィルハンドル)をセル【F2】までドラッグします。
⑲セル【D2】を「=VLOOKUP($B2,商品マスター!$A$2:$E$21,3,FALSE)」と修正します。
⑳セル【E2】を「=VLOOKUP($B2,商品マスター!$A$2:$E$21,4,FALSE)」と修正します。
㉑セル【F2】を「=VLOOKUP($B2,商品マスター!$A$2:$E$21,5,FALSE)」と修正します。
㉒セル範囲【C2:F2】を選択し、セル範囲右下の■(フィルハンドル)をダブルクリックします。
※数式が304行目までコピーされます。
※C～F列の列幅を調整しておきましょう。

●販売価格の算出

①列番号【G】を右クリックします。
②《挿入》をクリックします。
※1列挿入されます。
③セル【G1】に「販売価格」と入力します。
④セル【G2】に「=ROUND(F2*(1−0.18),−2)」と入力します。
※「(1−0.18)」は「(100%−18%)」でもかまいません。
⑤セル【G2】を選択し、セル右下の■(フィルハンドル)をダブルクリックします。
※数式が304行目までコピーされます。

●売上高・売上原価の算出

①セル【I1】に「売上高」と入力します。
②セル【J1】に「売上原価」と入力します。
③セル【I2】に「=G2*H2」と入力します。
④セル【J2】に「=E2*H2」と入力します。
⑤セル範囲【I2:J2】を選択し、セル範囲右下の■(フィルハンドル)をダブルクリックします。
※数式が304行目までコピーされます。

●ピボットテーブルの作成(メーカーごとの売上高・売上原価の集計)
①セル【A2】を選択します。
※表内のセルであれば、どこでもかまいません。
②《挿入》タブを選択します。
③《テーブル》グループの(ピボットテーブル)をクリックします。
④《テーブルまたは範囲を選択》を◉にします。
⑤《テーブル/範囲》に「'2021年6月実績'!$A$1:$J$304」と表示されていることを確認します。
⑥《新規ワークシート》を◉にします。
⑦《OK》をクリックします。
⑧《ピボットテーブルのフィールド》作業ウィンドウの「メーカー名」を《行》のボックスにドラッグします。
⑨「売上高」を《値》のボックスにドラッグします。
⑩「売上原価」を《値》のボックスの「売上高」の下にドラッグします。
⑪「売上高」と「売上原価」の集計方法が《合計》になっていることを確認します。
⑫セル【A7】を右クリックします。
※行ラベルエリアの「サンエー」のセルです。
⑬《移動》をポイントし、《"サンエー"を先頭へ移動》をクリックします。
⑭セル【A10】を右クリックします。
※行ラベルエリアの「ピレネー」のセルです。
⑮《移動》をポイントし、《"ピレネー"を末尾へ移動》をクリックします。
⑯セル【A5】を選択します。
※行ラベルエリアの「グッド」のセルです。
⑰アクティブセルの枠線をポイントし、マウスポインターの形がに変わったら、セル【A10】の下までドラッグします。
※ドラッグ中、緑の線が表示され、移動先が確認できます。
⑱行ラベルが「サンエー」「クリスタル」「サワムラ」「シンフォニー」「ビジャイ」「フォルダー」「グッド」「マイケル」「ピレネー」の順に並んでいることを確認します。

●値の貼り付け(売上高・売上原価の表示)
①ファイル「販売集計」のシート「売上集計」の表と、ファイル「販売データ」のシート「Sheet1」のピボットテーブルのメーカー名、売上高、売上原価の表示順序が同じであることを確認します。
②ファイル「販売データ」を表示します。
③シート「Sheet1」のセル範囲【B4:C12】を選択します。
④《ホーム》タブを選択します。
⑤《クリップボード》グループの(コピー)をクリックします。
⑥ファイル「販売集計」を表示します。
⑦シート「売上集計」のセル【B3】を選択します。
⑧《クリップボード》グループの(貼り付け)のをクリックします。
⑨《値の貼り付け》の(値)をクリックします。

●粗利益の算出
①セル【D3】に「=B3−C3」と入力します。
②セル【D3】を選択し、セル右下の■(フィルハンドル)をセル【D11】までドラッグします。

●売上高・売上原価・粗利益の合計の算出
①セル範囲【B12:D12】を選択します。
②《ホーム》タブを選択します。
③《編集》グループの(合計)をクリックします。

●粗利益率の算出
①セル【E3】に「=D3/B3*100」と入力します。
②セル【E3】を選択し、セル右下の■(フィルハンドル)をセル【E12】までドラッグします。
③(オートフィルオプション)をクリックします。
※をポイントすると、になります。
④《書式なしコピー(フィル)》をクリックします。

●VLOOKUP関数(前年度売上高の表示)
①セル【F3】に「=VLOOKUP(A3,」と入力します。
②ファイル「販売データ」を表示します。
③シート「2020年6月売上集計」のセル範囲【A2:B10】を選択します。
※別のファイルのシートを参照すると、ファイル名が「[ ]」で囲まれ、続けてシート名とセル範囲が「!」で区切られて表示されます。セル範囲は絶対参照で表示されます。
④数式の続きに「,2,FALSE)」と入力します。
⑤数式バーに「=VLOOKUP(A3,'[販売データ.xlsx]2020年6月売上集計'!$A$2:$B$10,2,FALSE)」と表示されていることを確認します。
⑥[Enter]を押します。
⑦セル【F3】を選択し、セル右下の■(フィルハンドル)をセル【F11】までドラッグします。

●前年度売上高の合計の算出
①セル【F12】を選択します。
②《ホーム》タブを選択します。
③《編集》グループの(合計)をクリックします。
④[Enter]を押します。

●前年同期比の算出

①セル【G3】に「=B3/F3*100」と入力します。
②セル【G3】を選択し、セル右下の■(フィルハンドル)をセル【G12】までドラッグします。
③ (オートフィルオプション)をクリックします。
※ をポイントすると、 になります。
④《書式なしコピー(フィル)》をクリックします。

●表示形式の設定(桁区切りスタイル)

①セル範囲【B3:D12】を選択します。
② Ctrl を押しながら、セル範囲【F3:F12】を選択します。
③《ホーム》タブを選択します。
④《数値》グループの (桁区切りスタイル)をクリックします。

●表示形式の設定(小数点第1位までの表示)

①セル範囲【E3:E12】を選択します。
② Ctrl を押しながら、セル範囲【G3:G12】を選択します。
③《ホーム》タブを選択します。
④《数値》グループの (表示形式)をクリックします。
⑤《表示形式》タブを選択します。
⑥《分類》の一覧から《数値》を選択します。
⑦《小数点以下の桁数》を「1」に設定します。
⑧《OK》をクリックします。

●表のタイトルの入力

①セル【A1】に「販売強化キャンペーン売上実績」と入力します。
②セル範囲【A1:G1】を選択します。
③《ホーム》タブを選択します。
④《配置》グループの (セルを結合して中央揃え)をクリックします。
⑤《フォント》グループの 11 (フォントサイズ)の をクリックし、一覧から《14》を選択します。

●上書き保存

①ファイル「販売集計」が表示されていることを確認します。
②クイックアクセスツールバーの (上書き保存)をクリックします。
※同様に、ファイル「販売データ」も上書き保存しておきましょう。
※ファイル「販売集計」は別のファイルを参照した数式を含んでいます。いったんファイルを閉じてから、再度ファイル「販売集計」を開くと、リンクの更新についてのメッセージが表示され、更新するかどうかを選択できます。リンクを更新するには、リンク元のファイル「販売データ」も一緒に開いておきましょう。
※リンクを設定後、初めてファイルを開くと、《セキュリティの警告》が表示される場合があります。《セキュリティの警告》が表示された場合は、《コンテンツの有効化》をクリックするとリンクが更新されます。

問題2

●ピボットテーブルの作成(商品ごとの売上高の集計)

①ファイル「販売データ」を表示します。
②シート「2021年6月実績」のセル【A2】を選択します。
※表内のセルであれば、どこでもかまいません。
③《挿入》タブを選択します。
④《テーブル》グループの (ピボットテーブル)をクリックします。
⑤《テーブルまたは範囲を選択》を◉にします。
⑥《テーブル/範囲》に「'2021年6月実績'!$A$1:$J$304」と表示されていることを確認します。
⑦《新規ワークシート》を◉にします。
⑧《OK》をクリックします。
⑨《ピボットテーブルのフィールド》作業ウィンドウの「商品名」を《行》のボックスにドラッグします。
⑩「売上高」を《値》のボックスにドラッグします。
⑪「売上高」の集計方法が《合計》になっていることを確認します。
⑫セル【B4】を選択します。
※値エリア内のセルであれば、どこでもかまいません。
⑬《データ》タブを選択します。
⑭《並べ替えとフィルター》グループの (降順)をクリックします。

●値の貼り付け(売上高の表示)

①セル範囲【A4:B23】を選択します。
②《ホーム》タブを選択します。
③《クリップボード》グループの (コピー)をクリックします。
④ファイル「販売集計」を表示します。
⑤シート「ABC分析」のセル【A3】を選択します。
⑥《クリップボード》グループの (貼り付け)の をクリックします。
⑦《値の貼り付け》の (値)をクリックします。

●売上高の合計の算出
①セル【B23】を選択します。
②《ホーム》タブを選択します。
③《編集》グループの Σ（合計）をクリックします。
④ Enter を押します。

●構成比の算出
①セル【C3】に「=B3/$B$23*100」と入力します。
※数式の入力中に F4 を押すと、「$」が付きます。
※数式をコピーしたときに、売上高の合計が常に同じセルを参照するように、絶対参照「$B$23」にします。
②セル【C3】を選択し、セル右下の■（フィルハンドル）をセル【C23】までドラッグします。
③ （オートフィルオプション）をクリックします。
※ をポイントすると、 になります。
④《書式なしコピー（フィル）》をクリックします。

●構成比率累計の算出
①セル【D3】に「=C3」と入力します。
②セル【D4】に「=D3+C4」と入力します。
③セル【D4】を選択し、セル右下の■（フィルハンドル）をダブルクリックします。
※数式が22行目までコピーされます。

●表示形式の設定（桁区切りスタイル）
①セル範囲【B3:B23】を選択します。
②《ホーム》タブを選択します。
③《数値》グループの , （桁区切りスタイル）をクリックします。

●表示形式の設定（小数点第1位までの表示）
①セル範囲【C3:D23】を選択します。
②《ホーム》タブを選択します。
③《数値》グループの （表示形式）をクリックします。
④《表示形式》タブを選択します。
⑤《分類》の一覧から《数値》を選択します。
⑥《小数点以下の桁数》を「1」に設定します。
⑦《OK》をクリックします。

●ランクの表示
①セル【E3】に「=IF(D3<=70,"A",IF(D3<=90,"B","C"))」と入力します。
②セル【E3】を選択し、セル右下の■（フィルハンドル）をダブルクリックします。
※数式が22行目までコピーされます。

●複合グラフの作成（パレート図）
①セル範囲【A2:B22】を選択します。
② Ctrl を押しながら、セル範囲【D2:D22】を選択します。
③《挿入》タブを選択します。
④《グラフ》グループの （複合グラフの挿入）をクリックします。
⑤《組み合わせ》の《集合縦棒-第2軸の折れ線》をクリックします。

●グラフの移動・サイズ変更
①グラフが選択されていることを確認します。
②グラフエリアをポイントし、マウスポインターの形が に変わったら、ドラッグして位置を調整します。（左上位置の目安：セル【A25】）
③グラフエリア右下の○（ハンドル）をポイントし、マウスポインターの形が に変わったら、ドラッグしてサイズを調整します。（右下位置の目安：セル【E42】）

●グラフタイトルの入力
①グラフタイトルをクリックします。
②グラフタイトルを再度クリックします。
③「スポーツシューズ商品別ABC分析グラフ」と入力します。
④グラフタイトル以外の場所をクリックします。

●凡例の非表示
①グラフが選択されていることを確認します。
②《デザイン》タブを選択します。
③《グラフのレイアウト》グループの （グラフ要素を追加）をクリックします。
④《凡例》をポイントします。
⑤《なし》をクリックします。

●軸ラベルの設定
①グラフが選択されていることを確認します。
②《デザイン》タブを選択します。
③《グラフのレイアウト》グループの （グラフ要素を追加）をクリックします。
④《軸ラベル》をポイントします。
⑤《第1縦軸》をクリックします。
⑥軸ラベルが選択されていることを確認します。
⑦軸ラベルをクリックします。
⑧「（売上高：円）」と入力します。

⑨軸ラベルが選択されていることを確認します。
⑩《ホーム》タブを選択します。
⑪《配置》グループの（方向）をクリックします。
⑫《左へ90度回転》をクリックします。
⑬軸ラベルが横書きに変更されていることを確認します。
⑭軸ラベルの枠線をポイントし、マウスポインターの形がに変わったら、グラフの左上にドラッグします。
⑮同様に、右側の縦軸の軸ラベルに「（構成比率累計：%）」と入力して横書きに設定し、グラフの右上にドラッグします。
※軸ラベルの位置に合わせて、プロットエリアのサイズを調整しておきましょう。

●値軸の設定

①右側の縦軸を選択します。
②《書式》タブを選択します。
③《現在の選択範囲》グループの 選択対象の書式設定 （選択対象の書式設定）をクリックします。
④《軸の書式設定》作業ウィンドウの《軸のオプション》をクリックします。
⑤（軸のオプション）をクリックします。
⑥《軸のオプション》の詳細が表示されていることを確認します。
⑦《境界値》の《最大値》に「100」と入力します。
⑧《軸の書式設定》作業ウィンドウの ×（閉じる）をクリックします。
※最大値を「100」に変更すると、自動的に目盛間隔が「10」に変更されます。

●上書き保存

①ファイル「販売集計」が表示されていることを確認します。
②クイックアクセスツールバーの（上書き保存）をクリックします。
※同様に、ファイル「販売データ」も上書き保存しておきましょう。

問題3

メーカー別の売上高は ❶サワムラ が ❷3,030,300 円と最も大きい。粗利益率を見ると ❸グッド が最も大きく ❹42.0 %である。前年同期比を見ると最も伸びたのは ❺マイケル で ❻168.0 %となっている。
スポーツシューズ商品別ABC分析表によると ❼サワムラストライカー から ❽カールロード までの商品で売上の7割を占めている。したがって、これらの商品の品揃えを重点的に行うことが望ましい。また、❾マックルロードランナー から ❿マウンターオーシャン までの商品は売上に占める割合が低く、今後商品の取り扱い中止などについて検討する必要がある。

Answer 第3回 模擬試験 解答と解説

知識科目

問題1

解答 **2** 実際の在庫量を調べること。

問題2

解答 **3** 定期発注方式

問題3

解答 **1** ABC分析

問題4

解答 **3** 600千円

問題5

解答 **3** ファンチャート

問題6

解答 **1** 利益率（%） ＝ 利益 ÷ 売上高 × 100

問題7

解答 **1** インポート

問題8

解答 **3** ピボットテーブル

問題9

解答 **1** 公開鍵

問題10

解答 **1** フィルター

実技科目

完成例

ファイル「売上集計」

●シート「2020年度売上集計」

ポイント1　ポイント2

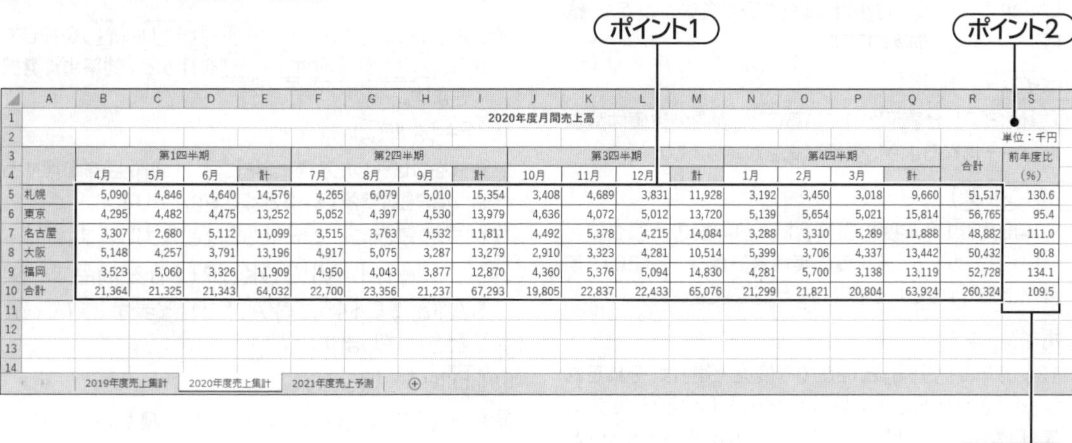

2020年度月間売上高

単位：千円

	第1四半期				第2四半期				第3四半期				第4四半期				合計	前年度比
	4月	5月	6月	計	7月	8月	9月	計	10月	11月	12月	計	1月	2月	3月	計		(%)
札幌	5,090	4,846	4,640	14,576	4,265	6,079	5,010	15,354	3,408	4,689	3,831	11,928	3,192	3,450	3,018	9,660	51,517	130.6
東京	4,295	4,482	4,475	13,252	5,052	4,397	4,530	13,979	4,636	4,072	5,012	13,720	5,139	5,654	5,021	15,814	56,765	95.4
名古屋	3,307	2,680	5,112	11,099	3,515	3,763	4,532	11,811	4,492	5,378	4,215	14,084	3,288	3,310	5,289	11,888	48,882	111.0
大阪	5,148	4,257	3,791	13,196	4,917	5,075	3,287	13,279	2,910	3,323	4,281	10,514	5,399	3,706	4,337	13,442	50,432	90.8
福岡	3,523	5,060	3,326	11,909	4,950	4,043	3,877	12,870	4,360	5,376	5,094	14,830	4,281	5,700	3,138	13,119	52,728	134.1
合計	21,364	21,325	21,343	64,032	22,700	23,356	21,237	67,293	19,805	22,837	22,433	65,076	21,299	21,821	20,804	63,924	260,324	109.5

2019年度売上集計　2020年度売上集計　2021年度売上予測

ポイント3

●シート「2021年度売上予測」

ポイント4

売上高実績データ

単位：千円

	2019年度				2020年度			
	第1四半期	第2四半期	第3四半期	第4四半期	第1四半期	第2四半期	第3四半期	第4四半期
札幌	10,604	9,352	9,380	10,101	14,576	15,354	11,928	9,660
東京	14,747	14,599	14,579	15,575	13,252	13,979	13,720	15,814
名古屋	10,299	11,451	11,005	11,281	11,099	11,811	14,084	11,888
大阪	13,522	14,718	13,647	13,639	13,196	13,279	10,514	13,442
福岡	9,768	9,289	10,532	9,744	11,909	12,870	14,830	13,119
合計	58,941	59,409	59,143	60,339	64,032	67,293	65,076	63,924

全支店売上高推移

(単位：千円)

y = 1E+06x + 6E+07
R² = 0.6927

68,000
66,000
64,000
62,000
60,000
58,000
56,000
54,000

第1四半期　第2四半期　第3四半期　第4四半期　第1四半期　第2四半期　第3四半期　第4四半期

2019年度　2020年度

ポイント5

2019年度売上集計　2020年度売上集計　2021年度売上予測

解答のポイント

ポイント1

表の小計や合計欄に数式が設定されていない場合は、結果が正しければ、数式でも数値でも、入力内容は問われません。
ピボットテーブルでは小計・総計も表示できるので、一緒にコピーすると効率的です。

ポイント2

「単位:千円」と表示されているので、表内の数値は基本単位が千になるように表示形式を設定しましょう。

ポイント3

前年度比は「今年度の実績合計÷前年度の実績合計×100」で求めます。前年度の実績合計はシート「2019年度売上集計」のセルを参照して数式を設定します。

ポイント4

「2019年度売上高」と「2020年度売上高」は、それぞれシート「2019年度売上集計」とシート「2020年度売上集計」から値をコピーします。「2019年度売上集計」と「2020年度売上集計」の表では、各四半期ごとの小計が表示されているので、その列だけを貼り付けると、まとめてコピーできます。

ポイント5

近似曲線に予測を表示する場合は、近似曲線の右に予測する区間を設定します。R-2乗値の値は0～1の範囲となり、一般的には0.5以上あれば使用することができます。

操作手順

問題1

●VLOOKUP関数の入力(商品名・販売価格の表示)

①ファイル「商品売上データ」を表示します。
②シート「2020年度売上」の列番号【C:D】を選択します。
③選択した列を右クリックします。
④《挿入》をクリックします。
※2列挿入されます。
⑤シート「商品コード」のセル範囲【B1:C1】を選択します。
⑥《ホーム》タブを選択します。
⑦《クリップボード》グループの(コピー)をクリックします。
⑧シート「2020年度売上」のセル【C1】を選択します。
⑨《クリップボード》グループの(貼り付け)をクリックします。
⑩セル【C2】に「=VLOOKUP(B2」と入力します。
⑪F4を3回押します。
※数式をコピーしたときに、常に同じ列を参照するように、複合参照「$B2」にします。
⑫数式の続きに「,」を入力します。
⑬シート「商品コード」のセル範囲【A2:C45】を選択します。
※セル【A2】を選択し、Ctrl+Shift+↓を押してから、Ctrl+Shift+→を押すと、効率よく選択できます。
⑭F4を押します。
※数式をコピーしたときに、常に同じセル範囲を参照するように、絶対参照「$A$2:$C$45」にします。
⑮数式の続きに「,2,FALSE)」と入力します。
⑯数式バーに「=VLOOKUP($B2,商品コード!$A$2:$C$45,2,FALSE)」と表示されていることを確認します。
⑰Enterを押します。
⑱セル【C2】を選択し、セル右下の■(フィルハンドル)をセル【D2】までドラッグします。
⑲セル【D2】を「=VLOOKUP($B2,商品コード!$A$2:$C$45,3,FALSE)」と修正します。
⑳セル範囲【C2:D2】を選択し、セル範囲右下の■(フィルハンドル)をダブルクリックします。
※数式が1432行目までコピーされます。
※C～D列の列幅を調整しておきましょう。

●VLOOKUP関数の入力(支店名の表示)

①セル【H1】に「支店名」と入力します。
※シート「支店コード」のセル【B1】をコピーしてもかまいません。
②セル【H2】に「=VLOOKUP(G2,」と入力します。
③シート「支店コード」のセル範囲【A2:B6】を選択します。
④F4を押します。
※数式をコピーしたときに、常に同じセル範囲を参照するように、絶対参照「$A$2:$B$6」にします。
⑤数式の続きに「,2,FALSE)」と入力します。
⑥数式バーに「=VLOOKUP(G2,支店コード!$A$2:$B$6,2,FALSE)」と表示されていることを確認します。
⑦Enterを押します。
⑧セル【H2】を選択し、セル右下の■(フィルハンドル)をダブルクリックします。
※数式が1432行目までコピーされます。

●売上高の算出

①列番号【F】を右クリックします。
②《挿入》をクリックします。
※1列挿入されます。

③セル【F1】に「売上高」と入力します。
④セル【F2】に「=D2*E2」と入力します。
⑤セル【F2】を選択し、セル右下の■（フィルハンドル）をダブルクリックします。
※数式が1432行目までコピーされます。

●ピボットテーブルの作成（支店ごとの売上高の集計）

①セル【A2】を選択します。
※表内のセルであれば、どこでもかまいません。
②《挿入》タブを選択します。
③《テーブル》グループの（ピボットテーブル）をクリックします。
④《テーブルまたは範囲を選択》を◉にします。
⑤《テーブル/範囲》に「'2020年度売上'!$A$1:$I$1432」と表示されていることを確認します。
⑥《新規ワークシート》を◉にします。
⑦《OK》をクリックします。
⑧《ピボットテーブルのフィールド》作業ウィンドウの「日付」を《列》のボックスにドラッグします。
⑨セル【A4】を選択します。
※列ラベルエリアの「日付」のセルであれば、どこでもかまいません。
⑩《分析》タブを選択します。
⑪《グループ》グループの フィールドのグループ化（フィールドのグループ化）をクリックします。
⑫《単位》の《月》と《四半期》と《年》が選択されていることを確認します。
⑬《OK》をクリックします。
⑭《ピボットテーブルのフィールド》作業ウィンドウの「支店名」を《行》のボックスにドラッグします。
⑮セル【A9】を選択します。
※行ラベルエリアの「東京」のセルです。
⑯アクティブセルの枠線をポイントし、マウスポインターの形が✥に変わったら、セル【A7】の下までドラッグします。
※ドラッグ中、緑の線が表示され、移動先が確認できます。
⑰同様に、上から「札幌」「東京」「名古屋」「大阪」「福岡」の順になるように、「名古屋」を移動します。
⑱《ピボットテーブルのフィールド》作業ウィンドウの「売上高」を《値》のボックスにドラッグします。
⑲「売上高」の集計方法が《合計》になっていることを確認します。
⑳《デザイン》タブを選択します。
㉑《レイアウト》グループの（小計）をクリックします。
㉒《すべての小計をグループの末尾に表示する》をクリックします。
㉓セル【N4】を右クリックします。
※年の集計のセルであれば、どこでもかまいません。
㉔《"年"の小計》をクリックします。
※N列とS列に表示されていた年の集計が非表示になります。

●値の貼り付け（売上高・小計の表示）

①ファイル「売上集計」のシート「2020年度売上集計」の表と、ファイル「商品売上データ」のシート「Sheet1」のピボットテーブルの支店名と月の表示順序が同じであることを確認します。
②ファイル「商品売上データ」を表示します。
③シート「Sheet1」のセル範囲【B7:R12】を選択します。
④《ホーム》タブを選択します。
⑤《クリップボード》グループの（コピー）をクリックします。
⑥ファイル「売上集計」を表示します。
⑦シート「2020年度売上集計」のセル【B5】を選択します。
⑧《クリップボード》グループの（貼り付け）の 貼り付け をクリックします。
⑨《値の貼り付け》の（値）をクリックします。

●表示形式の設定（単位：千円）

①セル範囲【B5:R10】を選択します。
②《ホーム》タブを選択します。
③《数値》グループの（表示形式）をクリックします。
④《表示形式》タブを選択します。
⑤《分類》の一覧から《ユーザー定義》を選択します。
⑥《種類》に「#,##0,」と入力します。
※「#,###,」でもかまいません。
⑦《OK》をクリックします。

●前年度比の算出

①セル【S5】に「=R5/」と入力します。
②シート「2019年度売上集計」のセル【R5】を選択します。
③数式の続きに「*100」と入力します。
④数式バーに「=R5/'2019年度売上集計'!R5*100」と表示されていることを確認します。
⑤ Enter を押します。
⑥セル【S5】を選択し、セル右下の■（フィルハンドル）をダブルクリックします。

●表示形式の設定(小数点第1位までの表示)

①セル範囲【S5:S10】を選択します。
②《ホーム》タブを選択します。
③《数値》グループの (表示形式)をクリックします。
④《表示形式》タブを選択します。
⑤《分類》の一覧から《数値》を選択します。
⑥《小数点以下の桁数》を「1」に設定します。
⑦《OK》をクリックします。

●上書き保存

①ファイル「売上集計」が表示されていることを確認します。
②クイックアクセスツールバーの (上書き保存)をクリックします。
※同様に、ファイル「商品売上データ」も上書き保存しておきましょう

問題2

●売上高実績データの作成

①ファイル「売上集計」を表示します。
②シート「2019年度売上集計」のセル範囲【E5:E10】を選択します。
③ Ctrl を押しながら、セル範囲【I5:I10】、セル範囲【M5:M10】、セル範囲【Q5:Q10】を選択します。
④《ホーム》タブの《クリップボード》グループの (コピー)をクリックします。
⑤シート「2021年度売上予測」のセル【B5】を選択します。
⑥《クリップボード》グループの (貼り付け)の をクリックします。
⑦《値の貼り付け》の (値)をクリックします。
⑧同様に、シート「2020年度売上集計」から2020年度四半期ごとの売上高を貼り付けます。

●縦棒グラフの作成

①セル範囲【B3:I4】を選択します。
② Ctrl を押しながら、セル範囲【B10:I10】を選択します。
③《挿入》タブを選択します。
④《グラフ》グループの (縦棒/横棒グラフの挿入)をクリックします。
⑤《2-D縦棒》の《集合縦棒》をクリックします。

●グラフの移動・サイズ変更

①グラフが選択されていることを確認します。
②グラフエリアをポイントし、マウスポインターの形が に変わったら、ドラッグして位置を調整します。(左上位置の目安:セル【A12】)
③グラフエリア右下の○(ハンドル)をポイントし、マウスポインターの形が に変わったら、ドラッグしてサイズを調整します。(右下位置の目安:セル【I26】

●グラフタイトルの入力

①グラフタイトルをクリックします。
②グラフタイトルを再度クリックします。
③「全支店売上高推移」と入力します。
④グラフタイトル以外の場所をクリックします。

●凡例の非表示

①グラフに凡例が表示されていないことを確認します。

●軸ラベルの設定

①グラフが選択されていることを確認します。
②《デザイン》タブを選択します。
③《グラフのレイアウト》グループの (グラフ要素を追加)をクリックします。
④《軸ラベル》をポイントします。
⑤《第1縦軸》をクリックします。
⑥軸ラベルが選択されていることを確認します。
⑦軸ラベルをクリックします。
⑧「(単位:千円)」と入力します。
⑨軸ラベルが選択されていることを確認します。
⑩《ホーム》タブを選択します。
⑪《配置》グループの (方向)をクリックします。
⑫《左へ90度回転》をクリックします。
⑬軸ラベルが横書きに変更されていることを確認します。
⑭軸ラベルの枠線をポイントし、マウスポインターの形が に変わったら、グラフの左上にドラッグします。
※軸ラベルの位置に合わせて、プロットエリアのサイズを調整しておきましょう。

●近似曲線の追加

①グラフが選択されていることを確認します。
②《デザイン》タブを選択します。

③《グラフのレイアウト》グループの (グラフ要素を追加)をクリックします。
④《近似曲線》をポイントします。
⑤《線形》をクリックします。
⑥線形近似の近似曲線が追加されていることを確認します。
⑦グラフの近似曲線を選択します。
⑧《書式》タブを選択します。
⑨《現在の選択範囲》グループの 選択対象の書式設定 (選択対象の書式設定)をクリックします。
⑩ (近似曲線のオプション)をクリックします。
⑪《予測》の《前方補外》の《区間》に「1」と入力します。
⑫《予測》の《グラフに数式を表示する》を☑にします。
⑬《予測》の《グラフにR-2乗値を表示する》を☑にします。
⑭《近似曲線の書式設定》作業ウィンドウの × (閉じる)をクリックします。
⑮グラフに近似曲線の数式とR-2乗値が表示されていることを確認します。

※数式とR-2乗値の位置を調整しておきましょう。
※表示された数式「y=1E+06x+6E+07」は、値が大きいため指数で表示されています。数値で表示すると「y=1,087,561x+57,375,556」に相当し、2021年度第1四半期の売上予測をする場合、x=9(9番目の四半期)を代入して計算します。2021年度第1四半期の売上予測値は「67,163,605円」になります。
※数式を数値で表示するには、数式を選択→《書式》タブ→《現在の選択範囲》グループの《選択対象の書式設定》→《ラベルオプション》→《ラベルオプション》→《表示形式》の《カテゴリ》を《数値》にします。

● 上書き保存

①ファイル「売上集計」が表示されていることを確認します。
②クイックアクセスツールバーの (上書き保存)をクリックします。

問題3

2020年度の売上を集計したところ、最も高かったのは ❶東京 支店で、最も低かったのは ❷名古屋 支店であった。また、前年度比が最も高かったのは ❸福岡 支店で ❹134.1 %であった。一方、❺東京 支店と ❻大阪 支店は前年度比が100%を下回った。全支店では前年度比は100%を ❼上回った 。
2019年度第1四半期～2021年度第1四半期の近似曲線より、この期間における全支店売上高推移は、❽上昇傾向 であることがわかる。また、近似曲線のR-2乗値は ❾0.6927 となり、2021年度第1四半期の売上予測は、基準値である0.5を ❿上回っているので使用できる 。

※❺と❻は逆でもかまいません。

第1回 模擬試験 採点シート

チャレンジした日付

年　　月　　日

知識科目

問題	解答	正答	備考欄
1			
2			
3			
4			
5			
6			
7			
8			
9			
10			

実技科目(問題3)

設問	解答	判定
❶		
❷		
❸		
❹		
❺		
❻		
❼		
❽		
❾		
❿		

実技科目

問題	内容	判定
1	性別・年代別に、売上高と売上原価が正しく集計されている。	
	粗利益が正しく入力されている。	
	一人あたり売上高が正しく入力されている。	
	一人あたり粗利益が正しく入力されている。	
	表内の数値に桁区切りが正しく設定されている。	
	表の罫線が正しく設定されている。	
2	洋食コーナーの商品の売上高と売上原価が正しく集計されている。	
	売上構成比が正しく入力されている。	
	粗利益が正しく入力されている。	
	粗利益率が正しく入力されている。	
	売上高の降順に並べ替えられている。	
	表内の数値に桁区切りが正しく設定されている。	
	表内の割合を示す数値が小数点第1位まで表示されている。	
	表の罫線が正しく設定されている。	
	グラフが正しい種類で作成されている。	
	グラフのタイトルが正しく入力されている。	
	グラフの単位が正しく設定されている。	
	グラフの凡例が非表示になっている。	
	グラフに目盛線が正しく表示されている。	
	グラフの横軸の目盛が正しく設定されている。	
	グラフの縦軸の目盛が正しく設定されている。	
	グラフが正しく配置されている。	

第2回 模擬試験 採点シート

チャレンジした日付

年　　月　　日

知識科目

問題	解答	正答	備考欄
1			
2			
3			
4			
5			
6			
7			
8			
9			
10			

実技科目（問題3）

設問	解答	判定
❶		
❷		
❸		
❹		
❺		
❻		
❼		
❽		
❾		
❿		

実技科目

問題	内容	判定
1	メーカー別に、売上高と売上原価が正しく集計されている。	
	粗利益が正しく入力されている。	
	粗利益率が正しく入力されている。	
	前年度売上高が正しく入力されている。	
	前年同期比が正しく入力されている。	
	表内の数値に桁区切りが正しく設定されている。	
	表内の割合を示す数値が小数点第1位まで表示されている。	
	表の罫線や塗りつぶしが正しく設定されている。	
	表のタイトルが正しく入力されている。	
2	商品別の売上高が正しく集計されている。	
	売上高の降順に並べ替えられている。	
	構成比が正しく入力されている。	
	構成比率累計が正しく入力されている。	
	ランクが正しく入力されている。	
	表内の数値に桁区切りが正しく設定されている。	
	表内の割合を示す数値が小数点第1位まで表示されている。	
	表の罫線や塗りつぶしが正しく設定されている。	
	グラフが正しい種類で作成されている。	
	グラフのタイトルが正しく入力されている。	
	グラフの単位が正しく設定されている。	
	グラフの右の縦軸の目盛が正しく設定されている。	
	グラフの凡例が非表示になっている。	
	グラフが正しく配置されている。	

第3回 模擬試験 採点シート

チャレンジした日付

年　　月　　日

知識科目

問題	解答	正答	備考欄
1			
2			
3			
4			
5			
6			
7			
8			
9			
10			

実技科目(問題3)

設問	解答	判定
❶		
❷		
❸		
❹		
❺		
❻		
❼		
❽		
❾		
❿		

実技科目

問題	内容	判定
1	支店ごとの売上高が月別に正しく集計されている。	
	前年度比が正しく入力されている。	
	表内の数値に桁区切りが正しく設定されている。	
	表内の割合を示す数値が小数点第1位まで表示されている。	
	表の罫線が正しく設定されている。	
2	2019年度の売上高が正しく入力されている。	
	2020年度の売上高が正しく入力されている。	
	表内の数値に桁区切りが正しく設定されている。	
	表の罫線が正しく設定されている。	
	グラフが正しい種類で作成されている。	
	グラフのタイトルが正しく入力されている。	
	グラフの横軸と縦軸に正しく項目が表示されている。	
	グラフの単位が正しく設定されている。	
	グラフが正しく配置されている。	
	近似曲線が正しい種類で表示されている。	
	近似曲線の数式が表示されている。	
	近似曲線のR-2乗値が表示されている。	

Answer 付録2 1級サンプル問題 解答と解説

知識科目

知識問題を解答する際の基本的な注意事項

知識問題の記述方法について、以下に注意事項を挙げる。

・指定された文字数の範囲内で記述すること。過少、過剰の場合は、採点に影響する可能性がある。
・文末表現を統一すること。(「です・ます」調、「だ・である」調)
・誤字、脱字がないこと。
・問題文に何か指定されていることがあれば、それに基づき記述すること。
・複数項目について説明する際には、「まず・・・。つづいて・・・。最後に・・・。」「1つ目は・・・。2つ目は・・・。3つ目は・・・。」というような流れにするとよい。

問題1(共通分野)

A 標準解答

ファイル名やフォルダー名の付け方は、社内においてルール化することが重要である。
まずファイル名は、報告書を保存するのであれば、「20210901_業務報告書.docx」などのように「年月日&適切な文書名」とする。作成途中のものは「バージョン番号」を入れるとよい。またフォルダー名は、テーマ、固有名詞、時系列、文書の種類などがわかるように名前を付けて分類し、そのフォルダーの中にサブフォルダーを作成して管理する。たとえば、作成途中の業務報告書を保存する場合、「総務部」、「2021年度業務報告」、「01進行中」というフォルダーの中に、「20210901_業務報告書_ver1.docx」として保存するとよい。

解答のポイント

解答のポイントを箇条書きで示すと、次のようになる。

● なぜこの問題が出題されているのか?つまり、ファイル名やフォルダー名の付け方で生産性が左右されることを問題にしている。
● ここで重要な点は、会社においてルール化することの重要性を記述することである。
● また、ファイル名とフォルダー名の両方が問われているので、両方について記述する。
● ファイル名については、適切な文書名を付けることは当然だが、作成した年月日を文書名の前か後ろに付けることで、検索しやすくなるので、年月日を付け加えることを記述する。
● 進行中の作成ファイルは状況に応じてバージョン番号を付けることで、履歴を確認することができる。
● フォルダー名は、「総務部」「人事課」等の大きな括りでフォルダーを作成後、そのフォルダーの中に「2021年度_採用関係」のように年度&業務名ごとの小分類のサブフォルダーを作成する。

- またサブフォルダーには「01進行中」「02保管用」のように、進捗状況に応じて保存できるような作業用のフォルダーを作成し、適切に保存するようにする。

実際の解答は、以上のポイントをもとに指定された文字数で文章にまとめる。

問題1（共通分野）

B 標準解答

クラウドサービスのメリットとしては、インターネットの環境が整っていれば外部からアクセスできること、サーバー等の専任管理者が不要であること、比較的短期間で導入できること等が挙げられ、クラウドサービスは、テレワーク導入促進の役割を担っている。特にクラウドストレージサービスを使用すれば、社内での共有ファイルを外部から利用することもできることから、ファイルやデータの一元管理が可能である。また、バージョン履歴管理機能が備わっているものも多く、誤操作してもデータの復元ができることもメリットの1つである。

解答のポイント

解答のポイントを箇条書きで示すと、次のようになる。

- 問題文に「テレワーク」という言葉が含まれていることから、「テレワーク」に関することを意識する。
- クラウドサービスのメリットとして、「インターネット環境下であれば外部からアクセスできること」「サーバー等の管理者が不要であること」「短期間での導入が可能なこと」等を挙げる。
- 「一元管理」という言葉を使用することから、ここではファイルの一元管理を例としてクラウドストレージサービスについて説明する。
- 指定された文字数内であれば、クラウドストレージサービスのメリットを入れてもよい。

実際の解答は、以上のポイントをもとに指定された文字数で文章にまとめる。

問題2（データ活用分野）

A 標準解答

アドインとはExcelを最大限に活用するための機能である。既定の状態では、すぐに利用できないようになっているため、最初にアドインをインストールしてから使用することになる。
代表的なものとしては「分析ツール」があり、相関、t検定、回帰分析などを行うことができる。たとえばアンケート調査などをした場合、その集計値が誤差なのか、あるいは意味ある差なのかについては、その集計値だけでは判断できない。そこで、t検定を行うことでその数値を検証し、データ分析の精度を上げることができる。
なお、他にもアドインはあるが、住所から郵便番号を生成する「郵便番号変換ツール」のように、ダウンロードしないと使用できないものもある。

解答のポイントを箇条書きで示すと、次のようになる。

- アドインとはどのようなものかを簡潔に記述する。ここでは、「Excelを最大限に活用するためのツール」とした。
- アドインはすぐに利用できないことから、インストールが必要であることを記述する。
- アドインは複数種類があることから代表的なものを挙げる（ここでは「分析ツール」）。
- 分析ツールの例（相関、t検定、回帰分析等）を挙げて、その活用例について記述する（ここでは「t検定」）。
- 文字数に余裕がある場合は、他にもツールがあるので、それらについても記述してもよい（ここでは、「郵便番号変換ツール」）。

実際の解答は、以上のポイントをもとに指定された文字数で文章にまとめる。

問題2（データ活用分野）

B 標準解答

データの種類には、売上や仕入など数値データを含むデータである「定量データ」と、文書や写真、図面や地図などの数値データ以外のデータである「定性データ」がある。これらのデータの違いから考えると、ピボットテーブルで集計するには「定量データ」が適していることになる。売上データや行政等のオープンデータ、アンケートデータなどの「生データ（ローデータ）」は、それだけでは傾向等を把握することができないので、ピボットテーブルにてクロス集計することで、合計値だけではなく、平均値、データの個数、比率等、より深くデータを分析することができる。なお、集計後にはドリルダウンすることで詳細データを確認することもできる。

解答のポイント

解答のポイントを箇条書きで示すと、次のようになる。

- 「定量データ」と「定性データ」の違いについて記述する。そのうえで、ピボットテーブルで集計するにはどちらが適しているかを記述する。
- 「定量データ」の具体例を挙げながら、これらのデータは「生データ（ローデータ）」*[1] であり、それだけでは傾向をつかむことができないことから、ピボットテーブルで集計することで、合計値だけではなく、平均値やデータの個数等も手間をかけずに、データ分析できることを記述する。

  *[1] データが収集された状態のままで、編集、集計されていないデータのこと。
- また、ピボットテーブルの特徴のひとつでもある「ドリルダウン」の説明などを加えてもよい。

実際の解答は、以上のポイントをもとに指定された文字数で文章にまとめる。

問題3

標準解答

ポイント3

2021年○月○日

積極融資先業種の選定案

部署：融資部
担当：○○　○○

ポイント4
ポイント5

4業種の平均値比較

印刷業、金属製品製造業、食料品製造業、電子部品製造業の4業種について、自己資本比率と株主資本利益率の平均値を比較すると、表1のようになる。総じて電子部品製造業では株主資本利益率が高く、自己資本比率は中程度である。食料品製造業では株主資本利益率は電子部品製造業より劣るが比較的高く、自己資本比率は最も高い。金属製品製造業では食料品製造業に次ぐ自己資本比率であるが、株主資本利益率は低い。印刷業では自己資本比率と株主資本利益率が共に最も低く、いずれの点でも他の業種よりも状況はよくない。

表1　4業種の平均値比較

	印刷業	金属製品製造業	食料品製造業	電子部品製造業
自己資本比率	0.104	0.313	0.319	0.249
株主資本利益率	0.012	0.017	0.047	0.057

自己資本比率3割以上の企業の比率

自己資本比率3割以上の企業の割合を計算すると、表2のようになる。自己資本比率3割以上の企業は22社で、全体的には1/4強の企業である。金属製品製造業では50.0%と最も高く、食料品製造業では47.6%とこれに次ぐ。電子部品製造業では24.0%であるが、印刷業では該当企業が一つもなく、比率は0.0%であった。融資の安全性を重視して自己資本比率が3割以上の企業の比率が高い業種を選ぶと、金属製品製造業が最も有望となる。

表2 自己資本比率3割以上の企業の割合

	印刷業	金属製品製造業	食料品製造業	電子部品製造業	合計
該当企業数	0	6	10	6	22
業種企業数	22	12	21	25	80
比率	0.0%	50.0%	47.6%	24.0%	27.5%

1

解答のポイント

ポイント1

全体の流れは、次のとおりである。

①関数などを用いてワークシートを操作し、分析用データを整理する。

②ピボットテーブルを使って、業種別の自己資本比率、株主資本利益率の平均値を集計し、分析結果をまとめる。

③自己資本比率3割以上の企業の表を作成し、分析結果をまとめる。

④散布図を作成し、各業種の傾向を分析する。

⑤分析を踏まえて、2つの方針における支援先業種を提案する。

ポイント2

紙面の見やすさについては、次の点に注意する。

- 見出しや箇条書きなどでメリハリをつける。
- 必要があれば下線を引くのも有効である。
- 段落書式などを適宜使い分ける。
- 指定された枚数に収めることから、適宜ページ設定にてレイアウトを整える。

ポイント3

提案書のタイトル、日付、部署名、氏名などの基本情報を適切な位置に配置する。

ポイント4

ポイント1の②、③のようにデータを集計し、以下のように分析結果をまとめる。

提案書であることから分析結果だけを表示するのではなく（つまり表だけではなく）、その表から何が読み取れるのかを文章で記載する。基本的には、分析結果表の事実を列挙すればよい。その際、次の手順で行うとよい。

1) 適切な小見出しをつける。

2) どのような分析を行ったかについて説明する。

3) 分析結果をもとに、特徴的な事柄について説明する。その際、分析結果の数字を使用するのが望ましい。

4) 上記を記載した文章の下に分析結果の表を配置する。

ポイント5

表を挿入する場合は、「表1　4業種の平均値比較」のように表の上側にタイトルを入れる。また、以後も表を挿入する場合は「表1　○○○」「表2　○○○」…と連番にするとよい。

標準解答

散布図による業種間比較

上記で選択された企業の自己資本比率と株主資本利益率を業種別に散布図に重ねると、下図のようになる。各業種の企業分布範囲を楕円で囲んで示した。

この図から、以下の傾向を読み取ることができる。

- 印刷業では、総じて自己資本比率が低く、株主資本利益率はかなり大きく散らばりがある。
- 金属製品製造業では、自己資本比率はかなり散らばっているが、株主資本利益率は総じて低い。
- 食料品製造業では、自己資本比率は総じて高いが、株主資本利益率は金属製品製造業より少し低い。
- 電子部品製造業では、株主資本利益率が高いが、自己資本利益率は少し低めである。

ポイント6
ポイント7

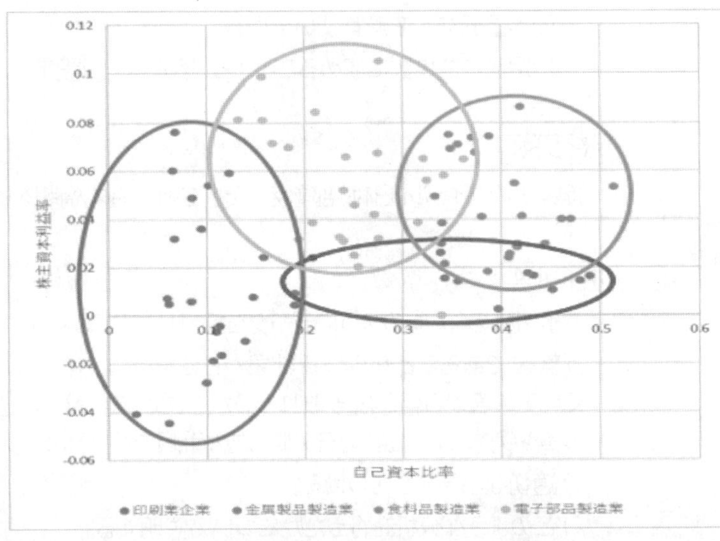

図1　各業種の自己資本比率と株主資本利益率分布

方針別の支援先候補業種

ポイント8

以上から、(1)安全性を重視して株主資本利益率が多少低くても自己資本比率が高い業種を優先するならば食料品製造業の企業を、(2)株主資本利益率が高い業種を優先するならば電子部品製造業の企業を支援先として検討することを提案する。

2

ポイント6

ポイント1の④のように散布図を作成する。散布図は「二つの特性を横軸と縦軸とし、観測値を打点して作るグラフ表示」と定義されており、一般的には相関関係を見るときに使用されることが多い。ただ本問のように分布をみたり、類型化を行ったりする際にも使用されることがある。

なお本問では、4業種の自己資本比率と株主資本利益率の分布をみるので、下図のように系列を編集することで色を変更し、解答例のように楕円などを使用して明示するのがよい。

なお、散布図はポイント7の説明文の下に配置するのがよい。また、図の場合も表と同じようにタイトル（キャプション）を入れるが、図の下側に入れることが多い。複数の図を使用することもあるので、「図1　各業種の自己資本比率と株主資本利益率分布」のように「図1　○○○」と連番にできるようにしておいてもよい。

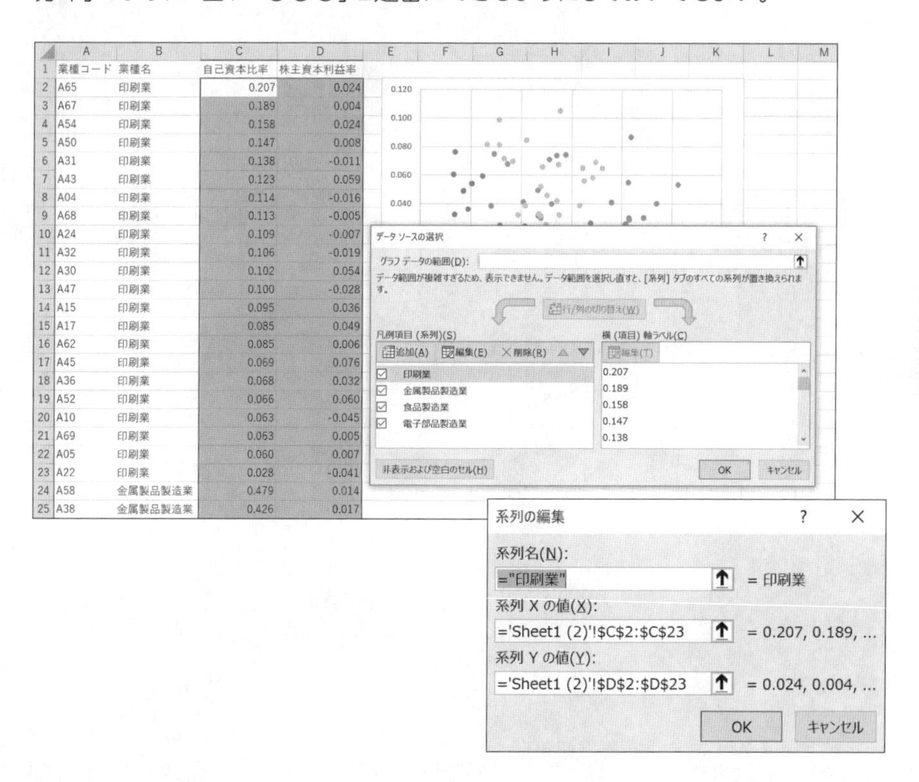

	A	B	C	D
1	業種コード	業種名	自己資本比率	株主資本利益率
2	A65	印刷業	0.207	0.024
3	A67	印刷業	0.189	0.004
4	A54	印刷業	0.158	0.024
5	A50	印刷業	0.147	0.008
6	A31	印刷業	0.138	-0.011
7	A43	印刷業	0.123	0.059
8	A04	印刷業	0.114	-0.016
9	A68	印刷業	0.113	-0.005
10	A24	印刷業	0.109	-0.007
11	A32	印刷業	0.106	-0.019
12	A30	印刷業	0.102	0.054
13	A47	印刷業	0.100	-0.028
14	A15	印刷業	0.095	0.036
15	A17	印刷業	0.085	0.049
16	A62	印刷業	0.085	0.006
17	A45	印刷業	0.069	0.076
18	A36	印刷業	0.068	0.032
19	A52	印刷業	0.066	0.060
20	A10	印刷業	0.063	-0.045
21	A69	印刷業	0.063	0.005
22	A05	印刷業	0.060	0.007
23	A22	印刷業	0.028	-0.041
24	A58	金属製品製造業	0.479	0.014
25	A38	金属製品製造業	0.426	0.017

ポイント7

ポイント6の散布図をもとに各業種の傾向を読み取ることができるので、その事実を記載する。解答例のように箇条書きにしてもよいし、文章表現でもよい。

ポイント8

上記を踏まえ、2つの方針に対してどの業種が好ましいかを簡潔にまとめる。提案の内容に関して、自分の考えや判断をもとに記載すればよい。提案することが目的であることから、何も記載されていない答案については高い評価が得られないので、注意する。